Y0-BXH-315

Catalogage avant publication de Bibliothèque et Archives nationales du Québec et Bibliothèque et Archives Canada

Thouin, Marcel

Enseigner les sciences et les technologies au préscolaire et au primaire

2e éd. entièrement rev. et augm.

Comprend des réf. bibliogr.

ISBN 978-2-89544-140-3

1. Sciences – Étude et enseignement (Primaire). 2. Sciences – Étude et enseignement (Préscolaire). 3. Technologie – Étude et enseignement (Primaire). 4. Technologie – Étude et enseignement (Préscolaire). I. Titre.

LB1585.T462 2009 372.35 C2009-941217-9

Enseigner

LES SCIENCES
ET LES TECHNOLOGIES
AU PRÉSCOLAIRE
ET AU PRIMAIRE

© Éditions MultiMondes 2009
ISBN 978-2-89544-140-3
Dépôt légal – Bibliothèque et Archives nationales du Québec, 2009
Dépôt légal – Bibliothèque et Archives Canada, 2009

ÉDITIONS MULTIMONDES
930, rue Pouliot
Québec (Québec) G1V 3N9
CANADA
Téléphone : 418 651-3885
Téléphone sans frais : 1 800 840-3029
Télécopie : 418 651-6822
Télécopie sans frais : 1 888 303-5931
multimondes@multim.com
http://www.multim.com

DISTRIBUTION AU CANADA
PROLOGUE INC.
1650, boul. Lionel-Bertrand
Boisbriand (Québec) J7H 1N7
CANADA
Téléphone : 450 434-0306
Tél. sans frais : 1 800 363-2864
Télécopie : 450 434-2627
Téléc. sans frais : 1 800 361-8088
prologue@prologue.ca
http://www.prologue.ca

DISTRIBUTION EN FRANCE
LIBRAIRIE DU QUÉBEC/DNM
30, rue Gay-Lussac
75005 Paris
FRANCE
Téléphone : 01 43 54 49 02
Télécopie : 01 43 54 39 15
direction@librairieduquebec.fr
http://www.librairieduquebec.fr

DISTRIBUTION EN BELGIQUE
La SDL Caravelle S.A.
Rue du Pré aux Oies, 303
Bruxelles
BELGIQUE
Téléphone : +32 2 240.93.00
Télécopie : +32 2 216.35.98
Sarah.Olivier@SDLCaravelle.com
http://www.SDLCaravelle.com/

DISTRIBUTION EN SUISSE
SERVIDIS SA
chemin des chalets 7
CH-1279 Chavannes-de-Bogis
SUISSE
Téléphone : (021) 803 26 26
Télécopie : (021) 803 26 29
pgavillet@servidis.ch
http://www.servidis.ch

Les Éditions MultiMondes reconnaissent l'aide financière du gouvernement du Canada par l'entremise du Programme d'aide au développement de l'industrie de l'édition (PADIÉ) pour leurs activités d'édition. Elles remercient la Société de développement des entreprises culturelles du Québec (SODEC) pour son aide à l'édition et à la promotion. Elles remercient également le Conseil des Arts du Canada de l'aide accordée à leur programme de publication.

Gouvernement du Québec – Programme de crédit d'impôt pour l'édition de livres – gestion SODEC.

100 %
Imprimé avec de l'encre végétale sur du papier Rolland Enviro 100, contenant 100 % de fibres recyclées postconsommation, certifié Éco-Logo, procédé sans chlore et fabriqué à partir d'énergie biogaz.

IMPRIMÉ AU CANADA/PRINTED IN CANADA

Marcel Thouin

Enseigner

LES SCIENCES ET LES TECHNOLOGIES AU PRÉSCOLAIRE ET AU PRIMAIRE

ÉDITIONS
MULTIMONDES

TABLE DES MATIÈRES

AVANT-PROPOS

Enseigner les sciences et les technologies au préscolaire et au primaire est une deuxième édition entièrement revue et augmentée de l'ouvrage *Enseigner les sciences et la technologie au préscolaire et au primaire* paru en 2004. Il a d'abord été conçu pour les étudiants des programmes de formation à l'éducation au préscolaire et à l'enseignement au primaire qui suivent des cours portant sur la didactique de ces matières scolaires. Il s'adresse également aux enseignants et aux conseillers pédagogiques ainsi qu'à toute personne que l'enseignement et l'apprentissage des sciences et des technologies intéressent. L'ouvrage est en partie basé sur le *Programme de formation de l'école québécoise*, du ministère de l'Éducation du Québec (MEQ, 2001), mais étant donné que les programmes d'études d'un certain nombre de pays de la francophonie sont à plusieurs égards assez semblables, il pourra également être utile dans d'autres régions du monde.

Quelques mots, d'abord, au sujet du titre : pourquoi commence-t-il par le mot *enseigner*? Ne dit-on pas souvent, depuis quelque temps, que le milieu scolaire est en train de vivre une révolution, un changement de paradigme qui le fait passer de l'ère de l'enseignement à celle de l'apprentissage ? L'enseignant n'est-il pas devenu un facilitateur, un initiateur, un simple guide dans l'univers des compétences et des savoirs scientifiques ? L'enseignement n'est-il pas un concept dépassé ? Sans nier le rôle central de l'élève dans ses apprentissages, et sans souhaiter non plus un retour à l'époque d'un enseignement centré sur les exposés magistraux, notre conviction, qui est la même que celle de la plupart des spécialistes de la didactique, est que le fait d'enseigner est autant, sinon plus, important à notre époque qu'à toutes les époques précédentes. Évidemment, l'enseignement ne se conçoit plus de la même façon et consiste principalement à concevoir et à piloter des situations, des problèmes et des activités pertinentes et stimulantes. Mais cette conception et ce pilotage sont extrêmement exigeants et demandent une implication et un engagement constant de la part de l'enseignant, dont la principale fonction sera toujours, par définition, d'enseigner.

Par ailleurs, le *Programme de formation de l'école québécoise* comporte une section intitulée « Domaine de la mathématique, de la science et de la technologie », qui se subdivise en une sous-section *Mathématique* (au singulier) et une sous-section *Science et technologie* (les deux mots au singulier également). Le titre de l'ouvrage ne devrait-il pas, alors, se lire *Enseigner la science et la technologie au primaire*? Il nous semble toutefois que l'expression « science et technologie » est un calque de l'anglais *science and technology*. Nous croyons qu'il serait préférable, en bon français, de parler de *sciences*, au pluriel, parce qu'il existe de nombreuses sciences, comme la physique, la chimie, l'astronomie, la géologie, la météorologie, la biologie, très différentes les unes des autres par leurs concepts, leurs théories et leurs approches. (La même remarque pourrait d'ailleurs s'appliquer au terme *mathématique*, étant donné que *les* mathématiques sont un ensemble de disciplines aussi diverses que l'algèbre, la statistique, la géométrie, la topologie, etc.). Et il serait préférable aussi de parler de *techniques*, au pluriel également, parce qu'il existe aussi de nombreuses techniques qui reposent, selon les cas, sur des concepts de sciences physiques, de sciences biologiques ou de sciences de la Terre et de l'Espace, et parce que ce terme serait plus approprié que le terme *technologie* qui désigne habituellement l'étude des techniques des machines et des outils employés dans l'industrie, un domaine qui n'est pas à la portée des élèves du préscolaire et du primaire. Le titre que nous avons choisi est donc un compromis qui se rapproche du titre officiel de la sous-section « Science et technologie » du *Programme de formation de l'école québécoise* mais dans lequel les mots *sciences et technologies* sont plutôt employés au pluriel et où *technologies* désigne un ensemble de techniques.

Le présent ouvrage, divisé en vingt-deux chapitres et comportant cinq annexes, se caractérise par le fait que tous les aspects de la didactique, c'est-à-dire les savoirs, l'élève, l'enseignement et l'évaluation sont abordés selon une approche centrée sur l'évolution des conceptions fréquentes des jeunes. Cette approche découle de l'idée que les sciences sont une activité humaine qui consiste à résoudre les inconsistances qui peuvent exister entre diverses conceptions des objets, des êtres et des phénomènes du monde matériel et du monde vivant. L'ouvrage se distingue également par le fait que les savoirs sont présentés d'une façon facilement accessible, et ne nécessitent pas, pour être compris, de connaissances préalables approfondies en sciences ou en didactique. De plus, les nombreux aspects pratiques témoignent de l'importance accordée à la réalité concrète de l'école et de la salle de classe. Le volume suggère, par exemple, un grand nombre d'activités, de problèmes et d'instruments de mesure adaptés aux réalités particulières du préscolaire et du primaire.

Les chapitres 1, 2 et 3 expliquent l'importance de la discipline science et technologie au préscolaire et au primaire, tracent une vue d'ensemble de la didactique, des sciences, des technologies et de la philosophie des sciences, présentent diverses conceptions de l'activité scientifique et comportent une définition de l'apprentissage des sciences qui découle logiquement de la conception correctionniste retenue.

Les chapitres 4, 5 et 6, conçus sous forme d'aide-mémoire, définissent les principaux concepts relatifs à l'univers matériel, à la Terre et à l'Espace et à l'univers vivant auxquels il est utile de pouvoir se référer lorsqu'on s'intéresse à l'enseignement des sciences et des technologies au primaire.

Les chapitres 7, 8 et 9 abordent d'abord le constructivisme didactique, qui consiste à faire évoluer les conceptions des élèves, et traitent ensuite de deux théories fondamentales de la didactique des sciences : la théorie de la transposition didactique, qui porte sur le passage du savoir savant au savoir enseigné, et la théorie du contrat didactique, qui concerne les droits et les responsabilités des élèves et des enseignants.

Le chapitre 10, qui reprend la sous-section « Science et technologie » du *Programme de formation de l'école québécoise* du ministère de l'Éducation du Québec, comporte quelques commentaires critiques.

Les chapitres 11, 12, 13 et 14, les plus directement applicables en salle de classe, décrivent les activités de résolution de problèmes, qui constituent l'essentiel du travail en sciences et technologies, et proposent des exemples de problèmes, pour des élèves du préscolaire à la fin du primaire, dans les domaines de l'univers matériel, de la Terre et de l'Espace, et de l'univers vivant.

Les chapitres 15, 16, 17, 18 et 19 traitent d'aspects périphériques mais néanmoins importants de l'enseignement des sciences et de la technologie : les langages des sciences et des technologies, les repères culturels, qui incluent notamment le rôle essentiel de l'histoire des sciences et des technologies en enseignement de ces disciplines, l'intégration des matières, qui se vit souvent sous forme de projets transdisciplinaires, l'utilisation des technologies de l'information et de la communication et, finalement, les rôles multiples des musées scientifiques et technologiques.

Les chapitres 20, 21 et 22 abordent l'évaluation des apprentissages, du matériel didactique et de l'enseignement en sciences et technologies. Il propose divers instruments de mesure faciles à utiliser.

Les cinq annexes présentent les particularités de l'enseignement des sciences et des technologies au préscolaire, les principales difficultés d'enseignement et d'apprentissage en sciences et technologies, des consignes et des suggestions visant la sécurité dans le déroulement des activités scientifiques et technologiques, une description des expo-sciences et des défis technologiques ainsi qu'une liste du matériel nécessaire pour animer la plupart des activités de résolution de problème en sciences et technologies.

Enseigner les sciences et les technologies au préscolaire et au primaire aura atteint son but s'il contribue à renouveler l'enseignement des sciences et des technologies, au préscolaire et au primaire, dans une direction conforme aux orientations actuelles de la didactique des sciences.

REMERCIEMENTS

Je tiens d'abord à remercier mes étudiants du programme de formation à l'éducation préscolaire et à l'enseignement primaire ainsi que mes étudiants de deuxième et de troisième cycles de l'Université de Montréal dont les questions, commentaires et suggestions me permettent constamment d'améliorer mes cours, ateliers et séminaires de didactique des sciences et des technologies.

J'exprime aussi ma gratitude aux enseignants et aux conseillers pédagogiques des commissions scolaires des régions de Laval, des Laurentides et de Lanaudière, et particulièrement à Mme Nathalie Côté et à M. Michel Pelletier, pour la supervision de nos projets de conception d'activités, d'exercices et de problèmes en sciences et technologies au primaire. Je les remercie également de leur appui, de leurs conseils et de leurs encouragements.

Enfin, je suis très reconnaissant à Jean-Marc Gagnon et à Lise Morin, des Éditions MultiMondes, de la compétence, de l'enthousiasme et de la disponibilité qui ont grandement facilité la réalisation du présent ouvrage et de mes ouvrages précédents.

LA SCIENCE ET LA TECHNOLOGIE : UNE MATIÈRE SCOLAIRE IMPORTANTE AU PRÉSCOLAIRE ET AU PRIMAIRE

Pourquoi enseigner la science et la technologie au préscolaire et au primaire ? On pourrait croire, en effet, qu'il s'agit d'une matière scolaire trop difficile pour de jeunes élèves et qu'elle concerne surtout les ordres d'enseignement supérieurs. Pourtant, de nombreuses raisons militent en faveur de l'enseignement de cette discipline, dès le préscolaire, et de l'importance de plus en plus grande qu'il faudrait lui accorder à mesure que les élèves progressent vers les niveaux supérieurs du primaire.

Ce chapitre présente les principales raisons pour lesquelles la discipline « science et technologie » est importante au préscolaire et au primaire. Certaines de ces raisons ressortaient déjà clairement, en 1983, d'un état de la question basé sur près de 60 recherches (Bredderman, 1983) et reviennent dans des rapports récents du Conseil de la science et de la technologie du Gouvernement du Québec (CST, 2004) et de l'Organisation de coopération et de développement économiques (OCDE, 2007).

Répondre au besoin de savoir

Toute personne qui a déjà été en contact avec des enfants sait à quel point ils peuvent bombarder leur entourage de questions : Pourquoi le sucre disparaît-il dans l'eau ? Pourquoi les aimants attirent-ils des clous ? Pourquoi faut-il du savon pour se laver ? Pourquoi le Soleil se couche-t-il le soir ? Pourquoi la Lune change-t-elle de forme ? Comment fait-on du beurre ? Pourquoi les feuilles des arbres changent-elles de couleur à l'automne ? Pourquoi les oiseaux chantent-ils ?

La discipline science et technologie étanche cette soif de savoir des enfants et fait en sorte qu'ils comprennent mieux le monde qui les entoure. Elle leur offre l'occasion de se familiariser, graduellement, avec plusieurs concepts des domaines de l'univers matériel, de la Terre et de l'Espace et de l'univers vivant.

Assurer un développement cognitif équilibré

La discipline science et technologie développe, chez les élèves, des compétences différentes de celles des autres disciplines scolaires. Elle vise par exemple à ce qu'ils soient capables de proposer des solutions à des problèmes de nature scientifique, d'utiliser des instruments de mesure et de communiquer à l'aide d'un langage spécialisé.

Elle leur permet également d'acquérir certaines habiletés et attitudes particulières, notamment l'habileté à bien observer, à classifier des objets et des êtres vivants, à formuler des hypothèses et à expérimenter, ainsi que des attitudes telles que la curiosité, la minutie, la précision, l'esprit critique et le respect de l'environnement. La discipline science et technologie joue donc un rôle important dans l'équilibre du développement cognitif des élèves.

Rehausser la culture générale

Les découvertes scientifiques et les inventions technologiques sont le fait de personnes ou d'équipes ayant vécu à différentes époques de l'histoire de l'humanité. L'étude de la science et de la technologie devrait faire en sorte que les élèves puissent connaître les contributions fondamentales de scientifiques tels qu'Archimède, Copernic, Galilée, Newton, Darwin, Pasteur, Marie Curie ou Einstein, pour n'en nommer que quelques-uns, et comprendre le contexte historique dans lequel ces découvertes furent effectuées.

Par ailleurs, l'étude de la science et de la technologie permet de mieux comprendre les valeurs qui assurent la crédibilité du résultat de travaux des scientifiques et des technologues et de voir les impacts de l'activité scientifique et technologique sur le mode de vie des êtres humains et sur l'environnement. Elle vise aussi à faire réaliser que la science et la technologie n'ont pas réponse à tout et ne peuvent résoudre tous les problèmes, ce qui leur confère des limites dont il est important de prendre conscience.

Rendre actif

Lorsqu'elle est bien enseignée, la discipline science et technologie repose principalement sur la solution de problèmes concrets, qui passe par la réalisation d'une expérience ou la construction d'un prototype et qui exige la manipulation de matériel, d'outils et d'instruments. Les élèves sont donc très actifs lors de leurs apprentissages.

Cette caractéristique de la discipline science et technologie la rend très attrayante pour les élèves, et particulièrement pour ceux qui apprécient les occasions de bouger et de fabriquer quelque chose. Un enseignement régulier et dynamique de la science et de la technologie peut donc contribuer à développer des attitudes plus positives envers l'école et à réduire les taux de décrochage qui se manifestent plus tard, au cours de la scolarité des élèves.

Préparer aux ordres d'enseignement supérieur

L'intérêt pour la science et la technologie, un peu comme l'intérêt pour la musique, se développe plus tôt, dans la vie des enfants, que l'intérêt pour plusieurs autres matières scolaires. Les élèves qui sont privés d'un enseignement adéquat de cette discipline, au préscolaire et au primaire, risquent donc, au cours de leur scolarité ultérieure, de se limiter aux seuls cours de science et de technologie qui sont absolument obligatoires et de perdre la possibilité de développer leur potentiel et leurs aptitudes dans ces domaines.

Par ailleurs, au secondaire, l'enseignement de la science et de la technologie devient rapidement de plus en plus abstrait, formel et exigeant. Un élève qui n'a pas étudié cette discipline au primaire se retrouve un peu dans la situation de quelqu'un qui essaierait d'apprendre à conduire sans jamais avoir vécu l'expérience d'être passager dans une voiture. Il est rapidement surchargé d'informations nouvelles et risque de prendre peur et d'échouer. La discipline science et technologie, au préscolaire et au primaire, assure une familiarisation graduelle avec des concepts qui paraîtront moins inquiétants par la suite.

Augmenter l'intérêt pour les carrières scientifiques et techniques

Plusieurs adultes, jeunes et moins jeunes, se plaignent de ne pas réussir à dénicher un emploi attrayant et bien payé. Pourtant, à l'inverse, de nombreuses entreprises n'arrivent pas à recruter de candidats pour un grand nombre de postes fort intéressants. Plusieurs de ces postes relèvent de domaines scientifiques et techniques mais la grande majorité des étudiants, surtout dans les universités, se retrouvent dans les facultés et départements d'arts, de lettres ou de sciences humaines.

À titre d'exemple, on prévoit que les besoins seront particulièrement criants, pendant de nombreuses années, pour des audiologistes, des ingénieurs civils, des ergothérapeutes, des pharmaciens, des techniciens en aéronautique, des électromécaniciens, des hygiénistes dentaires, des analystes en informatique, des géologues, des inhalothérapeutes et des chimistes.

Un plus grand intérêt et un plus grand taux de réussite en science et technologie, de même qu'une meilleure connaissance du marché du travail, permettraient à de nombreux élèves de s'orienter vers des carrières scientifiques ou techniques, dont ils ne connaissent parfois même pas l'existence, et d'occuper des postes plus valorisants et plus rémunérateurs que ceux qu'ils pourraient obtenir autrement.

Augmenter le nombre de filles qui se dirigent vers des études en sciences physiques et en ingénierie

Au cours des dernières décennies, la proportion de filles qui optent pour certaines filières scientifiques n'a cessé d'augmenter, au point que dans plusieurs facultés de médecine, par exemple, le nombre d'étudiantes surpasse maintenant le nombre d'étudiants.

Mais cette progression, remarquable dans les domaines des sciences biologiques et des sciences de la santé, l'a été beaucoup moins dans le domaine des sciences physiques. Les départements de physique des universités et les programmes des techniques physiques des cégeps, par exemple, comptent encore relativement peu d'étudiantes.

Au préscolaire et au primaire, un enseignement de la science et de la technologie bien équilibré, qui aborde des savoirs de l'univers matériel, de la Terre et de l'Espace et de l'univers vivant, permet à tous les élèves, filles et garçons, de réaliser à quel point certains domaines scientifiques et technologiques, parfois méconnus, peuvent être fascinants.

Permettre de questionner la nature

Dans la plupart des matières scolaires, lorsqu'un élève veut savoir quelque chose, il peut poser une question à son enseignant, chercher dans un manuel scolaire, consulter des livres à la bibliothèque ou naviguer sur le Web. Il obtiendra une réponse formulée par quelqu'un d'autre.

En science et technologie, ces diverses façons d'obtenir une réponse peuvent évidemment être mises à profit. Mais, lorsque cette discipline est enseignée comme elle devrait l'être, l'élève obtiendra le plus souvent une réponse en observant des objets, des phénomènes ou des êtres vivants, en manipulant du matériel, en planifiant une expérience ou en construisant un prototype. En d'autres termes, il obtiendra une réponse en questionnant directement la nature.

Les plantes ont-elles absolument besoin d'eau, de lumière, d'engrais ? Ce sont les plantes elles-mêmes qui lui répondront, lorsque l'élève fera des expériences visant à vérifier l'effet de la privation d'eau, de lumière ou d'engrais sur l'état de santé et la croissance d'un échantillon de quelques plantes. Des feuilles de papier sont-elles assez solides pour construire un pont qui puisse supporter le poids d'un dictionnaire ? Ce sont les feuilles de papier elles-mêmes qui lui fourniront la réponse, au fil des tentatives de l'élève pour en faire un pont suffisamment résistant.

L'élève se familiarisera ainsi avec des méthodes d'acquisition de connaissances différentes de celles auxquelles il a habituellement recours dans plusieurs autres disciplines.

CHAPITRE 2

LA DIDACTIQUE: UNE VUE D'ENSEMBLE

Le présent chapitre vise à présenter la didactique ainsi que les principaux domaines auxquels elle s'intéresse.

Une définition de la didactique

Le mot *didactique* existe depuis longtemps comme adjectif et désigne quelque chose qui vise à instruire. On peut parler, par exemple, d'un ouvrage ou d'un exposé didactique, ce qui met l'accent sur son côté linéaire et structuré et peut même, dans certains cas, avoir une connotation péjorative, comme dans le cas d'un roman ou d'un film considéré comme *trop didactique.*

Employé comme nom, *didactique* apparaît au XVIIe siècle, dans le titre de l'ouvrage de Coménius *Didactica magna* (*La Grande Didactique*), et au début du XXe siècle dans l'ouvrage de Lay *Experimentelle didaktik* (*La didactique expérimentale*). Ce n'est toutefois qu'à partir de 1955 qu'on le retrouve dans un dictionnaire d'usage courant, le *Robert,* où ce mot signifie « l'art d'enseigner ».

De nos jours, le terme *didactique* est parfois employé comme synonyme du terme *pédagogie* et, dans ce sens, les expressions *pédagogie des sciences* et *didactique des sciences* sont équivalentes. Mais le champ de la didactique possède cependant, à cause de la grande influence des conceptions opératoires de l'intelligence développées par Piaget, une connotation particulière qui l'associe à la psychologie cognitive et à l'épistémologie génétique. Ainsi, alors que la pédagogie s'intéresse à l'éducation globale des élèves et à des questions générales relatives, par exemple, à la gestion de classe, ou à des méthodes d'enseignement applicables à toutes les matières scolaires, telles que l'apprentissage coopératif, la didactique s'intéresse plus spécifiquement à l'instruction des élèves et à la construction, par ces élèves, des savoirs scolaires de diverses disciplines.

En quelques mots, on pourrait définir la didactique comme une branche des sciences de l'éducation qui a pour objet la planification de situations pédagogiques qui favorisent l'apparition, le fonctionnement et la remise en question des conceptions successives de l'élève. La didactique étudie les problèmes particuliers que posent l'enseignement et l'apprentissage de diverses disciplines scolaires et s'intéresse tout particulièrement aux situations d'enseignement et d'apprentissage et s'appuie sur une analyse précise des savoirs. En ce sens, et tout comme dans le cas des sciences, il est d'ailleurs préférable de parler de didactiques, au pluriel, car bien qu'il puisse exister certains concepts communs à toutes les didactiques, la didactique du français, par exemple, repose sur des méthodes et étudie des problèmes différents de ceux de la didactique des mathématiques ou de la didactique des sciences. On notera par ailleurs que la didactique a surtout été développée dans le monde francophone et que, dans le cas particulier de la didactique des sciences, elle se fonde sur des concepts originaux, souvent très différents de ceux qui sont utilisés dans le champ de la *science education* ou du *science teaching* du monde anglophone.

La didactique comporte un volet théorique, qui vise à décrire et à expliquer les phénomènes d'enseignement et d'apprentissage, et un volet pratique, parfois connu sous le nom d'*ingénierie didactique*, qui vise à agir sur le système d'enseignement. Le présent ouvrage traite des deux volets, mais met l'accent sur l'ingénierie didactique propre à l'enseignement des sciences et des technologies.

Les domaines d'intérêt de la didactique

Tel que proposé par le didacticien français Yves Chevallard (1991), la didactique peut être représentée par un triangle dont les sommets sont les savoirs, l'élève et l'enseignant.

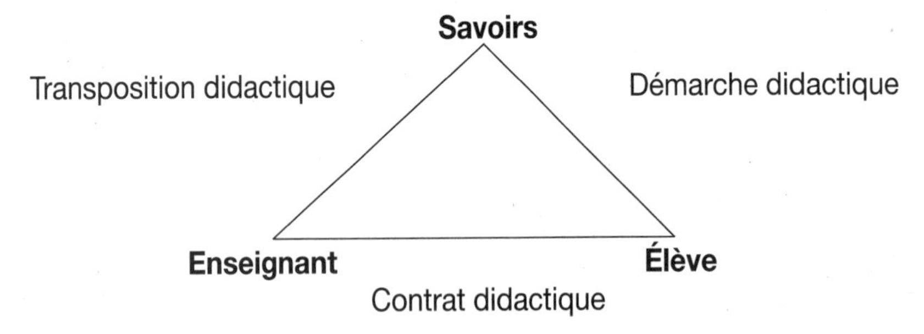

Les sommets de ce triangle didactique, considérés seuls, concernent des domaines de recherche autres que ceux de la didactique. En sciences et technologie, l'étude des savoirs relève des diverses disciplines (physique, chimie, biologie, etc.) ainsi que de l'épistémologie, branche de la philosophie qui traite de la définition, du sens et de la légitimité des sciences. L'étude de l'élève relève de la psychologie de l'apprentissage. L'étude de l'enseignant et des modèles d'enseignement appartient à la psychosociologie et à la psychopédagogie.

Les domaines de recherche propres à la didactique sont représentés par les trois côtés de ce triangle :

La relation entre l'enseignant et le savoir. C'est le domaine de l'élaboration des contenus d'enseignement. La didactique s'intéresse particulièrement aux modifications, appelées *transposition didactique*, que subissent les savoirs savants afin de devenir des savoirs scolaires. Elle s'intéresse aussi au matériel didactique, qui est l'ensemble des aides didactiques, documents et outils qui sont les résultats de cette transposition. La notion de transposition didactique est présentée au chapitre 8 et des critères d'évaluation du matériel didactique font l'objet du chapitre 21.

La relation entre l'enseignant et l'élève. C'est le domaine du *contrat didactique* entre l'enseignant et ses élèves. La notion de contrat didactique, présentée au chapitre 9, désigne l'ensemble implicite des obligations réciproques entre l'enseignant et l'élève. Chacun a des droits et des responsabilités qui sont rarement énoncés mais qui font partie des rôles de l'enseignant et de l'élève. L'*évaluation des apprentissages*, par exemple, bien qu'elle relève aussi de la relation entre l'élève et le savoir, est un aspect important du contrat didactique, car elle confère des responsabilités importantes, qui doivent être correctement perçues de part et d'autre, à l'enseignant et à l'élève. Il en est question au chapitre 22.

La relation entre l'élève et le savoir. Ce domaine, le plus important des trois, est celui du rapport au savoir de l'élève. En d'autres termes, c'est le domaine des stratégies qui permettront à l'élève de s'approprier des savoirs, qui lui sont extérieurs, pour en faire des connaissances, qui lui sont propres. La didactique, qui ne considère pas l'élève comme une « boîte vide » ou une « *tabula rasa* », s'intéresse aux façons dont les élèves arrivent à construire leurs nouvelles connaissances sur la base de *conceptions initiales* qui constituent souvent des obstacles à l'apprentissage, mais qui peuvent parfois, au contraire, jouer le rôle d'adjuvants qui les aideront à mieux saisir certains concepts. Les conceptions initiales sont présentées au chapitre 7. La conception et l'analyse d'une *démarche didactique* qui permet aux élèves de faire des apprentissages en résolvant des problèmes est un thème de recherche fondamental en didactique et constitue le cœur du présent ouvrage.

L'importance des trois relations. En didactique, les trois relations (enseignant-savoir, enseignant-élève et élève-savoir) doivent être considérées. Une attention exclusive accordée à la relation entre l'enseignant et le savoir risque de conduire à une pédagogie encyclopédique peu stimulante. Une attention exclusive accordée à la relation entre l'enseignant et l'élève risque de mener à une pédagogie sociale qui tourne à vide. Une attention exclusive accordée à la relation entre l'élève et le savoir risque de se traduire par une pédagogie exploratoire qui manque d'encadrement.

CHAPITRE 3

LA NATURE DE L'ACTIVITÉ SCIENTIFIQUE ET TECHNOLOGIQUE : RÉSOUDRE DES PROBLÈMES

Le chapitre 3 présente diverses conceptions de la nature de l'activité scientifique et de l'activité scientifique. Il insiste particulièrement sur le fait que la résolution de problème est au cœur des sciences et des technologies.

La nature de l'activité scientifique

Une définition des sciences. Il existe un grand nombre de définitions des sciences parmi lesquelles trois niveaux peuvent être distingués. À un premier niveau très général, les sciences désignent des ensembles organisés de connaissances relatives à certaines catégories de phénomènes. Il peut alors être question de sciences biologiques, de sciences sociales, de sciences politiques, de sciences physiques, de sciences de l'éducation, etc.

À un deuxième niveau, les sciences désignent, en plus de la définition précédente, une activité rationnelle et rigoureuse permettant de parvenir à des savoirs au sujet de phénomènes. Cette activité accorde souvent un rôle de premier plan à l'expérimentation.

À un troisième niveau, le plus pertinent lorsqu'il est question des sciences de la nature, qui sont consacrées à l'univers matériel, la Terre et de l'Espace, et l'univers vivant, les sciences désignent cette activité rationnelle et rigoureuse et les savoirs qu'elle permet d'acquérir. On parle alors de sciences telles que la physique, la chimie, l'astronomie, la géologie, la météorologie et la biologie. Cette définition comporte deux aspects : l'activité scientifique et les savoirs scientifiques. L'activité scientifique correspond à un ensemble d'actions : rechercher des similitudes, observer, émettre des hypothèses, résoudre des problèmes, etc. Les savoirs scientifiques, constitués d'énoncés d'observation, de concepts, de lois, de théories et de modèles, sont le résultat de cette activité scientifique.

Les visées communes des sciences. Toutes les sciences comportent certaines caractéristiques communes. Les sciences cherchent d'abord à *décrire*, d'une façon systématique, des corps, des organismes ou des phénomènes. Dans son développement, toute science connaît généralement une première phase pendant laquelle la description occupe une place prépondérante. Au XVIe et au XVIIe siècles, par exemple, la botanique et la biologie consistaient surtout à décrire et à classifier les plantes et les animaux.

Les sciences visent ensuite à *expliquer*, en établissant des lois générales à partir des phénomènes observés. Ces lois sont vérifiées par des expériences contrôlées. Une science qui relègue au second plan son rôle descriptif et qui commence à énoncer des lois explicatives qui peuvent être vérifiées d'une façon expérimentale atteint une certaine maturité.

Parvenue à un stade de développement relativement avancé, elle peut alors *prédire* certains événements et phénomènes. Une excellente façon de vérifier la valeur d'une loi scientifique consiste à l'utiliser pour formuler une prédiction. La prédiction de la découverte de la planète Neptune et de la déviation de la lumière d'une étoile par le Soleil en sont des exemples célèbres.

La structure des savoirs scientifiques. Les savoirs scientifiques forment une structure conceptuelle hiérarchisée. Les *énoncés d'observation* sont des énoncés formulés pour décrire des observations, des mesures, ou diverses données tirées de la nature. On prétend parfois que les énoncés d'observation sont neutres, exempts de toute interprétation ou explication, et on leur donne alors le nom de *faits*. Mais les énoncés d'observation n'ont de sens que par rapport à un système explicatif. Même un énoncé d'observation en apparence aussi neutre que « le Soleil se lève à l'est » implique une conception assez particulière des corps célestes et des points cardinaux.

Les *concepts* sont des représentations mentales générales et abstraites permettant d'organiser et de simplifier les perceptions et les connaissances, par exemple les concepts de cellule, d'organisme, de température, de temps, de densité ou de pression. Contrairement à plusieurs concepts du langage courant, un concept scientifique peut être formulé à divers niveaux. Il faut savoir utiliser le niveau de formulation approprié dans une situation donnée. Il n'est pas très utile à un automobiliste en panne sèche de savoir que le concept « essence » peut être défini comme un liquide pétrolier artificiellement coloré distillant à 200 °C. Savoir qu'il s'agit d'un carburant est bien suffisant.

Les *lois* sont des énoncés qui organisent les énoncés d'observation et les concepts en un système logique et cohérent. Elles établissent des relations entre divers aspects du monde matériel ou du monde vivant. Mentionnons par exemple la troisième loi de Newton sur l'égalité entre l'action et la réaction, ou les lois de Mendel sur l'hybridation et l'hérédité. Comme les concepts, les lois supposent une simplification de la réalité et négligent certains facteurs considérés comme secondaires, ce qui implique un jugement de valeur sur le niveau de complexité nécessaire.

Les *théories* sont des ensembles de lois organisés de façon systématique, qui donnent l'explication d'un grand nombre d'énoncés d'observation, qui permettent de faire des prédictions et qui constituent la base d'une science. Une certaine théorie, si rudimentaire soit-elle, précède toujours les énoncés d'observation, ce qui est le contraire de ce qui est souvent enseigné.

Les *modèles* sont des structures formalisées utilisées pour rendre compte d'un ensemble de faits d'observations, de concepts, de lois et de théories reliés de diverses façons, par exemple le « modèle atomique » ou le « modèle animal de certaines maladies humaines ». On peut souvent représenter un modèle à l'aide d'un diagramme ou d'une maquette, ce qui le rend moins abstrait. Ces diagrammes et ces maquettes ne sont cependant que des supports de la pensée et ils risquent parfois de figer les conceptions, par exemple lorsque l'atome est conçu comme un système solaire miniature ou l'électricité comme un liquide qui circule dans de petits tuyaux.

Les hypothèses et les expériences. Les sciences reposent sur des activités de recherche sans fin. Dans le cadre de ces recherches, une hypothèse est une explication susceptible d'être mise à l'épreuve. Une expérience est un test scientifique qui éprouve une hypothèse dans des conditions soigneusement contrôlées. En d'autres termes, une expérience est une façon de « questionner la nature ».

Des hypothèses corroborées peuvent se développer en lois ou en théories, qui seront les meilleures explications disponibles à ce jour.

Les variables dépendantes et les variables indépendantes. Une variable, telle que la température ou la vitesse d'une réaction chimique, est quelque chose qui change, soit dans une expérience, soit dans la nature. La variable indépendante est la cause de la variation d'une variable dépendante. Par exemple, le temps d'exposition au soleil est la cause du jaunissement du papier. Le temps d'exposition au soleil est donc la variable indépendante et le jaunissement du papier est la variable dépendante (car elle dépend de la variable indépendante).

Une constante est un facteur qui ne change pas. Dans ce même exemple, le taux d'humidité de l'air, qui n'est pas considéré lors du jaunissement du papier, devrait être gardé constant.

Le contrôle des variables. Lors d'une expérience, si l'on fait varier plusieurs variables indépendantes en même temps, il sera très difficile, voire impossible, de savoir laquelle de ces variables indépendantes est la cause des variations de la variable dépendante. Par exemple, si l'on change en même temps la quantité d'eau, d'engrais et de lumière que reçoit une plante qui se flétrit, il sera très difficile de savoir laquelle de ces trois variables indépendantes était la cause de la variable dépendante, dans ce cas de flétrissement.

Le protocole expérimental idéal consiste donc à disposer d'un grand nombre de plantes qui semblent souffrir de la même maladie, à laisser quelques plantes, qui constituent le groupe contrôle, dans les conditions initiales, et à faire varier seulement une des variables indépendantes à la fois pour d'autres groupes de plantes, dont chacun est un groupe expérimental. On pourrait par exemple faire varier seulement la quantité d'eau pour certaines plantes, faire varier seulement la quantité d'engrais pour d'autres plantes et faire varier seulement la quantité de lumière pour d'autres plantes. Cette façon de procéder consiste à contrôler les variables. Ainsi, il sera beaucoup plus facile de savoir lequel du manque (ou de l'excès) d'eau, du manque (ou de l'excès) d'engrais ou du manque (ou de l'excès) de lumière est la cause du flétrissement.

La corrélation et la causalité. Une corrélation est une relation mathématique entre deux variables. Elle est positive quand l'augmentation de la valeur d'une des variables est reliée à une augmentation de la valeur de l'autre variable ; elle est négative quand l'augmentation de la valeur d'une des variables est reliée à une diminution de la valeur de l'autre variable.

Par exemple, il y a une corrélation négative entre le temps passé à regarder la télévision et les notes à l'école. Plus le temps passé à regarder la télévision est grand, moins les notes sont bonnes.

Une corrélation est parfois l'indice d'une causalité (ou lien de cause à effet), mais pas toujours. Il serait possible, dans l'exemple ci-dessus, que le temps passé à regarder la télévision ne soit pas la cause des moins bonnes notes à l'école, mais que ces deux variables soient en fait dépendantes d'une troisième, par exemple la scolarité des parents.

Pour donner un exemple amusant, qui va dans le même sens, certaines données montrent qu'il existe une corrélation positive entre le rendement scolaire des élèves et la légèreté de leurs vélos. En effet, plus les alliages dont sont faits leurs vélos sont légers, plus le rendement scolaire des élèves est bon. Pourtant, personne n'a jamais suggéré de créer une fondation pour acheter des vélos en alliages légers aux enfants. L'explication est ailleurs. La légèreté des vélos et le rendement scolaire des élèves sont tous deux reliés à d'autres variables, notamment le niveau socioéconomique des familles.

Les sciences du quotidien et les ruptures épistémologiques. Nous associons souvent les sciences à une activité d'expert, qui se déroule dans des centres de recherche et des laboratoires. Pourtant, il nous arrive tous, comme à monsieur Jourdain, dans le *Bourgeois gentilhomme* de Molière, qui faisait de la prose sans le savoir, de résoudre des problèmes ou de trouver des réponses à nos questions d'une façon scientifique. Faire varier tour à tour la quantité d'eau, de lumière et d'engrais d'une plante malade jusqu'à ce qu'elle se porte mieux, ou modifier la quantité de sucre ou de beurre d'une recette, jusqu'à ce que le goût d'un gâteau nous plaise davantage, sont des exemples d'expérimentation contrôlée.

Cela dit, il faut admettre, cependant, que les sciences (et autant les sciences de la nature que plusieurs sciences humaines) exigent un effort intellectuel particulier. En plus de faire appel à un langage symbolique et mathématique, elles impliquent souvent une profonde modification dans les façons d'envisager le monde qui constitue une véritable rupture épistémologique. Toute personne qui étudie les sciences doit remettre en question ses conceptions habituelles et reconstruire, peu à peu, des concepts plus abstraits et plus complexes. Les deux phénomènes suivants, par exemple, peuvent conduire à remettre en question certaines conceptions : si on laisse tomber en même temps une grosse roche et une petite roche, elles arrivent au sol au même moment ; certains objets très lourds flottent et d'autres objets très légers coulent.

La modélisation. L'activité scientifique peut être présentée comme une activité de modélisation, c'est-à-dire comme une activité qui consiste à construire les modèles physiques ou théoriques les plus cohérents possibles pour résoudre les problèmes que posent la description, l'explication et la prédiction dans tous les domaines des sciences physiques et biologiques.

Dans le langage courant, le mot *modèle* possède de nombreuses significations. Il peut désigner quelque chose ou quelqu'un à imiter, comme dans le cas d'un modèle d'écriture pour de jeunes élèves, d'un « élève modèle » ou du modèle vivant d'un artiste, de même que le produit de l'imitation, comme lorsqu'on parle du modèle en plâtre d'une statue. Il peut désigner l'archétype, par exemple lorsqu'on dit que le Tartuffe de Molière est le modèle de l'hypocrite. Il peut désigner la catégorie, comme dans le cas d'un modèle de voiture. Il peut finalement désigner le moule ou la matrice, comme lorsqu'il est question d'un modèle de savon, ou d'un modèle de l'objet à exécuter, comme dans le cas du modèle en bois ou du modèle réduit d'un nouvel avion.

En sciences, le mot *modèle* a surtout un sens instrumental et désigne un dispositif de recherche d'un niveau de complexité équivalant au phénomène, à l'organisme ou au système étudié. Certains modèles sont surtout physiques, comme le modèle du pendule qui peut représenter et expliquer un grand nombre de phénomènes d'oscillation, ou le modèle de la drosophile (espèce de mouche) qui peut représenter et expliquer plusieurs concepts et lois de la génétique. D'autres modèles sont plutôt théoriques, dialectiques et parfois même mathématiques, comme les modèles à compartiments (avec des cases et des flèches), beaucoup utilisés en biologie, ou comme le modèle mathématique de Malthus au sujet des accroissements de la production et de la population. Il existe enfin des modèles mixtes, tels que les jeux (jeux de dames, d'échec, de cartes, de go, etc.), qui peuvent, par exemple, constituer d'intéressants modèles de la dynamique d'une population ou d'un conflit armé.

L'élaboration d'un modèle scientifique comporte plusieurs étapes, qui rappellent un peu celles de la « méthode scientifique » classique dont il sera question plus loin lors de la présentation de la conception vérificationniste de l'activité scientifique. La modélisation est d'ailleurs parfois présentée comme l'état actuel, modernisé pour tenir compte de préoccupations plus récentes, de cette « méthode scientifique ». Pour illustrer ces étapes, qui s'inspirent des travaux de Jean-Marie Leguay (1997), nous emprunterons son exemple de la modélisation du trafic routier, entre deux villes A et B qu'aucune route ne relie actuellement et entre lesquelles la construction d'une route est prévue.

La première étape consiste à faire une *analyse de la situation,* qui fixe et décrit le cadre dans lequel s'effectuera la modélisation. Cette analyse comporte des recherches préliminaires et de la collecte de données. Dans notre exemple, la situation consiste à essayer de prévoir le trafic routier sur la route qui sera bientôt construite entre A et B.

La deuxième étape consiste à *poser le problème* de façon claire, pertinente et accessible, ce qui n'est pas facile car la tentation est parfois grande de ratisser trop large et de poser des problèmes vastes et irréalistes. Dans notre exemple, le problème consiste à trouver le modèle le plus simple et le plus élégant possible qui tienne compte des facteurs essentiels dont dépendra le trafic routier sur la route reliant les deux villes.

La troisième étape consiste à faire le *choix d'un point de vue.* Ce choix est beaucoup plus important qu'il n'y paraît de prime abord parce qu'il aura une influence déterminante sur le type de modèle qui sera élaboré ainsi que sur les applications qui pourront en découler. Par exemple, dans le cas d'une épidémie de malaria, le choix d'un point de vue médical, d'un point de vue zoologique, d'un point de vue écologique ou d'un point de vue économique mènera à des recherches et à des modélisations très différentes les unes des autres. Dans notre exemple du trafic routier, le point de vue choisi pourrait être celui du génie civil, pour développer un modèle permettant de prévoir le débit de la circulation et le type de route nécessaire.

La quatrième étape consiste à *exprimer les hypothèses ou les postulats* sur lesquels s'appuiera le modèle. Cette étape permet de définir le champ exact d'application du modèle, la liste des variables dont on tient compte et la valeur donnée à certains paramètres. Dans notre exemple du trafic routier, on postule, pour simplifier, que tous les individus des populations des deux villes sont équivalents et feront à peu près le même nombre de déplacements en voiture, comme conducteurs ou comme passagers.

La cinquième étape consiste à *formaliser le modèle.* Cette formalisation commence souvent par une phase plus qualitative, qui consiste à construire des diagrammes munis de flèches qui posent les variables retenues et les relations entre elles. Il peut arriver que la modélisation s'arrête là, mais elle se poursuit généralement par la construction d'un objet, d'un modèle physique ou, dans le cas d'un modèle mathématique, par une première approximation d'une formule possible. Dans notre exemple, une première approximation d'un modèle mathématique pourrait être que le trafic sera proportionnel au produit de la population de la ville A (Pa) par la population de la ville B (Pb). Plus la population des deux villes est grande, plus il y aura de trafic routier entre elles.

La sixième étape consiste à *raffiner le modèle et à donner des valeurs aux paramètres.* Cette étape est facilitée de nos jours, dans bien des domaines, par le recours à des programmes informatiques et à des logiciels de simulation. Dans notre exemple, le modèle pourrait être raffiné pour tenir compte de la distance (d) entre les deux villes. On pourrait supposer, comme dans le cas d'une attraction gravitationnelle ou électrique, que le trafic serait inversement proportionnel à la distance au carré (d^2) entre les deux villes, c'est-à-dire que plus la distance entre les deux villes est grande, plus le débit du trafic routier sur la nouvelle route sera faible. On pourrait aussi prévoir un coefficient K de l'« attractivité » des deux villes entre elles, auquel il faudra plus tard donner une valeur appropriée. Notre modèle mathématique sera donc :

$$\text{Trafic} = K\,(Pa \times Pb)/d^2$$

La septième et dernière étape consiste à *confronter les résultats prévus par le modèle aux données de l'expérience.* Plus l'accord est bon, plus le modèle est compatible avec le phénomène étudié. Un désaccord entraîne des modifications aux paramètres, parfois des modifications au modèle et, dans certains cas, le rejet total du modèle. Dans notre exemple de modèle du trafic routier, l'accord est satisfaisant entre le trafic prévu par le modèle et le trafic observé et ce modèle mathématique est souvent utilisé.

Selon une autre description semblable, retenue par certains auteurs, les étapes de la solution d'un problème scientifique consistent à : 1) cerner un problème de nature scientifique ; 2) choisir un scénario d'investigation ; 3) concrétiser sa démarche ; 4) effectuer l'expérience ou collecter des données ; 5) analyser ses résultats ; 6) faire un retour sur sa démarche et proposer des améliorations.

Un bon modèle présente les mêmes caractéristiques qu'une bonne théorie scientifique, c'est-à-dire la non-contradiction, la complétude, la limitation (ou le confinement des objets), la prédictivité, la fécondité, la vérifiabilité, l'analyticité (ou la présence d'une structure logique) et la simplicité. (Voir la section « Les conceptions rationalistes des sciences » ci-après.)

Mais la modélisation entraîne parfois des difficultés. Il peut arriver, par exemple, que le modèle devienne une convention que personne n'ose plus remettre en question, comme la mécanique de Newton, l'atome de Bohr ou le « cœur-pompe ». Dans certains cas extrêmes, comme celui du modèle géocentrique du système solaire, on tombe même dans le mythe. Il peut arriver aussi que l'on fasse une extension abusive du domaine de validité du modèle. On applique alors le modèle à des situations auxquelles il n'est pas adapté, par exemple lorsqu'on applique un modèle semblable à celui du système solaire à la description de l'atome.

Il est donc important, pour les scientifiques, de savoir reconnaître les situations où un modèle est devenu stérile et ne permet plus de progresser, celles où le modèle commence à générer des contradictions et enfin celles où le modèle présente des manques ou des faiblesses qui ne permettent pas de répondre à des questions importantes. Dans bien des cas, plusieurs points de vue et plusieurs modèles sont nécessaires pour dégager la meilleure compréhension du système étudié.

Diverses conceptions de la science

Les façons non scientifiques d'acquérir des connaissances. L'activité scientifique est relativement récente dans l'histoire de l'humanité. Mais d'autres façons d'acquérir des connaissances, qui sont encore appliquées de nos jours, remontent à l'apparition de l'homme sur Terre et aux plus anciennes civilisations. Bien qu'elles puissent être valables dans certains contextes, ces façons d'acquérir des connaissances peuvent aussi faire obstacle à l'acquisition d'un mode de pensée scientifique.

- *Le sens commun.* Parfois utile, il est souvent trompeur. La Terre n'est pas plate et le Soleil ne tourne pas autour de celle-ci. Les sciences sont, à bien des égards, une tentative de l'esprit humain de se libérer du sens commun.
- *L'autorité.* Les sorciers, les rois, les prêtres, les ministres, les philosophes peuvent énoncer de profondes vérités, mais aussi de graves faussetés. Le prestige et la crédibilité accordés aux personnes en position d'autorité peuvent rendre leurs erreurs dangereuses. On a déjà prétendu, par exemple, que la prière était préférable à l'anesthésie ou à la vaccination. L'histoire des sciences est souvent aussi celle d'une lutte entre les scientifiques et les autorités de leur époque.
- *L'expérience personnelle.* Valable dans certains cas, elle peut cependant conduire à des conclusions fausses. Vous avez mal à la tête après avoir bu de la bière, du vin, du cognac et du whisky? Ne blâmez pas le mélange, mais plutôt la quantité totale d'alcool consommée. L'expérimentation scientifique, plus rigoureuse que l'expérience personnelle, permet souvent de tirer des conclusions fort différentes.
- *La déduction.* Fondamentale en mathématiques, la déduction est une opération qui permet de formuler des énoncés qui découlent logiquement de prémisses considérées comme évidentes. Un bon exemple est la géométrie euclidienne, entièrement déduite des cinq postulats de base suivants :

- On peut mener une droite entre deux points.
- On peut prolonger un segment de droite indéfiniment.
- À partir d'un point et d'un intervalle quelconque, on peut décrire une circonférence.
- Les angles droits sont tous égaux entre eux.
- Par un point donné, on ne peut mener qu'une seule parallèle à une droite donnée.

Le théorème de Pythagore, par exemple, selon lequel, dans un triangle rectangle, le carré de l'hypoténuse est égal à la somme des carrés des deux autres côtés, peut être déduit de ces postulats.

En sciences, bien qu'elle soit importante, la déduction n'est pas suffisante car il n'existe pas de postulats scientifiques évidents à partir desquels pourraient être déduites toutes les lois et théories scientifiques.

Étant donné qu'elles sont essentiellement déductives, plusieurs auteurs considèrent que les mathématiques ne sont pas une science, d'autant plus que les mathématiques n'ont pas comme but d'expliquer le monde qui nous entoure, mais seulement de formuler des théorèmes cohérents. Les mathématiques sont toutefois un langage essentiel, en sciences, car, comme l'énonçait Galilée en 1602, « la nature est écrite en langage mathématique ».

- *L'induction.* L'induction est une opération qui permet de formuler des énoncés généraux à partir d'un certain nombre de cas particuliers. Comme on ne peut presque jamais observer tous les cas particuliers, il y a donc un risque constant d'erreur.

Tout comme la déduction, l'induction est utile en sciences, surtout quand il s'agit de formuler des hypothèses à partir d'observations, mais elle ne peut à elle seule conduire à des théories scientifiques.

- *L'abduction.* L'abduction est une opération qui consiste à appliquer une théorie ou un modèle à un domaine différent. Par exemple, la loi de l'attraction entre des corps magnétiques, énoncée par Gilbert en 1600, a inspiré Newton dans sa formulation, en 1687, de la loi de la gravitation universelle.

La conception dogmatique des sciences. Les théories scientifiques sont parfois considérées et présentées comme des vérités irréfutables. Cette conception dogmatique des sciences, qui remonte à certains philosophes de l'Antiquité grecque, tels que Platon, qui s'est poursuivie à travers les enseignements de René Descartes, au XVIIe siècle, au sujet d'idées claires, distinctes et garanties par Dieu (« Je pense, donc je suis ») et qui est encore véhiculée par une partie de la communauté scientifique, est souvent transmise par l'éducation scientifique.

Selon cette conception, il existe une correspondance exacte entre les régularités du monde réel et les théories scientifiques et il est possible de développer un système de connaissance parfaitement consistant et donc à l'abri des contre-exemples et des exceptions. Les théories scientifiques sont comme des photographies aériennes du territoire occupé par la réalité.

Cette conception dogmatique, largement répandue dans le grand public, donne aux sciences des allures de foi religieuse (le « scientisme »), à laquelle on adhère avec ferveur ou de laquelle on s'éloigne avec crainte ou mépris.

La conception anarchique des sciences. À l'extrême opposé de la conception dogmatique, et sans doute en partie en réaction contre elle, s'est développée une conception anarchique des sciences. Selon cette conception, qui remonte à Friedrich Nietzsche, au XIXe siècle, et qui a été soutenue plus récemment par Paul Feyerabend (1979, 1989), il n'existe pas de méthode scientifique rationnelle et constante, et aucun critère ne peut garantir la correspondance entre nos connaissances scientifiques et le monde réel. D'après cette conception, l'objectivité et la vérité n'existent tout simplement pas et le hasard tient pour beaucoup dans l'élaboration des théories scientifiques. Les contradictions entre diverses lois ou théories scientifiques sont les témoins de nos limites intellectuelles. Loin d'être des « photographies aériennes », les théories scientifiques ne sont que des « gribouillis » parmi d'autres.

Tout comme la conception dogmatique, cette conception anarchique est répandue dans cette partie importante du grand public qui, désabusée par les promesses non tenues du scientisme, considère que tout se vaut, et accorde la même crédibilité et la même valeur à l'astrologie qu'à l'astronomie, à la numérologie qu'à l'arithmétique, à l'homéopathie qu'à la pharmacologie et à la télépathie qu'à la télémétrie.

Les conceptions rationalistes des sciences. Entre les deux extrêmes que sont la conception dogmatique et la conception anarchique, se situent plusieurs conceptions selon lesquelles les sciences sont des constructions mentales qui résultent d'une interaction constante entre le monde réel et l'esprit humain. Les sciences découlent d'un processus d'adaptation infinie à notre environnement. Toutes ces conceptions, que l'on peut qualifier de *rationalistes*, postulent qu'il existe une logique de la découverte scientifique et que les sciences ne ressemblent ni à des religions révélées, ni à des connaissances ésotériques. En d'autres mots, les théories scientifiques ne sont pas des «photographies» ou des «gribouillis», ce sont des «cartes», tracées selon une certaine logique. De la même façon qu'il peut exister des cartes routières, des cartes topographiques, des cartes géologiques, des cartes météorologiques et plusieurs autres types de cartes d'un même territoire, il existe plusieurs lois et théories scientifiques qui permettent chacune de décrire et d'expliquer certains aspects de la réalité.

Certains épistémologues présentent des critères généraux de scientificité qui sont compatibles avec la plupart des conceptions rationalistes de l'activité scientifique:

- *La non-contradiction.* Une théorie scientifique ne peut être contradictoire sans quoi elle serait insignifiante ou absurde puisqu'une affirmation et sa négation auraient le même statut.
- *La complétude.* Une théorie scientifique doit couvrir tout le champ qui constitue son domaine d'études. Par exemple, une théorie atomique doit décrire correctement la structure de tous les éléments du tableau périodique, et pas seulement celle de quelques éléments.
- *La limitation (ou le confinement des objets).* Une théorie scientifique doit cependant se limiter à un domaine d'études bien circonscrit. Une théorie qui prétendrait décrire et expliquer l'ensemble du monde matériel et du monde vivant ne serait pas scientifique.
- *La prédictivité.* Une théorie scientifique doit être en mesure de prédire les événements dont elle prétend décrire et expliquer le mécanisme. Par exemple, la prédiction faite par Einstein que la position apparente de certaines étoiles serait différente, lors d'une éclipse de Soleil, corroborait sa théorie de la relativité générale.
- *La fécondité.* Une théorie scientifique doit être féconde, fertile, c'est-à-dire qu'elle doit faire progresser la discipline à laquelle elle se rattache, produire des hypothèses pertinentes pour des faits nouveaux et parfois même conduire à des applications technologiques.
- *La vérifiabilité.* Une théorie scientifique doit être vérifiable, c'est-à-dire qu'elle ne doit pas être composée d'énoncés tellement vagues qu'ils sont toujours vrais (tels que les horoscopes rédigés par bon nombre d'astrologues).

- *L'analyticité (ou présence d'une structure logique).* Une théorie scientifique doit établir une structure analytique de relations entre les énoncés d'observation, les concepts et les lois dont elle est constituée. Cette structure peut souvent s'exprimer sous la forme d'énoncés mathématiques (de types algébriques, vectoriels, statistiques ou autres).
- *La (relative) simplicité.* Une théorie scientifique doit demeurer relativement simple et élégante, autrement il est fort probable, comme l'histoire des sciences l'a montré à maintes reprises, que la communauté scientifique soit en train de faire fausse route. On peut penser, par exemple, au modèle géocentrique du système solaire, qui, autrefois, devenait de plus en plus complexe pour tenir compte de tous les mouvements apparents des planètes.

Les pages suivantes présentent quelques conceptions rationalistes. Lorsqu'on les examine dans l'ordre où elles ont été énoncées, on se rend compte que, sans nier l'existence et l'importance du monde réel, elles accordent une importance de plus en plus grande, dans l'élaboration des théories scientifiques, à l'esprit humain.

La vérification de théories. Une des conceptions les plus répandues des sciences est le *vérificationnisme*, qui porte aussi les noms d'*empirisme classique*, d'*inductivisme* et de *positivisme*. Cette conception remonte à l'époque des travaux de Galilée et de Newton et fut énoncée par Francis Bacon au début du XVIIe siècle. Elle fut également défendue par les philosophes du groupe du positivisme logique de Vienne au début du XXe siècle.

Selon cette conception, il existe une « méthode scientifique » qui suit, de façon linéaire, les étapes suivantes : 1) L'*observation* minutieuse de la nature permet d'établir un certain nombre de faits ; 2) L'induction permet d'énoncer des *hypothèses* à partir des cas particuliers observés ; 3) l'*expérimentation* permet de tester ces hypothèses ; 4) Cette expérimentation permet d'obtenir des *résultats ;* 5) Ces résultats sont sujets à une *interprétation ;* 6) Une *conclusion* permet de dire si l'hypothèse à été prouvée, vérifiée (d'où le nom de *vérificationnisme*) ou non.

Ces étapes sont parfois résumées par le sigle OHERIC (observation, hypothèse, expérimentation, résultats, interprétation, conclusion) qui permet de les retenir facilement.

Cette conception se bute cependant à un problème logique fondamental. L'observation et l'expérimentation, même répétées, ne permettent d'étudier que des cas particuliers et les théories générales établies de cette façon ne peuvent donc jamais être absolument certaines. On peut très bien affirmer, par exemple, que tous les canaris observés sont jaunes et affirmer également que les canaris ne sont pas tous jaunes. De plus, l'étude de la façon dont les scientifiques travaillent permet de constater qu'ils appliquent rarement une démarche uniforme et linéaire.

La réfutation de théories. Le vérificationnisme a été graduellement abandonné par les épistémologues, d'abord à cause des problèmes logiques dont il vient d'être fait mention, mais aussi en raison d'une modification de la façon d'envisager le rôle des observations, des expérimentations et des théories.

En effet, il devint de plus en plus évident, en étudiant comment les scientifiques travaillent, que les observations effectuées, de même que les énoncés formulés à la suite de ces observations, dépendent toujours des conceptions de l'observateur. Un étudiant en médecine qui observe des radiographies et un étudiant en astronomie qui observe des galaxies pour la première fois ne voient pas la même chose que des spécialistes, non pas à cause d'un manque d'attention, mais parce qu'ils n'interprètent pas ce qui se trouve dans leur champ visuel en fonction des mêmes conceptions et de la même base théorique. En d'autres termes, une théorie, si sommaire soit-elle, précède toujours l'observation et permet d'interpréter l'objet, l'être vivant ou le phénomène observé.

Un des premiers philosophes des sciences à proposer une conception des sciences plus en accord avec ces rôles différents de l'observation et de la théorie fut Karl Popper, dans un livre d'abord publié en 1934 (Popper, 1978). Sa conception, le *réfutationnisme* (parfois aussi *falsificationnisme*) a encore une grande influence sur les conceptions actuelles des sciences.

Selon cette conception, des lois et des théories sont de nature scientifique dans la mesure où elles sont théoriquement réfutables. Par exemple, un énoncé du genre « il est possible que vous ayez de la chance si vous achetez un billet de loterie aujourd'hui » n'est pas scientifique, puisque peu importe ce qui vous arrive, il reste vrai. Par contre, des énoncés tels que « le Soleil tourne autour de la Terre » ou « la Terre tourne autour du Soleil » sont de nature scientifique, puisqu'il est théoriquement possible d'essayer de démontrer qu'ils sont faux. Cependant, un grand nombre d'observations qui concordent avec une théorie ne la prouvent pas, ne la vérifient pas, puisqu'il demeure toujours possible que des observations subséquentes ne concordent pas avec cette théorie. Par contre, une observation qui n'est pas en accord avec une théorie la réfute entièrement (d'où le nom de *réfutationnisme*). Une théorie scientifique n'est donc vraie que jusqu'à preuve du contraire.

Toutefois, cette conception présente également des difficultés. Il peut arriver, en effet, que ce soient les énoncés formulés à la suite d'observations qui soient faux et non les lois ou les théories scientifiques que ces énoncés d'observation croient devoir réfuter.

Par exemple, la théorie de l'héliocentrisme, selon laquelle toutes les planètes tournent autour du Soleil, qui avait été proposée par Aristarque de Samos, vers 250 av. J.-C., et par Nicolas Copernic, en 1543, aurait dû être réfutée par l'impossibilité, constatée par Tycho Brahé vers 1580, de mesurer des mouvements de parallaxe pour les étoiles proches. En effet, une conséquence observable de l'héliocentrisme devait être un mouvement oscillatoire annuel des étoiles proches, par rapport aux étoiles plus éloignées, mouvement causé par la rotation de la Terre autour du Soleil, mais il semblait impossible de l'observer. L'héliocentrisme semblait donc réfuté et cette théorie aurait pu être abandonnée, comme le fit d'ailleurs Tycho Brahé qui proposa, en 1588, un modèle mi-héliocentrique, mi-géocentrique dans lequel les planètes, sauf la Terre, tournent autour du Soleil, mais le Soleil, les planètes et la Lune tournent autour de la Terre. L'héliocentrisme de Nicolas Copernic devint pourtant une théorie largement acceptée dès la seconde moitié du XVIIe siècle, avant même que les premières parallaxes stellaires puissent enfin être mesurées, au XIXe siècle, avec les nouveaux et puissants télescopes disponibles à l'époque.

Bien que le réfutationnisme ait maintenant cédé la place à de nouvelles conceptions des sciences, le principe selon lequel des énoncés qui sont toujours vrais, simplement à cause de la façon dont ils sont formulés, ne sont pas de nature scientifique, et le principe selon lequel des observations répétées ne sont pas nécessairement une garantie de vérité conserve l'adhésion de la communauté scientifique.

Les changements de paradigme. Au cours des années 1960, le philosophe Thomas Kuhn proposa, dans son livre maintenant célèbre *La structure des révolutions scientifiques* (Kuhn, 1983), une conception selon laquelle le progrès scientifique résulte souvent des révolutions que constitue l'abandon d'une structure théorique et de son remplacement par une nouvelle structure. Kuhn donne le nom de *paradigmes* à ces structures théoriques.

Selon cette conception, la science progresse selon les étapes suivantes: pré-science > science normale > crise et révolution > nouvelle science normale > nouvelles crises et révolution >, etc.

La science normale est caractérisée par le fait que les travaux de la communauté scientifique s'articulent autour d'un paradigme qui est constitué des lois et théories scientifiques acceptées ainsi que des méthodes de travail reconnues. Une crise et une révolution sont caractérisées par le rejet du paradigme et son remplacement par un nouveau paradigme. Chaque paradigme interprète le monde d'une façon qui lui est propre. Par exemple, selon le paradigme de Maxwell, la théorie de l'électromagnétisme impliquait l'existence d'un éther remplissant tout l'espace. Selon le paradigme d'Einstein, cette théorie est remplacée par la théorie de la mécanique quantique qui implique l'existence de photons de matière et d'énergie qui se déplacent dans le vide.

Une des faiblesses de la position de Kuhn, cependant, est une incohérence interne. En effet, Kuhn affirme que, selon sa conception, la valeur d'une théorie scientifique peut être jugée de façon objective. En d'autres termes, il affirme que sa conception n'est pas relativiste et que la valeur d'une théorie ne varie pas d'un individu à l'autre ou d'une communauté à l'autre. Pourtant, il affirme également que des considérations esthétiques, selon lesquelles une théorie est plus élégante ou plus simple qu'une autre, jouent un rôle décisif, ce qui est une forme de relativisme.

Cette conception a cédé la place à une conception moins relativiste, mais l'idée qu'il survient parfois, dans l'évolution d'une science, des crises, des révolutions et des changements de paradigme conserve toute sa pertinence.

La correction de théories. Une des conceptions des sciences considérée comme la plus adéquate, à l'heure actuelle, est une conception qui peut être appelée le *correctionnisme*. Selon cette conception, proposée par le philosophe Gaston Bachelard (1938) et formalisée par le philosophe Serge Robert (1993), la science est une activité humaine qui consiste à:

- se représenter le monde au moyen d'un langage permettant d'exprimer des concepts et des relations entre ces concepts;
- corriger constamment (d'où le nom de *correctionnisme*) ces concepts et ces relations de cause à effet pour éliminer les problèmes de consistance à l'intérieur de trois ordres de langage ou entre ces trois ordres de langage: l'ordre descriptif (les énoncés d'observation et les classifications), l'ordre explicatif (les relations de cause à effet exprimées sous forme de lois et les théories) et l'ordre justificatif (les modèles et les façons de connaître).

Par exemple, la théorie de Descartes, au sujet de la lumière, expliquait la réflexion en postulant que la lumière est formée de particules, comme des balles qui rebondissent, tandis que la théorie de Huygens expliquait la réfraction, qui dépend de la densité du milieu à travers lequel la lumière passe, en postulant que la lumière est une onde, comme des vagues à la surface de l'eau. La théorie de Descartes présentait donc un problème de consistance entre l'hypothèse des particules (ordre explicatif) et la réfraction (ordre descriptif), tandis que la théorie de Huygens présentait un problème de consistance entre l'hypothèse des ondes (ordre explicatif) et la réflexion (ordre descriptif). La théorie actuelle, voulant que la lumière est à la fois une particule et une onde, comporte maintenant un problème de consistance plus théorique, à l'intérieur du niveau explicatif, puisque la lumière est maintenant expliquée de deux façons qui semblent incompatibles.

Selon la conception correctionniste, une science n'est ni vraie ni fausse, ni vérifiable, ni falsifiable, mais elle a néanmoins une valeur objective, et non pas seulement une valeur relative. Une théorie scientifique est meilleure qu'une autre si elle diminue le nombre de problèmes de consistance entre les trois ordres de langage, ou à l'intérieur des trois ordres de langage.

Le *langage* des sciences est constitué d'un vocabulaire, qui permet d'exprimer des énoncés d'observations et des concepts, et d'une grammaire qui permet d'exprimer des relations entre des concepts sous forme de lois, de théories et de modèles.

La *résolution de problèmes*, en sciences, consiste à éliminer des inconsistances, des contradictions entre des observations, des définitions, des classifications, des lois, des théories ou des modèles. Comme on l'a déjà mentionné à la section précédente, les inconsistances peuvent se situer à l'intérieur d'un ordre de langage ou entre deux ordres de langage.

Pour donner un autre exemple, on a longtemps pensé que le Soleil était une boule de feu, une masse de matière qui brûlait de la même façon que l'essence ou le bois. Mais alors, si le Soleil est une boule de feu, pourquoi ne détecte-t-on qu'une très faible proportion d'oxygène lorsqu'on fait l'analyse spectroscopique de la lumière émise pas les éléments qu'il contient? Le problème soulevé par cette question est une inconsistance entre l'ordre descriptif des énoncés d'observation (faible proportion d'oxygène) et l'ordre explicatif de la théorie scientifique (le dégagement d'une grande quantité de chaleur et de lumière est causé par une combustion, c'est-à-dire une réaction chimique avec l'oxygène). L'inconsistance a été éliminée et le problème a été résolu lorsqu'on a découvert le mécanisme de la fusion nucléaire, qui dégage de grandes quantités d'énergie et ne fait pas intervenir de réaction chimique avec l'oxygène. La nouvelle théorie est donc maintenant en accord avec la faible proportion d'oxygène dans le Soleil.

Voici des exemples des divers types de problèmes possibles:

- *Problème de consistance à l'intérieur de l'ordre descriptif.* Les poissons respirent à l'aide de branchies et pondent des œufs. Les baleines sont des poissons qui respirent à l'aide de poumons et donnent naissance à des petits complètement développés. *Solution: Les baleines ne sont pas des poissons, mais des mammifères.*

- *Problème de consistance entre l'ordre descriptif et l'ordre explicatif.* Le feu est produit par une substance spéciale qui se dégage des matériaux combustibles lorsqu'ils brûlent (ordre explicatif). Il existe de nombreuses substances dont la masse augmente après la combustion (ordre descriptif). *Solution: Le feu n'est pas produit par une substance spéciale, mais résulte d'une réaction chimique avec l'oxygène de l'air (ordre explicatif).*

- *Problème de consistance à l'intérieur de l'ordre explicatif.* La malaria est une maladie causée par la mauvaise qualité de l'air des régions chaudes et humides. La malaria est une maladie causée par la piqûre d'un insecte. *Solution: La malaria est une maladie causée par un micro-organisme transmis par la piqûre d'un insecte qui vit dans les régions chaudes et humides.*

- *Problème de consistance entre l'ordre explicatif et l'ordre justificatif.* Les horloges des avions supersoniques retardent de quelques millièmes de seconde par rapport aux horloges qui restent sur Terre parce que le temps est fonction de la vitesse (ordre explicatif). Selon la conception classique formulée par Newton, l'Univers a trois dimensions spatiales et le temps et la vitesse sont indépendants (ordre justificatif). *Solution: Selon la conception relativiste formulée par Einstein, le temps est une quatrième dimension de l'Univers et est fonction de la vitesse (ordre justificatif).*

- *Problème de consistance à l'intérieur de l'ordre justificatif.* Une théorie scientifique est une certitude (conception dogmatique des sciences). Une théorie scientifique n'est qu'une conjecture parmi d'autres (conception anarchique des sciences). *Solution: Une théorie scientifique n'est ni vraie, ni fausse, mais est meilleure qu'une autre théorie si elle diminue les problèmes de consistance.*

Les techniques et les technologies

Les sciences et les techniques. Bien que les techniques puissent être définies comme des ensembles de savoirs et de pratiques, fondées sur des principes scientifiques, dans divers domaines de l'activité humaine, et qu'elles soient donc généralement présentées comme de la science appliquée, il n'existe pas de frontière étanche entre les sciences et les techniques. Évidemment, dans le cas classique, une percée scientifique conduit à des applications techniques utiles dans la vie de tous les jours. La découverte du laser, par exemple, mena à de nombreuses applications techniques : lecture des codes barres à la caisse d'un magasin, enregistrement et lecture de disques compacts, impression de textes, etc. Mais l'inverse, c'est-à-dire une découverte scientifique découlant de procédés techniques, est également très courant. Certaines techniques développées lors des guerres, par exemple, puis étudiées plus en profondeur par la suite, permirent de nombreuses découvertes scientifiques. L'invention du radar, par exemple, conduisit à la radioastronomie et à la résonance magnétique nucléaire. De plus, tout le domaine de l'instrumentation scientifique, représenté par des instruments tels que la lunette astronomique, le microscope, la balance, le thermomètre et le spectroscope, témoigne d'une véritable symbiose entre découverte scientifique et invention technique.

Par conséquent, il convient d'éviter le piège d'un contraste facile entre des sciences désintéressées, intrinsèquement bonnes, et des techniques intéressées, à but lucratif, pouvant être la cause de problèmes sociaux ou environnementaux. Les sciences et les techniques sont intimement liées, au point d'être parfois présentées, de façon peut-être un peu abusive, comme des « technosciences » qui modifient constamment et en profondeur notre vision du monde et nos façons de vivre.

Les techniques et les technologies. Une technique désigne les procédés et des méthodes d'un art, d'un métier ou d'une industrie. Dans ce sens, on peut parler des techniques de la sculpture, de la cordonnerie ou de la coupe du bois.

Le mot technologie provient des mots grecs *technos*, qui signifie « technique », et *logos*, qui veut dire « étude scientifique ». Dans son sens premier, la technologie est donc l'étude des techniques. Dans son sens moderne le plus habituel, une technologie est un ensemble de méthodes et de techniques employées dans le cadre d'une réalisation industrielle, par exemple la technologie automobile.

Malheureusement, sans doute pour faire plus «savant», le mot *technologie* est souvent employé alors que le mot *technique* serait plus simple et plus juste. Par exemple, l'assemblage de machines mécaniques simples ou la fabrication de circuits électriques sont des techniques, tandis que la conception d'un avion ou d'une station orbitale repose sur des technologies.

Par ailleurs, probablement à cause de l'omniprésence des «TIC» (technologies de l'information et de la communication), le mot *technologie* évoque surtout, pour certaines personnes, les diverses utilisations de l'ordinateur (traitement de texte, tableur, base de données, courriel, Internet, etc.). Il existe toutefois des techniques et des technologies associées à toutes les disciplines scientifiques, par exemple, les techniques et technologies de la chimie, de la géologie, de la météorologie et aussi, bien évidemment, toutes les biotechnologies.

La résolution de problèmes techniques et technologiques. Les étapes de la résolution d'un problème technique ou technologique sont semblables à celles de la modélisation scientifique, sauf que, dans ce cas, le concept de *prototype* se substitue à celui de modèle. Un prototype peut être défini comme le premier exemplaire construit d'une machine, d'un appareil ou d'un dispositif. Dans l'industrie, la mise à l'essai d'un prototype et son amélioration peuvent se faire en vue d'une éventuelle construction en série.

La première étape consiste à *faire une analyse de la situation*, où l'on fixe et décrit le cadre dans lequel s'effectuera le développement du prototype. Dans notre exemple, la situation consiste à trouver des façons de se déplacer sur la neige sans s'enfoncer.

La deuxième étape consiste à *poser le problème* de façon claire, pertinente et accessible, ce qui n'est pas facile, car la tentation est parfois grande de ratisser trop large et de poser des problèmes vastes et irréalistes. Dans notre exemple, le problème ne concerne que les façons de se déplacer qui pourraient remplacer, pour des personnes non motorisées, la marche avec des bottes. Il ne s'agit pas, par exemple, de trouver des façons de faire en sorte qu'un véhicule à moteur se déplace sur la neige sans s'enfoncer.

La troisième étape consiste à *faire le choix d'un point de vue.* Dans ce cas, le point de vue est celui de piétons qui pratiquent des activités hivernales de loisir en plein air. Il ne s'agit donc pas du point de vue de cyclistes ou d'automobilistes ni même du point de vue de personnes qui pratiquent des sports d'hiver de compétition.

La quatrième étape consiste à *exprimer les postulats, les variables et les contraintes* sur lesquels s'appuiera la conception du prototype. Cette étape permet de définir le champ exact d'application du prototype, la liste des variables dont on tient compte et la valeur donnée à certains paramètres. Dans notre exemple, on postule que le prototype doit pouvoir supporter le poids d'un adulte, ne doit pas s'enfoncer de plus de quelques centimètres et doit pouvoir être fabriqué avec des matériaux et des outils relativement simples. Dans l'industrie, cet ensemble de postulats, variables et contraintes constitue les spécifications techniques qui se retrouvent souvent dans un document appelé *le cahier des charges* d'un prototype.

La cinquième étape consiste à *formaliser et concrétiser le prototype*. Cette formalisation commence souvent par une phase plus qualitative qui pose les variables retenues et les relations entre elles. Dans notre exemple, une première formalisation consiste à poser le principe que la pression exercée sur la neige par une personne qui se tient sur une surface faite de matériaux légers est inversement proportionnelle à l'aire de cette surface. Cette formalisation peut parfois se poursuivre par la construction d'un premier prototype rudimentaire. Dans ce cas, un premier prototype pourrait être une simple planche de bois déposée sur la neige. On vérifie alors que plus la planche est grande, moins la pression par unité de surface exercée par la personne qui se tient sur cette planche est grande et moins la planche s'enfonce dans la neige.

La sixième étape consiste à *raffiner le prototype et à donner des valeurs aux paramètres*. Cette étape est facilitée de nos jours, dans bien des domaines, par le recours à des programmes informatiques et à des logiciels de simulation. Dans notre exemple, un raffinement important consiste à poser le principe que la pression exercée sur la neige par une personne qui se tient sur une surface, dont le poids est négligeable, posée sur la neige est égale au poids de la personne divisée par l'aire de cette surface. Par exemple, un poids de 60 kg déposé sur une légère planche de 400 cm^2 donne une pression, sur la neige, de 0,15 kg par cm^2. On pourrait décider aussi que la largeur de chaque « pied » du prototype ne doit pas dépasser 45 cm et que sa longueur ne doit pas dépasser 2 mètres. On pourrait aboutir, par exemple, à des prototypes de type « raquettes » et à des prototypes de type « skis », qui respecteraient tous les deux, mais de façon très différente, le cahier des charges du prototype.

La septième et dernière étape consiste à *confronter la performance du prototype aux spécifications du cahier des charges*. Cette confrontation se fait au moment de mises à l'essai. Plus la performance du prototype respecte son cahier des charges, plus elle est satisfaisante. Une performance insatisfaisante peut entraîner des modifications au prototype et, dans certains cas, le rejet total du prototype. Dans notre exemple, plusieurs types de raquettes ou de skis devraient probablement être modifiés ou rejetés. Il peut arriver aussi que la mise à l'essai permette de se rendre compte que des modifications doivent être apportées à des spécifications du cahier des charges qu'il s'avère difficile ou impossible à respecter. Dans notre exemple, ce serait le cas si le cahier des charges spécifiait que le prototype ne doit pas s'enfoncer de plus de 0,5 cm, et ce même dans la neige poudreuse, condition qu'aucun prototype ne pourrait respecter.

Selon une autre description semblable, retenue par certains auteurs, les étapes de la solution d'un problème technologique consistent à : 1) cerner un problème de nature technologique ; 2) choisir un scénario de conception ; 3) concrétiser sa démarche ; 4) fabriquer un prototype ; 5) procéder à la mise à l'essai ; 6) faire un retour sur sa démarche et proposer des améliorations au prototype.

LES SAVOIRS AU SUJET DE L'UNIVERS MATÉRIEL: PHYSIQUE, CHIMIE ET TECHNOLOGIES DES SCIENCES PHYSIQUES

Le chapitre 4 présente les savoirs relatifs à l'univers matériel qui devraient faire partie de la culture générale de tout enseignant du primaire (Thouin, 2008). Certains de ces savoirs ne sont pas abordés directement dans le *Programme de formation* ou les manuels scolaires du primaire, mais on y fait fréquemment allusion.

Physique

La physique a pour objet l'étude des propriétés générales de la matière, de l'espace et du temps. Elle établit les lois qui rendent compte de phénomènes naturels relatifs aux forces, aux mouvements, à la lumière, au son, à la chaleur, au magnétisme et à l'électricité.

La matière

Notions de base. La matière est la substance qui constitue les corps. Elle possède des propriétés physiques et chimiques. Toute matière est composée d'atomes, souvent regroupés en molécules dont la variété des arrangements produit les différents types de matière. La masse, qui se mesure en kilogrammes, correspond à la quantité de matière d'un corps. Comme le montra le physicien anglais Isaac Newton (1642-1627), en 1687, le poids, qui se mesure d'ailleurs en newtons (N) en son honneur, indique la force qu'exerce la gravitation sur le corps.

Sur la Terre, une masse de 1 kg pèse 9,8 newtons. Sur la Lune, cette même masse de 1 kg ne pèse plus que 1,56 newton, soit environ 6 fois moins, tandis que sur Jupiter elle pèse 25,87 newtons, soit environ 2,64 fois plus. On confond souvent *masse* et *poids* car on mesure couramment les poids en grammes ou en kilogrammes, alors qu'il faudrait plutôt les mesurer en newtons.

La masse volumique se trouve en divisant la masse d'un objet par son volume. Par exemple, la masse volumique de l'eau est de 1 g/cm^3 et la masse volumique du fer est de 7,86 g/cm³. La densité donne le rapport de la masse volumique d'un objet avec la masse volumique de l'eau. Par exemple, puisque la masse volumique du fer est 7,86 fois celle de l'eau, sa densité est donc de 7,86. La flottabilité dépend de la densité : en effet, les objets plus denses que l'eau, c'est-à-dire les objets dont la densité est plus grande que 1, coulent dans l'eau, tandis que les objets moins denses que l'eau, c'est-à-dire les objets dont la densité est plus petite que 1, flottent à sa surface.

Les états de la matière. La matière peut exister à l'état solide, liquide ou gazeux. À l'état solide, les atomes ou les molécules se déplacent lentement et sont maintenus ensemble par des forces électromagnétiques importantes. À l'état liquide, ils se déplacent plus rapidement, sont plus éloignés les uns des autres et les forces qui les lient sont plus faibles. À l'état gazeux, ils se déplacent très rapidement dans toutes les directions.

La matière peut passer de l'état solide à l'état liquide (fusion), de l'état liquide à l'état solide (solidification), de l'état liquide à l'état gazeux (évaporation), de l'état gazeux à l'état liquide (condensation), de l'état solide à l'état gazeux (sublimation) et de l'état gazeux à l'état solide (cristallisation ou condensation).

Un solide qui fond (ou un liquide qui s'évapore) acquiert de l'énergie, et un liquide qui se solidifie (ou un gaz qui se condense) libère de l'énergie sans que la température ne change : cette énergie se nomme la *chaleur latente*. Ce concept de chaleur latente, proposé par le physicien et chimiste écossais Joseph Black (1728-1799) en 1760, permit, pour la première fois, de distinguer nettement la chaleur et la température.

Les mélanges et les solutions. Comme le montra le physicien et chimiste irlandais Robert Boyle (1627-1691) en 1661, une substance peut être soit un élément chimique pur dont tous les atomes sont identiques (exemples : hydrogène, fer, or, carbone, soufre, chlore, hélium), un composé chimique dont les molécules comportent deux ou plusieurs sortes d'atomes (exemples : eau, sel de table, glucose, bicarbonate de sodium) ou un mélange de composés qui, eux-mêmes, ne sont pas combinés chimiquement (exemple : la terre noire est un mélange de minéraux, de matière organique et d'eau). La plupart des matériaux et des aliments sont des mélanges.

Certains corps, comme l'eau et l'huile, sont non miscibles et se divisent en couches séparées si l'on essaie de les mélanger. Les corps qui composent un mélange peuvent être séparés par des procédés physiques tels que la distillation et la filtration. Un colloïde est un mélange dans lequel de petites particules – beaucoup plus grosses toutefois que des atomes ou des molécules – de l'un des corps sont uniformément réparties dans l'autre. L'encre de chine, par exemple, est un colloïde formé de particules de noir de fumée dans l'eau et stabilisé par de la gomme arabique. Le verre teinté est un colloïde solide composé de particules de métal réparties dans du verre.

Certains mélanges, tels que de l'eau sucrée ou de l'eau salée, sont parfaitement homogènes. Ils constituent alors une solution dans laquelle un corps est dissous dans un autre. Le solvant est le corps qui dissout et le soluté celui qui est dissous. De l'eau sucrée est une solution liquide ; un alliage d'or et de cuivre est une solution solide. Le lait est une solution colloïdale composée de sucres et de minéraux en solution dans de l'eau et de petites particules de matières grasses en suspension.

Quelques propriétés physiques de la matière. L'élasticité est la capacité d'un solide à retrouver sa forme initiale après avoir été comprimé ou étiré. Selon la loi de Hooke, formulée par le savant anglais Robert Hooke (1635-1703) en 1676, l'extension d'un corps élastique est proportionnelle à la tension appliquée.

La ductilité est la capacité d'un solide à se déformer sans se briser. L'or, par exemple, est très ductile. La malléabilité est la capacité que possède un solide d'être comprimé sans se briser. La viscosité est la capacité que possèdent un liquide et certains solides à résister à l'écoulement. La mélasse, par exemple, est plus visqueuse que le sirop d'érable. Le verre et la glace présentent certaines propriétés propres aux liquides, dont la viscosité, et s'écoulent très lentement avec le temps, comme en témoignent la déformation des vitres de vieilles habitations ou le déplacement d'un glacier. La dureté est la capacité d'un solide à résister aux rayures.

La tension superficielle désigne une force qui agit à la surface d'un liquide. Elle résulte de l'attraction électrique entre les molécules de ce liquide.

La capillarité est la montée d'un liquide dans un tube étroit. Elle résulte de l'adhérence entre le liquide et le tube, et de la tension superficielle au sommet de la colonne de liquide.

Les atomes

Notions de base. Les atomes sont les plus petits constituants des éléments chimiques. Chaque atome est un assemblage de particules fondamentales. La théorie selon laquelle toute matière est composée d'atomes avait déjà été proposée, dans l'Antiquité grecque, mais, en 1808, le scientifique anglais John Dalton (1766-1844) reformula la théorie atomique sous une forme plus moderne.

Les atomes sont tellement petits qu'un grain de sel en contient environ 10 000 000 000 000 000 000 000 000 000 000, soit 10^{18}. Un atome, dont le modèle de base fut proposé en 1911 par le physicien britannique Ernest Rutherford (1871-1937), contient un noyau positif constitué de protons de charge électrique positive et de neutrons qui sont neutres, ainsi que des électrons de charge électrique négative en mouvement très rapide autour de ce noyau. Un atome qui n'est pas combiné chimiquement avec d'autres atomes comporte le même nombre de protons et d'électrons. Il est donc électriquement neutre.

Les particules subatomiques. La physique des particules étudie les particules dont est constituée la matière. Les trois particules atomiques principales sont les protons, les neutrons et les électrons, mais il en existe plusieurs autres. Les deux types principaux de particules subatomiques élémentaires, dont sont constituées toutes les autres particules, sont les leptons (exemples: l'électron, le positron et le neutrino sont des leptons) et les quarks (exemple: le proton est constitué de trois quarks).

Les réactions nucléaires désignent les modifications subies par les noyaux des atomes. Ces réactions sont la désintégration radioactive, la fission et la fusion. La désintégration radioactive, ou radioactivité, est la propriété de certains éléments de perdre spontanément de leur masse par l'émission de particules ou de rayonnements électromagnétiques. Elle fut découverte en 1896 par le physicien français Antoine Becquerel (1852-1908), quand il se rendit compte que l'uranium émettait un rayonnement, et fut précisée en 1898 par le physicien français Pierre Curie (1859-1906) et la physicienne française d'origine polonaise Marie Curie, née Sklodowska (1867-1934) lorsqu'ils découvrirent le polonium et le radium, deux autres éléments radioactifs.

La fission nucléaire, réalisée pour la première fois en 1939 par les physiciens allemands Otto Hahn (1879-1968) et Fritz Strassmann (1902-1980), se produit quand la désintégration de quelques atomes d'un élément très radioactif, comme l'uranium, déclenche une réaction en chaîne qui fait éclater les noyaux des autres atomes de cet élément et libère beaucoup d'énergie. Les premières bombes atomiques, qui détruisirent les villes japonaises de Hiroshima et Nagasaki en 1945, étaient des bombes à fission. L'électricité peut être produite par des centrales nucléaires à fission. Le réacteur nucléaire est la partie de la centrale où se trouve le combustible nucléaire et où circule le réfrigérant. Ce dernier capte la chaleur pour transformer de l'eau en vapeur d'eau qui fait tourner les turbines.

La fusion nucléaire, qui est la façon dont le Soleil et toutes les étoiles produisent de l'énergie, fut réalisée pour la première fois en 1952 au moment de l'explosion expérimentale de la première bombe à hydrogène dans les îles Marshall du Pacifique. Elle se produit quand les noyaux de petits atomes, comme l'hydrogène ou l'hélium, se combinent et libèrent de l'énergie quand ils sont soumis à des températures et à des pressions très élevées. Les centrales électriques à fusion, qui auraient l'avantage de ne pas produire de déchets radioactifs, sont encore au stade expérimental.

Les forces et les mouvements

Les forces sont invisibles, mais c'est à cause d'elles que les objets s'arrêtent, changent de vitesse ou de direction, se plient, s'étirent, se tordent ou changent de forme. Comme l'énonça Isaac Newton en 1687, selon la loi de la gravitation universelle, tous les corps matériels s'attirent entre eux grâce à la force de la gravitation.

La poussée désigne la force exercée vers le haut sur un objet immergé dans un fluide (un liquide ou un gaz). Vers 250 av. J.-C., le philosophe grec Archimède (287-212 av. J.-C.) énonça le célèbre principe selon lequel cette poussée est égale au poids du fluide déplacé.

La pression, qui se mesure en pascals (Pa), est la force exercée par unité de surface par un gaz, un liquide ou un solide. Le baromètre, conçu en 1643 par le physicien et mathématicien italien Evangelista Torricelli (1608-1647), permet de mesurer la pression atmosphérique. D'après le principe énoncé en 1648 par le philosophe, mathématicien et physicien français Blaise Pascal (1623-1662), la pression agit également dans toutes les parties d'un fluide et dans toutes les directions.

Même si, dans la vie de tous les jours, nous ne ressentons pas la pression atmosphérique parce que la pression de l'air à l'intérieur de nos poumons équilibre la pression de l'air à l'extérieur, il s'agit d'une force énorme, comme le montra, en 1650, le physicien allemand Otto von Guericke (1602-1686) lorsqu'il réalisa sa célèbre expérience des hémisphères de Magdebourg dans laquelle plusieurs chevaux ne purent séparer deux demi-sphères métalliques dans lesquelles il avait fait le vide.

Le mouvement peut être décrit par les trois lois, également énoncées en 1687 par Newton. D'après la première loi, ou loi sur l'inertie, tout corps persévère dans l'état de repos ou de mouvement uniforme dans lequel il se trouve sauf si une force agit sur lui. Cette loi semble parfois fausse à la surface de la Terre à cause des forces de frottement qui ralentissent des objets en mouvement.

D'après la deuxième loi, une force constante appliquée sur un corps produit une accélération inversement proportionnelle à la masse de ce corps. En d'autres termes, la même force constante accélère davantage un corps peu massif qu'un corps très massif. Cette loi se représente par la formule $F = ma$, où F désigne la force, m la masse et a l'accélération. À première vue, on pourrait penser que c'est à cause de cette deuxième loi qu'une plume tombe moins vite qu'un marteau. En réalité, s'il n'y avait pas d'atmosphère pour ralentir la chute de la plume, elle tomberait avec la même accélération que le marteau.

D'après la troisième loi, les forces agissent toujours par paire : une action et une réaction. Par exemple, une fusée monte par réaction à la force des gaz projetés vers le bas par la combustion.

Selon la loi de l'isochronisme des petites oscillations du pendule énoncée par Galilée en 1583, la durée d'oscillation, ou période, d'un pendule ne dépend ni de l'amplitude de l'oscillation ni du poids du pendule, mais seulement de la longueur du fil.

Les machines simples permettent de modifier la direction d'une force ou de l'amplifier. La roue, utilisée pour la première fois pour le transport en Mésopotamie, vers 3500 av. J.-C., permet de réduire la friction entre un objet et le sol. Le treuil, qui est un cylindre autour duquel s'enroule un câble, permet par exemple de remonter un seau du fond d'un puits. La poulie est une roue entourée d'une bordure creuse où l'on fait passer une corde ou un câble. Le palan est un ensemble de poulies qui permet de multiplier une force. Plus le palan multiplie la force, puis il faut une grande longueur de corde ou de câble pour soulever un objet à la même hauteur. Un vilebrequin transforme un mouvement de va-et-vient en mouvement de rotation, et une came transforme un mouvement de rotation en mouvement de va-et-vient.

Le plan incliné permet de réduire la force nécessaire pour monter un objet. Plus l'angle du plan incliné est petit par rapport à l'horizontale, plus la force nécessaire pour monter l'objet est faible, mais plus la distance à parcourir est grande.

Un levier est un corps solide mobile autour d'un pivot ou d'un point d'appui. Dans certains leviers, le pivot est situé entre la force et la charge (exemples : pied-de-biche ou tête de marteau pour arracher un clou), dans d'autres, il est à l'extérieur, du côté de la charge (exemple : brouette) et dans d'autres encore, il est à l'extérieur du côté de la force (exemple : avant-bras).

L'énergie

Notions de base. L'énergie est la capacité d'effectuer une action. L'énergie potentielle est de l'énergie emmagasinée. L'énergie cinétique est l'énergie d'un objet en mouvement. Selon le principe de conservation de l'énergie, toutes les formes d'énergie, telles que l'énergie mécanique, l'énergie électrique, l'énergie chimique, l'énergie rayonnante, l'énergie nucléaire et l'énergie thermique peuvent se transformer en d'autres formes d'énergie, sans que l'énergie soit créée ou perdue. Un générateur (aussi appelé *dynamo*), par exemple, permet de transformer de l'énergie mécanique en énergie électrique. Dans le cas de l'énergie nucléaire et selon le principe plus général de la conservation de la matière et de l'énergie, qui découle de la théorie de la relativité, une masse peut se transformer en énergie. Le travail est la quantité d'énergie reçue par un système en mouvement. La puissance est le rapport du travail au temps mis pour l'accomplir.

Les ondes sont un mode de transfert de l'énergie à travers la matière et l'espace. L'amplitude est le déplacement maximal de la matière au passage de l'onde. La longueur d'onde est la distance séparant deux crêtes successives. La fréquence, mesurée en hertz (Hz), est le nombre d'oscillations par unité de temps.

Le rayonnement électromagnétique comprend toute une famille d'ondes qui sont formées des oscillations de champs électriques et magnétiques. C'est le physicien écossais James Maxwell (1831-1879) qui, en 1873, identifia la lumière à une onde électromagnétique et démontra, de façon mathématique, qu'il devait exister des ondes électromagnétiques de longueurs d'onde plus grandes et plus courtes que celles de la lumière. Contrairement aux ondes sonores, elles peuvent se déplacer dans le vide. Par ordre de longueur d'onde décroissante et de fréquence croissante, on retrouve les ondes radio, les micro-ondes, les ondes radar, les ondes infrarouges (la chaleur), la lumière visible rouge, la lumière visible jaune, la lumière visible bleue, les ondes ultraviolettes, les rayons X, les rayons gamma et les rayons cosmiques. D'une façon générale, plus sa longueur d'onde est courte ou plus sa fréquence est élevée, plus une onde électromagnétique est dangereuse. La vitesse de toutes les ondes électromagnétiques est de 300 000 km/sec dans le vide. Ces ondes peuvent aussi être décrites sous forme de particules appelées des *photons*.

La lumière

Notions de base. Comme le montra Isaac Newton en 1666, un faisceau de lumière blanche peut être décomposé en bandes colorées, qui forment un spectre, au moyen d'un prisme. Les sept couleurs du spectre sont le violet, l'indigo, le bleu, le vert, le jaune, l'orangé et le rouge. Le physicien hollandais Christiaan Huygens (1629-1695) avait affirmé, en 1690, que la lumière était une onde. Isaac Newton prétendit, en 1704, que la lumière était composée de particules. En 1905, le physicien allemand Albert Einstein (1879-1955) montra, en décrivant la lumière comme formée de photons ayant à la fois des propriétés de particules et d'ondes, que Newton et Huygens avaient, d'une certaine manière, tous les deux raison.

La réflexion est un changement de direction de la lumière qui se produit à la surface de tous les objets éclairés. La réfraction est le changement de direction de la lumière passant d'un milieu dans un autre. La diffusion est la réflexion et l'éparpillement de la lumière, dans plusieurs directions, par de minuscules particules. La lumière bleue est plus dispersée vers la Terre par les molécules d'oxygène et d'azote de l'air que la lumière d'autres couleurs, ce qui explique pourquoi le ciel est bleu.

Les couleurs sont les effets produits par les diverses longueurs d'onde de la lumière sur nos yeux. Certains objets émettent de la lumière d'une couleur déterminée (par exemple un projecteur bleu), mais la plupart des objets paraissent colorés parce qu'ils réfléchissent certaines couleurs et en absorbent d'autres. L'addition des couleurs est l'obtention d'une couleur par mélange de lumières de différentes couleurs. La soustraction des couleurs est l'obtention d'une couleur par mélange de pigments. Par addition, les couleurs primaires sont le rouge, le vert et le bleu et les couleurs secondaires sont le jaune, le cyan et le magenta. Par soustraction, les couleurs primaires sont le jaune, le cyan et le magenta et les couleurs secondaires sont le rouge, le vert et le bleu. Le spectre de la lumière émise ou absorbée par une substance permet de l'identifier.

Les miroirs et les lentilles. Des images peuvent être produites par des rayons lumineux réfléchis par des miroirs ou réfractés par des lentilles. Un miroir convexe, à la surface bombée, donne une image plus petite que l'objet car il est divergent. Un miroir concave, à la surface creuse, donne une image plus grande car il est convergent. À l'inverse, une lentille convexe, aux faces bombées, est convergente et donne une image plus grande, alors qu'une lentille concave, aux faces creuses, donne une image plus petite car elle divergente.

L'hypermétropie, qui est une difficulté à voir les objets rapprochés parce que l'image se forme derrière la rétine, est corrigée par des lentilles convexes, tandis que la myopie, qui est une difficulté à voir les objets éloignés parce que l'image se forme devant la rétine, est corrigée par des lentilles concaves. La presbytie, qui est une diminution du pouvoir d'accommodation du cristallin, est corrigée par des lentilles à double foyer. La fibre optique est une fibre de verre qui réfléchit la lumière vers l'intérieur de la fibre et transporte des signaux lasers.

Le son

Le son est une vibration acoustique qui crée des sensations auditives. Il se propage sous forme d'onde dans des gaz, des liquides ou des solides. Il ne peut se propager dans le vide. La vitesse du son dans l'air, qui fut mesurée pour la première fois en 1636 par le savant français Marin Mersenne (1588-1648), est d'environ 1 200 km/h. L'intensité du son se mesure en décibels (dB). Si l'on compare une onde sonore à des vagues sur l'eau, la distance entre deux vagues est la longueur d'onde, l'inverse du temps qui s'écoule entre le passage de deux vagues est la fréquence, et la hauteur des vagues est l'amplitude. Un son aigu a une petite longueur d'onde et une fréquence élevée, tandis qu'un son grave à une grande longueur d'onde et une basse fréquence. Un son fort a une grande amplitude.

Vers 550 av. J.-C., le mathématicien et philosophe grec Pythagore (v. 570-v. 480 av. J.-C.) constata qu'il existait un rapport mathématique entre les notes d'une gamme musicale et la longueur d'une corde ou d'une flûte d'air en vibration. Un harmonique est un son plus faible de fréquence deux, trois ou plusieurs fois plus élevée que le son principal. Le timbre de chacun des instruments de musique dépend des harmoniques qui accompagnent les sons principaux produits par l'instrument. La clarinette, par exemple, possède un timbre très particulier parce que la fréquence de son harmonique le plus important est sept fois plus élevée que le son principal qu'elle émet.

L'effet Doppler, décrit en 1842 par le physicien autrichien Christian Doppler (1803-1853), est le décalage de la fréquence d'ondes perçues par un récepteur, lorsque la source et le récepteur sont en mouvement relatif. Par exemple, au moment où un train ou un camion passent près d'une personne immobile, cette personne a l'impression que le bruit produit par le train ou le camion devient soudainement plus grave. L'écho est la répétition d'un son due à la réflexion de l'onde sonore. Les ultrasons, qui sont notamment utilisés pour faire des échographies, ont une fréquence trop élevée pour être audibles.

La chaleur

Notions de base. La chaleur est la forme d'énergie qui fait que les choses sont chaudes ou froides. Un conducteur thermique, tel que le cuivre ou l'aluminium, transmet la chaleur, tandis qu'un isolant thermique, tel que le plastique, le bois ou l'air, arrête la chaleur. La convection est un flux de chaleur à travers un fluide (liquide ou gaz). La dilatation est l'augmentation du volume d'un corps chauffé et la contraction est le rétrécissement subi par un objet que l'on refroidit.

La température croît avec l'agitation des atomes ou des molécules d'un corps. Elle se mesure en degrés Celsius (°C) ou en Kelvins (K). Le premier thermomètre précis, basé sur la dilatation d'une colonne de liquide, fut construit en 1724 par le physicien hollandais d'origine polonaise Daniel Fahrenheit (1686-1736) qui définit aussi l'échelle des températures qui porte son nom. En 1742, le physicien et astronome suédois Anders Celsius (1701-1744) inventa l'échelle des températures Celsius. Le zéro absolu (–273 °C ou 0 K) est la température la plus froide possible dans l'univers.

La thermodynamique est l'étude de la chaleur et du travail obtenu par sa transformation. Selon la loi de Boyle-Mariotte, énoncée en 1661 par le physicien et chimiste irlandais Robert Boyle (1627-1691), puis indépendamment par le physicien français Edme Mariotte (1620-1684) en 1676, le volume d'un gaz est inversement proportionnel à sa pression. La loi de Charles, proposée en 1798 par le physicien français Jacques Charles (1746-1823), stipule que la pression d'un gaz est proportionnelle à sa température absolue. Selon la loi de Gay-Lussac, énoncée en 1802 par le physicien et chimiste français Louis Joseph Gay-Lussac (1778-1850), le volume d'un gaz est proportionnel à sa température absolue. En 1848, le physicien britannique William Thomson, lord Kelvin (1824-1907) proposa une synthèse de ces trois lois sous la forme de l'équation d'état des gaz parfaits, qui s'écrit $PV = nRT$, où P est la pression du gaz, V est le volume du gaz, n est le nombre de moles du gaz, R est une constante et T la température du gaz.

Le premier principe de la thermodynamique, qui est aussi le principe de la conservation de l'énergie présenté dans la section portant sur l'énergie (« Notions de base »), stipule que lors du passage d'une forme d'énergie à une autre, la quantité d'énergie avant et après est la même.

Selon le deuxième principe de la thermodynamique, au moment du passage d'une forme d'énergie à une autre, ou lorsqu'on utilise de l'énergie pour faire un travail, une certaine quantité d'énergie s'échappe sous forme de chaleur qu'il est impossible de récupérer complètement. Cette énergie est donc perdue et il y a augmentation de l'entropie du système.

Cette deuxième loi de la thermodynamique peut être considérée comme la loi fondamentale de la physique, voire de toute la science, car c'est elle qui définit le sens dans lequel le temps s'écoule. Si aucune énergie n'est fournie, l'avenir d'un système est toujours dans le sens d'une augmentation de l'entropie, d'une désorganisation. Par exemple, quelques cubes de glace placés dans un récipient d'eau chaude finissent par donner de l'eau tiède, mais le contraire ne se produit jamais, c'est-à-dire que de l'eau tiède ne donne jamais des cubes de glace et de l'eau chaude, à moins que l'on se serve d'appareils qui utilisent de l'énergie pour fonctionner.

Le magnétisme et l'électricité

Le magnétisme. Tout aimant a deux pôles, un pôle Nord et un pôle Sud. Les pôles opposés s'attirent ; les pôles semblables se repoussent. La Terre, comme le montra le scientifique anglais William Gilbert (1540-1603) en 1600, est un énorme aimant qui crée le champ magnétique terrestre et dont les pôles magnétiques Nord et Sud, qui se déplacent lentement d'année en année, sont situés près des pôles géographiques Nord et Sud. Une boussole est une aiguille aimantée posée sur un pivot qui s'oriente dans le sens nord-sud. L'électroaimant est un aimant qui fonctionne au moyen de l'électricité. L'aimantation d'un objet par un aimant est l'induction magnétique.

L'électricité statique est une forme d'électricité dans laquelle les charges sont immobiles. Par exemple, en passant un peigne dans nos cheveux, des électrons passent des cheveux au peigne, mais restent ensuite sur le peigne. Vers 585 av. J.-C., le philosophe grec Thalès de Milet (v. 625-v. 547 av. J.-C.) réalisa les premières expériences connues sur l'électricité statique en frottant de l'ambre (*electron*, en grec, d'où le mot *électricité*) et de la soie. En 1733, le physicien français Charles François Du Fay (1698-1739) découvrit qu'il y avait deux « espèces » d'électricité qui seront appelées plus tard *charges positives* et *charges négatives*, et que les charges de même signe se repoussaient, tandis que les charges de signes différents s'attiraient.

Le physicien français Charles Coulomb (1736-1806) montra, en 1785, que les forces d'attraction et de répulsion magnétiques et électriques diminuent avec le carré de la distance, ce qui signifie, par exemple, qu'à une distance trois fois plus grande correspond une force neuf fois plus petite. L'apparition d'une charge électrique dans un corps à cause de la présence d'un autre corps chargé est l'induction électrostatique. On peut détecter une charge électrique à l'aide d'un électroscope. Un éclair est une violente décharge d'électricité statique qui se produit lors d'un orage et le tonnerre est le bruit causé par le réchauffement de l'air autour de l'éclair. La charge électrique se mesure en coulombs (C).

Le courant électrique, découvert en 1800 par le physicien italien Alessandro Volta (1745-1827) lorsqu'il construisit la première pile électrique, est la circulation de charges électriques à travers une substance.

Dans le courant continu produit par une pile, les électrons ne circulent que dans une seule direction, tandis que dans le courant alternatif, tel que le courant domestique, les électrons changent de direction plusieurs fois par seconde. Un circuit série ne comporte pas de dérivation, alors qu'un circuit parallèle comporte une dérivation. Dans un circuit série qui comporte plusieurs ampoules, si une ampoule brûle, le courant ne passe plus et toutes les autres ampoules s'éteignent. Dans un circuit parallèle, par contre, si chaque ampoule est reliée par son propre circuit, les autres ampoules restent allumées même si une ampoule brûle.

Les conducteurs, comme les métaux, le graphite et certaines solutions, laissent circuler l'électricité tandis que les isolants, comme les plastiques, le bois et la porcelaine, empêchent son passage. Tous les conducteurs, sauf les supraconducteurs, ont une résistance et convertissent une partie de l'électricité en chaleur. Un fusible, qui protège un circuit électrique, contient un matériau conducteur qui chauffe et brûle si l'intensité du courant devient trop grande. L'intensité du courant se mesure en ampères (A), la tension en volts (V), la puissance en watts (W) et la résistance en ohms (Ω).

Le magnétisme et l'électricité étaient considérés, au début du XIXe siècle, comme des phénomènes physiques indépendants. En 1819, le physicien et chimiste danois Hans Œrsted (1777-1851) constata qu'un courant électrique pouvait faire dévier l'aiguille d'une boussole. En 1831, le chimiste et physicien anglais Michael Faraday (1791-1867), qui précisait une observation faite en 1821 par le chimiste et physicien britannique Sir Humphry Davy (1778-1829), réalisa à l'inverse que le mouvement d'un aimant près d'un fil pouvait occasionner un courant électrique. En 1873, le physicien écossais James Maxwell (1831-1879) formalisa ces deux découvertes en formulant les lois générales de l'électromagnétisme.

Chimie

La chimie a pour objet d'étude la structure et la composition des substances, leurs propriétés et leurs transformations.

Les éléments et les molécules

Les éléments chimiques. En 1661, le physicien et chimiste irlandais Robert Boyle (1627-1691) proposa le concept moderne d'élément chimique. On connaît maintenant 103 éléments chimiques naturels différents. Selon la théorie atomique proposée par le physicien et chimiste John Dalton (1766-1844) en 1808, toute matière est faite d'atomes et un élément est une substance qui ne comporte qu'un seul type d'atome. Chaque élément est représenté par une ou deux lettres qui constituent son symbole chimique (exemples : H pour hydrogène, Fe pour fer). Une grande proportion des éléments est des métaux.

Le tableau périodique permet de classer les éléments chimiques en fonction du nombre et de la répartition des électrons dans les atomes des éléments. Les principaux groupes d'éléments sont l'hydrogène (H), les alcalins tels que le sodium (Na) et le potassium (K), les métaux alcalino-terreux, tels que le magnésium (Mg) et le calcium (Ca), les métaux de transition, tels que le titane (Ti), le fer (Fe) le cuivre (Cu), l'argent (Ag), l'or (Au) et le mercure (Hg), les autres métaux, tels que l'aluminium (Al), l'étain (Sn) et le plomb (Pb), les non-métaux, tels que le carbone (C), l'azote (N), l'oxygène (O) et le soufre (S), les halogènes, tels que le fluor (F), le chlore (Cl) et l'iode (I) et les gaz inertes, tels que l'hélium (He) et le néon (Ne). L'uranium (U) et le plutonium (Pu) sont des éléments radioactifs qui font partie du groupe des actinides.

Les molécules sont des groupes d'atomes d'un ou de plusieurs éléments. Un composé chimique est formé d'un ensemble de molécules identiques. La formule chimique indique la manière dont les éléments se combinent dans les molécules d'un composé. Par exemple, la formule chimique de l'oxygène est O_2, celle de l'eau est H_2O, celle du sel de table ou chlorure de sodium est NaCl, celle du glucose est $C_6H_{12}O_6$, celle de l'acide acétique, que l'on trouve dilué dans l'eau dans le vinaigre, est CH_3CO_2H, et celle du bicarbonate de sodium est $NaHCO_3$.

Selon la loi des proportions définies, énoncée en 1806 par le chimiste français Joseph Louis Proust (1754-1826), les éléments forment des molécules dans les proportions précises données par la formule chimique de cette molécule. Par exemple, l'eau, dont la formule est H_2O, se forme quand deux volumes d'hydrogène se combinent avec un volume d'oxygène. Par ailleurs, selon la loi des proportions multiples énoncée par John Dalton en 1804, certains éléments peuvent se combiner de diverses façons. Par exemple, l'hydrogène et l'oxygène peuvent aussi former un composé différent, le peroxyde d'hydrogène, dont la formule est H_2O_2.

Les liaisons chimiques. Malgré toute la variété des molécules, il n'existe que deux grands types de liaisons chimiques : les liaisons ioniques et les liaisons covalentes. Dans les liaisons ioniques, comme celle du sel de table ou chlorure de sodium (de formule chimique NaCl), l'un des atomes cède à l'autre un ou plusieurs électrons. Un ion positif (exemple : Na^+) est un atome ou groupe d'atomes ayant perdu un ou plusieurs électrons, ce qui lui donne une charge électrique positive, tandis qu'un ion négatif (exemple : Cl^-) est un groupe d'atomes ayant gagné un ou plusieurs électrons, ce qui lui donne une charge électrique négative. Dans les liaisons covalentes, comme celle du méthane de formule chimique CH_4, il y a mise en commun d'un ou de plusieurs électrons.

Les cristaux sont des solides caractérisés par une disposition régulière de leurs constituants. Tout cristal appartient à l'un des sept grands types de systèmes cristallins, parmi lesquels se trouvent le système cubique (exemple : sel de table), le système rhomboédrique (exemple : calcite) et le système orthorhombique (exemple : quartz). Une substance amorphe, comme le verre, ne cristallise pas et n'a pas de structure interne régulière. Les cristaux liquides sont des liquides possédant des propriétés analogues à celles des cristaux, par exemple la façon de réfléchir ou de réfracter la lumière.

Les réactions chimiques

Notions de base. Une réaction chimique, qui peut être représentée par une équation chimique, transforme des substances, appelées *réactifs*, en autres substances, appelées *produits*. Par exemple, le vinaigre (acide acétique) et la craie (carbonate de calcium) réagissent pour former un sel, de l'eau et du gaz carbonique :

$$2CH_3CO_2H + CaCO_3 \rightarrow (CH_3CO_2)2Ca + H_2O + CO_2$$

Dans une réaction chimique, selon le célèbre principe de la conservation de la masse énoncé par Antoine de Lavoisier (1743-1794) en 1789, la masse des produits est toujours égale à la masse des réactifs. Ce principe semble parfois faux, comme dans le cas d'un morceau de bois qui brûle en ne laissant qu'un peu de cendre. Dans un tel cas, toutefois, comme dans le cas de plusieurs autres réactions chimiques, une partie des produits de la réaction est constituée de gaz et de particules qui s'échappent dans l'air.

Le chimiste russe d'origine suisse Germain Hess (1802-1850) montra en 1840 que toutes les réactions chimiques sont endothermiques, c'est-à-dire qu'elles absorbent de la chaleur, ou exothermiques, c'est-à-dire qu'elles libèrent de la chaleur. Un catalyseur, dont le principe fut découvert par Jöns Berzelius (1779-1848) en 1835, est une substance qui favorise ou accélère une réaction chimique mais reste elle-même inchangée.

Au cours d'une fermentation, souvent produite par des levures, l'amidon ou le sucre (par exemple les sucres naturellement présents dans le jus de raisin) se transforment en éthanol, qui est l'alcool de toutes les boissons alcooliques, et en dioxyde de carbone. Lors d'une oxydation, l'oxygène se combine avec une substance (exemples : corrosion, combustion).

Une réduction est une réaction au cours de laquelle une substance perd de l'oxygène. Par exemple, le minerai de fer, chauffé avec du carbone, perd son oxygène et devient du fer. L'hydrolyse est la décomposition chimique d'un corps sous l'action de l'eau. Par exemple, lors de la digestion, les esters, telles que les graisses et les huiles, sont décomposés sous l'action de l'eau pour former des acides organiques et des alcools. L'estérification, réaction inverse de l'hydrolyse, est la formation d'un ester à partir d'un acide organique, tel qu'un acide aminé, et d'un alcool. Pendant la pyrolyse, une substance se décompose sous l'action de la chaleur seule. Par exemple un four de cuisine à pyrolyse, appelé aussi *four autonettoyant*, peut être porté à une température très haute, ce qui détruit les salissures de cuisson.

Le feu. Antoine de Lavoisier démontra, en 1772, qu'un gaz, qu'il appela *oxygène* se combinait chimiquement avec les corps qui brûlent ou s'oxydent. On sait maintenant qu'une flamme est formée des gaz luminescents et des fines particules à haute température produits lors de la combustion de matériaux inflammables. Les explosions sont souvent causées par des combustions très rapides. Les extincteurs étouffent le feu en recouvrant le matériau qui brûle d'une mousse qui bloque le contact avec l'oxygène de l'air.

Les acides et les bases. Comme le proposa le chimiste et physicien suédois Svante Arrhenius (1859-1927) en 1884, un acide est un composé qui donne des ions hydrogène (H^+) lorsqu'il est dissous dans l'eau (exemples d'acides : acide chlorhydrique, acide sulfurique, acide nitrique, acide acétique, acide citrique) et une base est un composé qui neutralise un acide (exemples de bases: bicarbonate de sodium, hydroxyde de potassium, ammoniac, méthylamine). Un sel est un composé formé par un acide et une base ou un acide et un métal. Par exemple, le vinaigre (acide acétique) et le bicarbonate de sodium (base) réagissent pour former un sel, de l'eau et du gaz carbonique:

$$CH_3CO_2H + NaHCO_3 \rightarrow CH_3CO_2Na + H_2O + CO_2$$

L'échelle du pH permet de mesurer l'acidité d'une substance. Une substance neutre, comme l'eau distillée, a un pH de 7, un acide a un pH inférieur à 7 et une base a un pH supérieur à 7. Le tournesol, qui change de couleur selon le taux d'acidité, est un indicateur du pH. Plusieurs acides, bases et sels ont la propriété de rendre l'eau conductrice: ce sont des électrolytes.

L'électrochimie s'intéresse aux liens entre les réactions chimiques et l'électricité. La pile électrique, inventée en 1800 par le physicien et chimiste italien Alessandro Volta (1745-1827), produit du courant grâce à la réaction chimique qui se produit lorsque deux métaux différents, tels que du cuivre et du zinc, baignent dans une solution acide. Inversement, un courant électrique peut décomposer un composé chimique lors d'un processus appelé *électrolyse*, dont les lois furent formulées en 1834 par le physicien et chimiste anglais Michael Faraday (1791-1867).

Une pile à combustible utilise l'énergie libérée par la réaction chimique entre un combustible (exemples: hydrogène, méthane, essence) et l'oxygène pour faire circuler des électrons et produire un courant électrique. La galvanoplastie consiste à recouvrir des objets d'une mince couche de métal par électrolyse.

Les composés chimiques

La chimie minérale étudie les composés dans lesquels des atomes de deux ou plusieurs éléments sont combinés. Voici quelques exemples de composés minéraux: l'ammoniac (NH_3), le carbonate de calcium ($CaCO_3$), le dioxyde de carbone (CO_2), le monoxyde de carbone (CO), le sulfate de cuivre ($CuSO_4$), l'oxyde d'azote (N_2O), l'acide chlorhydrique (HCl), le peroxyde d'hydrogène (H_2O_2), le nitrate de potassium (KNO_3) et le chlorure de sodium ($NaCl$). Dans plusieurs composés, certains groupes d'atomes appelés *radicaux* se retrouvent toujours ensemble. Le carbonate, dont la formule est CO_3, le sulfate, dont la formule est SO_4 et le nitrate, dont la formule est NO_3, sont des exemples de radicaux. Les noms des composés chimiques sont formés à partir des noms des éléments et des radicaux qui se retrouvent dans le composé.

Par exemple, le sulfate de cuivre est formé de cuivre et du groupe d'atome SO_4 qui constitue le radical *sulfate*.

Les propriétés physiques et chimiques des composés chimiques sont souvent très différentes de celles des éléments dont ils sont formés. Par exemple, le sel de table ou chlorure de sodium, de formule NaCl, est formé de deux éléments, le sodium (Na, un solide) et le chlore (Cl, un gaz), qui seraient tous les deux, à l'état pur, des poisons violents.

La chimie organique étudie des composés, souvent relativement complexes, dans lesquels des atomes de carbone se combinent avec d'autres éléments. Les principaux types de composés organiques sont les hydrocarbures, tels que le méthane (CH_4) et le propane (C_3H_8), les hydrates de carbones ou sucres, tels que le glucose ($C_6H_{12}O_6$) ou le lactose ($C_{12}H_{22}O_{11}$), les alcools, tels que l'éthanol (C_2H_5OH) et le méthanol (CH_3OH), les esters, tels que les graisses et les huiles, et les acides carboxyliques, tels que l'acide acétique (CH_3COOH) et l'acide citrique ($C_3H_5O(COOH)_3$). Certains composés organiques, les polymères, sont de très grosses molécules formées de chaînes de molécules plus simples liées entre elles.

L'analyse chimique permet de trouver la composition d'une substance ou d'un mélange. Dans l'analyse qualitative, qui permet de déterminer les éléments ou les composés que contiennent une substance ou un mélange, on emploie des méthodes telles que la chromatographie qui consiste à faire passer le mélange en phase gazeuse à travers une colonne contenant un matériau absorbant ou, selon une technique plus simple, à faire passer une solution du mélange dans un papier.

Dans l'analyse quantitative, on emploie des méthodes telles que la spectroscopie, qui analyse la lumière émise ou absorbée par la substance, ou l'analyse volumétrique, qui mesure la quantité d'un réactif nécessaire à une réaction chimique avec la substance.

La synthèse chimique permet de produire des composés identiques à ceux que l'on trouve dans la nature (exemples : la vitamine C, l'insuline) et permet également de créer de nouveaux composés (exemple : les plastiques).

Technologies des sciences physiques

Les techniques et les technologies des sciences physiques regroupent l'ensemble des principes et des savoir-faire, fondés sur des bases scientifiques, qui sont appliqués pour construire, se déplacer, communiquer, chauffer, se défendre, se vêtir et s'alimenter.

Les technologies de l'architecture et de la construction

Les pyramides. L'une des structures les plus anciennes utilisées par les architectes est la pyramide, qui permit aux Égyptiens de construire des sépultures grandioses. La grande pyramide de Kheops, par exemple, construite vers 2500 av. J.-C., mesure 230 m de côté à sa base, 140 m de hauteur, et contient 2,3 millions de blocs de grès pesant entre 2 à 3 tonnes chacun. Les Égyptiens montaient les blocs de pierre en les plaçant sur des traîneaux qu'ils tiraient sur des rampes temporaires faites de pierre et de sable. La friction, sous les traîneaux, était réduite à l'aide d'huile végétale.

Les arches et les dômes. L'arche, inventée par les Sumériens environ 3500 av. J.-C., est souvent utilisée car sa forme, élégante et solide, permet une répartition des forces qui fait en sorte que les blocs sont coincés les uns contre les autres et ne peuvent tomber. Le bloc le plus important est la clé de voûte, située au sommet de l'arche, qui assure la cohésion de l'ensemble. Le dôme, dont l'un des plus célèbres est celui du Panthéon, à Rome, peut être considéré comme un ensemble d'arches qui forment une structure en trois dimensions. En 1953, l'architecte américain Buckminster Fuller (1895-1983) inventa le dôme géodésique, de conception totalement différente, qui est une structure en tubes métalliques ayant la forme d'une sphère.

Les tours et les phares. La tour, d'abord utilisée comme flanquement d'une muraille, a été en usage dès l'Antiquité la plus lointaine. De nos jours, il existe de nombreux types de tours, dont plusieurs sont à la fois des attractions touristiques, comme la célèbre tour Eiffel, et des supports pour des systèmes de télécommunication. Un phare est une grande tour bâtie sur un littoral ou sur une île et munie d'un système d'éclairage qui guide les navires pendant la nuit.

Les routes. Dès le IIe siècle av. J.-C. les Romains construisirent des routes comportant de solides fondations et recouvertes de pavés, ce qui les rendit très durables. Une route moderne comporte une fondation de pierres calibrées, serrées et comprimées à l'aide d'un rouleau compresseur. Une route peut être recouverte d'asphalte ou, dans le cas des routes à grand débit, de béton.

Les ponts. Il existe plusieurs types de ponts, tels que le pont à poutres, le pont cantilever et le pont à béquilles. Plusieurs des grands ponts modernes sont des ponts suspendus à câble porteur ou à haubans. Le tablier d'un pont suspendu est soutenu par des câbles métalliques fixés à deux ou plusieurs pylônes.

Les tunnels. Un tunnel permet le passage d'une voie ferrée ou d'une route sous une colline ou une montagne. Le percement se fait à l'aide de dynamite, de marteaux pneumatiques et de tunneliers munis de foreuses rotatives. Le soutènement du tunnel se fait à l'aide de poutres en aciers ou en béton.

Les barrages. Un barrage est une construction qui permet de retenir l'eau pour l'irrigation, pour maîtriser la crue d'un cours d'eau ou pour produire de l'énergie. Quelques barrages modernes atteignent plus de 200 m de hauteur. La conception d'un barrage doit tenir compte du fait que la pression de l'eau augmente avec la profondeur. La base du barrage doit donc être beaucoup plus épaisse et solide que son sommet.

Les gratte-ciel. Ce type d'édifice, qui est la forme architecturale la plus caractéristique des XXe et XXIe siècles, a été rendu possible par l'invention de la structure portante métallique, des murs-rideaux et de l'ascenseur. Le premier gratte-ciel à structure métallique fut construit à Chicago en 1883. Certains gratte-ciel modernes sont de véritables prouesses techniques : ils comptent plus de 100 étages et atteignent des centaines de mètres de hauteur.

Les technologies du mouvement

Les raquettes, les skis et les traîneaux. Les raquettes, inventées il y a 30 000 ans, et les skis, il y a près de 10 000 ans, peuvent tous deux être décrits comme de grandes semelles qui s'adaptent aux chaussures et permettent de marcher sur la neige sans s'y enfoncer. La pression exercée sur la neige est égale au poids de la personne qui porte les raquettes ou les skis divisée par la surface de contact. Plus la surface des raquettes ou des skis est grande, plus la pression par unité de surface est petite, ce qui permet de marcher ou glisser sans s'enfoncer dans la neige. Les traîneaux tirés sur la neige, inventés il y a environ 8 500 ans, en Finlande, sont une autre application du même principe.

Les navires et les sous-marins. Les navires flottent parce qu'ils sont moins denses que l'eau, c'est-à-dire parce qu'ils sont moins lourds que le volume d'eau qu'ils déplacent. Les premières embarcations étaient des radeaux et des troncs d'arbres creusés. Les premiers voiliers, inventés en Égypte environ 4000 av. J.-C., n'utilisaient que la force appliquée directement sur la voilure, et la navigation se faisait uniquement aux allures portantes, c'est-à-dire avec du vent arrière ou du vent de travers. Les voiliers construits depuis 200 av. J.-C. tirent profit du fait que le vent s'écoule à des vitesses différentes sur les deux faces d'une voile, ce qui induit une différence de pression, comme dans le cas des ailes d'un avion, et permet au voilier d'avancer contre le vent. Inventé vers 1200, le gouvernail d'étambot, fixé à l'arrière de l'étambot, qui est la poutre principale de la charpente d'un navire, sert à manœuvrer et à conduire le navire. L'invention du moteur à vapeur, au XVIIIe siècle, et plus tard celle d'autres types de moteurs, permit la construction de navires mus par des roues à aubes puis par des hélices. Le sous-marin, dont un premier prototype à propulsion humaine fut construit à Londres en 1620, peut descendre ou remonter selon sa densité, qui varie en fonction de la quantité d'eau contenue dans des réservoirs.

Les aéroglisseurs. En 1955, l'ingénieur anglais Christopher Cockerell (1910-1999) inventa l'aéroglisseur, un véhicule amphibie ayant la possibilité de rester en sustentation au-dessus du sol ou de l'eau. La base de l'aéroglisseur est une jupe flexible qui permet de créer un coussin d'air au moyen d'un fort ventilateur.

Les parachutes. Le principe du parachute fut découvert en Chine vers 90 av. J.-C. La grande surface d'un parachute augmente la résistance de l'air au mouvement, ce qui ralentit la vitesse de chute d'un objet ou d'une personne. En 1490, l'artiste et scientifique italien Léonard de Vinci (1452-1519) dessina les plans du premier modèle de parachute capable de soutenir un être humain. Le premier saut en parachute, à partir d'un ballon, fut réussi en 1793.

Les ballons et les dirigeables. Un ballon à l'air chaud vole parce que les molécules d'azote et d'oxygène de l'air chaud sont plus espacées que celles de l'air froid. L'air chaud est donc moins dense que l'air froid et « flotte » sur l'air froid. En 1782, les industriels français Joseph (1740-1810) et Étienne Montgolfier (1745-1799) construisirent et firent voler le premier ballon à l'air chaud, aussi appelé *montgolfière*. Le dirigeable est un ballon de forme allongé, rempli d'hydrogène ou d'hélium, qui peut être dirigé grâce à des gouvernails et des moteurs à hélice. En 1884, l'inventeur français Charles Renard (1847-1905) construisit et pilota le premier dirigeable, qui était mû par un moteur électrique.

Les trains. En 1804, l'ingénieur anglais Richard Trevitchick (1771-1833) construisit la première locomotive commerciale à vapeur. L'invention du moteur diesel et de moteurs électriques de grande puissance permit la construction de trains plus rapides vers la fin du XIXe siècle et au cours du XXe siècle. Dans un train diesel, le moteur diesel fait tourner une génératrice qui alimente un moteur électrique. C'est ce moteur électrique qui fait tourner les roues du train. Certains trains modernes, tels que le train à grande vitesse (TGV), en France, sont entièrement électriques et peuvent dépasser les 500 km/h.

Les vélos et les motos. Un vélo tient en équilibre grâce à l'effet gyroscopique selon lequel l'axe de rotation d'une roue qui tourne conserve la même orientation. Le vélo moderne date de l'invention, en 1879, de la chaîne à rouleaux. La motocyclette, appelée couramment *moto*, est une bicyclette motorisée. En 1885, l'ingénieur allemand Gottlieb Daimler (1834-1900) installa un moteur de son invention sur une bicyclette ; la première moto était née.

Les automobiles. En 1771, l'ingénieur français Joseph Cugnot (1725-1804) construisit le *Fardier*, premier véhicule automobile à vapeur. Les premières automobiles à l'essence furent commercialisées en 1885, en Allemagne, par les ingénieurs allemands Karl Benz (1844-1929) et Daimler. La plupart des automobiles fonctionnent en brûlant de l'essence mais l'éthanol, le gaz naturel et l'huile diesel sont également utilisés. Leur moteur à combustion interne comporte plusieurs cylindres dans lesquels coulissent des pistons, qui font tourner un vilebrequin. Leur boîte de vitesse, qui modifie le rapport entre la vitesse de rotation du moteur et celle de l'arbre de transmission, permet de modifier la puissance transmise aux roues.

Les motoneiges. En 1959, l'industriel canadien Joseph Armand Bombardier (1908-1964) inventa la motoneige, un véhicule propulsé grâce à un moteur à deux temps ou quatre temps qui entraîne une chenille. La direction est assurée par deux skis reliés au guidon et situés à l'avant.

Les planeurs et les avions. Un planeur est un avion sans moteur qui tient dans les airs grâce au principe, énoncé en 1738 par Daniel Bernoulli (1700-1782), selon lequel plus l'air circule rapidement, plus la pression qu'il exerce est faible. Les ailes d'un planeur sont conçues pour que l'air qui passe au-dessus de l'aile circule plus rapidement que l'air qui passe sous l'aile. En tenant compte du principe de Bernoulli, la pression au-dessus de l'aile est inférieure à celle qui est sous l'aile, ce qui crée une force qui s'oppose à la gravité et permet au planeur ou à l'avion de rester en suspension. Le premier vol d'un planeur piloté par un être humain eut lieu en France, en 1856. Un avion est un planeur muni d'un ou de plusieurs moteurs. En 1903, les aviateurs américains Orville Wright (1871-1948) et Wilbur Wright (1867-1912) expérimentèrent, avec succès, le premier avion à moteur. Les avions sont propulsés par des moteurs à hélice, qui génèrent une poussée en modifiant la pression de l'air, ou par des moteurs à réaction, qui projettent des gaz à haute vitesse vers l'arrière, ce qui crée une réaction vers l'avant.

Les hélicoptères. En 1907, le Français Paul Cornu (1881-1944) construisit le premier hélicoptère, muni d'hélices horizontales. En 1908, l'ingénieur russe Igor Sikorsky (1889-1972) inventa le rotor, composé de pales dont la forme semblable à celle des ailes d'un avion deviendra l'une des pièces principales des futurs hélicoptères. Pendant leur rotation, la pression de l'air au-dessus des pales devient inférieure à celle qui est au-dessous. La force résultante s'oppose à celle de la gravité et permet à l'hélicoptère de monter et de tenir dans les airs.

Les fusées furent inventées en Chine au XIIIe siècle. Le principe de propulsion d'une fusée est celui de la troisième loi de Newton selon laquelle une action induit une réaction. La première fusée capable de placer un satellite en orbite fut construite en Russie au cours des années 1950.

Les robots industriels. Le premier robot industriel fut commercialisé aux États-Unis en 1961. Plusieurs de ces machines comportent des capteurs, qui détectent des données physiques telles que la pression, la chaleur, la lumière, le mouvement, la vitesse ou un champ magnétique, des servomécanismes, qui réalisent un certain programme, et un mécanisme de contrôle, qui est souvent un microprocesseur ou un ordinateur.

Les technologies de la lumière, du son et des communications

L'écriture. L'encre, composée de suie et de colle, fut inventée en Chine il y a 4500 ans. Le parchemin, peau d'animal traitée pour l'écriture, fut inventé à Pergame, ancienne ville d'Asie mineure, vers 190 av. J.-C. et son usage devint courant au VIIIe siècle. Bien que le papier, d'abord composé de fibres de soie, ait été connu des Chinois dès 150 av. J.-C., il ne remplacera le parchemin, pour la plupart des usages, qu'au XIVe siècle. Dès le VIe siècle, les Chinois imprimaient du texte et des illustrations à l'aide de grandes plaques de bois gravées en relief mais il était cependant fastidieux de graver une plaque différente pour chaque page de texte. Ils inventèrent les premiers caractères mobiles vers 1040. Vers 1440, l'imprimeur allemand Johann Gensfleisch, dit Gutenberg (1398-1468), inventa la presse à imprimer et perfectionna la typographie à caractères mobiles. La première machine à écrire d'utilisation pratique fut inventée par la firme Sholes et Remington en 1870. Le stylo à bille vit le jour en Argentine en 1938. En 1835, le Français Louis Braille (1809-1852), lui-même aveugle depuis l'enfance à la suite d'un accident, mit au point un système d'écriture pour les aveugles. L'alphabet braille représente les lettres et les chiffres au moyen de petits points en relief sur du papier ou du carton.

Les instruments de musique. Le tambour, d'abord constitué d'une peau d'animal tendue sur un morceau de bois creux, et la flûte, d'abord un os creux ou une tige de roseau, furent tous deux inventés il y a 30 000 ans. L'arc musical, dérivé de l'arc utilisé pour lancer des flèches et qui est l'ancêtre de la harpe, fut inventé il y a 20 000 ans. Les premières véritables harpes datent de 5000 ans. La trompette fut inventée en Égypte vers 2000 av. J.-C. et la guitare en Assyrie vers 1000 av. J.-C. Le clavecin, inventé au XIVe siècle, fut suivi par le piano en 1710.

Parmi les divers instruments de musique, on distingue souvent les cordes, les bois, les cuivres, les percussions et les claviers, mais ces catégories ne sont pas tellement scientifiques. Le piano, par exemple, est à la fois un instrument à cordes, à percussion et à clavier. Une classification plus scientifique, proposée par le musicologue allemand Curt Sachs (1881-1959) et l'ethnomusicologue autrichien Erich Moritz von Hornbostel (1877-1935) en 1914, distingue les cordophones (instruments à cordes) tels que le piano, le violon et la kora ; les aérophones (instruments à vent) tels que l'orgue, l'harmonica et le basson ; les idiophones (instruments en bois ou métal résonnant) tels que le triangle, le xylophone et les cymbales ; les membranophones (instruments composés d'une membrane tendue) tels que les tambours et les timbales ; les électrophones ou instruments électroacoustiques, qui comprennent les instruments électroniques inventés surtout au XXe siècle.

L'éclairage. La domestication du feu, il y a 1 400 000 ans, permit la première forme d'éclairage. Il y a 20 000 ans débuta la confection de vases de pierre pour la combustion d'huile à des fins d'éclairage. Par la suite, diverses sortes de sources d'éclairage basées sur la combustion de substances solides, liquides ou gazeuses, telles que les torches, les lampes à l'huile, les bougies en cire et les lampes au gaz furent inventées. En 1811, la ville de Freiberg, en Allemagne, devint la première à se doter d'un système d'éclairage extérieur au gaz de houille (charbon). En 1816, le chimiste français Eugène Chevreul (1786-1889) fabriqua les premières bougies en acide stéarique, une cire synthétique.

En 1879, le physicien anglais Joseph Swan (1828-1914) et l'inventeur américain Thomas Edison (1847-1931) perfectionnèrent l'ampoule électrique à incandescence inventée par un étudiant canadien cinq ans auparavant. Le filament électrique d'une ampoule est une résistance qui chauffe et devient brillante au passage du courant électrique. L'ampoule est vide ou remplie d'un gaz inerte pour éviter toute réaction chimique avec le filament chauffé. En 1909, le savant français Georges Claude (1870-1960) inventa l'éclairage au moyen de tubes à décharge au néon. Un tube à décharge, tel que les lampes au néon, à vapeur de sodium ou à fluorescence, contient un gaz dans lequel circule un courant électrique. Une lampe à fluorescence contient de la vapeur de mercure qui émet un rayonnement ultraviolet. Ce rayonnement frappe une couche de phosphore qui recouvre sa surface intérieure et donne de la lumière blanche par fluorescence. De nos jours, les ampoules à fluorescence remplacent de plus en plus les ampoules à incandescence car elles nécessitent beaucoup moins d'énergie électrique.

Les instruments d'optique. Les lentilles, composantes principales de tous les instruments d'optique, furent décrites pour la première fois vers l'an 1000 par le physicien arabe Ibn al-Haythaam Alhazen (965-1039).

Les premières lunettes correctrices pour la vue, qui étaient des lentilles convergentes destinées aux hypermétropes et aux presbytes, furent inventées en 1285, en Italie. Les trois principaux problèmes que les lunettes permettent de corriger sont la myopie, l'hypermétropie et la presbytie. Dans un œil myope, qui converge trop, l'image d'un objet se forme en avant de la rétine et des lentilles divergentes concaves (creuses au centre) sont nécessaires. Dans un œil hypermétrope, qui ne converge pas assez, l'image se forme en arrière de l'œil et des lentilles convergentes convexes (bombées au centre) sont nécessaires. Dans un œil presbyte, qui n'accommode pas bien, des lentilles à double foyer comportant une partie concave et une partie convexe sont nécessaires.

Les premiers microscopes, composés de plusieurs lentilles, furent construits en 1590. Un microscope à lentilles multiples comporte au moins deux lentilles: un objectif d'une distance focale de quelques millimètres, séparé par une distance fixe de 15 à 18 cm d'un oculaire d'une distance focale de quelques centimètres. La mise au point se fait en déplaçant l'ensemble. Un autre type de microscope, composé d'une seule lentille minuscule de forme sphérique, fut également inventé à la même époque et perfectionné par le naturaliste hollandais Antonie Van Leeuwenhoek (1632-1723) vers 1680, ce qui lui permit de découvrir l'existence d'organismes microscopiques.

Le télescope à réfraction, appelé aussi lunette astronomique, fut inventé officiellement en 1608 par l'opticien hollandais Hans Lippershey (1570-1619). Il est probable, cependant, que le principe en était connu dès le XIIIe siècle. Le télescope à réflexion, dont la pièce principale est un miroir parabolique, fut conçu par le physicien Isaac Newton (1642-1727) en 1672.

La photographie et le cinéma. Il y a des milliers d'années, les Chinois découvrirent que la lumière pénétrant dans une pièce sombre par un trou percé dans un mur donnait, sur le mur opposé, une image de l'extérieur. En 1500, en Europe, existaient des *camera obscura*, de grandes boîtes produisant des images selon ce principe, qui est aussi celui des appareils photo et des caméras. En 1826, le Français Joseph Niepce (1765-1833) inventa l'héliographie, un précurseur de la photographie qui consistait à fixer des images sur des plaques d'étain placées dans une chambre noire et recouvertes d'un bitume sensible à la lumière. En 1839, le photographe français Hippolyte Bayard (1801-1887) et le photographe anglais William Talbot (1800-1877) inventèrent, de façon indépendante, les négatifs photographiques, qui permettaient la reproduction de photos sur papier. En 1888, le photographe américain George Eastman (1854-1932) inventa le *Kodak*, un appareil photographique simple, léger et peu coûteux. En 1981, la compagnie Sony lança la photo numérique.

En 1895, les scientifiques français Auguste (1862-1954) et Louis Lumière (1864-1948) inventèrent le cinématographe, appelé plus simplement *cinéma*. Le magnétoscope fut inventé aux États-Unis en 1951 et la compagnie Sony lança le premier modèle grand public en 1964. Cet appareil permettait d'enregistrer les images et les sons de la télévision sur une bande magnétique et de les reproduire à volonté. De nos jours, la bande magnétique a fait place au DVD (*Digital Versatile Disk*), semblable au disque compact, sur lequel les images et les sons sont enregistrés de façon numérique.

Le télégraphe permet de transmettre à distance des messages au moyen de signaux visibles, d'impulsions électriques ou d'impulsions lumineuses. En 1793, l'ingénieur français Claude Chappe (1763-1865) inventa le télégraphe optique, appelé aussi *sémaphore*. Ce type de télégraphe transmettait des messages au moyen de signaux effectués par des bras articulés installés sur des séries de tours situées à d'assez grandes distances les unes des autres. Des observateurs munis de télescopes, postés dans chacune des tours, relayaient les messages.

En 1835, les Américains Samuel Morse (1791-1872) et Joseph Henry (1797-1878) inventèrent le télégraphe électromagnétique, et Samuel Morse conçut le code morse, composé de traits (des impulsions électriques longues) et de points (des impulsions électriques courtes). Le premier câble sous-marin pour la transmission de télégrammes fut installé entre Douvres et Calais, en Europe, en 1851. Le premier câble télégraphique transatlantique fut installé en 1866. En 1895, l'inventeur italien Guglielmo Marconi (1874-1937) réussit à transmettre un message par radio, en morse, sur une distance de 145 km, ce qui marqua la naissance de la télégraphie sans fil (TSF).

Le téléphone et le télécopieur. En 1871, l'ingénieur italien Antonio Meucci (1808-1889) déposa une demande de brevet pour un téléphone assez semblable à celui qui fut inventé par Alexander Graham Bell (1847-1922) en 1876, mais ne réussit pas, faute de moyens financiers suffisants, à obtenir le brevet. C'est donc Bell qui en est officiellement considéré comme l'inventeur. Le téléphone, qui comporte un microphone et un haut-parleur, transmet des messages parlés en convertissant le son en signal électrique et le signal électrique en son. Le premier câble téléphonique transatlantique, entre l'Amérique et l'Europe, fut installé en 1956. Les premiers satellites de télécommunication furent lancés vers la fin des années 1960. Les premiers téléphones portables, qui sont en fait de petits émetteurs et récepteurs d'ondes électromagnétiques de la longueur d'onde des micro-ondes, furent mis en service en 1979.

En 1843, le scientifique anglais Alexander Bain (1810-1877) inventa un procédé, ancêtre du télécopieur, pour envoyer des images à distance à l'aide de l'électricité. Le téléscripteur ou télex, qui permettait d'envoyer des messages écrits par ligne téléphonique, fut inventé aux États-Unis en 1916 et a été commercialisé à partir de 1931. En 1924 eut lieu la démonstration, aux États-Unis, d'un télécopieur expérimental pour la transmission de photos par ligne téléphonique. Il a été commercialisé sous sa forme moderne à partir de 1973.

L'enregistrement des sons peut se faire de façon analogique, en convertissant le son en sillons sur un disque en vinyle ou en motif magnétique sur une bande magnétique. Il peut aussi se faire de façon numérique, en convertissant le son sous forme de séquences de nombres sur une bande magnétique numérique ou un disque compact.

En 1877, l'Américain Thomas Edison (1847-1931) inventa le phonographe et réalisa le premier enregistrement d'un son. En 1888, l'Américain d'origine allemande Émile Berliner (1851-1929) inventa le gramophone, semblable au phonographe mais qui, au lieu d'enregistrer les sons sur un cylindre, les enregistrait sur un disque de zinc recouvert de cire. Le gramophone faisait jouer des disques sur lesquels était gravé un sillon musical; ce sillon était lu par une pointe reliée à un pavillon acoustique et la rotation du disque était activée par un ressort spiral d'horlogerie. En 1925 fut inventé le microphone, qui transforme la voix en courant électrique. En 1933 eurent lieu les premiers enregistrements de disques stéréophoniques mais leur commercialisation à grande échelle n'a débuté qu'en 1958.

La bande magnétique pour l'enregistrement du son fut inventée en 1928, et la première démonstration d'un magnétophone eut lieu en 1935. Une bande magnétique est une bande plastique recouverte de particules métalliques. Pendant un enregistrement, elle se déroule à vitesse constante devant une tête aimantée dont l'aimantation varie en fonction des ondes sonores à enregistrer. Pendant la lecture, une autre tête subit les champs magnétiques induits par la bande magnétique et, après traitement, les ondes sonores peuvent être restituées.

En 1979, les compagnies *Philips* et *Sony* mirent au point le disque compact (CD) pour l'enregistrement numérique de la musique. Sur le disque, une séquence binaire (succession de 0 et de 1) est gravée sur le métal. Pendant la lecture du disque, un laser parcourt les pistes et est reflété de façon différente selon qu'il passe sur un creux ou non. Une cellule photoélectrique capte le laser reflété et l'appareil traduit la séquence binaire en sons audibles.

La radio. Toute transmission radio nécessite un émetteur et un récepteur. L'émetteur produit une onde dite porteuse. Lorsque l'émetteur veut transmettre un son, il module l'onde porteuse. Le récepteur capte l'onde modulée et en fait ressortir le son original. Dans le cas de la radio AM (*Amplitude Modulation*) c'est l'amplitude de l'onde porteuse qui varie, tandis que dans le cas de la radio FM (*Frequency Modulation*), c'est sa fréquence. La première transmission de paroles et de musique, par modulation d'amplitude (radio AM) fut réussie en 1906 par le physicien canadien Reginald Fessenden (1866-1932). La même année, l'inventeur italien Guglielmo Marconi (1874-1937) réussit la première transmission de paroles par modulation de fréquence (radio FM).

La télévision. L'ingénieur écossais John Baird (1888-1946) inventa la télévision en noir et blanc en 1925 et la télévision en couleurs en 1943. L'écran d'un téléviseur classique est composé d'un tube cathodique qui comporte un tube à vide, un canon à électrons et des luminophores situés à la surface de l'écran. Depuis quelques années, il existe également des téléviseurs à écran plat, sans tube cathodique, qui fonctionnent à l'aide de la lumière produite par des cristaux liquides.

Les calculatrices et les ordinateurs. Le savant, philosophe et écrivain français Blaise Pascal (1623-1662) construisit la première machine à calculer mécanique en 1642. En 1942, le physicien américain John Vincent Atanasoff (1903-1995) construisit le premier calculateur électronique à tubes et, en 1943, l'ingénieur britannique Max

Newman (1897-1985) construisit le Colossus, premier ordinateur programmable. En 1971, la compagnie américaine Intel mit sur le marché le premier microprocesseur commercial. La calculatrice de poche fut inventée aux États-Unis en 1972. En 1989 fut créé, au CERN (Conseil européen pour la recherche nucléaire), le World Wide Web (WWW), utilitaire innovateur pour relier les ordinateurs en réseaux.

Les technologies de la chaleur

La cuisson. Dès la domestication du feu, les êtres humains découvrirent que la viande et certains autres aliments cuits par le feu avaient meilleur goût et se conservaient plus longtemps. L'invention de l'élément chauffant, en 1892, permit la conception de divers appareils de cuisson, notamment le grille-pain, en 1909, et la cuisinière électrique domestique, en 1921. Un élément chauffant fonctionne selon le principe de la conversion du courant électrique en chaleur, selon l'effet Joule, dans un conducteur qui oppose une résistance au courant. Le four à micro-ondes, développé à partir de la technologie du radar, fut inventé aux États-Unis en 1946. Ce type de four chauffe les aliments au moyen d'un dispositif appelé *magnétron* qui génère des ondes électromagnétiques qui font vibrer les molécules d'eau ou d'huile des aliments, ce qui dégage de l'énergie.

Le chauffage domestique. Vers 100 apr. J.-C., les Romains construisirent quelques maisons munies d'un système de chauffage avec feu central et calorifères à air chaud, mais cette technique fut oubliée et les systèmes de chauffage central ne réapparurent qu'au XVIIIe siècle. Les plinthes et les radiateurs électriques modernes, pour le chauffage des immeubles, comportent des éléments chauffants.

Le chauffage solaire. En 1515, l'artiste et inventeur italien Léonard de Vinci (1452-1519) conçut un concentrateur solaire formé d'un miroir parabolique pour faire bouillir de l'eau dans une fabrique de teinture. Vers 1780, le chimiste et physiologiste français Antoine de Lavoisier (1743-1794) inventa un four solaire, composé de deux grandes lentilles qui concentraient la lumière du soleil, capable d'atteindre des températures de plus de 1 800 °C et de faire fondre des métaux tels que le platine. En 1885, l'ingénieur français Charles Tellier (1828-1913) inventa un capteur solaire plan pour chauffer l'ammoniac contenu dans des tubes, augmenter sa pression et actionner une pompe à eau. De nos jours, des capteurs solaires plans sont parfois utilisés pour produire de l'eau chaude.

Le thermos. En 1892, le chimiste et physicien écossais James Dewar (1842-1923) inventa un récipient isolant, qui sera plus tard commercialisé sous le nom de Thermos, pour la conservation des gaz liquéfiés. Ce récipient est formé de deux enceintes de verre entre lesquelles on fait le vide pour éviter la transmission de chaleur par conduction gazeuse ou par convection. De plus, les faces des enceintes situées du côté de la partie sous vide sont argentées afin de limiter les pertes thermiques par rayonnement.

La réfrigération. L'utilisation de glace, parfois placée dans des matériaux isolants et conservée dans des caveaux, a longtemps été la seule technique de réfrigération. Un prototype de machine frigorifique à compression d'éther, qui peut être considéré comme le premier réfrigérateur, fut présenté aux États-Unis en 1855. La nouveauté de cette machine résidait dans la présence d'un processus de refroidissement à cycle fermé qui est encore appliqué dans les réfrigérateurs modernes. Au cours de ce cycle, un liquide est vaporisé sous l'effet de la dépression entretenue par une pompe, ce qui entraîne l'absorption d'une certaine quantité de chaleur. Ce liquide est ensuite comprimé dans une autre partie du réfrigérateur, ce qui amène la production de chaleur évacuée à l'extérieur du réfrigérateur, puis le cycle recommence. Le réfrigérateur domestique fut inventé aux États-Unis en 1913.

Le moteur à vapeur. En 1705, les inventeurs anglais Thomas Newcomen (1663-1729) et Thomas Savery construisirent la première machine à vapeur. Vers 1765, l'ingénieur écossais James Watt (1736-1819) conçut le premier moteur à vapeur ayant un certain rendement et capable de faire fonctionner des machines industrielles. Le moteur à vapeur utilise la pression de la vapeur produite par une bouilloire pour actionner un ou plusieurs pistons et faire tourner un axe. Les moteurs à vapeur sont des moteurs à combustion externe parce que le combustible qui fait chauffer l'eau est à l'extérieur du moteur proprement dit.

Les moteurs à combustion interne, tels que les moteurs à essence, les moteurs diesels et les moteurs à réaction, sont des moteurs dans lesquels la combustion du carburant se fait à l'intérieur du moteur. En 1859, l'ingénieur français d'origine belge Étienne Lenoir (1822-1900) inventa un premier moteur à combustion interne utilisable. Le carburant de ce moteur était du gaz de houille. En 1876, l'ingénieur allemand Nikolaus Otto (1832-1891) conçut un moteur à combustion interne à quatre temps, dont des versions améliorées sont encore utilisées de nos jours dans la plupart des véhicules automobiles.

En 1929, l'ingénieur britannique Frank Whittle (1907-1996) inventa le moteur à réaction. Le premier vol d'un avion à réaction eut lieu en Allemagne dix ans plus tard. La plupart des moteurs à réaction modernes sont des turboréacteurs, dans lesquels une grande turbine souffle de l'air dans une chambre à combustion où il est mélangé à du kérosène, qui brûle au contact de l'air, expulsant un jet de gaz chaud vers l'arrière et propulsant l'avion vers l'avant. Plusieurs avions à hélices modernes sont également propulsés par des turboréacteurs ; dans ce cas, la turbine fait tourner l'hélice.

Les technologies militaires et policières

Quelques armes. Au IVe siècle av. J.-C., les Grecs mirent au point la catapulte, machine de guerre permettant de lancer des projectiles lourds. Certaines catapultes ressemblaient à une énorme arbalète et lançaient de grosses flèches au moyen d'un arc, tandis que d'autres projetaient des pierres, qui pesaient parfois plusieurs dizaines de kilogrammes, au moyen d'un bras actionné par la torsion d'un gros câble.

La poudre noire fut inventée en Chine vers 600 et le lance-flammes au pétrole à Byzance vers 670. En 1232, dans des combats, des Chinois utilisèrent de petites fusées propulsées par de la poudre noire. Les premiers canons furent fabriqués par les Arabes vers 1300. Le bâton à feu (appelé aussi *canon à main* ou *escopette*), ancêtre du fusil, fut inventé au XVe siècle. Le coton-poudre, constitué de nitrocellulose, explosif très puissant, fut inventé en Allemagne en 1847. En 1866, le chimiste et ingénieur suédois Alfred Nobel (1833-1896) inventa la dynamite, un explosif constitué de nitroglycérine stabilisée dans de la silice ou du coton.

Tous les moyens de transport, qu'il s'agisse de navires, de voitures, d'avions, de fusées ou même de trains comportent des versions militaires. Un char de combat, dont un premier modèle fut construit en 1916, est une automitrailleuse blindée munie de chenilles actionnées par des roues dentées. Le premier porte-avions, piste d'atterrissage flottante, fut construit en 1911. Dans le domaine de l'aéronautique, la première utilisation d'un avion pour lancer une bombe eut lieu en 1911. Les premiers missiles (le V1 et le V2), furent fabriqués à partir de 1939 par l'ingénieur allemand Wernher von Braun (1912-1977).

Les techniques d'identification et d'enquête. En 1892, le physiologiste anglais Francis Galton (1822-1911), cousin de Charles Darwin, mit au point le système d'identification par les empreintes digitales. Ces empreintes sont les traces souvent invisibles laissées par les doigts sur les objets touchés et qui permettent d'identifier une personne. En 1921, le médecin américain d'origine canadienne John Larson (1892-1965) inventa le polygraphe, ou détecteur de mensonge. Cet appareil mesure plusieurs variables de l'activité physiologique, telles que la fréquence cardiaque et la conductivité électrique dont la valeur change souvent de façon observable quand le sujet interrogé se met à mentir. En 1984, fut élaborée une méthode d'identification à partir de l'ADN provenant de traces de tissus humains (sang, sperme, peau, cheveu, salive, etc.). Cette méthode, appelée *identification par empreintes génétiques*, est maintenant couramment utilisée lors d'enquêtes policières.

Les technologies de la chimie

La céramique et le verre. Les premiers pots en céramique, appelée aussi terre cuite, furent fabriqués en Chine, en Iran et en Syrie entre 10 000 et 7000 av. J.-C. La céramique est faite d'argile à laquelle on peut ajouter de la craie, de la terre, de la terre cuite broyée ou du sable, dans des proportions très variables selon les recettes. Les pièces mises en forme sont d'abord séchées à basse température puis cuites dans un four. Le verre, découvert en Égypte vers 1500 av. J.-C., est une substance solide, transparente et fragile obtenue par fusion de sables riches en silice, tels que les sables à base de quartz et de carbonate de sodium ou de potassium.

Les métaux. L'extraction des premiers métaux, soit le plomb, l'étain, le cuivre et l'or, débuta vers 5000 av. J.-C. Le fer, plus difficile à extraire du minerai qui le renferme, commença à être produit, à l'aide de la chaleur produite par la combustion du charbon, en Mésopotamie vers 1500 av. J.-C. La production industrielle de l'aluminium, découvert beaucoup plus tard, débuta au XIXe siècle. De nos jours ce métal, le plus utilisé après le fer, est produit par électrolyse de l'alumine contenue dans la bauxite, un procédé qui nécessite beaucoup d'énergie électrique, ce qui explique que les alumineries soient surtout situées aux endroits où l'électricité est abondante et peu coûteuse.

Plusieurs métaux sont utilisés sous forme d'alliage. L'un des plus anciens est le bronze, un alliage de cuivre et d'étain plus rigide que ses composants, inventé en Égypte 3700 av. J.-C. La fonte, un alliage de fer et de carbone, commença à être produite de façon industrielle au début du XIVe siècle. La production de l'acier, alliage de fer et de carbone plus résistant que le fer et que la fonte, débuta au XVIIIe siècle.

Les parfums et les cosmétiques. Les premiers parfums et cosmétiques furent fabriqués au Proche-Orient, en Égypte et en Inde environ 7000 av. J.-C. Les premiers parfums étaient à base de produits tels que l'huile d'amande, le thym et l'eau de rose, alors que les premiers cosmétiques étaient à base d'huiles, de graisses et de produits tels que le khôl (pâte à base de suie et d'antimoine ou de galène), de malachite (minerai de couleur verte) et même de morceaux d'insectes pulvérisés.

De nos jours, les parfums sont surtout faits à base d'alcool, de matière première végétale (fleur, tige ou feuille des plantes aromatiques) et de matières animales (l'ambre gris ou le musc) maintenant reproduites par synthèse chimique. Les crèmes et les lotions sont des émulsions, c'est-à-dire de fines particules d'huile ou de glycérine dispersées dans de l'eau, auxquelles on ajoute parfois des pigments. Les rouges à lèvres et le maquillage pour les yeux sont faits à base d'huiles, de cires et de pigments non toxiques. Les vernis à ongles sont d'ordinaire des solutions de nitrocellulose et de colorants dans de l'acétone.

Les savons et les autres produits nettoyants. Les premiers savons, à base d'huiles et de cendres végétales, furent fabriqués environ 2500 av. J.-C. Les savons modernes sont obtenus en faisant réagir une matière grasse telle que l'huile végétale ou la graisse animale avec une lessive alcaline contenant de la soude ou de la potasse.

L'eau de Javel, inventée par le chimiste français Claude Berthollet (1748-1822) en 1789, est une solution d'hypochlorite de sodium (ou de potassium) dans l'eau. C'est un oxydant puissant, employé à diverses concentrations pour désinfecter des surfaces, stériliser de l'eau ou blanchir des textiles.

Les alcools et les hydrocarbures. L'alcool fut découvert il y a 10000 ans, avec les débuts de la fabrication du vin. La fermentation de jus naturellement sucrés tels que le jus de raisin, la mélasse, le sucre de canne ou l'amidon de pomme de terre, produit des liquides qui peuvent contenir jusqu'à 15 % d'éthanol.

L'exploitation de mines de charbon et son utilisation comme combustible débutèrent en Chine, environ 10000 av. J.-C. Le charbon est une roche sédimentaire de couleur noire, composée surtout de carbone, qui résulte de la décomposition des vastes forêts de fougères et de conifères de l'époque du Carbonifère, il y a environ 300 millions d'années.

Le pétrole, d'abord utilisé dans des lampes, et le bitume, dont on se servit d'abord pour rendre les bateaux étanches, furent découverts environ 3000 av. J.-C. Tout comme le charbon et le gaz naturel, ils sont des hydrocarbures fossiles. Ils résultent principalement de la décomposition de micro-organismes échoués au fond des mers. À compter du XVIIe siècle, la distillation du pétrole brut permit d'obtenir des vernis, des cires, de la graisse et de l'huile de lampe de meilleure qualité. L'essence, obtenue aussi par distillation du pétrole, fut inventée en 1855 et servit d'abord à détacher les vêtements.

Le caoutchouc naturel et synthétique. En 1744, un naturaliste français découvrit les qualités d'élasticité et d'imperméabilité du caoutchouc naturel, déjà connu des tribus indigènes, lors d'une mission scientifique en Amérique du Sud. Le caoutchouc naturel, obtenu à partir du latex d'un arbre appelé *hévéa*, est élastique, même à basse température, et relativement résistant. Il a de multiples applications, en particulier les gants de chirurgie, les préservatifs masculins (condoms) et les pneus d'avion. Il représente un tiers de la consommation totale de caoutchouc, le reste étant constitué de caoutchouc synthétique, type de plastique à base d'isopropène inventé en 1880.

Les plastiques. Le premier plastique, le celluloïd, qui servit d'abord à remplacer l'ivoire dans la fabrication des boules de billard, fut synthétisé en 1865. La cellophane, un film transparent à base de cellulose et de xanthate, fut synthétisée en Suisse en 1908. En 1909, le chimiste américain d'origine belge Leo Baekeland (1863-1944) inventa la bakélite, premier plastique synthétique industriel, obtenu par condensation du phénol avec le formol. Suivirent, entre les années 1920 et 1950, le chlorure de polyvinyle, mieux connu sous le sigle anglais PVC, surtout utilisé pour fabriquer des tuyaux, le plexiglas, qui peut remplacer le verre, le polystyrène et le polyéthylène, surtout utilisés pour fabriquer des contenants, le téflon utilisé, par exemple, pour réduire l'adhérence des ustensiles de cuisson, les silicones, souvent utilisés comme imperméabilisants, et le polystyrène expansé, pour l'emballage.

Les tissus traités et les tissus synthétiques. Les premiers imperméables étaient faits d'une toile de coton imprégnée d'essence de térébenthine (le solvant, qui s'évaporait) et de caoutchouc (le soluté, qui restait dans la toile). Les imperméables modernes sont faits de tissus recouverts de vinyle ou de caoutchouc.

Les fibres artificielles, comme la soie artificielle, sont des fibres fabriquées à partir de substances naturelles, telles que la cellulose du bois ou du coton, modifiées chimiquement. Les fibres synthétiques, différentes des fibres artificielles, sont obtenues à partir d'hydrocarbures tels que le pétrole et le gaz naturel. Le nylon, le lycra et les polyesters tels que le dacron et le gore-tex en sont des exemples. Certaines fibres synthétiques, comme le polar, sont obtenues en recyclant des objets tels que les bouteilles de boisson gazeuse.

LES SAVOIRS AU SUJET DE LA TERRE ET DE L'ESPACE : SCIENCES DE LA TERRE, ASTRONOMIE ET TECHNOLOGIES DES SCIENCES DE LA TERRE ET DE L'ESPACE

Le chapitre 5 présente les savoirs relatifs à la Terre et à l'Espace qui devraient faire partie de la culture générale de tout enseignant du primaire (Thouin, 2008).

Sciences de la Terre

Les sciences de la Terre étudient l'écorce et l'intérieur de la Terre ainsi que son atmosphère.

La Terre dans l'espace

La forme et la taille de la Terre. Durant des millénaires, de nombreuses civilisations crurent que la Terre était plate. Cette idée était encore assez répandue au Moyen Âge. Pourtant, dès 500 av. J.-C., le mathématicien grec Pythagore (v. 570-v. 480 av. J.-C.) avait affirmé que la Terre était ronde, et vers 350 av. J.-C., le philosophe grec Aristote (384-322 av. J.-C.) avait dressé une liste assez exhaustive des arguments déjà réunis en faveur de cette idée, le plus important étant l'apparition, lors d'un voyage vers le sud, de nouvelles étoiles à l'horizon sud, et la disparition de plusieurs étoiles connues à l'horizon nord. Vers 210 av. J.-C. le géographe grec Ératosthène (v. 280-v. 195 av. J.-C.) réussit à mesurer la circonférence de la Terre par une méthode géométrique, à partir de l'angle entre les rayons du Soleil et la verticale au moment où, à un endroit assez éloigné, un puits était éclairé jusqu'au fond par le Soleil.

La Terre est donc une sphère légèrement aplatie, d'un diamètre d'environ 12 800 kilomètres. Son volume est de 1 080 milliards de kilomètres cubes et sa masse est de 6×10^{24} kg. Elle tourne sur elle-même en 24 heures. La Terre fait le tour du Soleil en 365 jours et ¼, d'où la nécessité des années bissextiles, qui ont un jour de plus à tous les quatre ans. La façon la plus courante de représenter la surface de la Terre sur une carte plane est la projection de Mercator, introduite en 1568 par le géographe flamand Gerardus Mercator (1512-1594), qui consiste à projeter le globe sur un cylindre. Cette projection respecte les formes des continents, mais agrandit les régions situées près des pôles.

Les calottes glaciaires. La calotte glaciaire du pôle Nord est formée de glace qui flotte sur l'océan Arctique ou qui repose sur des îles telles que le Groenland ou les îles de Baffin. La calotte glaciaire du pôle Sud est formée de glace qui repose en bonne partie sur un continent, l'Antarctique. Les icebergs sont des morceaux de glace qui se détachent des calottes glaciaires.

Les saisons sont causées par l'inclinaison de 23° de l'axe de rotation de la Terre par rapport à une perpendiculaire à son plan de rotation autour du Soleil. À cause de cette inclinaison, les rayons du soleil frappent le sol plus ou moins directement selon le mois de l'année. Quand c'est l'été dans l'hémisphère Nord, c'est l'hiver dans l'hémisphère Sud et inversement. Le solstice d'été, vers le 21 juin, est le jour le plus long dans l'hémisphère Nord et le plus court dans l'hémisphère Sud. Le solstice d'hiver, vers le 21 décembre, est le jour le plus court dans l'hémisphère Nord et le plus long dans l'hémisphère Sud. À l'équinoxe de printemps, vers le 21 mars, et à l'équinoxe d'automne, vers le 21 septembre, le jour et la nuit ont alors la même durée de 12 heures, partout dans le monde.

Dans l'hémisphère Nord, à une latitude d'environ 45°, comme celle de Paris ou Montréal, le 21 juin, à midi (heure normale), le Soleil se trouve à 78° au-dessus de l'horizon. Il est donc très haut dans le ciel et les ombres des édifices ou des arbres sont très courtes. Par contre, le 21 décembre, à midi (heure normale), le Soleil ne se trouve qu'à 22° au-dessus de l'horizon et les ombres des édifices et des arbres sont plus longues que les édifices ou les arbres eux-mêmes.

Latitudes, longitudes et fuseaux horaires. Tel que proposé dès l'Antiquité grecque, notamment vers 160 av. J.-C. par l'astronome Hipparque de Rhodes (v.190-v. 120 av. J.-C.), tout point sur la surface du globe peut être situé à l'aide de sa latitude et de sa longitude. Les latitudes sont des cercles imaginaires, les parallèles, définis à partir de l'équateur. Les longitudes sont de grands cercles, les méridiens, qui passent tous par les pôles. Le méridien d'origine, de longitude 0°, passe par la ville de Greenwich, en Angleterre. La ville de Montréal, par exemple, est située à une latitude de 45° Nord et de 73° Ouest.

En théorie, il est midi quand le Soleil passe par le zénith, c'est-à-dire le point le plus élevé de sa trajectoire dans le ciel. En pratique, depuis la fin du XIXe siècle, pour éviter que toutes les villes situées à des longitudes différentes aient des heures différentes, le globe a été divisé en 24 fuseaux horaires. Ainsi, quand il est 6h00 à Montréal, il est 12h00 à Paris et 20h00 à Tokyo. La ligne de changement de date est située dans l'océan Pacifique.

La structure de la Terre

L'intérieur de la Terre. Comme le montra le physicien et chimiste Henry Cavendish (1731-1810) en 1798, en mesurant l'attraction gravitationnelle de la Terre avec une grande précision, la densité moyenne des roches à la surface de celle-ci est d'environ 2,8, tandis que la densité de la Terre entière est de 5,5, ce qui montre que la densité de certaines parties de l'intérieur est beaucoup plus grande. La structure de la Terre peut être déduite de la façon dont se propagent les ondes sismiques produites par les tremblements de terre. En partant du centre, la Terre est formée d'un noyau interne solide, d'un noyau externe liquide, d'un manteau de roches partiellement fondues qui constitue 80 % du volume total de la Terre, et d'une mince croûte terrestre dont l'épaisseur varie entre 10 km sous les océans et 60 km sous les montagnes. La discontinuité de Mohorovicic, du nom du sismologue croate Andrija Mohorovicic (1857-1936) qui la découvrit en 1909, est la limite entre le manteau et le croûte terrestre, tandis que la discontinuité de Gutenberg, du nom du sismologue américain d'origine allemande Beno Gutenberg (1899-1960) qui la définit en 1913, est la limite entre le noyau externe et le manteau.

Étant donné qu'aucun forage n'a jamais dépassé une profondeur de 14 km, on ne connaît avec précision que la composition de la partie supérieure de la croûte terrestre. Les principaux éléments chimiques qui se retrouvent dans les roches de la croûte sont l'oxygène et le silicium, sous forme de silicates qui forment des composés avec l'aluminium, le sodium, le potassium et le titane. On croit généralement que les principaux éléments du manteau sont aussi l'oxygène et le silicium qui forment des composés avec le fer et le magnésium auxquels s'ajoute, à des profondeurs plus grandes, le soufre de composés tels que le sulfure de magnésium. Pour ce qui est du noyau, on pense qu'il est surtout constitué de fer, avec un peu de nickel, et des traces de divers autres éléments. Une partie de l'intense chaleur de l'intérieur de la Terre est une chaleur résiduelle, causée par l'accrétion de matière lors sa formation. La désintégration continue d'un certain nombre d'éléments radioactifs, présents dans la croûte, le manteau et le noyau, libère aussi de la chaleur.

Le magnétisme terrestre. La Terre possède un champ magnétique causé par la circulation du fer liquide de son noyau externe. Comme le montra le physicien anglais William Gilbert (1544-1603) en 1600, elle possède donc, comme tout aimant, un pôle magnétique Nord et un pôle magnétique Sud. Ces pôles magnétiques, qui se déplacent lentement, sont situés un peu à côté des pôles géographiques et la déclinaison nous donne l'angle entre le nord géographique et le nord magnétique. En 1929, le géologue japonais Motonori Mutuyama (1884-1958) découvrit, en étudiant le magnétisme des roches de la Terre, que plusieurs inversions magnétiques s'étaient produites, au cours des temps géologiques, et que le pôle magnétique Nord actuel avait souvent été, pendant de longues périodes, le pôle magnétique Sud. Des aurores polaires (boréales dans l'hémisphère Nord et australes dans l'hémisphère Sud) se produisent lorsque des particules électrisées en provenance du Soleil, détournées vers les régions polaires sous l'action du champ magnétique terrestre, se heurtent aux atomes de la haute atmosphère, émettant une lumière souvent jaune-vert, mais qui peut aussi prendre d'autres couleurs.

La tectonique des plaques. Depuis toujours, sauf pour quelques récits légendaires comme la disparition de l'Atlantide, la forme et la position des continents, à la surface de la Terre, avaient été considérées comme immuables. Au XVIIe siècle, cependant, le philosophe anglais Francis Bacon (1561-1626) et l'écrivain français Savinien de Cyrano de Bergerac (1619-1655) avaient fait remarquer que la côte ouest de l'Afrique et la côte est de l'Amérique du Sud pouvaient s'emboîter l'une dans l'autre. En 1912, une explication déjà suggérée à quelques reprises, entre autres en 1885 par le géologue autrichien Eduard Suess (1831-1914), fut reprise par le météorologue allemand Alfred Wegener (1880-1930). Selon lui les continents actuels étaient les morceaux d'un énorme continent qui avaient dérivé en glissant sur la partie visqueuse du manteau terrestre. Bien que, jusqu'en 1930, année de la mort de Wegener, la totalité ou presque des spécialistes des sciences de la Terre rejetaient cette explication, elle constitue maintenant la base de la théorie de la tectonique des plaques, théorie fondamentale de la géologie moderne.

Ainsi, il y a environ 220 millions d'années, tous les continents ne formaient qu'un seul supercontinent, appelé la Pangée, qui était entouré par un seul superocéan, la Panthalassa. Ce supercontinent se sépara d'abord en deux continents, le Gondwana au sud et la Laurasie au nord, qui eux-mêmes se séparèrent pour former les continents actuels. Cette séparation explique, par exemple, que plusieurs formations géologiques et fossiles de l'est l'Amérique du Sud soient identiques à ceux de l'ouest de l'Afrique, car ces deux continents formaient autrefois le Gondwana. La croûte terrestre est fragmentée en neuf grandes plaques tectoniques et en une douzaine plus petites, qui continuent à se déplacer sous l'effet de courants de convection de la matière du manteau de la Terre. Lorsque deux plaques se dirigent l'une vers l'autre, l'une peut glisser sous l'autre et s'enfoncer dans l'intérieur de la Terre, dans une zone de subduction, mais elles peuvent aussi s'élever l'une contre l'autre, dans une zone de collision, formant ainsi de grandes chaînes de montagnes.

Sous les océans, du magma chaud remonte vers la surface de la croûte terrestre, à certains endroits, et les plaques s'écartent lentement l'une de l'autre, ce qui cause une expansion des fonds océaniques et forme des structures connues sous le nom de *dorsales médio-océaniques* qui comportent des volcans sous-marins. Les plus importantes failles dans l'écorce terrestre se situent à la jonction de deux plaques tectoniques.

Les volcans et les séismes. Les volcans sont une région de la croûte terrestre où jaillit la roche en fusion, appelée *lave*, qui constitue le magma sous-terrain. Il existe environ 850 volcans actifs à la surface de la Terre. Plusieurs de ces volcans sont situés au-dessus des failles entre les plaques tectoniques, mais il existe également des volcans de point chaud, comme ceux de la chaîne des îles Hawaii, qui sont éloignés des failles. Bon nombre de volcans, tels que le Kilimandjaro au Kenya ou le Fuji-Yama au Japon, ont une forme conique caractéristique. Certaines éruptions volcaniques projettent de grandes quantités de cendres. La ville de Pompéi, par exemple, fut entièrement ensevelie après l'éruption du Vésuve, en 79.

Les geysers sont causés par l'ébullition d'eau souterraine au contact du magma. Les séismes, ou tremblements de terre, les plus intenses résultent de mouvements brusques de deux plaques tectoniques l'une contre l'autre. Les ondes sismiques partent d'une région en profondeur appelée *foyer*. L'épicentre est le point de la surface située juste au-dessus du foyer. L'intensité d'un séisme peut se mesurer d'après ses effets visibles, à l'aide de l'échelle de Mercalli, proposée en 1902 par le sismologue italien Giuseppe Mercalli (1850-1914) ou de l'échelle MSK, qui est une version améliorée de l'échelle de Mercalli. Elle peut aussi se mesurer d'après la quantité d'énergie libérée à l'aide de l'échelle de Richter développée en 1935 par le géologue américain Charles Richter (1900-1985). Un sismographe permet d'enregistrer la durée et l'amplitude des ondes sismiques.

Lorsqu'il se produit en pleine mer, un séisme peut former un tsunami, ou raz-de-marée, dont les vagues peuvent atteindre 30 m de hauteur près de côtes.

Les montagnes. À l'exception de quelques volcans isolés, la plupart des montagnes font partie de chaînes de montagnes dont la majorité sont des plissements montagneux qui résultent de la collision entre des plaques tectoniques. Des montagnes peuvent également se former quand des blocs montagneux se soulèvent entre deux failles. La forme des montagnes s'arrondit avec le temps, sous l'effet de l'érosion.

L'histoire de la Terre

L'âge et l'origine de la Terre. Jusqu'au XVIIIe siècle, on pensait, comme il est dit dans la Bible, que l'Univers et la Terre avaient été créés quelques milliers d'années avant la naissance de Jésus-Christ. En 1660, l'évêque irlandais James Ussher (1581-1656) avait même calculé que la création s'était produite précisément en 4004 av. J.-C., ce qui donnait alors à la Terre un âge d'environ 6000 ans. En 1705, toutefois, le physicien anglais Robert Hooke (1635-1703) affirma, en se basant sur l'étude de fossiles, que la Terre était beaucoup plus vieille. En 1779, le naturaliste français Georges Leclerc, comte de Buffon (1707-1788), avança l'idée que la Terre était un morceau du Soleil et qu'elle existait depuis au moins 70000 ans. En 1788, le géologue britannique James Hutton (1726-1797) montra que les reliefs étaient modelés par des processus naturels très lents et que la Terre existait depuis des millions d'années, idée reprise et développée par le géologue anglais Charles Lyell (1795-1875) en 1830.

En 1846, le physicien britannique William Thomson, lord Kelvin (1824-1907), en se basant sur des mesures de vitesse de refroidissement, estima que la Terre existait depuis environ 100 millions d'années. En 1913, le géologue anglais Arthur Holmes (1890-1965) établit, à l'aide de techniques de datation des roches par la radioactivité, que la Terre avait plus de 4,6 milliards d'années.

La Terre, comme les autres planètes, résulte probablement d'une accrétion, ou agglomération, de gaz et de poussières qui étaient en orbite autour du Soleil. La pression de cette agglomération et la radioactivité de certains éléments dégageaient une intense chaleur et pendant très longtemps la surface de la Terre comportait une multitude de volcans actifs libérant une épaisse fumée. L'atmosphère primitive, dénuée d'oxygène, comportait principalement de la vapeur d'eau, du méthane et de l'ammoniac. Ces deux derniers composés, dissociés par la lumière solaire, furent peu à peu remplacés par du gaz carbonique et de l'azote. L'oxygène apparut il y a environ un milliard d'années, après que des végétaux primitifs eurent commencé la photosynthèse.

Les couches de roches et les fossiles. La distribution, la position et la nature des fossiles contenus dans les couches de roches, ou strates de l'écorce terrestre fournissent de précieux indices au sujet de l'histoire de la Terre. Selon le principe de superposition, énoncé en 1669 par le géologue suédois Nicolas Sténon (1638-1686), dans un empilement de strates, les plus anciennes sont en bas et les plus jeunes en haut, sauf s'il y a des plis ou des failles dans l'empilement étudié.

Selon le principe de recoupement, si une faille ou une intrusion de magma solidifié se trouve dans une couche de roches, elle est plus récente que ces roches. Certaines strates contiennent des fossiles, qui sont des restes de plantes et d'animaux ayant vécu il y a des millions d'années et qui ont été préservés dans les roches sédimentaires. Un fossile peut être un simple moule, en creux, d'un animal ou d'une plante qui s'est décomposé, ou, dans la plupart des cas, une empreinte formée par des minéraux qui ont pris la place de l'animal ou de la plante dans le moule. Les premiers fossiles datent d'environ 570 millions d'années. En 1815, le géologue anglais William Smith (1769-1839) montra que la présence de fossiles permettait de connaître l'âge de certaines formations rocheuses, observation corroborée en 1839 par le géologue britannique Roderick Murchison (1792-1871) qui montra que de nombreuses strates rocheuses se caractérisaient par la présence de fossiles bien particuliers.

Les temps géologiques sont divisés en intervalles, lesquels comportent des subdivisions. Les intervalles les plus longs sont les ères, qui se divisent en périodes, puis parfois en époques et en âges. Les dinosaures, par exemple, dominaient la Terre il y a environ 160 millions d'années, à l'ère mésozoïque (ou ère secondaire) et à la période jurassique.

L'échelle des temps géologiques

Ère du Précambrien (Débute il y a 4,6 milliards d'années et se termine il y a 570 millions d'années.)	
Période archéozoïque (Débute il y a 4,6 milliards d'années et se termine il y a 1 milliard d'années.)	Formation de la croûte terrestre, puis des océans. Les premières formes de vie unicellulaire, comme les algues bleues qui font la photosynthèse et produisent de l'oxygène, se développent.
Période protérozoïque (Débute il y a 1 milliard d'années et se termine il y a 570 millions d'années.)	Formation des grands continents. Apparition des méduses, vers, arthropodes et coraux primitifs.

Ère paléozoïque ou ère primaire (Débute il y a 570 millions d'années et se termine il y a 250 millions d'années.)	
Période du Cambrien (Débute il y a 570 millions d'années et se termine il y a 510 millions d'années.)	L'océan abrite de nombreuses espèces d'algues et de lichens. Apparition des mollusques et des invertébrés segmentés tels que le trilobite.
Période de l'Ordovicien (Débute il y a 510 millions d'années et se termine il y a 438 millions d'années.)	Déplacement important des continents. Apparition des premiers poissons et crustacés. Formation des premiers récifs de coraux.
Période du Silurien (Débute il y a 438 millions d'années et se termine il y a 410 millions d'années.)	Apparition des mousses et des végétaux vasculaires terrestres. Apparition des poissons à mâchoires et des poissons d'eau douce.
Période du Dévonien (Débute il y a 410 millions d'années et se termine il y a 355 millions d'années.)	Les fougères et les mousses, de tailles gigantesques, forment des forêts. Apparition de nombreuses espèces de poissons, dont le requin.
Période du Carbonifère (Débute il y a 355 millions d'années et se termine il y a 290 millions d'années)	Formation de grandes forêts, qui constitueront plus tard le charbon. Apparition de nombreux amphibiens et de reptiles.
Période du Permien (Débute il y a 290 millions d'années et se termine il y a 250 millions d'années.)	Augmentation de l'étendue des déserts. Supplantation des fougères par les conifères. Diversification des reptiles.

Ère mésozoïque ou ère secondaire (Débute il y a 250 millions d'années et se termine il y a 66 millions d'années.)	
Période du Trias (Débute il y a 250 millions d'années et se termine il y a 205 millions d'années.)	Domination des plantes à graines. Apparition des dinosaures. Apparition des mammifères.
Période du Jurassique (Débute il y a 205 millions d'années et se termine il y a 135 millions d'années.)	Séparation en deux de la Pangée, énorme supercontinent. Domination des dinosaures. Apparition de l'archéoptéryx, ancêtre des oiseaux.
Période du Crétacé (Débute il y a 135 millions d'années et se termine il y a 66 millions d'années.)	Apparition des plantes à fleurs. Apparition des petits mammifères. Disparition des dinosaures vers la fin de la période.

Ère néozoïque ou ère tertiaire (Débute il y a 66 millions d'années et se termine il y a 1,6 million d'années.)	
Période du Paléocène (Débute il y a 66 millions d'années et se termine il y a 53 millions d'années.)	Formation de l'aspect actuel des continents. Multiplication des oiseaux et des mammifères.
Période du l'Éocène (Débute il y a 53 millions d'années et se termine il y a 36,6 millions d'années.)	Multiplication des végétaux feuillus. Développement important des oiseaux. Apparition des éléphants, des rhinocéros et des primates.
Période de l'Oligocène (Débute il y a 36,6 millions d'années et se termine il y a 23 millions d'années.)	Diversification des végétaux. Développement des insectes et des araignées. Développement des singes.
Période du Miocène (Débute il y a 23 millions d'années et se termine il y a 6,3 millions d'années.)	Formation de nombreuses chaînes de montagnes. Développement des espèces végétales des régions tempérées. Apparition des ancêtres de l'homme.
Période du Pliocène (Débute il y a 6,3 millions d'années et se termine il y a 1,6 million d'années.)	Formation des forêts de feuillus. Apparition des ancêtres des mammifères actuels et des ancêtres directs de l'homme. Grande glaciation à la fin de la période.

Ère anthropozoïque ou ère quaternaire (Débute il y a 1,6 million d'années et se poursuit encore de nos jours.)	
Période du Pléistocène (Débute il y a 1,6 million d'années et se termine il y a 10000 ans.)	Disparition de nombreux mammifères lors des âges glaciaires. Apparition des mammouths. Évolution rapide des vertébrés. Apparition de l'homme moderne.
Période de l'Holocène (Débute il y a 10000 ans et se poursuit encore de nos jours.)	Naissance des premières grandes civilisations. Développement de l'agriculture, de l'élevage et du travail des métaux.

La datation, ou détermination de l'âge des fossiles et des autres roches, se fait principalement au moyen de techniques basées sur la vitesse de désintégration de certains atomes radioactifs tels que l'uranium ou le rubidium.

Les roches et les minéraux

Les roches. Vers la fin du XVIIIe siècle, le géologue allemand Abraham Werner (1749-1817) proposa une théorie connue sous le nom de *neptunisme*, d'après Neptune, dieu de la mer, selon laquelle toutes les roches étaient d'anciens sédiments marins. À la même époque, mais quelques années plus tard, le géologue britannique James Hutton (1726-1797) proposa une théorie très différente, connue sous le nom de *plutonisme*, d'après Pluton, dieu des enfers, selon laquelle la plupart des roches étaient plutôt d'origine volcanique. Vers 1810, le géologue et physicien britannique James Hall (1761-1832) montra que les roches fondues pouvaient cristalliser en refroidissement lentement, ce qui expliquait la formation de nombreux minéraux et appuyait la théorie du plutonisme.

Il existe en fait trois grands types de roches dans l'écorce terrestre. Les roches magmatiques, appelées aussi *roches ignées*, qui sont formées par les volcans (exemples: granit, basalte) ; les roches sédimentaires qui se forment par l'entassement de fragments résultant de l'érosion et de la mort d'organismes vivants (exemples: argile, grès, calcaire, dolomie) ; les roches métamorphiques qui se forment lorsque d'autres roches sont soumises à des pressions et à des températures élevées (exemples: marbre, ardoise, schiste, gneiss).

Les minéraux sont des cristaux de composés chimiques présents dans les roches. Il en existe plus de 1 000. Les plus abondants sont les silicates, formés principalement d'oxygène et de silicium combinés avec des éléments métalliques. Le mica, à structure feuilletée, est un type de silicate. D'autres minéraux importants sont les sulfures et les sulfates, à base de soufre, les carbonates, à base de carbone, et les oxydes, à base d'oxygène, presque tous combinés à des éléments métalliques. Les minéraux se caractérisent par leur densité, leur couleur, leur éclat, leur transparence, leur clivage, qui est la façon dont ils se fendent, et leur dureté.

L'échelle de Mohs, conçue en 1812 par le minéralogiste allemand Friedrich Mohs (1773-1839), permet de mesurer la dureté des minéraux, les moins durs ayant une dureté de 1 (exemple: talc) et les plus durs une dureté de 10 (exemple: diamant).

Les pierres précieuses. Certaines roches contiennent des pierres précieuses, ou gemmes sous forme de cristaux. La plupart se forment dans les conditions de températures et de pressions élevées de certaines parties de l'écorce terrestre. Les diamants, les émeraudes, les rubis, les saphirs et l'opale sont des exemples de pierres précieuses, tandis que le quartz, l'améthyste, le jaspe et l'onyx sont des pierres semi-précieuses.

L'évolution de la surface de la Terre

L'érosion. Les roches s'altèrent et se désagrègent avec le temps. Cette érosion peut être causée par des processus physiques, tels que les variations de température, l'action de la glace et de l'eau, ou l'action combinée du vent et du sable. Elle peut aussi être engendrée par des processus chimiques qui modifient la composition des roches, tels que l'oxydation avec l'oxygène de l'air ou la dissolution par des acides faibles présents dans l'eau. Elle peut aussi être le résultat de processus biologiques, tels que la pression exercée par les racines des arbres ou l'attaque d'un sol par les acides de l'humus. La vitesse d'érosion varie selon la composition des roches et le climat.

Au XVIIIe siècle, un grand nombre de scientifiques, inspirés par le récit biblique du Déluge, appuyaient la théorie du catastrophisme selon laquelle les formations géologiques étaient les résultats d'une série de catastrophes. En 1788, le géologue britannique James Hutton (1726-1797) énonça la théorie de l'uniformitarianisme selon laquelle les formations géologiques étaient le résultat de processus très lents encore à l'œuvre dans l'écorce terrestre. En 1812, pourtant, le célèbre naturaliste français Georges Cuvier (1769-1832), spécialiste des fossiles, défendait encore le catastrophisme. En 1830, le géologue anglais Charles Lyell (1795-1875) publia ses *Principes de géologie* dans lesquels il développait l'uniformitarianisme de James Hutton. De nos jours, l'uniformitarianisme est accepté par tous les scientifiques, qui admettent toutefois que des catastrophes d'envergure, tel l'impact de la comète qui causa la disparition des dinosaures, se sont déjà produites sur Terre.

L'eau qui tombe des nuages, sous forme de pluie ou de neige s'infiltre en partie dans le sol. Certaines roches, telles que le sable ou le gravier, laissent passer l'eau facilement et sont dites *perméables*, tandis que d'autres, telle que l'argile, empêchent l'infiltration de l'eau et sont dites *imperméables*. Quand l'eau s'infiltre dans le sol, elle le sature, en certains endroits, et forme la nappe phréatique, d'où peut être puisée de l'eau douce. Une source est de l'eau de la nappe phréatique qui sort parfois du sol au pied d'une pente. Dans un désert, la présence d'une source crée une oasis.

Les cours d'eau. Une partie de l'eau qui tombe des nuages coule à la surface du sol et forme des ruisseaux, des rivières et des fleuves. La région où se rejoignent l'ensemble des eaux d'écoulements liées à un cours d'eau constitue un bassin versant. Généralement, les jeunes rivières et fleuves coulent en ligne droite dans une vallée en forme de V, aux pentes escarpées. Avec le temps, les rivières et les fleuves forment des méandres, dans une vallée plus large, aux pentes plus douces. Près de son embouchure, un fleuve dépose souvent de nombreux sédiments, ce qui forme alors une plaine alluviale, et parfois un delta, tels que ceux du Nil ou du Mississippi.

Les régions arides, où les précipitations sont rares, n'ont pas ou peu de végétation et sont donc exposées à l'action du Soleil et du vent. Certains déserts, tels que le Sahara (au Nord de l'Afrique), le centre de l'Australie ou la Basse-Californie sont situés dans des régions chaudes du globe, mais d'autres déserts, tels que l'Arctique et l'Antarctique, qui reçoivent à peine plus de précipitations que le Sahara, sont situés dans des régions froides. L'érosion la plus active dans les régions arides est l'érosion éolienne, un processus physique d'usure, de transport et de dépôt attribuables au vent. Les vastes étendues de sable de certains déserts forment des dunes dont les formes varient (paraboles, croissants, tas, vagues) selon la quantité de sable et la variabilité du vent.

Les étendues de glace. Près des pôles se trouvent de grandes étendues de glace, appelées *inlandsis*, qui forment les calottes polaires. L'inlandsis du Groenland, par exemple, couvre une immense surface continentale. Dans certaines chaînes de montagnes se trouvent d'immenses masses de glace, appelées *glaciers*, qui s'écoulent lentement sous l'action de la gravité.

À certaines époques, la Terre a été beaucoup plus froide qu'elle ne l'est aujourd'hui et, dans l'hémisphère Nord, comme l'affirma en 1839 le géologue américain d'origine suisse Louis Agassiz (1807-1873), la glace recouvrait d'immenses portions de l'Amérique du Nord et de l'Europe. Le dernier âge glaciaire s'est achevé il y a 10 000 ans. Les inlandsis et les glaciers causent une érosion glaciaire importante qui se caractérise par des lacs remplis d'eau de fonte, des vallées en auge, des fjords, des surfaces de roches arrondies ainsi que par des blocs erratiques et des amas de roche ou de sable laissés par les glaces disparues.

Le sol est le mélange meuble superficiel de débris rocheux et organiques. Les débris organiques, qui sont des restes de plantes et d'animaux attaqués par des bactéries et des champignons, constituent l'humus essentiel à la croissance des plantes. Il existe divers systèmes de classification des sols. Le système américain Soil Taxonomy classe les sols en fonction de leur pH, de leur texture, de leur couleur et de leur structure. Voici quelques exemples de sols de ce système :

- Histosol : sol humide riche en débris végétaux.
- Oxisol : sol riche en oxyde de fer et d'aluminium qui lui donnent une couleur rouge.

- Alfisol : sol riche en argile.
- Spodisol : sol sableux, avec une couche supérieure grise, des forêts conifères.
- Mollisol : sol fertile à couche supérieure noire (terre noire).
- Aridisol : sol sec contenant beaucoup de sable et de calcaire.

Les océans et les mers

Les océans et les mers couvrent 71 % de la surface du globe et contiennent 1,3 milliard de kilomètres cubes d'eau. La profondeur moyenne des mers et des océans est de 3 730 m, pourtant, toute proportion gardée, si nous représentons la Terre par une boule de billard, les océans et les mers ne forment qu'une mince couche de buée. On trouve cinq grands océans sur la Terre : l'océan Atlantique, l'océan Pacifique, l'océan Indien, l'océan Austral et l'océan Arctique. Il existe également des mers, plus petites, telles que la mer Méditerranée, la mer Baltique ou la mer Rouge. L'eau des mers et des océans est salée, mais la salinité des mers peu profondes, sous des climats chauds, est plus élevée que celle des océans. Les océans sont traversés par de multiples courants froids et chauds, tels que le Gulf Stream, un courant chaud qui adoucit le climat de l'Europe occidentale.

La plupart des continents sont entourés par un plateau continental sous-marin plus ou moins étendu. Le relief des fonds océaniques, très accidenté, comporte des volcans, des chaînes de montagnes et des canyons. Il comporte également des abysses qui sont des fosses sous-marines qui peuvent atteindre une profondeur de plus de 10 000 m. Les marées sont causées par la force d'attraction gravitationnelle de la Lune sur l'eau des océans. Il y a deux marées hautes et deux marées basses à toutes les 24 heures.

L'atmosphère et le temps

L'atmosphère. L'air, qui constitue l'atmosphère, est un mélange d'azote (78 %), d'oxygène (21 %), d'argon (0,93 %) et de dioxyde de carbone (0,03 %) ainsi que de concentrations infimes de néon, de krypton, de xénon, d'hélium, d'oxyde nitreux et de méthane. Entre le sol et une altitude de 12 km se trouve la troposphère, où se forment la majorité des nuages, qui est généralement plus chaude près du sol et se refroidit avec l'altitude. Entre 12 km et 50 km se trouve la stratosphère, au sommet de laquelle est située la couche d'ozone, de quelques kilomètres d'épaisseur, qui protège la Terre des rayons ultraviolets du Soleil. Entre 50 km et 80 km se trouve la mésosphère, où brûlent la plupart des météorites. Entre 80 km et 700 km se trouve la thermosphère, où se forment les aurores polaires. L'ionosphère est une partie de la thermosphère, entre 100 et 300 km d'altitude, qui contient des particules ionisées, c'est-à-dire électriquement chargées, qui réfléchit les ondes radio vers la Terre. Au-delà de 700 km se trouve l'exosphère, où la densité de l'air est presque nulle.

La pression et le vent. En 1643, le physicien et mathématicien italien Evangelista Torricelli (1608-1647) démontra, au moyen du premier baromètre, un tube de verre rempli de mercure, que l'atmosphère possédait un poids et exerçait une pression. En 1648, le philosophe, mathématicien et physicien français Blaise Pascal (1623-1662) montra que la pression atmosphérique diminuait avec l'altitude.

La pression atmosphérique, dont la valeur moyenne est de 1 013 millibars (mb) au niveau de la mer, change constamment, surtout à cause de l'échauffement irrégulier de l'air. Les zones de hautes pressions, où le temps est généralement beau, sont des anticyclones et les zones de basses pressions, où le temps est généralement mauvais, sont des dépressions. En 1686, l'astronome et physicien anglais Edmond Halley (1656-1742) montra que le vent était engendré par une différence de pression atmosphérique ; il put ainsi établir la première carte météorologique. En surface, le vent souffle des zones de hautes pressions vers les zones de basses pressions, mais il est dévié vers la droite dans l'hémisphère Nord et vers la gauche dans l'hémisphère Sud par la force de Coriolis, décrite en 1835 par le physicien français Gaspard Coriolis (1792-1843), qui résulte de la rotation de la Terre. Par conséquent, dans l'hémisphère Nord, les vents soufflent dans le sens des aiguilles d'une montre autour des anticyclones et dans le sens contraire autour des dépressions, alors que c'est l'inverse dans l'hémisphère Sud.

La force du vent se mesure à l'aide des 13 degrés de l'échelle de Beaufort, du nom du météorologue Francis Beaufort (1774-1857) qui la proposa en 1806, sur laquelle le 0 correspond à l'absence totale de vent, et le 12 aux vents d'un ouragan. La plupart des régions sont soumises à un vent dominant, qui est celui qui souffle le plus souvent. À Montréal, par exemple, le vent dominant vient de l'ouest. Il existe trois grandes cellules de circulation des vents dominants dans chaque hémisphère. Dans l'hémisphère Nord, par exemple, se trouvent la cellule polaire, où les vents dominants de surface soufflent du nord vers le sud, la cellule des latitudes moyennes, où les vents dominants de surface soufflent de l'ouest vers l'est et, entre le tropique et l'équateur, la cellule de Hadley, du nom du physicien anglais George Hadley (1685-1768) qui en postula l'existence en 1735, où les vents de surface, nommés *alizés*, soufflent du nord-est vers le sud-ouest. Ces cellules sont séparées par des courants jets, étroite ceinture de vents d'ouest à haute altitude, dont la vitesse peut atteindre 370 km/h.

Les nuages et les précipitations. L'humidité est la quantité de vapeur d'eau contenue dans l'air. Lorsqu'elle est exprimée en pourcentage, il s'agit de l'humidité relative, qui est la proportion de la quantité maximale possible de vapeur d'eau à cette température. En effet, plus l'air est chaud plus il peut absorber de vapeur d'eau et il devient saturé quand il ne peut plus absorber de vapeur d'eau. L'évaporation de l'eau des océans, des mers, des lacs et des cours d'eau, de même que la transpiration des plantes produisent de la vapeur d'eau qui se condense pour former des nuages, qui donnent ensuite des précipitations sous forme de pluie et de neige : c'est le cycle de l'eau.

Il existe plusieurs types de nuages, tels que les cirrus, à haute altitude, qui sont formés de cristaux de glace ; les stratus, grands nuages en grappe parfois responsables des longues périodes de pluie ou de neige ; les cumulus souvent blancs et ronds et les cumulonimbus, responsables des orages.

L'eau peut tomber des nuages sous diverses formes : bruine (pluie très fine), pluie, neige, grésil (mélange de pluie et de neige), grêle (billes de glace) et verglas (pluie qui gèle au contact du sol).

Les masses d'air et les tempêtes. Un changement dans la direction du vent annonce souvent un changement du temps car il correspond à l'arrivée d'une nouvelle masse d'air, à la température et aux taux d'humidité différents. Les principales masses d'air sont les masses d'air polaire maritime, qui donne des ciels couverts en hiver et des ciels clairs en été, les masses d'air tropical maritime, chaud et humide, qui donnent parfois de longues averses, les masses d'air tropical continental, qui donnent du temps chaud et sec, et les masses d'air arctique continental, qui donne des ciels très clairs mais des températures froides. Quand une masse d'air chaud avance au-dessus d'une masse d'air froid, il se forme alors un front chaud, qui donne une température chaude et humide et des précipitations continues. Quand une masse d'air froid avance sous une masse d'air chaud, il se forme alors un front froid, qui cause un orage frontal aux précipitations abondantes, mais de courte durée, suivis d'une chute de la température.

Les orages, associés à des nuages de type cumulonimbus qui peuvent atteindre plus de 15 m d'altitude, causent des éclairs, du tonnerre, des pluies torrentielles et parfois de la grêle. Comme le montra le politicien et physicien américain Benjamin Franklin (1706-1790), en 1752, en faisant voler, pendant un orage, un cerf-volant muni de petites pièces métalliques, les éclairs résultent d'une décharge d'électricité statique.

Les forts vents qui parcourent les cumulonimbus heurtent entre eux les cristaux de glace qui s'y trouvent et leur font perdre des électrons. Le nuage se charge positivement à son sommet et négativement à sa base, ce qui finit par causer une décharge électrique à l'intérieur du nuage, entre deux nuages, ou entre le nuage et le sol. Le tonnerre est causé par l'expansion brusque de l'air chauffé à 30 000 °C par le passage de l'éclair.

Les ouragans, appelés aussi *cyclones* et *typhons*, se forment au-dessus des mers tropicales chaudes et sont constitués d'une immense spirale de nuages pouvant atteindre 800 km de diamètre et dans laquelle les vents peuvent souffler jusqu'à 360 km/h. Les tornades, orages de petites tailles caractérisées par une colonne d'air ascendant, peuvent renfermer des vents qui soufflent jusqu'à 400 km/h.

Les climats, dont la classification fut proposée en 1918 par le climatologue allemand Wladimir Köppen (1846-1940), se caractérisent principalement par leurs températures moyennes mensuelles plus ou moins élevées et leurs précipitations moyennes mensuelles plus ou moins abondantes. Les trois grandes zones climatiques du globe sont les régions polaires, les régions tempérées et les régions tropicales. Dans les régions polaires, le Soleil est toujours bas sur l'horizon et ne se lève pas pendant plusieurs semaines ou plusieurs mois, selon la latitude. Les régions tempérées connaissent des étés chauds et des hivers froids. Les régions tropicales sont très chaudes : certaines sont des déserts car elles sont situées sous des anticyclones qui maintiennent l'air sec ; d'autres sont des jungles luxuriantes car les pluies y sont régulières et abondantes ; d'autres sont affectées par des vents de mousson qui leur donnent une saison sèche et une saison des pluies. Partout sur le globe, les régions côtières, au climat océanique, connaissent souvent un climat plus humide et plus variable que les régions continentales, tandis que les régions montagneuses connaissent habituellement le climat de montagne, plus froid et plus humide que celui des plaines à basse altitude.

Dès 1863, le physicien irlandais John Tyndall (1820-1893) montra que l'atmosphère emprisonnait une partie de la chaleur réfléchie par la surface de la Terre, un peu comme le font les parois d'une serre, et que sans cet effet de serre les températures moyennes seraient tellement basses que la Terre serait à peu près inhabitable. En 1896, le physicien et chimiste suédois Svante Arrhenius (1859-1927) affirma qu'une augmentation de la concentration de dioxyde de carbone ferait augmenter l'effet de serre et les températures moyennes, une prédiction qui se vérifie de façon de plus en plus dramatique depuis que l'activité humaine fait augmenter la concentration de dioxyde de carbone et de divers autres gaz à un rythme accéléré.

Astronomie

L'astronomie a pour objet d'étude l'ensemble de l'Univers.

Le système solaire

Notions de base. Les planètes du système solaire sont Mercure, Vénus, la Terre, Mars, Jupiter, Saturne, Uranus et Neptune. Pluton, trop petite, n'est plus considérée comme une planète. Plusieurs planètes possèdent une ou plusieurs lunes. Mars, par exemple, en possède 2, Jupiter en possède 62 et Saturne en possède 33. Pour les grosses planètes telles que Jupiter et Saturne, toutefois, le nombre de lunes varie selon les sources consultées parce que certaines de ces lunes sont très petites et de nouvelles sont constamment découvertes.

Planète	Diamètre (en milliers de km)	Distance moyenne au Soleil (en millions de km)	Durée d'une révolution	Nombre de lunes
Mercure	4,8	57,9	88 jours	0
Vénus	12,1	108,2	225 jours	0
Terre	12,7	149,6	365 jours	1
Mars	6,7	227,9	687 jours	2
Jupiter	142,9	778,3	12 ans	62
Saturne	120,5	1426,9	29 ans	33
Uranus	51,1	2870,9	84 ans	27
Neptune	49,5	4497,0	165 ans	13

La distance entre la Terre et le Soleil est d'environ un million et demi de kilomètres, ou une unité astronomique. Les astéroïdes et les comètes, beaucoup plus petits, gravitent aussi autour du Soleil.

Selon le modèle géocentrique proposé en 140 ap. J.-C. par l'astronome grec Claude Ptolémée (85-165) et accepté par la suite pendant des siècles, la Terre était une sphère, située au centre du système solaire et le Soleil, la Lune et les autres planètes tournaient autour de la Terre. En 1543, l'astronome polonais Nicolas Copernic (1473-1543) proposa un modèle héliocentrique selon lequel la Lune tournait autour de la Terre, mais la Terre elle-même et les autres planètes tournaient autour du Soleil. Un siècle plus tard, l'astronome italien Galilée (1564-1642) publia des observations, faites au télescope, qui appuyaient ce modèle mais il fallut encore plus d'un siècle avant qu'il ne soit généralement accepté.

Le Soleil est une étoile de grosseur et de température moyennes. Son volume est de quelque 1 300 000 fois celui de la Terre et sa masse est d'environ 330 000 fois celle de la Terre. Comme les autres étoiles, le Soleil est constitué principalement d'hydrogène en fusion thermonucléaire. Cette fusion dégage une grande quantité de chaleur et de lumière, qui met environ 8 minutes pour parvenir à la Terre. La température de la surface du Soleil est de 5 500 °C et atteint environ 15 millions de degrés Celsius au centre. Des taches sombres sont parfois visibles sur sa surface. Il s'agit de régions un peu plus froides (4 500 °C) où se produisent des orages magnétiques. Ces orages sont plus fréquents à tous les 11 ans du cycle de l'activité solaire. Le Soleil, qui s'est formé il y 5 milliards d'années, possède suffisamment d'hydrogène pour durer encore autant de temps.

Mercure est la planète la plus rapprochée du Soleil. Difficile à repérer, elle est parfois visible près de l'horizon, juste avant le lever ou après le coucher du Soleil. Elle ressemble à notre Lune. Sur Mercure, il n'y a pas d'atmosphère, pas d'eau, et sa surface est criblée de cratères. Du côté du Soleil, la température de sa surface est de 400 °C, tandis que du côté opposé elle est de –200 °C.

Vénus est la planète la plus brillante du ciel. Selon sa position sur son orbite, elle est visible à l'ouest, après le coucher du Soleil, ou à l'est, avant son lever. Elle est entourée d'épais nuages d'acide sulfurique qui réfléchissent très bien la lumière du Soleil et expliquent qu'elle soit si brillante. La surface de Vénus comporte des montagnes, des plateaux, des cratères et des traces d'activité volcanique. En raison des nuages qui créent un effet de serre, la température à la surface est de 480 °C.

La Terre est surnommée la *planète bleue* car 71 % de sa surface est recouverte d'eau, qui paraît bleue parce qu'elle réfléchit la couleur dominante de l'atmosphère. Particularité unique dans le système solaire, la distance à laquelle elle se trouve du

Soleil permet à l'eau d'y demeurer liquide, ce qui a favorisé le développement de la vie. Son atmosphère, composée d'azote, d'oxygène et d'autres gaz, tels que l'ozone, entretient la vie et agit également comme un bouclier protecteur contre les rayons nocifs du Soleil. Dans le calendrier, l'année correspond au temps que met la Terre pour faire le tour du Soleil (365 jours et ¼). L'axe de rotation de la Terre sur elle-même est incliné de 23° par rapport à son plan de rotation autour du Soleil, ce qui explique les saisons. La région du ciel vers laquelle pointe cet axe de rotation change lentement avec le temps, phénomène connu sous le nom de *précession des équinoxes.*

La Lune est un satellite naturel de la Terre. Comme le découvrit Galilée en 1609, elle est criblée d'une multitude de cratères. Ces cratères furent creusés par des astéroïdes et des comètes qui s'écrasèrent sur sa surface peu après sa formation. La Lune possède également des « mers » qui sont de grandes coulées de lave refroidie.

Les phases de la Lune sont causées par le fait que la Lune tourne autour de la Terre en 28 jours, et par la façon dont la partie éclairée de Lune peut être vue à partir de la Terre.

Sur la Terre, une éclipse de Soleil se produit à la Nouvelle Lune, quand la Lune passe exactement entre le Soleil et la Terre et une partie de la Terre se retrouve dans le cône d'ombre de la Lune. Une éclipse de Lune se produit à la Pleine Lune, quand la Terre passe exactement entre le Soleil et la Lune et que la Lune se retrouve dans le cône d'ombre de la Terre. Toutefois, il n'y a pas d'éclipse de Soleil à chaque Nouvelle Lune ni d'éclipse de Lune à chaque Pleine Lune parce que le plan de l'orbite de la Lune autour de la Terre est incliné de 5° par rapport au plan de l'orbite de la Terre autour du Soleil et qu'il est donc relativement rare que l'alignement des trois astres soit parfait.

Si nous vivions sur la Lune, il y aurait des éclipses de Soleil au moment des éclipses de Lune sur la Terre et des éclipses, très partielles, de la Terre au moment des éclipses de Soleil sur la Terre.

Dans le calendrier, le mois correspond, de façon très approximative, au temps que met la Lune à faire le tour de la Terre. Si la Lune n'existait pas, la vie sur Terre n'existerait peut-être pas, ou ne serait pas aussi développée, car c'est grâce à la Lune si l'axe de rotation de la Terre reste toujours orienté dans le même sens, ce qui empêche de trop grands changements de température dans les diverses régions du globe.

Mars est surnommée *planète rouge* car elle se distingue, dans le ciel étoilé, par sa teinte rougeâtre. Cette couleur s'explique par le fait que la surface est couverte d'une fine poussière d'oxyde de fer, le composé chimique communément appelé *rouille.* À l'exception des calottes polaires, qui contiennent une petite quantité de dioxyde de carbone et d'eau à l'état solide, la surface de Mars est un désert qui comporte des cratères, des vallées profondes, des dunes de sable et des montagnes. Très ténue, l'atmosphère de Mars se compose surtout de gaz carbonique. Plus froide que celle de la Terre, la température de sa surface varie entre 20 °C et –70 °C, selon les heures et les régions.

Les astéroïdes. Entre Mars et Jupiter se trouve une ceinture des milliers de « petites planètes » nommées *astéroïdes.* C'est l'astronome italien Giuseppe Piazzi (1746-1826) qui, en 1801, découvrit le premier astéroïde et le nomma Cérès. Les astéroïdes sont des fragments de roches qui orbitent autour du Soleil. Il s'agit des restes d'une planète qui aurait explosé ou de résidus laissés lors de la formation du système solaire. Les plus gros astéroïdes ont un diamètre de quelques centaines de kilomètres.

Jupiter est la plus grosse planète du système solaire. Son volume est d'environ 1 400 fois celui de la Terre. C'est une immense boule de gaz qui entoure un noyau de roche et de métal. Les gaz visibles à la surface de Jupiter, qui créent des vents atteignant près de 400 km/h, se composent d'hydrogène et d'hélium, avec de minuscules cristaux de méthane et d'ammoniac en suspension. Jupiter possède une grande tache rouge qui a toujours été visible, depuis les premières observations au télescope du XVIIe siècle. Il s'agit d'un ouragan gigantesque qui durera peut-être encore plusieurs siècles. Les quatre principales lunes peuvent être facilement observées avec des jumelles ou un petit télescope. Une d'entre elles possède des volcans en activité. Jupiter est entourée d'un petit anneau très fin, invisible avec des télescopes terrestres.

Saturne. Presque aussi grosse que Jupiter, Saturne est également une immense boule de gaz qui entoure un noyau de roche et de métal. Très spectaculaire au télescope, elle possède des milliers d'anneaux très rapprochés les uns des autres qui furent découverts en 1655 par le physicien et astronome hollandais Christiaan Huygens (1629-1695). Ces anneaux sont formés d'une multitude de morceaux de roche et de glace en orbite autour de la planète. L'origine de ces anneaux est encore inexpliquée, mais ce peut être d'un satellite détruit par une comète ou une météorite, ou des matériaux n'ayant jamais pu se former en satellite.

Uranus. Inconnue des Anciens, car sa luminosité apparente est très faible, Uranus fut découverte en 1781, à l'aide d'un télescope, par l'astronome anglais d'origine allemande William Herschel (1738-1822). C'est une autre immense boule de gaz qui entoure un noyau de roche et de métal. Son axe de rotation est tellement incliné que c'est un de ses pôles, et non l'équateur, qui fait face au soleil. Uranus a une couleur verdâtre à cause d'une grande concentration de méthane dans sa haute atmosphère. Elle possède aussi de petits anneaux, difficiles à observer. Un de ses satellites, Miranda, dont la surface est très accidentée, possède une falaise de 10 km de hauteur.

Neptune. La planète Neptune fut découverte en 1846 par l'astronome allemand Johann Galle (1812-1910) qui se basa, pour diriger ses observations, sur les perturbations de l'orbite d'Uranus qui avaient été constatées par l'astronome anglais John Adam (1819-1892), en 1845, et par l'astronome français Urbain Le Verrier (1811-1877), en 1846. Neptune ressemble beaucoup à Uranus, mais possède une atmosphère plus mouvementée dans laquelle se trouve une grande tache sombre, semblable à la tache rouge de Jupiter. Elle possède également des anneaux.

Les comètes. On croyait que les comètes étaient des phénomènes atmosphériques jusqu'à ce que l'astronome danois Tycho Brahé (1546-1601) démontre le contraire en 1577 : ce sont des boules de glace et de roche qui tournent autour du Soleil selon des orbites très elliptiques. Quand elles se rapprochent du Soleil, les comètes se réchauffent et forment une traînée de poussière et de gaz. La queue d'une comète atteint parfois une longueur de 50 millions de kilomètres. La plus célèbre des comètes est la comète de Halley, du nom de l'astronome anglais Edmond Halley (1656-1742). Celui-ci prédit, en 1705, que cette comète qui avait été visible en 1682 le serait à nouveau en 1758 car elle passe près du Soleil à tous les 76 ans. Son dernier passage a eu lieu en 1986. Les comètes proviennent du nuage de Oort, qui porte le nom de l'astronome hollandais Jan Oort (1900-1992) qui en postula l'existence en 1950. Ce nuage, de forme sphérique, situé au-delà de Neptune, contiendrait plusieurs milliards de comètes.

Les météorites. En plus des astéroïdes situés entre Mars et Jupiter et des comètes, il existe un peu partout dans le système solaire des milliards de fragments de matière plus petits qui entrent parfois dans l'atmosphère de la Terre, où la friction avec l'air les fait brûler, formant une « étoile filante ». Ce sont les météorites.

Les étoiles et les galaxies

Les étoiles se distinguent d'abord les unes des autres par leur luminosité apparente ou magnitude. Selon l'échelle des magnitudes, proposée vers 150 av. J.-C. par l'astronome grec Hipparque de Rhodes (190-120 av. J.-C.), la plupart des étoiles visibles à l'œil nu ont une magnitude comprise entre 0 (les plus brillantes) et 6 (les moins brillantes). Cette magnitude n'a toutefois aucun rapport avec la luminosité réelle des étoiles car certaines étoiles sont beaucoup plus proches du système solaire que d'autres. Elle n'a aucun rapport, non plus, avec leur taille car les étoiles les plus grosses ne sont pas nécessairement celles dont la luminosité réelle est la plus grande. Les étoiles se distinguent aussi par leur couleur.

Le diagramme de Hertzprung-Russell permet de classer les étoiles. Il est basé sur la découverte faite en 1905 par l'astronome danois Ejar Hertzprung (1873-1967) et confirmée en 1913 par l'astrophysicien américain Henry Russell (1877-1957) qu'il existe une relation entre la couleur et la luminosité réelle des étoiles. Ce diagramme comporte un axe horizontal qui représente la couleur (et la température) des étoiles et un axe vertical qui représente la luminosité réelle. Le Soleil, qui se situe au centre de ce diagramme, est une étoile jaune, de température et de luminosité moyennes. La majorité des étoiles de l'Univers se situent le long de la séquence principale de ce diagramme, qui va des étoiles bleues (dans le coin supérieur gauche), les plus lumineuses, vers les étoiles rouges (dans le coin inférieur droit), les moins lumineuses, en passant par les étoiles blanches, jaunes et orangées.

Il existe également des étoiles qui n'appartiennent pas à la série principale. Ce sont les géantes rouges, qui peuvent être des centaines de fois plus grandes que le Soleil, et les naines blanches, dont certaines ne sont pas plus grandes que la Terre. Les étoiles naissent dans des nébuleuses de poussières et de gaz qui se condensent sous l'effet de la gravité. Avant de mourir, une étoile de luminosité moyenne, comme le Soleil, deviendra une géante rouge, qui engloutira plusieurs planètes, puis une naine blanche qui se refroidira lentement. Une étoile meurt lorsqu'elle a brûlé tout son hydrogène. Il arrive parfois que certaines étoiles laissent échapper une immense quantité de gaz en fusion, ce qui les rend très brillantes, formant temporairement une nova. D'autres étoiles terminent leur vie dans une gigantesque explosion, formant une supernova qui laisse ensuite des débris de matière visibles pendant des milliers d'années. Par exemple, en 1054, des astronomes chinois observèrent une supernova tellement lumineuse qu'il fut possible de la voir en plein jour pendant trois semaines. Cette supernova donna naissance à la nébuleuse du Crabe, assez facile à observer avec un petit télescope.

Les constellations. Autrefois, pour se retrouver dans le ciel étoilé, les êtres humains qui observaient le ciel relièrent entre elles les étoiles les plus brillantes pour dessiner des personnages de légende, des animaux ou des objets. Ces dessins sont appelés *constellations.* Les premières constellations de l'hémisphère Nord furent définies, en Mésopotamie, vers 3300 av. J.-C. Les constellations de l'hémisphère Sud, beaucoup plus récentes, furent tracées au cours des voyages d'exploration du XVIIIe siècle.

De nos jours, le ciel étoilé est divisé en 88 constellations. Les constellations du Zodiaque, telles que la Vierge, le Lion, le Cancer et les Gémeaux, sont les constellations dans lesquelles semblent se déplacer le Soleil et les planètes au cours de l'année. Dans l'hémisphère Nord, l'Étoile Polaire, dans la constellation de la Petite Ourse, se situe dans le prolongement de l'axe de rotation de la Terre, au-dessus du pôle Nord, et nous indique donc le nord. Dans l'hémisphère Sud, la constellation de la Croix du Sud est située près du prolongement de l'axe de rotation de la Terre, au-dessus du pôle Sud ; elle nous indique le sud.

Environ 1500 ans av. J.-C., en Mésopotamie, commença à se développer une croyance, qui devint le fondement de l'astrologie, selon laquelle la position des constellations du Zodiaque et des planètes, au moment de la naissance d'un être humain, influençait sa destinée et permettait de prédire son avenir. À partir du XVIIe siècle, cependant, surtout avec les travaux de Galilée, il devint peu à peu évident que la Terre n'était pas le centre de l'Univers, que le Soleil n'était qu'une étoile parmi d'autres et que la position des étoiles et des planètes ne pouvait pas avoir une influence aussi directe sur le cours des événements terrestres.

Les galaxies. Toutes les étoiles visibles dans le ciel sont situées dans un amas de forme spirale, appelé la Galaxie ou la Voie lactée. Il existe, dans l'Univers, des milliards d'autres amas semblables, souvent de forme spirale, appelés *galaxies.* Notre voisine, la galaxie d'Andromède, visible à l'œil nu comme une petite tache de lumière, ressemble beaucoup à notre Galaxie. Il y a environ 200 milliards d'étoiles dans notre Galaxie, mais il existe des galaxies elliptiques géantes qui peuvent en contenir plus de 1 000 milliards.

La taille de l'Univers. En astronomie, les distances se mesurent en années-lumière qui est la distance parcourue par la lumière dans le vide, à la vitesse de 300 000 km/s, soit 9 465 000 000 000 kilomètres. Alpha du Centaure, l'étoile la plus proche du système solaire, se situe à 4 années-lumière, ce qui représente 263 000 fois la distance entre la Terre et le Soleil.

Même encore au début du XXe siècle, la plupart des astronomes croyaient que toutes les étoiles, toutes les nébuleuses et tous les amas visibles dans le ciel étaient situés à l'intérieur de notre Galaxie, à des distances variant de quelques années-lumière à quelques milliers d'années-lumière. Pourtant, dès 1755, le philosophe allemand Emmanuel Kant (1724-1804) avait avancé l'idée que certaines nébuleuses étaient des galaxies lointaines semblables à la nôtre, mais cette hypothèse était restée sans suite. En 1924, cependant, l'astrophysicien américain Edwin Hubble (1889-1953) établit que plusieurs nébuleuses étaient en fait des galaxies extérieures à notre Galaxie et que certaines étaient très éloignées. L'Univers connu devint tout à coup des millions de fois plus grand.

Notre Galaxie a un diamètre d'environ 100 000 années lumières, et la galaxie d'Andromède, la plus proche de la nôtre, est située à environ 2,5 millions d'années-lumière. Les astronomes distinguent des galaxies situées jusqu'à 13 milliards d'années-lumière. Nous les voyons donc aujourd'hui telles qu'elles étaient il y a 13 milliards d'années.

L'origine de l'Univers. Que l'on conçoive l'Univers comme ayant été créé par Dieu ou comme existant sans intervention divine, on a longtemps cru qu'il était, dans l'ensemble, relativement stable et qu'il avait toujours eu sa forme et sa taille actuelles. En 1927, cependant, l'astronome britannique Arthur Eddington (1822-1944) et l'astrophysicien belge Georges Lemaître (1894-1966) énoncèrent la théorie de l'expansion de l'Univers. Des observations effectuées en 1930 par Edwin Hubble sur la vitesse de déplacement des galaxies confirmèrent cette théorie.

En 1931, Georges Lemaître avança l'idée que cette expansion résultait d'une explosion initiale, hypothèse que le physicien américain d'origine russe George Gamow (1904-1968) développa, en 1948, pour en faire la théorie du Big Bang. Selon cette théorie, l'Univers serait apparu, il y a environ 15 milliards d'années, à la suite d'un événement semblable à l'explosion d'un point de matière et d'énergie qui donna naissance aux galaxies. La présence de micro-ondes cosmiques résiduelles semble corroborer cette théorie.

À ses débuts, l'Univers ne contenait que de l'hydrogène. La fusion thermonucléaire de l'hydrogène, dans les étoiles, transforme l'hydrogène en hélium, qui se transforme ensuite en d'autres éléments du tableau périodique. C'est pour cette raison que certains astrophysiciens disent que les êtres vivants sont de la *poussière d'étoiles.* Sans la présence d'étoiles ayant existé autrefois, l'Univers et notre système solaire ne contiendraient pas tous les éléments chimiques qu'on y trouve maintenant, sous forme de poussières et de gaz, et la formation des molécules organiques indispensables à la vie aurait été impossible.

Trous noirs, pulsars et quasars. Il arrive parfois qu'une étoile massive explose, ce qui forme alors, pour un temps assez court, une supernova extrêmement brillante. Un trou noir, qui est le reste de cette explosion, est un objet tellement dense que même la lumière ne peut s'échapper de sa force d'attraction gravitationnelle. Un pulsar, qui est le reste de l'explosion d'une étoile moyenne, est une étoile à neutrons qui tourne rapidement sur elle-même. Les quasars, situés aux confins de l'Univers, sont considérés comme des galaxies naissantes. Ils émettent un puissant rayonnement d'ondes radio et lumineuses.

Technologies des sciences de la Terre et de l'Espace

La prospection minière

Il existe plusieurs méthodes pour localiser des hydrocarbures et des minerais. Les méthodes géologiques, telles que la télédétection par satellite, visent à détecter les grandes zones minérales. Les méthodes géochimiques, qui consistent à tester des échantillons de roche, peuvent révéler la proximité de certains gisements. Les méthodes géophysiques sont basées sur les variations de diverses propriétés physiques : la magnétométrie mesure les variations du champ magnétique, la gravimétrie mesure les variations de densité, la prospection électrique mesure les variations de la conductivité et la prospection sismique mesure les variations dans la propagation d'ondes. Finalement, quand des ressources ont été localisées, un forage permet de faire une vérification directe.

La prévision météorologique

Pour prévoir le temps, il faut connaître à chaque instant la pression atmosphérique (à l'aide du baromètre), la température (à l'aide du thermomètre), le taux d'humidité (à l'aide de l'hygromètre), la direction et la vitesse des vents (à l'aide de la girouette et de l'anémomètre) dans les diverses zones de l'atmosphère, ainsi que la quantité de précipitations au sol (à l'aide du pluviomètre). Étant donné que la prévision météorologique dépend dans une large mesure du déplacement des zones de haute pression et de basse pression, le baromètre est l'instrument le plus utile au météorologue. L'étude de l'évolution des divers types de nuages et des fronts, chauds ou froids, est également importante. Il existe environ 10 000 stations météorologiques à la surface de la Terre, dont plusieurs sont entièrement automatisées, auxquelles s'ajoutent les centaines de ballons sondes lancés chaque jour ainsi qu'un grand nombre de satellites météorologiques d'observation et de retransmission qui communiquent toutes leurs données aux divers centres de l'Organisation météorologique mondiale, où des superordinateurs très puissants, programmés à partir de modèles mathématiques de prévision, calculent l'évolution du temps.

L'observation, la mesure et l'exploration de l'Univers

L'observation en lumière visible. Il est possible d'observer certains objets célestes à l'œil nu, mais pour les grossir et augmenter leur brillance, il faut utiliser un télescope optique. Le télescope réfracteur, appelé aussi *lunette astronomique,* dont le principe était probablement connu dès le XIIIe siècle, mais qui fut inventé en 1608 par l'opticien hollandais Hans Lippershey (1570-1619), possède une grande lentille primaire qui fait dévier les rayons lumineux, par réfraction, vers de petites lentilles qui constituent l'oculaire. En fait, la lentille primaire d'un télescope réfracteur est généralement constituée de deux lentilles faites de matériaux différents, ce qui permet d'éviter la séparation des objets observés en plusieurs couleurs, un phénomène connu sous le nom d'*aberration chromatique.*

Le télescope réflecteur, inventé en 1671 par le physicien anglais Isaac Newton (1642-1727), possède un grand miroir concave qui fait dévier les rayons lumineux, par réflexion, vers un autre petit miroir puis vers un oculaire. Le miroir concave d'un télescope réflecteur a généralement une forme parabolique, ce qui permet d'éviter le manque de netteté des images, appelé *aberration sphérique,* causé par un miroir concave dont la forme est une partie de sphère.

Étant donné que la plupart des objets célestes n'ont pas une grande luminosité apparente, la caractéristique la plus importante d'un télescope n'est pas son grossissement, mais la quantité de lumière qu'il peut recueillir. Cette quantité de lumière est proportionnelle au diamètre de sa lentille ou de son miroir principal. Des films photographiques, ou des photomètres (qui produisent de l'électricité à partir de la lumière) peuvent servir à enregistrer et à amplifier la lumière perçue par un télescope. La lumière perçue peut également être décomposée à l'aide de prismes, ce qui permet alors d'observer (spectroscopie) ou de photographier (spectrographie) le spectre des radiations émises par les objets observés et d'analyser leur composition chimique. Pour éviter la pollution lumineuse et réduire les turbulences atmosphériques qui diminuent la qualité des images, les grands télescopes optiques sont généralement situés dans des endroits sombres, au sommet de montagnes. Il est également possible de placer un télescope optique en orbite autour de la Terre (exemple : le télescope Hubble).

L'observation en d'autres rayonnements. Il est possible d'observer l'Univers en divers rayonnements autres que la lumière visible. Un télescope ordinaire peut servir pour observer le rayonnement infrarouge ou ultraviolet en provenance de divers corps célestes. Un radiotélescope, dont le principe fut découvert en 1931 par l'ingénieur américain Karl Jansky (1905-1950), permet de capter les ondes radio émises par des étoiles et des galaxies. Un radar permet d'envoyer des ondes radio vers des objets tels que la Lune ou les planètes et de capter les ondes réfléchies par leur surface, ce qui fait, par exemple, qu'on peut distinguer leur relief. L'atmosphère bloque le passage d'une bonne partie des rayons X et des rayons gamma émis par les corps célestes, mais des détecteurs placés dans des satellites permettent de former des images à partir de ces rayonnements.

Mesurer l'Univers. Il existe plusieurs méthodes pour mesurer les distances dans l'Univers. Une des techniques les plus anciennes consiste à mesurer la distance à l'aide de la parallaxe, c'est-à-dire à partir du déplacement apparent d'un corps observé à partir de deux points différents. On peut, par exemple, mesurer la distance entre la Terre et la Lune à l'aide du déplacement apparent de la Lune – observée à partir deux points situés de part et d'autre de la Terre – par rapport aux étoiles qui se trouvent dans la même région du ciel. On peut également mesurer la distance entre le Soleil et une autre étoile – observée à partir de deux points situés de part et d'autre de l'orbite de la Terre autour du Soleil – à l'aide du déplacement apparent de cette étoile par rapport aux étoiles plus éloignées.

Le radar, qui mesure le temps entre l'émission d'une onde et la réception de l'onde réfléchie, permet également de mesurer des distances à l'intérieur du système solaire. La mesure de distances beaucoup plus grandes, telles que les distances des autres galaxies, se fait principalement à l'aide d'une certaine catégorie d'étoiles géantes, les céphéides, Ces étoiles, dont la luminosité varie de façon périodique et régulière, ont une période de pulsation proportionnelle à leur luminosité réelle. Par conséquent, comme le montra l'astronome américaine Henrietta Leavitt (1868-1921) en 1912, plus la période de pulsation est grande, plus la luminosité réelle est grande. Ainsi, lorsqu'on découvre une céphéide dans une galaxie, on peut, à partir de sa période de pulsation, connaître sa luminosité réelle, puis, à partir de sa luminosité apparente, estimer sa distance. Une galaxie qui contient une céphéide de luminosité réelle très grande, mais qui paraît peu lumineuse, est donc située très loin.

Par ailleurs, la vitesse de déplacement d'une étoile ou d'une galaxie peut se mesurer à l'aide de l'effet Doppler, qui est une modification apparente, attribuable à son mouvement, de la longueur d'onde de la lumière émise par l'étoile ou la galaxie. Ce phénomène est semblable à la variation de la tonalité du son émis par un véhicule que l'on croise sur la route.

L'exploration à l'aide de satellites terrestres. Un satellite artificiel en orbite autour de la Terre est en fait un projectile, lancé par une fusée, qui retombe en suivant la courbure de la Terre. Il tourne donc autour de la Terre sans qu'aucune énergie ne soit utilisée. Les satellites artificiels, qui peuvent être habités (exemple : la navette spatiale américaine) ou inhabités (exemple : les satellites de météorologie) permettent de mieux connaître la Terre et l'Univers, car ils peuvent être munis de caméras et de détecteurs qui captent diverses longueurs d'ondes du spectre électromagnétique. Une station spatiale est un gros satellite, constitué de plusieurs modules, dans lequel plusieurs astronautes peuvent séjourner pendant de longues périodes.

L'exploration à l'aide de sondes spatiales. Une sonde spatiale est un projectile habité ou inhabité lancé vers un autre corps céleste. Des astronautes américains se posèrent sur la Lune en 1969 pendant la mission Apollo 11, et au cours de missions subséquentes. De nombreuses sondes spatiales inhabitées ont été lancées vers la Lune, le Soleil, des planètes, des astéroïdes, des comètes, ou l'extérieur du système solaire. Munies de caméras et de détecteurs, les sondes spatiales peuvent également transporter des robots mobiles qui se posent et prélèvent des échantillons.

LES SAVOIRS AU SUJET DE L'UNIVERS VIVANT : BIOLOGIE ET TECHNOLOGIES DES SCIENCES BIOLOGIQUES

Le chapitre 6 présente les savoirs relatifs à l'univers vivant qui devraient faire partie de la culture générale de tout enseignant du primaire (Thouin, 2008).

Biologie

La biologie a pour objet d'étude la vie et le fonctionnement des êtres vivants. Bien que certains êtres vivants, tels que les bactéries ou les champignons, ne soient ni des végétaux ni des animaux, la biologie végétale et la biologie animale sont deux grands domaines importants de la biologie.

La cellule

La théorie cellulaire. Pendant longtemps, des organes comme le cœur, le cerveau, les poumons, le foie ou les reins, dans le cas des animaux, et des organes comme les racines, la tige, les feuilles ou les fleurs, dans le cas des plantes, furent considérés comme les éléments constitutifs fondamentaux des êtres vivants. À partir du XVIIe siècle, les premières observations au microscope, notamment par le médecin italien Marcello Malpighi (1628-1694), le savant anglais Robert Hooke (1635-1703) et le naturaliste hollandais Antonie Van Leeuwenhoek (1632-1723), permirent de découvrir des structures inconnues auparavant. En 1801, l'anatomiste français Xavier Bichat (1771-1802) montra que les organes étaient composés de tissus, dont il isola plusieurs types. En 1839, les biologistes allemands Jakob Schleiden (1804-1881) et Theodor Schwann (1810-1882) énoncèrent la théorie cellulaire, qui faisait de la cellule l'élément constitutif de base de tous les êtres vivants. En 1844, le biologiste suisse Albert von Kölliker (1817-1905) réalisa les premières observations de divisions cellulaires.

La cellule végétale capte l'énergie du Soleil et produit sa propre nourriture, à partir de gaz carbonique et d'eau, grâce à l'action de la chlorophylle. Elle est entourée d'une paroi cellulaire rigide et d'une membrane plasmique. Elle renferme un noyau, du cytoplasme et des organites dont les principaux sont les chloroplastes, qui contiennent la chlorophylle. La plupart des cellules végétales contiennent des vacuoles remplies de suc. Étant donné qu'elle produit sa propre nourriture, la cellule végétale est dite *autotrophe.*

La cellule animale tire son énergie des aliments. Elle est constituée d'une membrane plasmique souple, de cytoplasme, d'un noyau qui renferme les chromosomes et de divers organites. Les principaux organites présents dans le cytoplasme sont les mitochondries, qui assurent la respiration, le réticulum endoplasmique, qui fabrique des protéines, des lipides et des hormones, ainsi que l'appareil de Golgi qui collecte et protège des enzymes et des hormones. Étant donné qu'elle ne peut produire sa propre nourriture et doit tirer son énergie des aliments, la cellule animale est dite *hétérotrophe.*

Le mouvement des molécules, dans une cellule, se fait principalement par diffusion, quand les molécules se dispersent uniformément, ou par osmose, quand les molécules d'eau d'une solution traversent une membrane en direction de la solution la plus concentrée.

Les tissus et les organes sont formés de groupes de cellules. Les principaux types de tissus sont le tissu musculaire, le tissu nerveux, le tissu conjonctif (exemples : os, cartilage, sang) et le tissu épithélial (exemple : peau).

La biochimie

Les composés organiques. Pendant longtemps, on pensa que la chimie de la vie était quelque chose à part, qui obéissait à ses propres règles. Au début du XIXe siècle, par exemple, le chimiste suédois Jöns Berzelius (1779-1848) avait affirmé que seuls les êtres vivants pouvaient produire des composés organiques. Ce point de vue était connu sous le nom de *vitalisme.* En 1828, cependant, le chimiste allemand Friedrich Wöhler (1800-1882), un étudiant de Berzelius, réussit à fabriquer de l'urée en chauffant du cyanate d'ammonium. De nos jours, un très grand nombre de composés organiques, tels que la vitamine C, l'insuline et l'hormone de croissance, peuvent être synthétisés en laboratoire.

L'eau est absolument indispensable à la vie. La proportion d'eau contenue dans le corps humain est d'environ 70 %. L'alimentation doit assurer un apport important et constant en eau, pour renouveler toute celle qui est évacuée par l'urine et la sueur.

Les glucides sont une famille de molécules formées de carbone, d'oxygène et d'hydrogène. Le glucose est le glucide le plus commun chez les êtres vivants, le fructose un glucide présent dans les fruits et le lactose un glucide présent dans le lait. L'amidon, qui sert de réserve d'énergie pour les plantes, est formé de chaînes de divers glucides. La cellulose, qui forme les parois cellulaires des végétaux, est formée de chaînes de glucose.

Les lipides isolent et stockent de l'énergie, dans le cas de graisses et des huiles, et forment des revêtements imperméables, dans le cas des cires. L'alimentation occidentale comporte souvent une proportion trop élevée de lipides.

Les protides. Constitués de chaînes d'acides aminés, les protides permettent de construire les tissus et, dans le cas des enzymes, de contrôler des réactions chimiques. L'immunoglobuline est une protéine particulièrement importante, qui protège l'organisme contre les bactéries et les virus. Les végétariens qui ne consomment pas les bonnes combinaisons d'acides aminés souffrent de carences en protéines.

Les vitamines et les minéraux sont indispensables, en petites quantités, pour certaines réactions chimiques à l'intérieur de l'organisme. Dès le XVIIIe siècle, on savait que la consommation d'huile de foie de morue pouvait prévenir le rachitisme ou que celle d'agrumes pouvait prévenir le scorbut, mais on ne savait pas pourquoi. En 1897, le physiologiste hollandais Christiaan Eijkmann (1858-1930) remarqua que la consommation de riz entier, plutôt que de riz poli, pouvait prévenir une maladie, appelée le *béribéri*, chez des populations de l'Indonésie et en déduisit que le riz entier contenait une substance organique indispensable. En 1912, le biochimiste polonais Casimir Funk (1884-1967) réussit à isoler la thiamine, ou vitamine B1, contenue dans le riz entier. Depuis cette date, plusieurs autres vitamines ont été découvertes et isolées. Chez les personnes qui n'ont pas une alimentation équilibrée, le manque de vitamines A et D ainsi que le manque de calcium et de fer sont les carences les plus fréquemment observées.

La respiration. Malgré son importance pour tous les êtres vivants, la respiration demeura longtemps incomprise. Ce n'est qu'au XVIIe siècle, vers 1670, que le physicien et chimiste irlandais Robert Boyle (1627-1691) observa que les animaux mourraient dans des récipients dont il avait retiré l'air et en déduisit qu'il y avait dans l'air – un des quatre « éléments » des alchimistes – une matière essentielle à la vie. En 1771, le chimiste britannique Joseph Priestley (1733-1804) démontra que l'air usé, qui ne permettait plus à un animal de survivre, permettait cependant à une plante de le faire. Le chimiste français Antoine de Lavoisier (1743-1794) découvrit plus tard, en 1777, que dans l'air usé, l'oxygène, nécessaire aux animaux, avait cédé la place à du gaz carbonique, nécessaire aux plantes.

Pendant la respiration, les êtres vivants se procurent leur énergie au moyen d'une réaction chimique qui fait intervenir les glucides. Dans le cas d'une respiration aérobie, le glucose se combine avec l'oxygène pour former du gaz carbonique et de l'eau. Dans le cas d'une respiration anaérobie, comme dans le cas de la fermentation lactique qui se produit lors d'un exercice vigoureux, le glucose libère de l'énergie en produisant de l'acide lactique. La fermentation alcoolique, utilisée pour fabriquer du vin et de la bière, est un type de respiration anaérobie qui se produit chez certaines levures (champignons microscopiques).

L'acide désoxyribonucléique (ADN) et l'acide ribonucléique (ARN) sont des acides nucléiques, composés organiques complexes porteurs d'informations. Vers 1940, les acides nucléiques étaient connus, mais leur rôle exact dans la cellule ainsi que leur structure chimique étaient incompris. En 1944, le bactériologiste américain Oswald Avery (1877-1955) et ses collègues découvrirent que le matériel génétique de bactéries mortes pouvait modifier celui de bactéries vivantes et démontrèrent que le matériel génétique de tous les êtres vivants était constitué d'ADN. En 1953, le biologiste britannique Francis Crick (1916-2004) et le biologiste américain James Watson (né en 1928) publièrent leur découverte de la structure de la molécule d'ADN, qui consiste en deux brins torsadés, formant une double hélice, liés entre eux par des paires de bases azotées.

L'ADN d'une seule cellule humaine mesurerait près de deux mètres, s'il était déroulé et placé bout à bout, et contient l'équivalent en information de six cent mille pages d'écriture. L'ARN est un autre acide nucléique essentiel dont un type important transporte de l'information dans la cellule.

La transmission des caractères héréditaires

Le code génétique est un code chimique constitué par l'arrangement particulier de très longues séquences de bases azotées dans les molécules d'ADN et d'ARN. Un gène est un petit segment d'ADN qui indique aux cellules de l'organisme comment fabriquer certaines protéines. L'ADN des cellules humaines comporte près de 100 000 gènes. Chaque gène est formé de codons et chacun de ces codons est formé de trois bases azotées, choisies parmi les quatre sortes de bases azotées possibles. Une carte génétique permet de représenter la répartition des gènes sur les chromosomes. En génétique, il est important de savoir distinguer le phénotype, qui regroupe les caractéristiques visibles d'un être vivant, du génotype, qui est sa composition génétique. Les gènes présents dans le génotype ne sont pas tous exprimés dans le phénotype, mais peuvent se manifester dans les générations suivantes.

Les chromosomes sont des structures qui renferment l'ADN d'une cellule. Chaque espèce d'être vivant a un nombre précis de chromosomes dans ses cellules qui est appelé le nombre chromosomique. Une cellule humaine contient 46 chromosomes. Les généticiens utilisent beaucoup, pour leurs recherches, la drosophile, ou mouche du vinaigre, car elle ne contient que quatre chromosomes de très grande taille et se reproduit très rapidement.

L'hérédité est le lien qui existe entre des générations successives d'êtres vivants. Pendant des siècles, les traits physiques des animaux et des êtres humains furent expliqués par la théorie du mélange des sangs de leurs parents. Par exemple, en Amérique du Nord, on disait d'un métis qu'une moitié de son sang était du sang indien et l'autre moitié du sang européen. Il était fréquent, par ailleurs, que des conjoints ayant tous deux les yeux bruns se disputent si un de leurs enfants avait les yeux bleus. En 1865, le botaniste autrichien Gregor Mendel (1822-1844), qui étudiait des générations successives de petits pois, énonça les lois de l'hérédité, dans lesquelles il faisait la distinction entre gènes dominants et gènes récessifs. Ses travaux furent oubliés pendant plusieurs dizaines d'années, puis redécouverts simultanément et indépendamment, en 1900, par le botaniste allemand Carl Correns (1864-1933), le botaniste néerlandais Hugo de Vries (1849-1935) et le botaniste autrichien Erich von Tschermak-Seysenegg (1871-1962).

Dans les cellules humaines, un gène se présente sous deux ou plusieurs formes appelées *allèles.* Les allèles dominants font partie du génotype (le bagage génétique) et sont également exprimés dans le phénotype (les caractéristiques visibles). Les allèles récessifs, qui sont masqués par les allèles dominants, font partie du génotype mais ne sont souvent pas exprimés dans le phénotype. Un allèle récessif (exemple : allèle des yeux bleus) masqué par un allèle dominant (exemple : allèle des yeux bruns) ne peut s'exprimer, dans un individu de la génération suivante, que s'il est associé à un allèle récessif identique. Un homme et une femme qui ont les yeux bruns peuvent donc avoir un enfant aux yeux bleus s'ils transmettent tous deux l'allèle récessif des yeux bleus à cet enfant.

L'évolution

L'origine de la vie. Vers 1950, l'idée que la vie ait pu apparaître spontanément sur la Terre, par le jeu combiné des éléments chimiques présents, des conditions physiques ambiantes et du hasard, répugnait encore à plusieurs scientifiques. Pourtant, divers types d'acides aminés, molécules de base de la matière vivante, avaient déjà été synthétisés en laboratoire. Mais l'hypothèse que ces synthèses complexes aient pu se produire dans la nature leur paraissait difficile à accepter.

En 1952, le biochimiste américain Stanley Miller (1930-2007), fabriqua un dispositif permettant de faire passer des décharges électriques dans un flacon contenant de l'eau, de l'ammoniac, du méthane et de l'hydrogène, simulant ainsi les orages continuels de l'atmosphère terrestre primitive. Au bout d'une semaine, il analysa la solution et y trouva divers types d'acides aminés. Du coup, l'idée que la vie ait pu apparaître spontanément devint plus plausible.

La vie est probablement apparue dans les mers, qui contenaient de nombreux composés chimiques émis par des éruptions volcaniques. Des réactions chimiques survenant au hasard, pendant des millions d'années, finirent par créer des composés capables de se copier, ce qui mena à la première vie véritable, un micro-organisme très simple. Depuis l'apparition de la vie, toutefois, et contrairement à ce que l'on a longtemps cru, la génération spontanée, c'est-à-dire la formation d'êtres vivants à partir de matières minérales ou de substances organiques en décomposition, est impossible, comme le montra le biochimiste Louis Pasteur (1822-1895) vers 1860. En d'autres termes, la vie est toujours provenue et provient toujours de la vie, sauf au moment de son apparition sur la Terre, il y a environ 3,8 milliards d'années.

La théorie de l'évolution. Jusqu'au XIXe siècle, la plupart des naturalistes adhéraient au créationnisme de type fixiste, une théorie selon laquelle toutes les espèces végétales et animales avaient été créées par Dieu, ce qui est le créationnisme, et n'avaient subi aucune évolution depuis leur création, ce qui est le fixisme.

En 1749, le naturaliste français Georges Louis Leclerc, comte de Buffon (1707-1788), et en 1751 le biologiste français Pierre-Louis Moreau de Maupertuis (1698-1759) émirent l'hypothèse que les espèces s'étaient graduellement transformées. En 1809, le naturaliste français Jean-Baptiste de Lamarck (1744-1829) énonça la théorie du transformisme, selon laquelle l'évolution découlait de l'hérédité des caractères acquis par les individus au cours de leur vie. Il croyait, par exemple, que les girafes, s'étirant le cou pour manger les feuilles des arbres, transmettaient un cou plus long aux générations suivantes. Mais c'est aux naturalistes anglais Charles Darwin (1809-1882) et Alfred Wallace (1823-1913) que revient le mérite d'avoir proposé, en 1858, la première théorie convaincante de l'évolution, basée sur le mécanisme de la sélection naturelle. De nos jours, cette théorie a été améliorée pour tenir compte des lois de la génétique et de l'hérédité. On parle maintenant de *néodarwinisme*, qui est une version moderne de la théorie avancée par Charles Darwin.

La théorie de l'évolution permet de comprendre la classification des êtres vivants. Par exemple, les animaux qui se ressemblent, tels que les grands singes et les êtres humains, ont un ancêtre commun. Cet ancêtre et d'autres animaux semblables avaient également un ancêtre commun, et ainsi de suite jusqu'aux formes de vies animales les plus simples.

L'histoire de la vie. La Terre existe depuis environ 4,5 milliards d'années. Le premier être vivant, une bactérie, est probablement apparu il y a 3,8 milliards d'années environ. Depuis, de nombreuses formes de vie ont prospéré et disparu, laissant des fossiles comme preuves de leur existence. Selon le récit allégorique de la Bible, de nombreuses espèces végétales et animales disparurent lors du déluge et seules survécurent celles que Noé amena sur son Arche. En fait, il y eut cinq extinctions massives d'espèces végétales et animales depuis l'apparition de la vie sur Terre. Il y a 650 millions d'années, au Précambrien, près de 70 % de toutes les espèces d'algues marines se sont éteintes. Il y a 510 millions d'années, à la fin du Cambrien, de nombreuses espèces d'invertébrés marins disparurent. Il y a 355 millions d'années, à la fin du Dévonien, les trilobites ainsi que de nombreuses espèces de coraux furent rayés de la carte. Il y a 250 millions d'années, à la fin du Permien, près de 90 % des espèces marines ainsi que de nombreux reptiles disparurent à cause de la dérive rapide des continents. Il y a 65 millions d'années, à la fin du Crétacé, les dinosaures ont été anéantis à la suite de l'impact d'un astéroïde. Plusieurs biologistes considèrent que l'activité humaine est en train de causer une sixième extinction massive d'espèces végétales et animales.

L'évolution de l'être humain. Même après que Charles Darwin eût publié sa théorie de l'évolution, en 1859, l'idée que les êtres humains aient eu comme ancêtres des primates moins évolués n'était pas vraiment prise au sérieux et plusieurs scientifiques plaçaient encore les êtres humains dans une catégorie distincte. Pourtant, des squelettes de l'Homme de Neandertal, hominidé différent de l'être humain actuel, avaient été découverts en 1848, puis en 1856, et des squelettes de l'Homme de Cro-Magnon, un autre hominidé, avaient été découverts en 1868. Ce n'est qu'au début du XXe siècle, cependant, que ces découvertes furent pleinement reconnues et correctement situées dans l'histoire de l'évolution des êtres humains.

Les êtres humains existent depuis plus d'un million d'années. Notre espèce, *Homo sapiens* existe depuis environ 300 000 ans, mais elle fut précédée par d'autres espèces de primates de la famille des hominidés, telles que l'espèce des australopithèques et l'espèce *Homo habilis*. De nos jours, les deux espèces animales les plus étroitement apparentées à l'espèce *Homo sapiens* sont les chimpanzés et les gorilles. Environ 99 % de leur bagage génétique est identique à celui des êtres humains. Ces trois espèces ont un ancêtre commun qui vivait il y a environ 9 millions d'années.

La classification des êtres vivants

Dans l'Antiquité, le philosophe grec Aristote (384-322 av. J.-C.) avait établi une classification des êtres vivants basée en partie sur leur apparence extérieure et sur leur habitat. Par exemple, selon cette classification, la baleine était considérée comme un poisson, puisqu'elle vivait dans l'eau, et la chauve-souris était considérée comme un oiseau, puisqu'elle volait. En 1652, le naturaliste anglais John Ray (1627-1705) proposa l'un des premiers systèmes de classification systématique des végétaux et des animaux, basé sur l'anatomie et, en 1703, définit l'espèce comme étant un groupe d'êtres vivants, plantes ou animaux, capables de se reproduire entre eux. Le véritable fondateur des lois de la classification est toutefois le naturaliste suédois Carl von Linné (1707-1778), dont les grandes lignes de son système, publié en 1735, sont encore valides de nos jours. Selon ce système, par exemple, la baleine et la chauve-souris font toutes deux partie de la classe des mammifères, en raison notamment de l'anatomie de leur système reproducteur.

Dans le système actuel le plus connu, les êtres vivants sont classés en règne, embranchement, classe, ordre, famille, genre et espèce. Par exemple, le loup fait partie du règne animal, de l'embranchement des cordés, de la classe des mammifères, de l'ordre des carnivores, de la famille des canidés, du genre *canis* et de l'espèce *lupus*. Ce système de classification comprend cinq grands règnes : les procaryotes, qui sont des unicellulaires sans noyau (exemples : bactéries, algues bleues), les protistes, qui sont des unicellulaires avec noyau dont certains présentent des caractéristiques « végétales », (exemple : diatomées) et d'autres présentent des caractéristiques « animales », (exemple : amibes), les champignons, qui ne font pas de photosynthèse, les végétaux, qui fabriquent leur propre nourriture par photosynthèse, et les animaux.

Par ailleurs, les biologistes se basent de plus en plus sur une autre classification, la cladistique ou classification phylogénétique, basée uniquement sur l'apparentement évolutif des espèces et l'analyse de leur ADN. Ce système permet de montrer, par exemple, que les hippopotames sont relativement proches des dauphins et des baleines et que tous ces animaux ont probablement un ancêtre commun. Selon cette classification, les êtres vivants se subdivisent en trois grands groupes (ou clades) :

- Les eubactéries, organismes sans noyau, un groupe qui rassemble la plupart des bactéries bien connues des microbiologistes ;
- Les archées, un groupe qui rassemble des organismes très simples formés de cellules isolées ou agglomérées qui vivent dans des conditions extrêmes (sources hydrothermales, grands fonds marins) ;
- Les eucaryotes, un énorme groupe qui rassemble tous les autres êtres vivants connus, soit près de 1 800 000 espèces.

Chacun de ces groupes se subdivise en plusieurs sous-groupes ou taxons. Les termes *invertébré*, *poisson* ou *reptile*, qui ne pas considérés comme scientifiques selon ce système, n'y figurent pas. Toutefois, étant donné que cette classification est encore peu utilisée dans les publications destinées au grand public, elle n'a pas été retenue dans le présent ouvrage.

Les virus et les micro-organismes

Notions de base. Jusqu'au XIXe siècle, les explications de maladies telles que la lèpre, la tuberculose, la diphtérie et la malaria faisaient intervenir des « miasmes » (matières en décomposition), quand ce n'était pas des causes surnaturelles. Pourtant, dès 1667, deux étudiants du médecin italien Francesco Redi (1626-1697) avaient découvert que la gale, une maladie de la peau, était causée par un minuscule acarien, mais cette découverte n'avait pas modifié les explications courantes d'autres maladies. En 1796, le médecin anglais Edwar Jenner (1749-1823) découvrit le principe de la vaccination en montrant qu'un extrait des pustules causées par une maladie bovine protégeait les êtres humains contre la variole. En 1850, le médecin français Casimir Davaine (1812-1882) démontra la responsabilité d'une bactérie, type de micro-organisme qui avait été observé et décrit par Antonie Van Leeuwenhoek dès 1673, dans la maladie connue sous le nom de *charbon*, une maladie infectieuse courante à l'époque. Le rôle de la bactérie fut confirmé et précisé en 1876 par Louis Pasteur (1822-1895) et par le médecin et bactériologiste allemand Robert Koch (1843-1910). Par la suite, de nombreuses autres bactéries, ainsi que des protistes et des virus, furent associés à diverses maladies.

Les virus, découverts en 1897 par le bactériologiste hollandais Martinus Beijerninck (1851-1931), sont des fragments d'acide nucléique entourés d'une capside, enveloppe formée de protéines. Ils doivent parasiter une cellule pour pouvoir se reproduire et ne sont donc pas considérés comme de véritables êtres vivants. Les virus provoquent de nombreuses maladies chez les végétaux et les animaux.

Les unicellulaires sans noyau, qui constituent le règne des procaryotes, comprennent les bactéries et les cyanobactéries (algues bleues). Les bactéries sont des cellules complètes renforcées par une épaisse paroi cellulaire. Certaines sont utiles, comme celles qui vivent dans notre système digestif ou celles qu'on utilise pour la fabrication du yaourt, tandis que d'autres sont nuisibles, comme celles qui causent des maladies infectieuses. Les bactéries peuvent être classifiées selon leurs formes ou selon leurs sources nutritives. Selon leurs formes, un système de classification proposé par le microbiologiste polonais Ferdinand Cohn (1828-1898) en 1872, il existe des bactéries de forme sphérique appelées *coques* (exemple: le streptocoque responsable de certaines pneumonies), de forme cylindrique appelées *bacilles* (exemples: le bacille *Escherichia coli* [ou *E. coli*] de l'intestin et le bacille de la tuberculose) et de forme spirale appelées *spirilles* (exemples: les spirilles du choléra et de la syphilis).

Selon leur source nutritive, il existe des bactéries autotrophes qui, comme les végétaux, peuvent synthétiser des molécules organiques, et hétérotrophes qui, comme les animaux, doivent se nourrir de composés organiques déjà synthétisés. Les cyanobactéries ou algues bleues, différentes des algues unicellulaires qui font partie du règne des protistes, vivent grâce à la photosynthèse; elles prolifèrent dans les eaux trop riches en phosphore provenant de fertilisants, de détergents ou de fosses septiques défectueuses.

Les unicellulaires avec noyau, qui constituent le règne des protistes, se subdivisent en deux embranchements: celui des algues unicellulaires, qui présentent des caractéristiques «végétales», et celui des protozoaires, qui présentent des caractéristiques «animales». En été, par exemple, les algues unicellulaires rendent les eaux stagnantes vertes et les gaz libérés par certains protozoaires leur donnent une odeur caractéristique. L'embranchement des algues unicellulaires comprend les sous-embranchements des chlorophycées, des zygophycées, des clarophycées et des englenophycées, qui sont toutes des algues vertes, des rhodophycées, qui sont des algues rouges, des chrysophycées, des phéophycées ou algues brunes, et des diatomées, protégées par une coque en silice.

L'embranchement des protozoaires comprend les sous-embranchements des zooflagellés, des rhizopodes (exemples : les amibes, dont une espèce cause une maladie, la dysenterie amibienne, et les foraminifères, qui possèdent une coquille perforée), des actinopodes (exemple : les radiolaires, qui constituent la majeure partie du plancton marin), des sporozoaires, des microsporidies et des infusoires ciliés (exemple : paramécie) L'hématozoaire est un protozoaire qui provoque le paludisme, maladie appelée aussi *malaria.*

Les champignons

Les champignons, qui constituent un règne distinct, tirent leur subsistance de la matière organique, vivante ou morte, et se reproduisent au moyen de spores. Les moisissures, les levures (qui servent à faire lever la pâte ou à faire fermenter des liquides sucrés) et le penicillium (qui sert à fabriquer la pénicilline) sont de minuscules champignons.

Bien que les minuscules champignons que sont les levures et les moisissures aient été utilisés depuis des siècles, notamment dans la fabrication du pain, de la bière et de certains fromages, on ne leur connaissait pas d'usage thérapeutique, sauf, semble-t-il, dans l'Égypte et dans la Chine antiques, mais ces pratiques avaient été oubliées. En 1928, le bactériologiste anglais Alexander Fleming (1881-1955) constata qu'une moisissure verte, le penicillium, produisait un liquide qui tuait les staphylocoques dorés, une bactérie infectieuse. Il donna le nom de *pénicilline* au liquide produit par la moisissure. La production à grande échelle de la pénicilline ne commença toutefois qu'au début des années 1940, à la suite des méthodes mises au point par le biochimiste anglais d'origine allemande Ernst Chain (1906-1979) et par le pathologiste australien Howard Florey (1898-1968).

Le règne des champignons se subdivise en trois grandes classes : les phycomycètes, telles que la moisissure blanche du pain, les ascomycètes, telles que le penicillium et les truffes, et les basidiomycètes, tels que le charbon du blé et tous les champignons qui comportent un pied et un chapeau (exemple : amanite).

Les lichens sont des végétaux qui résultent de l'association d'un champignon avec une algue vivant en symbiose.

Les végétaux

L'embranchement des bryophytes réunit les végétaux dépourvus de racines et de système vasculaire qui se multiplient en disséminant de minuscules paquets de cellules appelés *spores.* Il comprend entre autres la classe des hépatiques et celle des mousses.

L'embranchement des ptéridophytes regroupe les végétaux pourvus de racines et d'un système vasculaire constitué de vaisseaux qui captent dans le sol et transportent dans toute la plante les substances indispensables à sa croissance. Ils ne produisent pas de graines et se reproduisent au moyen de spores, comme les bryophytes. Cet embranchement comprend notamment la classe des lépidophytes ou lycopsidées (lycopodes), des plantes à l'aspect de mousses qui poussent dans les lieux humides et ombragés, la classe des arthrophytes ou calmophytes ou sphénopsidées (prêles), des plantes sans fleurs à l'aspect de pinceaux, et la classe des ptérophytes ou flilicopsidées (fougères), des plantes sans fleurs qui se déroulent en grandissant.

L'embranchement des spermaphytes rassemble les végétaux pourvus de racines et d'un système vasculaire qui se reproduisent au moyen de graines. Il comprend principalement la classe des gymnospermes et la classe des angiospermes. La plupart des gymnospermes sont des arbres qui produisent leurs graines dans des cônes. Cette classe comprend entre autres l'ordre des ginkgoales (ginkgos), derniers survivants d'un ordre ancien de gymnospermes, l'ordre des cycadales (cycas), des gymnospermes ayant la forme d'un petit palmier, et l'ordre des coniférales (tous les conifères).

L'ordre des coniférales comprend entre autres familles les pinacées (pins, sapins, cèdres, mélèzes, ces derniers ayant la particularité de perdre toutes leurs aiguilles en même temps vers la fin de l'automne), les taxodiacées (séquoias), les taxacées (ifs, torreyes) et les cupressacées (cyprès, genévriers, thuyas).

La classe des angiospermes regroupe les végétaux qui produisent des graines se développant dans un organe protecteur, l'ovaire. Cette classe comprend la sous-classe des monocotylédones, plantes dont les graines renferment un seul cotylédon (foliacé qui joue le rôle de réserve de nourriture) et la sous-classe des dicotylédones, plantes dont les gaines renferment deux cotylédons.

La sous-classe des monocotylédones comprend :

- la famille des liliacées (lis, tulipes, muguets, ails, poireaux, aloès) ;
- la famille des orchidacées (orchidées) ;

- la famille des poacées (bambous, blés, maïs, avoine, riz) ;
- la famille des iridacées (iris, glaïeuls, crocus) ;
- la famille des arécacées (palmiers) ;
- la famille des broméliacées (ananas) ;
- la famille des cypéracées (souchets, laîches, scirpes) ;
- la famille des joncacées (joncs, luzules) ;
- la famille des musacées (bananiers) ;
- la famille des amaryllidacées (perce-neige, narcisses, agaves).

La sous-classe des dicotylédones comprend :

- la famille des renonculacées (boutons-d'or, renoncules, dauphinelles, anémones) ;
- la famille des brassicées (choux pommés, choux-fleurs, brocolis) ;
- la famille des cactacées (cactus) ;
- la famille des papavéracées (coquelicots, pavots) ;
- la famille des rosacées (roses, pommiers, poiriers, cerisiers, pruniers, fraisiers) ;
- la famille des fagacées (hêtres, chênes, châtaigniers) ;
- la famille des magnoliacées (magnolias) ;
- la famille des apiacées (persils, carottes, panais) ;
- la famille des solanacées (pommes de terre, tomates, aubergines, piments, poivrons) ;
- la famille des lamiacées ou labiées (menthes) ;
- la famille des astéracées ou composées (marguerites, laitues, tournesols) ;
- la famille des fabacées (pois, haricots) ;
- la famille des salicacées (saules, peupliers) ;
- la famille des cucurbitacées (courges, concombres, melons, citrouilles) ;
- la famille des protéacées (protées) ;
- la famille des malvacées (cotonniers) ;
- la famille des anacardiacées ou térébinthacées (manguiers, pistachiers).

La biologie végétale

Des êtres vivants autotrophes. Contrairement aux animaux, qui doivent puiser leur nourriture dans leur environnement et sont dits sont *hétérotrophes*, les végétaux fabriquent leur propre nourriture et sont dits *autotrophes.* Sans la vie végétale, la vie animale serait impossible.

L'anatomie des végétaux. La plupart des végétaux terrestres possèdent une tige feuillée et un réseau de racines. Il existe des feuilles alternes, opposées et en verticilles. Certains végétaux possèdent des rhizomes, des tubercules ou des bulbes qui sont trois types de tiges souterraines. Le bois est formé de cellules renforcées de lignine, une substance qui donne sa rigidité au bois. Dans le tronc d'un arbre, seules les cellules des couches extérieures, situées sous l'écorce, sont vivantes. Toutes les autres cellules sont mortes et il n'en subsiste que la lignine.

La photosynthèse. On a longtemps pensé que le seul rôle des végétaux, pour le maintien de la vie animale, était de constituer une source de nourriture. En 1771, Joseph Priestley découvrit qu'une plante rétablissait la qualité de l'air que la respiration d'une souris avait fait diminuer. L'année suivante, il découvrit que ce phénomène ne se produisait qu'en présence de lumière. La découverte de la production de l'oxygène par le naturaliste hollandais Johannes Ingen-Housz (1730-1799), en 1779, de l'utilisation du gaz carbonique par le naturaliste suisse Jean Senebier (1742-1809), en 1782, du rôle de l'eau dans la respiration de la plante par le chimiste suisse Nicolas de Saussure (1767-1845), en 1804, conduisirent finalement le botaniste allemand Julius von Sachs (1832-1897), en 1864, à la formule chimique de la photosynthèse.

La photosynthèse est donc un processus au moyen duquel les végétaux utilisent l'énergie lumineuse pour fabriquer du glucose à partir de gaz carbonique et d'eau, en libérant de l'oxygène :

$$6CO_2 + 6H_2O \longrightarrow C_6H_{12}O_6 + 6O_2$$

Sans les végétaux et le phytoplancton, non seulement les animaux manqueraient-ils de nourriture, mais ils manqueraient également d'oxygène.

La photosynthèse comporte une phase lumineuse et une phase obscure. Au cours de la phase lumineuse, qui nécessite de la lumière, les molécules d'eau sont décomposées pour former de l'adénosine triphosphate (ATP) qui transporte de l'énergie. Au cours de la phase obscure, qui peut se produire dans l'obscurité, l'énergie de l'ATP est utilisée pour former du glucose. Dans la phase obscure une petite quantité d'oxygène est utilisée et une petite quantité de gaz carbonique est libérée, ce qui réduit un peu la production totale d'oxygène par les végétaux. Le principal pigment impliqué dans la photosynthèse est la chlorophylle, de couleur verte. Les autres pigments comprennent le carotène, de couleur orangée, les xanthophylles, jaunes, et la phycoérythrine, rouge, qui sont habituellement masqués par la chlorophylle, mais qui deviennent visibles quand celle-ci se dégrade, ce qui explique le changement de couleur des feuilles de plusieurs arbres et plantes, particulièrement à l'automne.

La circulation de la sève. Les systèmes de transport permettent la circulation de diverses substances à l'intérieur d'une plante. La sève monte dans le système vasculaire de la plante grâce à la capillarité, à la pression racinienne causée par l'entrée d'eau dans les racines (par osmose) et à la traction de transpiration causée par l'évaporation de l'eau à la surface des feuilles.

Les tropismes. Les plantes ne peuvent se déplacer, mais utilisent des types de croissance particuliers pour réagir à leur environnement. Par exemple, la croissance de certaines plantes se fait en direction de la lumière (phototropisme) et les racines poussent dans la direction de la pesanteur (géotropisme) ou dans la direction où il y a le plus d'eau (hydrotropisme). Il existe des plantes qui vivent un an (annuelles), deux ans (bisannuelles) ou plus de deux ans (vivaces).

Les fleurs, les fruits et les graines. Un très grand nombre de végétaux se reproduisent au moyen de graines contenues dans des fruits qui se sont formés après la fécondation des fleurs. Le pistil, partie femelle de la fleur, porte les ovules, tandis que les étamines, partie mâle, produisent du pollen.

Chez plusieurs plantes, telles que le lis, le pistil et les étamines sont dans la même fleur. Chez certaines plantes, telles que le concombre, le pistil et les étamines sont dans des fleurs différentes. Chez d'autres plantes, telles que l'actinidia (qui produit le kiwi) le pistil et les étamines sont dans des fleurs différentes et sur des pieds différents. Il existe des fleurs uniques, en capitule, en épi, en ombelle et en grappe.

La pollinisation, comprise en 1694 par le savant hollandais Rudolf Camerarius (1655-1721), est le transfert du pollen des parties mâles aux parties femelles. De nombreuses plantes sont capables d'autofécondation. Cependant, celle-ci ne produit pas beaucoup de variation génétique et plusieurs plantes ont développé des méthodes de pollinisation croisée, d'une plante à une autre de la même espèce, qui impliquent l'action d'animaux (surtout les insectes) du vent ou de l'eau. Les graines, formées par les ovules fécondés, contiennent les provisions de nourriture nécessaires pour assurer le début de la croissance de la plante.

Le terme *fruit*, qui s'applique à la noix de coco, au concombre et au pois, désigne la partie de la plante qui contient des graines. Dans un fruit simple, comme le bleuet, la baie est formée de l'ovaire unique d'une seule fleur. Dans un fruit multiple, comme l'orange, chaque quartier provient d'un des ovaires d'une même fleur. Dans un fruit composé, comme l'ananas, les ovaires proviennent de plusieurs fleurs. Les pommes et les fraises sont de faux fruits. Le vrai fruit, dans une pomme, est le trognon situé à l'intérieur du réceptacle charnu, et les vrais fruits, sur une fraise, sont les petits akènes éparpillés à la surface. En plus de pouvoir se multiplier à l'aide de fruits et de graines, plusieurs plantes peuvent se multiplier par bouturage de la feuille, de la racine ou de la tige, par marcottage ordinaire ou aérien, par division et par greffage.

Les animaux

L'embranchement des spongiaires est celui des éponges, des invertébrés marins très simples dépourvus d'organes qui filtrent l'eau pour en extraire les particules alimentaires et qui sont parfois confondus avec des végétaux. L'espèce d'éponge la plus connue est celle qui peut être utilisée comme éponge de toilette car elle absorbe une grande quantité d'eau et est douce au toucher.

L'embranchement des cnidaires réunit d'autres invertébrés marins simples, dont la classe des hydrozoaires (hydres), la classe des scyphozoaires (méduses) qui nagent en contractant et en relâchant leur ombrelle et la classe des anthozoaires (anémones de mer, coraux).

L'embranchement des plathelminthes, qui sont des invertébrés, souvent parasites, comprend entre autres la classe des trématodes (douves) et la classe des cestodes (ténias). La douve du foie infeste le bétail tandis que le ténia du porc s'installe parfois aussi dans l'intestin de l'être humain.

L'embranchement des nématodes, qui sont des invertébrés, comprend diverses espèces de vers au corps rond, sans anneaux, qui vivent dans l'eau, sur terre, ou parasitent d'autres organismes.

L'embranchement des mollusques, qui sont des invertébrés au corps mou et humide, parfois protégés par une coquille, comprend entre autres la classe des gastéropodes (escargots et limaces) la classe des pélécypodes (palourdes et moules) et la classe des céphalopodes (pieuvres et calmars).

L'embranchement des annélides, qui sont des invertébrés, comprend plusieurs espèces de vers segmentés regroupés dans la classe de polychètes (arénicoles) et la classe des clitellates (lombrics et sangsues).

L'embranchement des arthropodes, qui sont des invertébrés articulés pourvus d'un exosquelette, comprend d'abord le sous-embranchement des trachéates, qui comprend, entre autres, la classe des diplopodes (mille-pattes).

Il comprend aussi la classe des hexapodes qui comprend principalement la sous-classe des insectes qui constituent les trois quarts de toutes les espèces animales sur Terre. Le corps de tous les insectes est divisé en trois parties : la tête, où se trouvent les pièces buccales et les organes sensoriels, le thorax auquel sont reliées les trois paires de pattes et les ailes, et l'abdomen, qui renferme l'appareil digestif et les organes reproducteurs. Parmi les principaux ordres de la sous-classe des insectes se trouvent :

- l'ordre des éphéméroptères (éphémères) ;
- l'ordre des isoptères (termites) ;
- l'ordre des orthoptères (sauterelles et grillons) ;
- l'ordre des dermaptères (perce-oreilles) ;
- l'ordre des odonates (libellules) ;
- l'ordre des hémiptères (punaises) ;
- l'ordre des coléoptères (coccinelles) ;
- l'ordre des siphonaptères (puces) ;
- l'ordre des diptères (mouches et moustiques) ;
- l'ordre des hyménoptères (fourmis, abeilles, guêpes) ;
- l'ordre des lépidoptères (papillons).

L'embranchement des arthropodes comprend aussi le sous-embranchement des crustacés dont font partie la classe des branchiopodes (puces d'eau), la classe des cirripèdes (anatifes) qui sont des crustacés marins, et la classe des malacostracés (homards, crabes, crevettes et cloportes).

L'embranchement des arthropodes comprend enfin le sous-embranchement des chélicérates qui renferme, entre autres, la classe des mérostomes (limules) et la classe des arachnides (araignées, scorpions, acariens, tiques).

L'embranchement des échinodermes, qui sont des invertébrés marins dont le corps présente une symétrie radiale, comprend la classe des holothurides (concombres de mer), la classe des échinides (oursins et dollars des sables), la classe des astérides (étoiles de mer, ophiures) et la classe des crinoïdes (lys de mer, comatules).

Divers embranchements mineurs, tels que les brachiopodes (lingules) et les hémicordés (balanoglosses), regroupent d'autres invertébrés qui sont tous de petits organismes marins.

L'embranchement des cordés, animaux qui possèdent un tube neural dorsal, comprend le sous-embranchement des urocordés (tuniciers) le sous-embranchement des céphalocordés (lancelets), qui regroupent tous deux des invertébrés aquatiques, et, surtout, le sous-embranchement des vertébrés.

Ce sous-embranchement des vertébrés comprend la super-classe des agnathes, des poissons sans mâchoire (lamproies) et la super-classe des gnathostomes, celle des vertébrés avec mâchoire.

Dans la super-classe des gnathostomes se trouvent deux classes de poissons, qui sont des vertébrés au corps profilé et muni d'écailles qui vivent dans l'eau et respirent par des branchies. Il y a la classe des chondrichthyens, ou poissons cartilagineux (requins, raies).

Il y a aussi la classe des ostéichthyens, ou poissons osseux, qui se subdivisent en trois super-ordres:

- les crossoptérygiens, des poissons à mâchoire lobée, représentés par une seule espèce vivante, le cœlacanthe. Ce poisson, dont on connaissait des fossiles mais qu'on croyait disparu depuis au moins 80 millions d'années, fut découvert en 1938 au large des côtes de l'Afrique du Sud.
- les dipneustes, des poissons pulmonés qui respirent aussi bien par leurs branchies que par leurs poumons (lépidosirènes);
- les actinoptérygiens, des poissons à nageoires rayonnées dont font partie la plupart des poissons actuels. Ce super-ordre comprend principalement les ordres suivants:
  - l'ordre des brachioptérygiens (polyptères);
  - l'ordre des chondrostéens (esturgeons);
  - l'ordre des holostéens (lépisostées);

Ainsi que plusieurs ordres de poissons osseux téléostéens tels que :

- l'ordre des ostéoglossiformes (mormyres, arapaïmas) ;
- l'ordre des élopiformes (tarpons) ;
- l'ordre des anguilliformes (anguilles) ;
- l'ordre des clupéiformes (harengs, sardines, aloses) ;
- l'ordre des cypriniformes (carpes) ;
- l'ordre gadiformes (morues) ;
- l'ordre des salmoniformes (brochets, saumons, truites) ;
- l'ordre des myctophiformes (poissons-lanternes) ;
- l'ordre des orphidiiformes (aurins) ;
- l'ordre des lophiiformes (baudroies) ;
- l'ordre des cyprinodontiformes (guppys) ;
- l'ordre des athériniformes (exocets) ;
- l'ordre des gastérotéiformes (épinoches) ;
- l'ordre des syngnathiformes (hippocampes) ;
- l'ordre des perciformes (perche, maquereau) ;
- l'ordre des pleuronectiformes (soles, plies, turbots) ;
- l'ordre des tétraodontiformes (tétrodons).

Dans la super-classe des gnathostomes se trouve aussi la classe des amphibiens ou batraciens, qui furent les premiers vertébrés à développer des pattes à la place des nageoires et à se déplacer sur la terre sèche. Cette classe comprend l'ordre des urodèles (salamandres, tritons), l'ordre des anoures (grenouilles, crapauds) et l'ordre des apodes (cécilies).

Dans la super-classe des gnathostomes se trouve également la classe des reptiles, des vertébrés à la peau écailleuse et aux œufs hermétiquement clos, qui comprend la sous-classe des archosauriens (crocodiles, alligators) la sous-classe des anapsidés (tortues) et la sous-classe de lépidosauriens (lézards, serpents, sphénodons). Tous les dinosaures, qui disparurent il y a 65 millions d'années, étaient des reptiles.

Dans la super-classe des gnathostomes se trouve également la classe des oiseaux, vertébrés pourvus de plumes qui pondent des œufs protégés par une coquille, qui comprend les ordres suivants :

- l'ordre des psittaciformes (perroquets, perruches, cacatoès) ;
- l'ordre des struthioniformes (autruches) ;
- l'ordre des rhéiformes (nandous) ;
- l'ordre des casuariiformes (casoars, émeus) ;
- l'ordre des aptérygiformes (kiwis) ;
- l'ordre des tinamiformes (tinamous) ;
- l'ordre des sphénisciformes (manchots) ;
- l'ordre des gaviiformes (plongeons, huards) ;
- l'ordre des podicipédiformes (grèbes) ;
- l'ordre des procellariiformes (pétrels, albatros, puffins) ;
- l'ordre des pélécaniformes (pélicans, fous, cormorans, frégates) ;
- l'ordre des ciconiiformes (hérons, butors, flamants, ibis, spatules, cigognes) ;
- l'ordre des ansériformes (canards, oies, cygnes) ;
- l'ordre des falconiformes (aigles, faucons, vautours, buses, éperviers) ;
- l'ordre des galliformes (dindes, faisans, perdrix, paons) ;
- l'ordre des gruiformes (grues, râles, foulques, outardes) ;
- l'ordre des charadriiformes (pluviers, goélands, sternes, pingouins) ;
- l'ordre des ptéroclidiformes (gangas) ;
- l'ordre des columbiformes (colombes, pigeons) ;
- l'ordre des cuculiformes (coucous, coureurs des routes) ;
- l'ordre des strigiformes (chouettes, hiboux, effraies) ;
- l'ordre des caprimulgiformes (engoulevents, guacharos) ;
- l'ordre des apodiformes (colibris, martinets) ;
- l'ordre des coliiformes (colious) ;
- l'ordre des trognoniformes (quetzals) ;

- l'ordre des coraciiformes (martin-pêcheurs, huppes, calaos) ;
- l'ordre des piciformes (pics, jacamars, toucans) ;
- l'ordre des passériformes (alouettes, hirondelles, grives, parulines, moineaux, pinsons, étourneaux, corbeaux, paradisiers).

Dans la super-classe des gnathostomes se trouve enfin la classe des mammifères, des vertébrés qui possèdent des poils et allaitent leurs petits, qui comprend d'abord la sous-classe des protothériens, des mammifères qui pondent des œufs (ordre des monotrèmes : ornithorynques, échidnés). Quand l'ornithorynque fut découvert, en 1798, tous les scientifiques du British Museum à qui le premier spécimen fut envoyé crurent d'abord à un canular. En effet, personne ne pouvait croire qu'un tel animal, recouvert de fourrure, muni d'un bec de canard, de pattes palmées et d'une queue de castor, et qui, par surcroît, pondait des œufs et allaitait ses petits, puisse exister.

Les mammifères renferment aussi la sous-classe des thériens qui comprend deux superordres. Le premier est le superordre des marsupiaux, dont les petits terminent leur développement dans une poche ventrale (kangourous, opossums, koalas). Il existe des souris marsupiales, des taupes marsupiales, des chats marsupiaux et des fourmiliers marsupiaux, ce qui est un exemple frappant de convergence évolutive, c'est-à-dire d'une évolution qui donne de grandes ressemblances à des animaux non apparentés qui empruntent des modes de vie semblables.

Le second est le superordre des euthériens, des mammifères placentaires qui se développent dans l'utérus de la mère, qui comprend entre autres :

- l'ordre des insectivores (musaraignes, taupes, hérissons) ;
- l'ordre des chiroptères (chauves-souris) ;
- l'ordre des carnivores, qui réunit entre autres familles : les canidés (chiens, loups, renards), les ursidés (ours), les mustélidés (belettes, hermines, mouffettes, visons, loutres), les rocyonidés (ratons laveurs), les félidés (chats, jaguars, tigres, lions), les hyænidés (hyènes), les otariidés (otaries), les phocidés (phoques), les odobénidés (morses), les fissipèdes (pandas), ces derniers étant des carnivores qui se sont adaptés à un régime végétal ;
- l'ordre des rongeurs, qui comprend notamment les familles suivantes : caviomorphes (cobayes), hystricomorphes (porcs-épics), myomorphes (rats, souris) et sciuromorphes (écureuils, castors) ;

- l'ordre des xénarthres, dont les familles myrmécophagidés (fourmiliers), bradipodidés (aï ou paresseux à trois doigts) et dasypodidés (tatous) ;
- l'ordre des pholidotes (pangolins) ;
- l'ordre des tubulidentés (oryctéropes) ;
- l'ordre des perissodactyles, animaux à sabots (ongulés) ayant un nombre impair de doigts à chaque pied, qui comprend notamment les familles suivantes : équidés (chevaux, ânes, zèbres), rhinocérotidés (rhinocéros) et tapiridés (tapirs) ;
- l'ordre des artiodactyles, animaux à sabots (ongulés) ayant un nombre pair de doigts à chaque pied, qui comprend notamment les familles suivantes : camélidés (dromadaires, chameaux), giraffidés (girafes), cervidés (chevreuils, daims, élans ou orignaux), bovidés (vaches, moutons, chèvres) et tayassuidés (pécaris) ;
- l'ordre des proboscidés, animaux au « nez long », qui comprend uniquement la famille des éléphantidés (éléphants) ;
- l'ordre des odontocètes, « baleines à dents », dont font partie notamment les familles suivantes : delphinidés (dauphins, orques), physétéridés (cachalots) et monodontidés (narvals, bélougas) ;
- l'ordre des mysticètes, « baleines à moustaches », qui comprend entre autres familles les rorquals, les baleines grises et les baleines franches ;
- l'ordre des primates, mammifères possédant des doigts et des orteils flexibles ainsi que des yeux dirigés vers l'avant, qui comprend deux sous-ordres :
  - le premier est le sous-ordre des prosimiens (lémurs, tarsiens, loris).
  - le deuxième est le sous-ordre des anthropoïdes qui comprend :
- la super-famille des cébidés, ou singes du Nouveau-Monde (ouistitis, tamarins, hurleurs) ;
- la super-famille des cercopithèques ou singes de l'Ancien-Monde (mandrills, macaques, babouins) ;
- la super-famille des hominoïdes (gibbons, orangs-outans, gorilles, chimpanzés, êtres humains). Les chimpanzés sont les plus proches parents actuels des êtres humains.

La biologie animale

Des êtres vivants hétérotrophes. Contrairement aux végétaux qui peuvent fabriquer leur propre nourriture, les animaux doivent manger pour survivre. Selon leur régime alimentaire, les animaux sont dits *herbivores* (végétaux), *carnivores* (viande), *omnivores* (végétaux et viande), *détritivores* (détritus), *suceurs* (liquides de plantes ou d'animaux), *filteurs* (petits organismes dans l'eau) ou *saprophages* (substances autour de l'animal). Les êtres humains adultes, omnivores, ont besoin d'un apport alimentaire quotidien d'environ 2500 calories (ou 10400 joules) mais ce nombre augmente pour ceux dont l'activité physique est intense.

Les squelettes. Tous les animaux ont besoin d'un support pour maintenir la forme de leur corps et pour se déplacer. Il existe des squelettes hydrostatiques (exemple : pression du liquide dans les cavités d'un ver), des exosquelettes (exemple : carapace d'un insecte) et des endosquelettes en cartilage (exemple : squelette du requin) ou en os (exemple : squelette du chat). La moelle des os produit les globules rouges du sang. Les principales parties du squelette de plusieurs vertébrés sont le crâne, la colonne vertébrale, la cage thoracique, le bassin et les membres.

La denture d'un être humain compte 20 dents de lait, puis 32 dents définitives. Les quatre types de dents sont les incisives, les canines, les prémolaires et les molaires. Les défenses des éléphants sont des dents spécialisées qui s'allongent à partir de la mâchoire.

La peau est le plus grand organe du corps. Elle constitue une barrière résistante et imperméable qui protège contre les bactéries nuisibles, les blessures et les rayons nocifs du Soleil. La partie externe est l'épiderme et la partie interne est le derme. Les poils et les ongles sont des excroissances de la peau. La tête d'un être humain adulte compte entre 100000 et 150000 cheveux, qui sont un type de poils.

Le système respiratoire. Tous les animaux absorbent de l'oxygène et rejettent du gaz carbonique. Ces échanges gazeux se font au moyen de spiracles (petits trous permettant à l'air d'entrer dans les trachées d'un insecte), de branchies (fins replis qui permettent des échanges de gaz avec l'eau) ou de poumons. Les oiseaux possèdent des sacs aérifères qui augmentent l'efficacité de leurs poumons.

Les poumons mettent en contact l'air et le sang. L'inhalation et l'exhalation se font au moyen du diaphragme et des muscles de la cage thoracique. La trachée, qui va de la gorge aux poumons, se subdivise en bronches, bronchioles et alvéoles, où ont lieu les échanges gazeux.

Le cœur et la circulation sanguine. On a longtemps pensé que le cœur était le siège de la pensée et de la sensation. Le cœur maintient la circulation du sang dans le corps d'un animal. Le cœur humain est subdivisé en quatre cavités : les deux oreillettes et les deux ventricules. Chaque cavité subit une phase de contraction (systole) et une phase de décontraction (diastole).

Au XVIIe siècle, on croyait encore, comme l'avait enseigné Aristote, que les vaisseaux sanguins transportaient de l'air et du sang, et on se représentait le système circulatoire, selon la description du médecin romain Galien (129-vers 200), comme un circuit ouvert : le sang qui se rendait vers le cœur était produit par le système digestif, et le sang qui partait du cœur était utilisé par les divers organes du corps. En 1628, le médecin anglais William Harvey (1578-1657) affirma qu'il n'y avait pas d'air dans les vaisseaux sanguins et, calculant que le cœur débite la quantité totale de sang de l'organisme en moins de vingt minutes, en déduisit que le système circulatoire est un circuit fermé.

L'appareil circulatoire, composé de vaisseaux sanguins, transporte le sang dans tout le corps d'un animal. Chez certains animaux, tels que les poissons, le sang circule en une seule boucle du cœur vers tout le corps : c'est la circulation simple. Chez les oiseaux et les mammifères, le sang circule dans deux boucles distinctes, soit une boucle pour les poumons et une boucle pour le reste du corps : c'est la double circulation.

Le sang apporte aux cellules de l'oxygène et des nutriments provenant des aliments digérés et évacue les déchets. La partie liquide du sang est le plasma. Le sang comporte des globules rouges, découverts en 1658 par le naturaliste hollandais Jan Swammerdam (1637-1680), dont l'hémoglobine capte l'oxygène ou le gaz carbonique, des globules blancs, qui défendent le corps contre les micro-organismes, et des plaquettes, qui réparent les vaisseaux sanguins abîmés. Les êtres humains se répartissent selon des groupes sanguins, découverts en 1902 par le médecin américain Karl Landsteiner (1868-1943), dont il faut tenir compte en cas de transfusion sanguine.

Le système digestif. L'appareil digestif décompose les aliments, au moyen d'enzymes, en substances simples utilisables par le corps. Ces enzymes sont sécrétées par les glandes salivaires, l'estomac, l'intestin grêle, le pancréas et le foie. L'estomac décompose aussi les aliments au moyen de l'acide gastrique, découvert vers 1610 par le médecin et chimiste flamand Jan Baptist Van Helmont (1579-1644). L'estomac sécrète également un mucus qui protège sa paroi interne des effets de cet acide très corrosif. Les ruminants mâchent leur nourriture une deuxième fois après qu'elle est passée par la panse, une des poches de leur estomac.

Le système urinaire et l'homéostasie. Les reins régulent la proportion d'eau dans le sang et débarrassent celui-ci de certains déchets. Plusieurs autres mécanismes de régulation assurent la stabilité ou l'homéostasie d'un être vivant, concept proposé en 1848 par le physiologiste français Claude Bernard (1813-1878). Par exemple, la transpiration, la vasodilatation (dilation des vaisseaux sanguins), la vasoconstriction (contraction des vaisseaux sanguins), et le frissonnement régulent la température du corps.

Le système musculaire. Les muscles sont faits de cellules cylindriques qui forment les fibres musculaires. Les muscles lisses, comme ceux qui font progresser les aliments dans le canal alimentaire, ne sont pas soumis à un contrôle conscient. Les muscles striés, comme ceux des membres, sont soumis à un contrôle conscient. Après un exercice intense, certaines douleurs musculaires peuvent être causées par de petites déchirures de fibres musculaires.

Le mouvement. Les diverses formes de locomotion sont le mouvement ciliaire (cils vibratiles de la paramécie), le mouvement flagellaire (flagelle du spermatozoïde), le mouvement longitudinal (ondulation musculaire de l'escargot), la propulsion par réaction (contraction de la cavité palléale de la pieuvre), le mouvement ondulatoire (serpent, requin), la nage, la marche, le vol plané (écureuil volant) et le vol ramé (oiseaux).

Le système nerveux central d'un vertébré est constitué de l'encéphale et de la moelle épinière. Le système nerveux périphérique est constitué des nerfs reliant le système nerveux central au reste du corps. Il existe des neurones sensitifs (exemple : neurones de l'œil) des neurones moteurs (exemple : neurones des muscles) et des neurones d'association (exemple : neurones du cerveau). La jonction entre deux neurones est une synapse.

L'encéphale d'un animal est le centre de contrôle de son système nerveux. Ses principales parties sont le bulbe rachidien, qui contrôle des processus involontaires (exemple : la respiration), le cervelet, qui coordonne des mouvements inconscients (exemple : certains mouvements de la posture et de la marche), l'hypothalamus, qui contrôle l'état du corps (exemple : la température) et le cerveau, divisé en deux hémisphères, qui contrôle les actions volontaires ainsi que la mémoire, l'apprentissage et la sensation.

Les sens permettent aux êtres vivants de percevoir diverses facettes de leur environnement. La vue est l'un des sens les plus importants. Les yeux captent la lumière grâce à des cellules appelées *photorécepteurs*. La plupart des crustacés et des insectes ont des yeux composés, à plusieurs facettes. Chez les vertébrés, la lumière est concentrée par le cristallin sur la rétine, qui contient des photorécepteurs appelés *cônes* (perception des couleurs) et *bâtonnets* (perception de l'intensité lumineuse), et les signaux sont transmis au cerveau par les nerfs. Dans les yeux d'une personne myope, qui a de la difficulté à voir les objets éloignés, le cristallin courbe trop les rayons lumineux, alors que dans les yeux d'une personne presbyte, qui a de la difficulté à voir les objets rapprochés, le cristallin ne les courbe pas assez. Les premières lentilles correctrices pour la vue, lentilles convergentes destinées aux presbytes, furent inventées en 1285, en Italie.

L'ouïe est le sens qui détecte les sons. Les invertébrés ont souvent des « oreilles » n'importe où sur le corps, comme la sauterelle qui a des organes auditifs situés sur les pattes antérieures. Les vertébrés ont des oreilles qui se divisent en oreille externe (pavillon, conduit auditif, tympan) une oreille moyenne (marteau, enclume, étrier) et une oreille interne (labyrinthe, canaux semi-circulaires).

Le toucher et l'équilibre renseignent un animal sur son environnement immédiat et sur la position de son corps. Le toucher est détecté par des mécanorécepteurs, tels que les corpuscules de Vater-Pacini qui détectent de fortes pressions. L'équilibre, dont les organes sont situés dans l'oreille interne chez les mammifères, informe un animal de la façon dont il se tient ainsi que de ses mouvements. Certaines infections bactériennes ou virales, qui bouchent les canaux semi-circulaires, peuvent entraîner un dysfonctionnement temporaire du sens de l'équilibre qui se manifeste par des vertiges.

Le goût et l'odorat sont des sens qui détectent des composés chimiques. La langue humaine a des chimiorécepteurs situés dans des papilles gustatives, qui peuvent détecter les quatre goûts de base suivants : sucré, acide, salé et amer.

Le nez humain contient des chimiorécepteurs situés dans des cils olfactifs qui peuvent détecter, dans les substances volatiles, les sept odeurs de base suivantes : camphrée, musquée, florale, mentholée, éthérée, âcre, putride. La flaveur d'un aliment résulte des perceptions combinées du goût et de l'odorat.

La communication. Les animaux communiquent pour rester en contact avec d'autres membres de leur espèce et pour avertir leurs rivaux ou leurs ennemis de se tenir à l'écart. La communication tactile est importante pour les animaux qui mènent une vie souterraine (chiens de prairie, termites). La communication chimique permet à certains insectes d'attirer un partenaire, à l'aide de phéromones, et à certains mammifères d'indiquer leur territoire. La communication sonore est particulièrement importante pour les oiseaux, qui produisent des sons à l'aide de leur syrinx, et pour plusieurs mammifères, qui utilisent leurs cordes vocales. La communication visuelle, basée sur des formes, des couleurs ou des mouvements, peut être très complexe, comme la danse des abeilles qui indique où se trouve la nourriture.

Les hormones sont des messagers chimiques sécrétés par des glandes et transportés par le sang pour agir à distance sur d'autres cellules du corps. Les principales sont les hormones de croissance, sécrétées par l'hypophyse, les hormones sexuelles femelles, sécrétées par les ovaires et l'hypophyse, les hormones sexuelles mâles, sécrétées par les testicules et l'hypophyse, et l'adrénaline, qui prépare au danger, sécrétée par les glandes surrénales.

Les défenses contre les maladies. Au Ve siècle av. J.-C., le médecin grec Hippocrate de Cos (v. 460-v. 377 av. J.-C.) établit une théorie des maladies reposant sur l'altération des humeurs (bile jaune, pituite ou flegme, bile noire et sang) de l'organisme. Cette théorie, modifiée au Moyen Âge, définissait alors la maladie comme une modification de la « complexion » (mélange du froid, du chaud, du sec et de l'humide) de l'organisme. À partir du XVe siècle, cependant, la reprise des dissections effectuées sur des cadavres humains, comme on le faisait à l'Antiquité gréco-romaine, permit un développement progressif de l'anatomie, notamment grâce aux travaux de l'anatomiste flamand André Vésale (1514-1564). Ce développement conduisit le médecin suisse Théophile Bonet (1620-1689) et l'anatomiste italien Giambattista Morgagni (1682-1771) aux premiers fondements de l'anatomie pathologique. Vers la fin du XIXe siècle, Pasteur montra le rôle important des micro-organismes dans plusieurs maladies.

Le système immunitaire doit constamment défendre le corps contre des virus, des bactéries, des champignons et des protistes. Il le fait au moyen des lymphocytes (globules blancs) qui engloutissent les micro-organismes ou produisent des anticorps pour les neutraliser. Les allergies sont causées par une réponse immunitaire excessive à certaines substances.

La reproduction et le développement. Jusqu'au début du XIXe siècle, deux théories sur la formation de l'embryon divisaient les scientifiques. Certains, s'appuyant sur les théories de Jan Swammerdam, de Marcello Malpighi ou du physiologiste hollandais Reinier de Graaf (1641-1673), croyaient à la préformation selon laquelle l'embryon était déjà entièrement préformé, en miniature, dans l'ovule ou dans le spermatozoïde, tandis que d'autres, s'appuyant sur les théories de William Harvey, croyaient à l'épigenèse, selon laquelle l'embryon se structurait, à partir de l'œuf, en une succession d'étapes. Cette deuxième théorie, l'épigenèse, l'emporta graduellement sur la préformation, à la suite notamment des travaux de l'embryologiste allemand Kaspar Wolff (1733-1794) sur l'embryon du poulet, pourtant publiés dès 1768, et surtout des travaux sur les trois feuillets germinatifs de l'embryon par le biologiste russe d'origine allemande Karl von Baer (1792-1876) en 1845.

La reproduction est asexuée, quand elle n'implique qu'un parent unique, ou sexuée, quand chacun des deux parents produit des cellules sexuelles dans ses gonades (organes sexuels), qui formeront des zygotes (œufs fécondés). Le clonage d'animaux tels que la grenouille ou la brebis est une technique de reproduction asexuée qui consiste à obtenir un ou plusieurs animaux identiques au premier à partir du noyau d'une cellule quelconque du premier. Les animaux ovipares se reproduisent par ponte d'œufs, et les vivipares donnent naissance à des petits vivants. Les animaux ovovivipares, tels que l'hippocampe et la vipère, se reproduisent par des œufs, mais les conservent dans leurs voies génitales jusqu'à l'éclosion des jeunes.

L'ovule fécondé, ou embryon, se développe par différenciation progressive des cellules, en passant d'abord par les stades de morula (massif de cellules en forme de mûre), de blastula (sphère creuse) et de gastrula (blastula repliée sur elle-même). Chez l'être humain, l'embryon se nomme fœtus à partir du troisième mois. Plusieurs animaux acquièrent des caractères sexuels primaires et secondaires qui différencient le mâle de la femelle. Contrairement à beaucoup d'animaux, les êtres humains se reproduisent très lentement. Le temps de gestation du fœtus est de 266 jours et il faut plusieurs années à un être humain pour devenir adulte.

La métamorphose est un changement important subi par certains animaux, en particulier certains invertébrés et les amphibiens, en grandissant. Une métamorphose incomplète est une modification progressive de la forme du corps au moyen de mues successives : une sauterelle, par exemple, mue cinq fois avant d'être adulte. Une métamorphose complète est une modification totale du corps : les papillons et les coccinelles, par exemple, passent par les stades de larve et de nymphe avant de parvenir à l'état adulte. Une larve de grenouille ou de crapaud est un têtard.

Le comportement est un mode de réponses d'un animal au monde extérieur. Un comportement peut être instinctif, comme le tissage d'une toile par une araignée, ou acquis, comme l'utilisation d'un outil par un chimpanzé. Un comportement d'empreinte est un comportement acquis au début de la vie d'un animal. Parmi les comportements instinctifs particuliers, on peut mentionner l'hibernation, la migration, la défense d'un territoire, la parade nuptiale et le soin parental.

L'écologie

Notions de base. L'étude de l'écologie porte sur l'environnement, qui comprend l'ensemble du monde vivant et la biosphère, qui s'étend des profondeurs de l'océan aux basses couches de l'atmosphère. Elle s'intéresse particulièrement aux écosystèmes, qui sont des communautés d'être vivants dans leur environnement, aux habitats, qui sont des endroits où vivent des espèces et aux niches écologiques, qui décrivent les rôles d'êtres vivants dans leur environnement.

Les cycles. Un cycle biogéochimique est la circulation d'un élément ou d'un composé chimique entre l'environnement et les êtres vivants. Les principaux cycles sont le cycle de l'eau (mer, atmosphère, terre), le cycle du carbone (gaz carbonique, plantes, animaux), le cycle de l'azote (nitrates, plantes, animaux) et le cycle du phosphore (phosphates, plantes, animaux).

Les pyramides et les chaînes alimentaires montrent comment la nourriture et l'énergie passent d'une espèce à l'autre. Les producteurs (exemple : plantes) transforment des substances simples en nourriture. Les consommateurs primaires (exemple : lièvres) mangent des producteurs, tandis que les consommateurs secondaires (exemple : renards) mangent des producteurs ou des consommateurs primaires. Les décomposeurs (exemple : bactéries) décomposent les restes d'autres êtres vivants. La biomasse est la masse totale de matière vivante dans un milieu.

Les relations entre les êtres vivants. La plupart des êtres vivants dépendent d'autres espèces pour leur survie. Un prédateur est un animal qui en mange d'autres, appelés ses *proies*. La symbiose est une relation entre deux espèces (exemple : le lichen est formé d'un champignon et d'une algue). Le commensalisme est une relation symbiotique dans laquelle une espèce est bénéficiaire, sans que l'autre n'en retire un avantage ou un inconvénient (exemple : le poisson-clown se nourrit des aliments laissés par l'anémone de mer). Un parasite (exemple : puce) est une espèce qui vit aux dépens de son hôte. Un vecteur est un animal qui transporte un parasite.

Technologies des sciences biologiques

Les technologies de l'alimentation

L'agriculture et l'élevage. La culture du blé et de l'orge de même que l'élevage de moutons et de chèvres marquent les débuts de l'agriculture et de l'élevage, il y a 10000 ans. La culture du riz, en Extrême-Orient, et celle du maïs en Amérique du Sud, commencèrent environ 6500 ans av. J.-C. Les premiers engrais naturels commencèrent à être utilisés en Mésopotamie il y a 5000 ans. Vers 150 av. J.-C., les Romains inventèrent la jachère, une technique qui consiste à laisser reposer la terre après un certain temps d'exploitation et qui augmente le rendement des récoltes. Vers 700, en Europe, commença à être appliquée la méthode de l'assolement triennal qui consiste à faire la rotation des récoltes et de la jachère entre trois parties d'une terre. Cette méthode sera généralisée au XIIIe siècle. Vers 1575, le céramiste et savant français Bernard Palissy (v. 1510-v. 1590) prôna l'emploi d'engrais chimiques, tels que le salpêtre, mais il faudra attendre le XVIIIe siècle pour que cette pratique commence à se généraliser. Vers 1830, le chimiste allemand Justus Liebig (1803-1873), fondateur de l'agrochimie, montra que l'ajout d'engrais chimiques comme le potassium et le phosphore pouvait faire beaucoup augmenter les rendements des cultures. En 1860, il inventa la culture hors sol, appelée aussi *culture hydroponique*, qui débuta sur une base commerciale, pour la production de tomates, aux États-Unis en 1929. Les années 1960 marquèrent les débuts de la « révolution verte », une augmentation de la production alimentaire, grâce aux fertilisants, dans des pays en développement.

Dès 37 ap. J.-C., les Romains construisirent des serres rudimentaires, dont ils se servaient, par exemple, pour faire pousser des concombres en hiver. Au XVIe siècle, en Hollande, fut inventé le châssis vitré permettant de construire les premières serres semblables aux serres modernes. De nous jours, les serres sont souvent chauffées et sont utilisées surtout pour la culture de légumes, de fleurs et de plantes tropicales.

L'araire, charrue primitive constituée d'un soc en bois en forme de crochet, fut inventé en Mésopotamie 4000 ans av. J.-C. La charrue, qui laboure plus en profondeur que l'araire, fut inventée vers 50 ap. J.-C. et, vers 500, débuta l'utilisation, en Europe, de la charrue à versoir, qui retourne le sol. Son usage devint généralisé au Xe siècle. En 1831, l'Américain Cyrrus McCormick (1809-1884) inventa la moissonneuse, qui marqua les débuts de la mécanisation de l'agriculture. La moissonneuse simple fit place, dès 1855, à la moissonneuse-batteuse qui coupe et bat les céréales, pour séparer les grains. Le tracteur, pour tirer des machines agricoles, fut inventé aux États-Unis en 1892 et, à compter de 1928, il fut muni de gros pneus en caoutchouc qui évitaient qu'il s'enlise dans la terre meuble.

Quelques aliments de base. Les êtres humains furent longtemps des chasseurs et de cueilleurs nomades, qui se nourrissaient d'animaux et des plantes à l'état sauvage. L'agriculture et l'élevage débutèrent il y a 10000 ans et, à la même époque, sont apparus le pain, le fromage et le vin.

Le pain est un aliment résultant de la cuisson d'une pâte, préalablement fermentée, faite de farine de blé ou d'autres céréales, d'eau et de sel. La fermentation produit du gaz carbonique qui fait lever la pâte et explique la présence des trous dans la mie du pain.

Le fromage est un produit laitier obtenu par coagulation ou caillage du lait, suivi d'un égouttage et, pour certaines variétés, d'une fermentation. Le caillage peut survenir spontanément en présence de certaines bactéries ou, habituellement, quand de la présure, qui provient de l'estomac des ruminants, est ajoutée au lait. L'égouttage consiste à éliminer le lactosérum, appelé aussi *petit-lait.* Certains types de fromage doivent ensuite fermenter pendant quelque temps. Le yaourt, lait fermenté à l'aide de bactéries, fut inventé vers 2000 av. J.-C. en Asie Mineure. Il apparaîtra en Europe au XVIe siècle, mais sa fabrication à l'échelle industrielle ne débuta qu'au cours des années 1930.

Le vin est une boisson alcoolisée obtenue par la fermentation du jus de raisin. Il existe des vins rouges, blancs ou rosés selon le type de raisin utilisé et la méthode de préparation. La bière, qui est apparue 3200 ans av. J.-C., est obtenue par fermentation d'un mélange d'eau et d'orge.

La culture du riz débuta il y a environ 6500 ans en Extrême-Orient et, à la même époque, la culture du maïs s'amorça en Amérique du Sud. Au XVIe siècle, le riz, importé d'Asie, et le maïs, la pomme de terre, la tomate, l'oignon, la fraise, la courge, le tabac, le cacao et le poivron, importés d'Amérique, devinrent peu à peu des productions agricoles importantes en Europe.

Le sucre était extrait de la canne à sucre, en Inde, il y a déjà 12000 ans. À compter du milieu du XVIIIe siècle, en Europe, il commença aussi à être extrait de la betterave, mais ce procédé fut assez vite abandonné car il était peu efficace.

La conservation des aliments. Toutes les méthodes de conservation des aliments visent principalement à réduire ou à éviter la prolifération des levures, des moisissures et des bactéries qui causent la putréfaction.

Dès les temps préhistoriques, par exemple, les êtres humains découvrirent que la cuisson de divers aliments, notamment les viandes, augmentait leur durée de conservation. Environ 3000 ans av. J.-C., en Mésopotamie, débutèrent le séchage et le fumage des aliments. En 1851, l'industriel suisse d'origine allemande Henri Nestlé (1814-1890) mit au point une technique de séchage pour le lait et inventa ainsi le lait en poudre, du lait écrémé déshydraté qui occupe un volume beaucoup moins grand et se conserve beaucoup plus facilement que le lait liquide. La lyophilisation, inventée en France en 1906, est une technique de déshydratation par le froid qui fera son entrée dans l'industrie alimentaire en 1955.

Les agents de conservation sont des substances ajoutées aux aliments pour qu'ils se conservent plus longtemps. Environ 7000 ans av. J.-C., par exemple, on commença à utiliser de la résine de térébenthine comme agent de conservation du vin, afin de l'empêcher de tourner au vinaigre. Vers 200 av. J.-C., les Romains développèrent une méthode de conservation du poisson, des olives, des radis et d'autres légumes dans la saumure. En effet, lorsqu'un liquide contient plus de 15 % de sel, les levures et les bactéries qui provoquent habituellement la fermentation ou la décomposition ne peuvent se développer. Pour certains aliments, le vinaigre ou le sucre peuvent jouer le même rôle que le sel. Les salaisons, des aliments qui se conservent parce qu'ils sont très salés, et les confits, des aliments qui se conservent parce qu'ils sont enrobés de graisse, existent aussi depuis très longtemps. De nos jours, il existe des milliers d'agents de conservation divisés en deux grands groupes : les conservateurs, tels que le métabisulfite de sodium, et les antioxydants, tels que la vitamine E.

Vers l'an 100 ap. J.-C., les Romains commencèrent à envelopper de neige et de glace les poissons pêchés dans le Rhin pour les transporter à Rome. En effet, à une température comprise entre 2 °C et 8 °C, la dégradation des aliments est ralentie. Il faut cependant les congeler à une température inférieure à –18 °C pour que le développement des bactéries soit complètement arrêté. En 1875, les premiers navires frigorifiques amenèrent en France des tonnes de viande congelée provenant d'Amérique du Sud. Le réfrigérateur domestique fut inventé aux États-Unis en 1913 mais il faudra attendre 1939 pour qu'il comporte un compartiment pour les aliments congelés.

En 1795, l'industriel français Nicolas Appert (1749-1841) commercialisa la conserve, un procédé de conservation de fruits, de légumes et de viande par stérilisation dans des bocaux en verre hermétiques plongés pendant plusieurs heures dans de l'eau à ébullition. La boîte de conserve en fer-blanc, qui remplaça de plus en plus les bocaux en verre, fut inventée à Londres en 1810.

Vers 1860, Pasteur montra que les fermentations étaient dues à l'action de micro-organismes et mit au point la pasteurisation, une méthode de conservation de la bière et du lait par chauffage. En 1980, l'Organisation mondiale pour la santé (OMS) approuva l'irradiation des aliments comme méthode permettant d'inhiber la germination de certains légumes, d'éliminer les germes nocifs et de détruire des bactéries et insectes dans les denrées stockées.

Les technologies de la santé

L'hygiène. La civilisation gréco-romaine, dont le niveau d'hygiène était remarquablement élevé, disposait de bains publics, de baignoires domestiques, d'aqueducs et d'égouts. Malheureusement ces techniques se perdirent après la chute de l'Empire romain et plusieurs d'entre elles ne redevinrent courantes qu'au XVIIIe siècle.

Vers 1680, Antonie van Leeuwenhoek perfectionna le microscope à lentille unique et découvrit l'existence de plusieurs espèces d'organismes microscopiques. Son observation d'organismes microscopiques présents dans la bouche et sur les dents l'amena d'ailleurs à proposer l'idée de se nettoyer régulièrement les dents.

En 1860, le médecin hongrois Ignac Semmelweis (1818-1865) démontra que la prolifération des infections dans les hôpitaux, courante à l'époque, était due à l'ignorance des règles d'hygiène par les médecins. Dans son hôpital, grâce aux mesures d'hygiène, le taux de mortalité à la suite des accouchements passa de 30 % à moins de 1 %, mais ses travaux demeurèrent peu connus. En 1867, le chirurgien anglais Joseph Lister (1827-1912) montra, à partir de travaux sur la gangrène, l'importance des procédures antiseptiques en chirurgie et contribua à réduire les maladies et les décès postopératoires. Il inventa un appareil à pulvériser de l'acide phrénique dans la salle d'opération, recommanda de laisser tremper les instruments dans du phénol et insista sur la propreté des mains, des blouses et des pansements.

Vers 1885, sera également découvert le principe de l'asepsie, qui consiste à éliminer le plus de bactéries possible avant l'intervention en stérilisant les instruments et les bandages et en désinfectant la peau du patient. De nos jours, en milieu hospitalier, les techniques assurant l'asepsie, qui empêchent la prolifération des micro-organismes, et l'antisepsie, qui éliminent ceux qui ont réussi à se multiplier, sont considérées comme absolument essentielles

En 1886 débuta de la stérilisation de l'eau destinée à la consommation humaine. Cette stérilisation se faisait principalement par filtration et oxygénation. La chloration débutera en 1908. L'eau, même quand elle semble propre, peut contenir des bactéries et des virus qui peuvent provoquer des maladies graves telles que le choléra et des gastro-entérites. La contamination de l'eau est en grande partie due à la pollution par des matières fécales animales et humaines, mais aussi à la pollution industrielle. De nos jours, le traitement de l'eau destinée à la consommation humaine comporte une épuration mécanique qui enlève une grande partie des particules en suspension, une épuration biologique par enrichissement artificiel en oxygène qui tue bon nombre de micro-organismes, et une stérilisation par ajout de chlore qui tue presque tous les micro-organismes restants. Aucun traitement ne peut toutefois éliminer tous les contaminants chimiques. Encore de nos jours, une grande partie de la population du globe ne dispose pas d'eau potable stérilisée.

Les médicaments naturels et synthétiques. Les plantes servent à la préparation de nombreux remèdes depuis la plus haute Antiquité. Par exemple, la quinine, la digitaline, l'aspirine et la morphine, avant d'être isolées et chimiquement identifiées, au XIXe siècle, furent longtemps utilisées sous forme de plantes. De nos jours, de nouvelles substances actives sont encore régulièrement découvertes dans des plantes, ce qui est un argument important en faveur de la préservation de la biodiversité végétale.

En 1863, le physicien irlandais John Tyndall (1820-1893) découvrit l'effet du champignon *penicillium* sur les bactéries, mais sa découverte passa inaperçue. Cette découverte sera refaite par le bactériologiste anglais Alexander Fleming (1881-1955), en 1928, et l'utilisation médicale de la pénicilline débuta en 1943. Entre-temps, la découverte des sulfamides, en 1932, avait déjà permis de commencer à lutter contre certains types d'infections. Il existe maintenant une grande variété d'antibiotiques. Ils sont efficaces contre les infections courantes et contre la plupart des maladies bactériennes qui causaient autrefois de graves épidémies (peste, choléra, lèpre, maladies vénériennes, tuberculose, etc.) mais ne sont d'aucune utilité contre les maladies virales (exemples : rhume, grippe), sauf si elles dégénèrent en maladies infectieuses bactériennes (exemple : grippe qui se complique d'une pneumonie).

En 1921, les médecins et physiologistes canadiens Frederick Banting (1891-1941) et Charles Best (1899-1978) découvrirent le rôle de l'insuline dans le traitement du diabète.

En 1949 furent découvertes les propriétés du carbonate de lithium dans le traitement des psychoses maniaco-dépressives. C'était le premier médicament vraiment efficace contre une maladie mentale.

En 1964, aux États-Unis, débuta la chimiothérapie pour le traitement de certains cancers.

La contraception et la reproduction. Les méthodes de contraception visent à éviter qu'une relation sexuelle cause une conception. Il existe un grand nombre de méthodes de contraception dont certaines existent depuis des millénaires tandis que d'autres sont relativement récentes. Dans l'ordre d'apparition : le tampon vaginal (Antiquité égyptienne), le préservatif masculin ou condom (v.1560), le diaphragme (1881), le stérilet (1928), la méthode naturelle avec prise de température (les années 1960), la pilule contraceptive (1954), le préservatif féminin (1994) et la pilule du lendemain (1999). Aucune méthode de contraception n'est efficace à 100 %. Certaines méthodes, principalement le préservatif, sont également efficaces contre la transmission de maladies vénériennes.

Vers 1775, le biologiste italien Lazzaro Spallanzani (1729-1799), qui étudiait la fécondation des œufs de grenouilles, réalisa l'une des premières inséminations artificielles. L'insémination artificielle est surtout utilisée par les éleveurs de bovins. Cette technique permet de choisir comme reproducteurs les mâles de haute valeur génétique, qui peuvent ainsi avoir de milliers de descendants. Dans le domaine médical, l'insémination artificielle permet à une femme seule ou à un couple dont l'homme est stérile d'avoir un enfant en ayant recours à du sperme provenant d'une banque de sperme.

En 1978 naquit, en Angleterre, le premier « bébé-éprouvette », c'est-à-dire un bébé dont la fécondation avait été réalisée en laboratoire.

La prévention des carences alimentaires. Dès l'époque préhistorique, les êtres humains se rendirent compte qu'ils ne se sentaient pas aussi bien en mangeant uniquement des fruits, par exemple, qu'en mangeant uniquement de la viande. En effet, la viande est un aliment plus complet que les fruits.

Vers 560, le médecin byzantin Alexandre de Tralles (525-605) prescrivait l'ingestion de poudre de fer contre l'anémie. De nos jours, l'anémie est définie comme un taux d'hémoglobine trop faible dans le sang et l'on sait maintenant qu'il existe plusieurs types et plusieurs causes d'anémies. Certains types d'anémies sont causés par une carence en acide folique, en vitamine B12 ou en fer. Des suppléments de vitamines et de fer peuvent prévenir et traiter ces anémies.

Vers 1750, le médecin anglais James Lind (1716-1794) découvrit que la consommation d'agrumes permettait de prévenir une maladie grave, le scorbut. On comprit beaucoup plus tard, vers 1930, que le scorbut était causé par une carence en vitamine C et que cette vitamine était présente dans les agrumes. En 1897, le physiologiste hollandais Christiaan Eijkmann (1858-1930) montra l'importance d'une substance contenue dans le riz entier, nommée plus tard *thiamine* ou *vitamine B1*, dans la prévention d'une maladie, le béribéri. En 1906, le biochimiste anglais Frederick Gowland Hopkins (1861-1947) montra qu'il existait des acides aminés essentiels à l'organisme et que des substances nutritives – qui seront plus tard appelées *vitamines* – autres que les protides, les lipides et les glucides étaient indispensables à l'organisme.

En 1896, le chimiste allemand Eugen Baumann (1845-1896) découvrit que l'iode était indispensable au bon fonctionnement de la glande thyroïde et qu'une grave carence en iode causait une maladie connue sous le nom de *goitre*. C'est pour cette raison qu'on ajoute maintenant un peu d'iode au sel de table.

De nos jours, toutes les vitamines et tous les sels minéraux peuvent être synthétisés en laboratoire et sont disponibles sous forme d'additifs ajoutés aux aliments ou sous forme de comprimés vendus en pharmacie.

La vaccination. Vers l'an 1000, en Extrême-Orient, fut inventée la variolisation, qui consistait à attraper délibérément la variole pour devenir immunisé. Cette pratique était toutefois très dangereuse et causa de nombreux décès.

En 1796, le médecin anglais Edwar Jenner (1749-1823) constata que les fermières, dont les mains étaient en contact constant avec les vaches, ne contractaient jamais la variole. Il réalisa la première vaccination en montrant qu'un extrait des pustules causées par une maladie bovine, le *cow pox*, protégeait les êtres humains contre la variole. Le principe de la vaccination, qui repose sur cette observation, consiste à mettre l'organisme en contact avec une forme atténuée de la bactérie ou du virus de la maladie combattue, afin que le système immunitaire l'élimine et en garde le souvenir. Un contact ultérieur avec la même maladie entraîne une réaction rapide et intense de l'organisme et une protection contre la maladie. Plusieurs médecins s'opposèrent d'abord vivement à la vaccination mais elle finit par s'imposer vers le début du XIXe siècle. Des campagnes massives de vaccination contre la variole furent organisées dans toute l'Europe.

En 1885, Pasteur mit au point un vaccin contre la rage. En 1922, les médecins et bactériologistes français Albert Calmette (1863-1933) et Camille Guérin (1872-1961) inventèrent le BCG (vaccin bilié de Calmette-Guérin), un vaccin contre la tuberculose. En 1952, le médecin américain Jonas Salk (1914-1995) développa un vaccin contre la poliomyélite. En 1980, l'Organisation mondiale pour la santé annonça qu'elle avait réussi à enrayer la variole de la surface de la Terre.

La chirurgie. La première méthode de contention pour le traitement des fractures fut inventée vers 3000 av. J.-C. Des bandelettes trempées dans de la boue durcissaient et maintenaient l'os fracturé en place. De nos jours, la contention est effectuée avec du plâtre ou de matières plastiques.

La cataracte est une maladie de l'œil causée par des cristallins devenus opaques, qui laissent peu passer la lumière. Il s'agit souvent d'une maladie à évolution lente, qui résulte par exemple du vieillissement, de l'abus de rayons ultraviolets du soleil ou du diabète. C'est en Égypte, environ 1300 ans av. J.-C., que furent pratiquées les premières opérations de la cataracte, qui consistaient en l'ablation des cristallins. De nos jours, le traitement consiste en l'ablation des cristallins et leur remplacement par des verres correcteurs ou par des cristallins artificiels.

Vers l'an 1000 av. J.-C., en Inde, débuta l'utilisation de sangsues à des fins médicales. La sangsue, recommandée depuis les débuts de la médecine comme traitement universel, souvent sans réel bénéfice, fut abandonnée vers le début du XXe siècle. Elle connut un regain de popularité, vers 1980, quand on découvrit son utilité en chirurgie plastique et reconstructive, pour faciliter la cicatrisation. La bouche d'une sangsue comporte trois mâchoires cornées et dentelées et sa salive contient un liquide anticoagulant, l'hirudine. De nombreuses poches internes lui permettent d'avaler jusqu'à huit fois son propre poids de sang. De plus, elle secrète un anesthésique qui rend sa morsure indolore.

Au XVIIe siècle, des chirurgiens italiens réussirent les premières restaurations faciales à l'aide de greffes cutanées de lambeaux de peau provenant d'autres parties du corps.

Les premières transfusions sanguines, de l'animal à l'homme, furent essayées en 1667. Elles se soldèrent par des résultats désastreux en raison du phénomène du rejet. La transfusion devint alors interdite et ne reprit, de l'être humain à l'être humain, qu'au début du XXe siècle. En effet, en 1902, le médecin américain Karl Landsteiner (1868-1943) découvrit les groupes sanguins du système A, B et O, de même que les groupes compatibles entre eux, ce qui permit de réduire énormément le nombre de réactions graves survenant lors de transfusions sanguines.

La première opération de l'appendicite eut lieu en Angleterre en 1735.

En 1800, le chimiste et physicien anglais Humphry Davy (1778-1829) découvrit le protoxyde d'azote, ou gaz hilarant, et suggéra son utilisation en anesthésie. En 1842, le chirurgien américain Crawford William Long (1815-1878) pratiqua la première chirurgie sous anesthésie générale, un type d'anesthésie beaucoup plus efficace que les anesthésies partielles provoquées depuis des siècles par le pavot (opium), le chanvre indien (haschich) ou l'alcool. Les composés chimiques utilisés pour ces premières anesthésies générales étaient le protoxyde d'azote, l'éther ou le chloroforme, tous administrés par inhalation. De nos jours, l'anesthésie générale est habituellement provoquée par l'injection de drogues telles que le penthotal et des dérivés de l'acide barbiturique.

La première transplantation d'organe réussie eut lieu en 1958. Il s'agissait de la transplantation d'un rein entre deux jumeaux identiques, ce qui explique que le phénomène du rejet ne posa pas de problèmes. Le principal obstacle à la transplantation d'organes d'un individu à un autre est en effet le phénomène de rejet. En effet, lorsque les antigènes de type HLA (complexe d'histocompatibilité) de l'organe greffé sont reconnus comme étrangers et incompatibles, les globules blancs de l'individu qui a reçu l'organe greffé se multiplient et attaquent l'organe jusqu'à sa destruction. Pour éviter le rejet, il faut donc avoir recours à des médicaments, tels que la ciclosporine, qui favorisent l'acceptation de la greffe par l'organisme hôte. En 1967, grâce à la ciclosporine, le médecin et chirurgien sud-africain Christian Barnard (1922-2001) put réussir la première transplantation cardiaque chez l'être humain.

En 1979 fut mise au point une technique d'intervention au laser permettant d'opérer un œil sans l'ouvrir. En 1984 eut lieu la première intervention chirurgicale sur un fœtus, dans un hôpital du Colorado, aux États-Unis. Les premières utilisations expérimentales, lors de chirurgies, de robots contrôlés par des chirurgiens, débutèrent en 1998.

Les techniques d'auscultation, d'analyse et de diagnostic. En 1807, le médecin français Théophile Laennec (1781-1826) inventa le stéthoscope, qui n'était d'abord qu'un simple cylindre en bois placé entre l'oreille du médecin et le corps du patient, et développa l'auscultation médicale. Le stéthoscope biauriculaire moderne est constitué d'une pièce réceptrice des sons, recouverte d'une membrane vibrante, à laquelle aboutissent deux tiges creuses et flexibles, terminées par des embouts se plaçant dans les oreilles de l'examinateur. En 1826 eut lieu la première endoscopie, une technique permettant de voir à l'intérieur du corps humain ; c'était une endoscopie de la vessie, à l'aide d'un spéculum éclairé par des bougies.

En 1828 débuta, avec la quantification de l'urée, l'intégration des laboratoires d'analyse aux hôpitaux. La glycémie suivra en 1848 et l'albuminurie en 1874.

En 1851, le physicien et physiologiste allemand Hermann von Helmholtz (1821-1894) inventa l'ophtalmoscope, un appareil qui envoie un rayon de lumière dans l'œil pour pouvoir examiner la rétine.

En 1887, le physiologiste anglais Augustus Waller (1856-1922) enregistra un premier électrocardiogramme. Ce n'est toutefois qu'en 1901 qu'apparut l'électrocardiographie sous sa forme moderne. L'électrocardiographie est une technique médicale qui permet de recueillir, d'amplifier et d'enregistrer les courants d'action du myocarde, le muscle qui constitue le cœur. Ces courants sont recueillis par des électrodes, placées aux poignets, aux chevilles et au thorax, qui sont reliées à un appareil spécial, l'électrocardiographe. L'électrocardiographie permet de diagnostiquer diverses maladies cardiaques.

En 1896, le médecin italien Scipione Riva-Rocci (1863-1937) inventa, pour mesurer la tension artérielle, le premier sphygmomanomètre fiable et pratique, un appareil qui comportait une colonne de mercure.

En 1895, le physicien allemand Wilhelm Röntgen (1845-1923) découvrit les rayons X. La première radiographie médicale, prise l'année suivante, fut celle d'une main humaine. La radiographie aux rayons X est fondée sur le principe de la différence d'absorption des rayons par les divers tissus du corps. Les rayons X traversent facilement les cavités de l'organisme contenant de l'air, ainsi que les tissus mous, mais sont arrêtés par les os, les dents et les métaux. Par conséquent, sur une plaque photographique sensible à ces rayons, les parties dures des os et des dents paraissent plus foncés que les cavités et les tissus mous.

L'électro-encéphalographie, pour l'étude du fonctionnement du cerveau, fut inventée en Allemagne en 1929. Il faudra toutefois attendre 1934 pour que cette technique soit acceptée par la communauté médicale. L'électro-encéphalographie est une technique permettant de recueillir, d'amplifier et d'enregistrer l'activité des champs électriques des neurones du cerveau. Elle permet de constater les modifications de divers types d'ondes cérébrales (delta, thêta, alpha et bêta) causées par les excitations sensorielles, l'activité mentale, le sommeil ou certaines maladies cérébrales telles que l'épilepsie.

L'échographie, d'abord utilisée pour examiner le cœur, fut inventée en 1952. En 1958, l'obstétricien anglais Ian Donald (1910-1987) l'appliqua à l'examen de l'utérus et du fœtus. Cette technique, un peu semblable à celle du radar, consiste à examiner un organe ou un fœtus à l'aide d'ultrasons qui sont plus ou moins bien réfléchis par les divers tissus.

La scintigraphie, technique qui permet d'observer des organes à l'aide de substances radioactives, fut inventée en 1961. La mammographie, qui permet la détection des tumeurs au sein, fut inventée quatre ans plus tard.

En 1972, l'ingénieur anglais Godfrey Hounsfield (1919-2004) révolutionna la radiologie médicale en inventant le scanner (ou tomodensitomètre). Cet appareil utilise des rayons X, ou la résonance magnétique des atomes d'hydrogène des molécules d'eau du corps, et un ordinateur pour construire une image numérisée constituée de plusieurs coupes transversales de l'organe observé. Le scanner a d'abord servi à explorer le cerveau, mais il est maintenant utilisé pour plusieurs autres organes du corps.

La radiothérapie et l'électrothérapie. En 1896, le médecin tchèque Leopold Freund (1868-1943) découvrit que les rayons X permettent de traiter certaines maladies de la peau; c'était les débuts de la radiothérapie.

En 1937 débuta l'électroconvulsothérapie, appelée aussi *thérapie par électrochocs*, qui consiste à traiter une maladie mentale à l'aide de chocs électriques au cerveau.

Les organes reconstitués, artificiels et assistés. Les dents furent la première partie du corps que les êtres humains furent capables de reconstituer. En effet, les premières obturations dentaires, faites en or, furent effectuées environ 2200 ans av. J.-C., en Égypte. La carie est une maladie de la dent causée par l'acide produit par les bactéries présentes dans la bouche. D'abord superficielle, la carie entraîne la formation d'une cavité dans la couronne ou le canal radiculaire d'une dent. L'obturation est le remplissage de cette cavité. De nos jours, les principaux matériaux utilisés sont des alliages qui contiennent du mercure et des résines composites.

Les prothèses externes remplacent un membre ou une partie d'un membre. La première prothèse externe, une prothèse du pied, fut fabriquée en Égypte vers 2300 av. J.-C. Durant des siècles, les prothèses n'étaient que de simples morceaux de bois ou de métal rigides et peu confortables, attachés à l'aide de lanières de cuir. Vers 1560, le chirurgien français Ambroise Paré (1509-1590) inventa d'ingénieux modèles de prothèses plus confortables, en cuir bouilli, qui furent utilisés jusqu'au XXe siècle. Les premières prothèses de la hanche furent implantées au cours des années 1950. De nos jours, il existe des prothèses de l'avant-bras ou de la jambe qualifiées d'*intelligentes*, car elles sont munies de moteurs, de capteurs et d'électrodes qui permettent de reproduire des mouvements semblables à ceux du membre ou de la partie de membre remplacés.

Les lunettes permettent de corriger la vue des personnes myopes, hypermétropes ou presbytes. Les premières lunettes correctrices pour la vue, qui étaient des lentilles convergentes destinées aux hypermétropes et aux presbytes, furent utilisées en Italie dès 1285. Vers 1490, l'artiste et savant italien Léonard de Vinci (1452-1519) découvrit le principe du verre de contact, un petit tube rempli d'eau et fermé par une lentille. Les premiers verres de contacts fonctionnels furent inventés en 1887. En 1973, une société américaine inventa l'implant cochléaire, qui stimule la cochlée ou oreille interne, pour les sourds. La première implantation se fera en 1977.

Le rein artificiel, qui permet de pallier une insuffisance rénale qui cause l'accumulation des déchets toxiques dans l'organisme, fut inventé en 1944. Il fonctionne selon le principe de la dialyse, qui consiste à dériver le sang d'une artère, à le diriger vers un appareil qui le purifie et à le réinjecter dans une veine. Les séances de dialyse ont lieu de deux à quatre fois par semaine.

Le poumon d'acier, qui facilite la respiration d'un malade, fut inventé en 1927. L'invention du stimulateur cardiaque externe date de 1950 et celle du respirateur artificiel de 1953. La circulation extracorporelle, pour les opérations à cœur ouvert, qui permet de maintenir l'irrigation des autres organes pendant l'arrêt temporaire du cœur, fut inventée en 1953. Le *pacemaker*, stimulateur cardiaque électrique interne, fut inventé en 1958 et, en 1970, fut conçu le défibrillateur, qui permet de contrôler les contractions désordonnées du muscle cardiaque.

En 1982 eut lieu la première greffe d'un cœur artificiel chez un être humain, qui mourut 112 jours plus tard. Un cœur artificiel est une pompe mécanique, composée d'éléments de métal et de plastique. Les premiers cœurs artificiels, semblables à ceux qui sont utilisés lors des opérations à cœur ouvert, étaient reliés à une lourde machinerie extérieure qui lui fournissait de l'énergie et contrôlait son débit. Les nouveaux modèles, plus petits, sont presque entièrement autonomes. La durée de survie des patients demeure encore relativement limitée car de nombreuses complications peuvent survenir, surtout à cause du manque de compatibilité entre les tissus vivants et les matériaux synthétiques.

Les premières fabrications de vaisseaux sanguins totalement biologiques, à partir de cellules humaines provenant du patient qui doit les recevoir, furent réussies en 1998. La première culture de cellules souches à partir de cellules d'embryons humains fut effectuée en 1999. Les cellules souches, qui sont à l'origine de tous les types de cellules du corps humain, pourraient éventuellement servir à créer des organes de remplacement.

Le génie génétique et le clonage. Le génie génétique permet de modifier le bagage génétique d'un être vivant. La production d'insuline humaine par une bactérie modifiée grâce au génie génétique débuta en 1982. En 1998 fut créée une souris transgénique, produisant également de l'insuline humaine, qui fit l'objet du premier brevet accordé pour un vertébré fabriqué par génie génétique. En 1991 eut lieu la première utilisation réussie d'une thérapie génétique dans le traitement d'une maladie héréditaire. La première plante « humanisée », du tabac producteur d'hémoglobine humaine, fut créée en 1997.

Le clonage permet la reproduction non sexuée d'un être vivant à partir d'une cellule adulte. C'est une pratique courante, en agriculture, depuis des siècles, parce qu'il est facile d'obtenir une nouvelle plante à partir d'une partie d'une plante, mais il est beaucoup plus difficile de cloner des animaux, particulièrement des mammifères. La naissance du mouton *Dolly*, en 1996, marque la production du premier mammifère cloné. Depuis cette date, plusieurs autres espèces de mammifères ont été clonées avec succès.

Les technologies de l'environnement

Que ce soit en tuant des animaux et en récoltant des végétaux pour se nourrir ou en causant accidentellement des feux de brousse et de forêt, à l'ère préhistorique, ou en déboisant d'immenses territoires pour construire des habitations et des navires, au cours de l'Antiquité et du Moyen Âge, l'activité des êtres humains a toujours eu un impact sur l'environnement. Cet impact est toutefois devenu de plus en plus marqué avec la révolution industrielle du XVIIIe siècle et l'explosion démographique du XXe siècle. Certaines techniques, telles que le lancement de satellites d'observation, le recyclage des déchets et le développement de sources d'énergie renouvelable, visent à étudier ou à atténuer cet impact.

L'observation et la surveillance de l'environnement. La mise à jour régulière des cartes géographiques permet, depuis des décennies, de constater l'expansion des zones habitées, la déforestation de certaines régions, le détournement de cours d'eau et l'assèchement de milieux humides.

Des satellites spécialisés dans l'étude de l'environnement permettent maintenant d'étudier de façon plus précise les modifications de l'environnement global de la Terre. Par ailleurs, dans les océans, des bouées munies de thermomètres enregistrent les variations de la température de l'eau, facteur important de l'évolution des climats terrestres.

L'enfouissement, le compostage et le recyclage des déchets. Le premier dépotoir fut créé à Athènes vers 400 av. J.-C. et, vers 200 ap. J.-C., les Romains mirent en place un système de collecte des ordures ménagères. Ces pratiques furent toutefois perdues après la chute de l'Empire Romain et ne réapparurent, très progressivement, qu'à partir de la Renaissance. De plus, l'invention des premiers emballages en papier, au XVIe siècle et, plus tard, des emballages faits d'autres matériaux, tels que le fer-blanc des boîtes de conserve, à compter du XIXe siècle, et les matières plastiques, à compter du XXe siècle, augmentèrent énormément la quantité de déchets. Les bouteilles en plastique, par exemple, se retrouvent maintenant, dispersées dans la nature, presque partout sur la Terre.

Jusqu'à tout récemment, les dépotoirs étaient des lieux où l'on jetait pêle-mêle toutes sortes de déchets. Depuis les années 1960, des règlements de plus en plus contraignants régissent la conception et l'utilisation de dépotoirs, dans les pays industrialisés, et des normes environnementales plus strictes sont imposées. Les dépotoirs continuent cependant à poser de graves problèmes environnementaux, surtout près des grandes villes, qui produisent une quantité énorme de déchets, et dans les pays peu développés, où aucune réglementation n'est appliquée.

L'incinération des ordures ménagères, inventée en Angleterre en 1874, permet de réduire la quantité de déchets qui se retrouvent dans les dépotoirs, mais contribue à la pollution de l'air.

Le compostage, qui consiste à laisser se décomposer les matières organiques dans des boîtes conçues à cet effet et à transformer ainsi ces matières en engrais, est une façon écologique de réduire la quantité de déchets domestiques qui se retrouvent dans les dépotoirs.

Le recyclage, qui débuta en 1974 dans quelques villes américaines et qui consiste à utiliser des déchets ou des objets usagés en vue d'obtenir des produits neufs, est une autre façon importante de réduire les quantités d'ordures qui se retrouvent dans les dépotoirs et de réduire aussi la surexploitation des ressources naturelles. Les principaux déchets domestiques qui peuvent être recyclés sont le papier, le carton, le verre, certains plastiques et certains métaux. La consignation d'objets tels que les bouteilles, les canettes ou les pneus, qui débuta aussi à la même époque, consiste à rembourser une partie de leur prix de vente en cas de restitution, ce qui incite les acheteurs à les rapporter et facilite le recyclage.

Le remplacement de certains matériaux par leur équivalent biodégradable, comme le plastique biodégradable à base d'amidon de maïs maintenant utilisé dans la fabrication de sacs, contribue aussi à réduire l'impact des déchets sur l'environnement.

Le traitement des eaux usées. Dès l'Antiquité, les êtres humains réalisèrent que l'eau tirée de puits et de sources était plus saine que celle des rivières et des fleuves qui servaient également d'égouts. Les Romains, par exemple, construisirent de grands aqueducs permettant d'alimenter les villes en eau de sources souvent situées en montagne, loin des régions habitées.

Au XIXe siècle, en Angleterre, la Tamise était devenue un égout à ciel ouvert tellement malodorant qu'une station d'épuration des eaux usées, la première au monde, fut construite à Londres. Dans les stations modernes, l'épuration se fait en deux étapes. La première étape, l'épuration mécanique, consiste à séparer la boue des eaux usées. Cette boue, dont la décomposition produit du biométhane, est parfois utilisée comme source d'énergie pour l'usine d'épuration ou comme engrais par des agriculteurs de la région. La seconde étape, l'épuration biologique, consiste à aérer l'eau usée pour l'oxygéner et faciliter la dégradation des fines particules résiduelles par des bactéries. L'eau épurée est ensuite retournée dans une rivière, un fleuve, un lac ou une mer.

La réduction de la pollution atmosphérique. La principale source de pollution atmosphérique est la combustion du charbon et du pétrole utilisés comme source d'énergie par des industries, des centrales thermiques et des moyens de transport. Cette combustion produit du monoxyde de carbone, très toxique, des oxydes d'azote et du dioxyde de soufre, qui causent les pluies acides, et du dioxyde de carbone qui n'est pas toxique mais contribue à l'augmentation de l'effet de serre et aux changements climatiques.

Le pot catalytique pour le système d'échappement des voitures, qui transforme certains polluants gazeux des voitures en substances inoffensives, fut inventé en France en 1909 mais sa commercialisation ne commença que vers la fin des années 1970. Il est constitué d'une boîte métallique par laquelle passent les gaz d'échappement d'une voiture. Cette boîte contient un catalyseur, souvent du platine dispersé sur des grains d'alumine, qui permet une combustion plus complète des gaz d'échappement, ce qui réduit la quantité de monoxyde de carbone, d'oxydes d'azote et d'hydrocarbures, toxiques pour l'environnement. La durée de vie d'un pot catalytique n'est toutefois pas illimitée parce que certaines substances, comme le soufre contenu dans l'essence, réduisent peu à peu son efficacité et parce que les grains finissent par s'agglomérer. De plus, le pot catalytique ne réduit pas la quantité des gaz, tels que le dioxyde de carbone, qui contribuent à l'effet de serre.

La couche d'ozone, située dans la haute atmosphère, bloque une partie des rayons ultraviolets en provenance du Soleil. Malheureusement, on sait depuis 1974 que le fréon, parfois appelé *CFC* (chlorofluorocarbone), inventé en 1931 comme gaz du système de refroidissement des réfrigérateurs et utilisé à partir de 1943 dans les canettes aérosols, détruit la couche d'ozone. Depuis la signature du Protocole de Montréal, en 1988, il est de plus en plus remplacé par des gaz moins dommageables pour l'environnement.

Par ailleurs, le remplacement de sources d'énergies non renouvelables par des sources d'énergie renouvelables, présentées ci-dessous, contribue à réduire toutes les formes de pollution atmosphérique, incluant la pollution causée par les gaz à effet de serre qui sont responsables des changements climatiques.

Les énergies renouvelables. Le charbon et le pétrole sont des sources d'énergie non renouvelables et polluantes qu'on essaie, de plus en plus, de remplacer par des sources d'énergie renouvelables et non polluantes.

L'énergie hydroélectrique est une source d'énergie renouvelable qui exploite l'écoulement de l'eau. Les moulins à eau, inventés vers l'an 100 av. J.-C. en Asie mineure, sont les ancêtres des barrages hydroélectriques modernes, dont le premier fut construit en 1882 aux États-Unis. Un barrage hydroélectrique est une installation dans laquelle l'eau fait tourner des turbines hydrauliques couplées à des alternateurs, produisant ainsi de l'électricité. Le barrage crée une retenue d'eau dans le cours d'une rivière, ce qui permet d'utiliser l'énergie potentielle de l'eau accumulée. Suivant la hauteur de chute, on distingue les usines de haute chute, de moyenne chute, et les usines au fil de l'eau.

L'énergie éolienne est une source d'énergie renouvelable qui exploite le déplacement de l'air. Les moulins à vent, inventés vers 600 en Perse, sont les ancêtres des éoliennes modernes, qui font leur apparition au Danemark vers 1890. Une éolienne est généralement une hélice orientable qui produit de l'électricité sous l'action du vent, en faisant tourner un alternateur. Longtemps expérimentales et utilisées à petite échelle, elles se multiplient rapidement depuis le début des années 1990, particulièrement dans le nord de l'Europe et aux États-Unis où sont construites des fermes d'éoliennes qui peuvent en comporter plusieurs dizaines.

L'énergie géothermique est une source d'énergie renouvelable qui exploite la chaleur naturelle du sol. La première installation géothermique fut mise en service en Italie, en 1818. Dans certains pays, comme l'Islande, de nombreuses sources d'eau chaude fournissent une énergie géothermique facile à exploiter mais, dans toutes les régions au climat tempéré, la température du sol est assez chaude pour y puiser de l'énergie utile. Par ailleurs, on peut également réduire la consommation d'énergie en exploitant la température froide de l'eau du fond de certains lacs pour climatiser des édifices. C'est le cas à Toronto, au Canada, ville située au bord du grand lac Ontario, où certains édifices du centre-ville sont climatisés de cette façon.

L'énergie solaire est une source d'énergie renouvelable qui exploite, de diverses façons, le rayonnement solaire. Par exemple, le capteur solaire plan, inventé en France en 1885, est une grande boîte mince, dont l'intérieur est souvent noir pour absorber le maximum de rayonnement, munie d'un couvercle de verre, et qui renferme une longue canalisation parcourue par de l'eau (fluide caloporteur). Il permet de produire l'eau chaude d'une maison. Il est souvent couplé à un chauffe-eau électrique pour les jours sans soleil. Les cellules photovoltaïques, comme celles qui recouvrent les panneaux solaires des satellites, transforment le rayonnement solaire en électricité. Une maison solaire, dont le premier prototype moderne fut construit aux États-Unis en 1939, est une maison dont presque toute l'énergie provient du rayonnement solaire. Dans une centrale thermique solaire, le rayonnement du Soleil est concentré, à l'aide de miroirs, sur une chaudière à vapeur qui fait tourner une turbine produisant de l'électricité.

Les biocarburants sont une source d'énergie renouvelable tirée de la matière organique. Le biométhane, par exemple, qui est surtout utilisé pour le chauffage et la cuisson, se forme lors de la décomposition de déchets organiques tels que le fumier ou le purin. Les biocarburants liquides, tels que l'éthanol, peuvent remplacer l'essence et sont produits à partir de la canne à sucre, du maïs, du blé ou de copeaux de bois. La production d'éthanol, surtout à base de maïs ou de blé, est toutefois controversée car elle nécessite beaucoup d'engrais et d'énergie, occupe des terres agricoles et contribue à l'augmentation du prix des aliments.

L'énergie nucléaire, bien qu'elle ne soit pas une source d'énergie renouvelable, est parfois considérée comme préférable à l'énergie tirée des hydrocarbures car elle ne produit ni gaz à effet de serre, ni pollution atmosphérique. Une centrale nucléaire produit de la chaleur au moyen de la fission d'un élément radioactif. Cette chaleur est ensuite utilisée pour produire de la vapeur et faire tourner une turbine. Le problème de l'entreposage des déchets nucléaires radioactifs qui résultent de la fission, ainsi que les risques d'accidents graves, comme ceux de Three Miles Island et de Tchernobyl, expliquent toutefois que cette source d'énergie demeure controversée.

Les moyens de transport. Le transport en commun permet de réduire le nombre de véhicules et d'améliorer la fluidité de la circulation. De nos jours, les principaux modes de transport en commun urbain sont le tramway, qui a vu le jour en 1832, le métro, dont le premier, à Londres, date de 1863, le trolleybus électrique, inventé en 1888, l'autobus à essence ou diesel, apparu en 1905, et le train régional. Par ailleurs, le vélo et la marche sont de plus en plus encouragés, dans les villes, car ils ne génèrent pas de pollution.

Bien qu'elle ait été inventée en 1891, aux États-Unis, la voiture entièrement électrique n'a pas encore réussi à rivaliser sérieusement avec la voiture à essence, principalement parce que les piles sont trop lourdes. La voiture hybride, commercialisée à compter de 1990, est une concurrente plus sérieuse. Elle comporte généralement un moteur à essence et un moteur électrique et fonctionne alternativement avec l'un ou avec l'autre, selon les conditions routières. Les piles électriques sont rechargées par l'énergie du freinage. Les performances des voitures hybrides se rapprochent de celles des voitures à essence, mais elles consomment et polluent beaucoup moins.

Plus récemment, des voitures expérimentales fonctionnant avec une pile à combustible à l'hydrogène liquide, dont le seul gaz d'échappement est de la vapeur d'eau, ont commencé à faire leur apparition dans certaines villes.

La protection biologique des cultures. Les produits dont on se sert pour tuer les insectes et les plantes indésirables portent le nom de *pesticides.* Les insecticides, une catégorie de pesticides qui tue les insectes et autres petits animaux qui s'attaquent aux récoltes, inventés en 1924, ont d'abord été à base d'arsenic et étaient très toxiques pour l'environnement. Le dichloro-diphényl-trichloréthane (DDT), mis au point en 1939, était moins toxique mais il s'avéra nocif à long terme parce qu'il s'accumulait dans les tissus des animaux des régions où il était utilisé. Les insecticides modernes sont encore moins toxiques mais peuvent encore poser des problèmes de santé, surtout quand ils sont mal utilisés. Par conséquent, les agriculteurs qui produisent des cultures biologiques redécouvrent des techniques naturelles développées par les Chinois, vers 250 ap. J.-C., et qui consistent à lutter contre les insectes nuisibles au moyen d'autres insectes qui les mangent. Il est également possible de se servir de bactéries qui les tuent ou de favoriser la présence d'espèces d'oiseaux qui se nourrissent des insectes indésirables.

Les herbicides, une catégorie de pesticides qui tue les plantes indésirables, ont d'abord été des produits très toxiques tels que l'acide sulfurique et des composés à base d'arsenic ou de cyanure. On emploie maintenant des composés organiques tels que des huiles minérales et des dérivés du phénol. On emploie aussi des hormones de synthèse, qui déséquilibrent la croissance des plantes et les tuent, mais leur usage soulève des craintes, car ces hormones ressemblent à des hormones animales et humaines et pourraient être la cause d'infertilités et de cancers. Les agriculteurs qui produisent des céréales, fruits et légumes biologiques essaient donc de les éviter en recourant plutôt, par exemple, à des moyens mécaniques pour se débarrasser des plantes indésirables.

CHAPITRE 7

LE CONSTRUCTIVISME DIDACTIQUE : FAIRE ÉVOLUER LES CONCEPTIONS DES ÉLÈVES

Le chapitre 7 présente quelques approches de l'enseignement et de l'apprentissage des sciences et des technologies et s'arrête plus longuement sur le constructivisme didactique, qui vise à faire évoluer les conceptions des élèves. Il se termine par plusieurs exemples de conceptions non scientifiques fréquentes chez les élèves du primaire.

Quelques approches de l'enseignement et de l'apprentissage des sciences et des technologies

Il existe plusieurs façons de classifier les diverses approches de l'enseignement et de l'apprentissage des sciences et des technologies. La typologie contenue dans cette section n'a rien d'exhaustif, mais donne tout de même un aperçu des approches les plus courantes. Cette typologie permet de souligner l'importance d'aller au-delà d'une classification rudimentaire et dichotomique du genre « approche traditionnelle » contre « approche moderne » qui est trop souvent implicite dans nombre de discussions sur l'éducation. Bien que certaines de ces approches soient apparues il y a longtemps, elles sont toutes contemporaines, au sens où elles sont encore toutes appliquées, à des degrés divers, dans le monde.

La mémorisation de concepts. L'approche centrée sur la mémorisation de concepts est la plus ancienne. Elle consiste à enseigner et à faire retenir un ensemble de définitions, de concepts, de lois et de théories scientifiques. Cette approche repose principalement sur des présentations à caractère magistral faites par l'enseignant et sur la lecture de manuels. Si on la compare à des approches plus modernes, on constate qu'elle met davantage l'accent sur des processus cognitifs simples, tels que la mémorisation et la compréhension, et néglige des processus plus complexes, comme l'analyse et la synthèse. On note aussi qu'elle n'accorde qu'un rôle accessoire à l'expérimentation, qui prend souvent la forme de simples démonstrations et n'accorde que peu d'importance au développement de savoir-faire tels que des habiletés motrices ou des compétences.

Pour toutes ces raisons, la mémorisation de concepts est souvent perçue comme une approche totalement anachronique, voire comme une approche absurde. Pourtant, sans souhaiter un retour aux méthodes du XIXe siècle, l'acquisition de définitions et de concepts constitue, selon la conception correctionniste de l'apprentissage des sciences et des technologies présentée au troisième chapitre, un volet fondamental de l'enseignement et de l'apprentissage des sciences qui est souvent négligé dans le cadre d'approches plus modernes. Sans la connaissance d'un vocabulaire de base, l'élève est incapable de concevoir, d'exprimer et d'analyser les problèmes qui constituent l'objet d'étude de toute discipline scientifique.

L'atteinte d'objectifs opératoires. L'approche centrée sur l'atteinte d'objectifs opératoires est une application à l'éducation des théories de la psychologie béhavioriste. Selon cette approche, l'apprentissage est défini comme un ensemble de comportements observables, qui sont eux-mêmes décrits au moyen d'objectifs opératoires (MEQ, 1980). Ces objectifs sont habituellement regroupés en trois grands domaines : le domaine cognitif, le domaine affectif, et le domaine psychomoteur. Chacun de ces domaines peut être détaillé par des taxonomies qui permettent de classifier les objectifs selon des degrés de difficulté croissants. Cette approche repose sur une grande variété de méthodes d'enseignement, mais toutes ces méthodes se caractérisent par le découpage du contenu en petites étapes connues sous le nom d'objectifs spécifiques (De Landsheere, 1992).

Cette approche se distingue de l'approche centrée sur la mémorisation de concepts par le fait qu'à l'intérieur du domaine cognitif des programmes de sciences, se retrouvent des objectifs des niveaux application, analyse, synthèse ou évaluation qui dépassent les simples mémorisation et compréhension de concepts. Elle s'en différencie également par la présence, dans les programmes, d'objectifs relatifs aux attitudes (domaine affectif) et aux habiletés motrices (domaine psychomoteur).

Bien que certains programmes d'études et de manuels scolaires s'en inspirent encore, cette approche basée sur l'atteinte d'objectifs opératoires est généralement considérée comme dépassée, car les théories contemporaines considèrent l'apprentissage comme une structure de représentations mentales, plutôt que comme un ensemble de comportements observables.

La découverte. Dans l'approche centrée sur la découverte, qui découle des travaux de Bruner (1960), l'apprentissage est perçu comme un processus actif, centré sur la manipulation. Selon cette conception, la structure abstraite des savoirs scientifiques peut être abordée de façon concrète et intuitive par des activités réalisées avec du matériel concret. Cette approche peut se traduire par diverses méthodes d'enseignement, notamment la réalisation d'activités de manipulation par les élèves (seuls ou en équipe) supervisés par l'enseignant ou la réalisation d'activités dans des « centres d'intérêt », qui permettent à l'élève de vivre des explorations à partir des consignes et du matériel mis à sa disposition dans un coin de la salle de classe réservé aux activités des sciences et de technologies.

De nombreux manuels scolaires et autres livres de sciences pour les enfants comportent des activités de découvertes qui présentent habituellement, pour chaque activité, le matériel nécessaire, les étapes à suivre pour réaliser l'activité ainsi que le résultat, souvent illustré par un dessin, auquel les élèves peuvent s'attendre.

Malgré son côté attrayant et stimulant pour les élèves certaines critiques peuvent être formulées :

- Cette approche se traduit très souvent, en pratique, par des activités qui prennent l'allure de recettes, dans lesquelles l'élève n'a qu'à suivre les étapes d'un mode d'emploi pour effectuer des manipulations, des observations et des « découvertes » déjà toutes prévues.
- Cette approche postule un passage facile et direct des activités de manipulation aux structures abstraites du savoir scientifique qui n'est pas vérifié par les recherches en didactique des sciences.

La maîtrise de compétences. Depuis quelques années, l'approche par compétences, qui avait d'abord été développée pour le monde du travail et les formations techniques, est maintenant appliquée à tous les niveaux scolaires, du préscolaire à l'université. C'est l'approche qui a été retenue dans le *Programme de formation de l'école québécoise* du Ministère de l'Éducation du Québec (MEQ, 2001).

Selon cette approche, la notion de compétence permet de distinguer les « savoir-faire », ou les « savoir-agir », des simples savoirs et souligne l'importance du développement d'habiletés essentielles dans un monde en perpétuel changement. Une compétence se manifeste dans des contextes d'une certaine complexité, nécessite une variété de ressources (autres élèves, enseignant, sources documentaires, etc.) et implique une réflexion et une mobilisation qui dépassent les simples automatismes déclenchés par les exercices scolaires traditionnels.

Bien que l'approche par compétences soit sans doute préférable, par exemple, aux approches basées sur la mémorisation ou l'atteinte d'objectifs opératoires, certaines critiques peuvent toutefois être formulées :

- Cette approche repose sur une interprétation discutable des notions de savoir et de connaissance. En effet, selon la plupart des spécialistes de la didactique des sciences, les connaissances (qui sont le résultat de l'appropriation des savoirs par un élève) ne reposent pas uniquement sur de la mémorisation, mais également sur de la compréhension, de l'application dans diverses situations ainsi que de l'analyse et de l'esprit critique chez l'élève.
- Cette approche ne tient pas compte du fait qu'il est souvent aussi important pour l'élève d'acquérir, ne serait-ce que temporairement, des incompétences que d'acquérir des compétences. Le déséquilibre cognitif fait partie intégrante de l'apprentissage, particulièrement en sciences.
- Enfin, les compétences, souvent énoncées de façon très générale, sont beaucoup plus difficiles à évaluer, de façon objective et rigoureuse, que des connaissances.

Le constructivisme didactique. La conception de l'enseignement et de l'apprentissage sur laquelle s'appuient les recherches récentes en didactique des sciences est habituellement connue sous le nom de *constructivisme* ou de *socioconstructivisme*. Pour l'essentiel, cette conception est basée sur le principe que l'élève, placé au cœur des apprentissages scolaires, doit reconstruire et s'approprier le savoir et que l'enseignant doit, lui aussi, construire des situations qui lui permettront cette reconstruction et cette appropriation. Mais ce terme, employé à toutes les sauces, désigne parfois des notions tellement différentes que certaines précisions s'imposent.

De nos jours, bon nombre d'éducateurs, du primaire à l'université, se réclament du constructivisme, mais les manifestations concrètes de ce prétendu constructivisme se limitent souvent à des aspects affectifs ou superficiels tels que l'importance accordée à la motivation et à l'autonomie de l'élève, à la richesse de l'environnement et au travail en équipe. À la limite, tout enseignement qui n'est pas magistral ou transmissif et toute activité qui permet à l'élève d'être le moindrement actif, comme lorsqu'il fait des « recherches » à la bibliothèque ou sur Internet, portent l'étiquette « constructiviste ». Cette vision du constructivisme est évidemment trop simpliste.

Pour être plus précis, comme l'explique très bien Jean-Pierre Astolfi (2008), il faudrait distinguer trois constructivismes. Un constructivisme *épistémologique*, un constructivisme *psychologique* et un constructivisme *pédagogique ou didactique*, ce dernier étant celui qui nous intéresse le plus en enseignement des sciences.

Le *constructivisme épistémologique* relève de la philosophie des sciences et de l'épistémologie. Il désigne une conception de l'activité scientifique, une conception à propos du savoir. Selon cette conception, le monde réel ne peut être ni perçu ni connu directement et les concepts, les lois et les théories scientifiques sont des constructions de l'esprit humain (Désautels et Larochelle, 1989). Le constructivisme épistémologique, qui partage certaines ressemblances avec la conception des « changements de paradigme » de Thomas Kuhn présentée au chapitre 3, s'oppose à une conception de l'activité scientifique de type vérificationniste, empiriste ou positiviste. Mais le constructivisme épistémologique, surtout dans ses versions les plus radicales, est controversé. Plusieurs épistémologues lui reprochent son relativisme. Par ailleurs, le fait que les scientifiques raisonnent au moyen de concepts abstraits n'implique pas nécessairement que le monde réel doive s'effacer à l'arrière-plan.

Le *constructivisme psychologique*, qui a pour origine les travaux de Gaston Bachelard (1938) et de Jean Piaget (1970), repose sur le principe bien connu que l'élève n'est pas une page blanche. Pour apprendre, l'élève doit transformer ses représentations, modifier activement le réseau de ses connaissances, en d'autres termes construire son savoir. Le constructivisme psychologique s'oppose au béhaviorisme, qui vise à associer les réponses attendues à certains stimuli et peut, à la limite, se réduire à une forme de dressage qui ne garantit aucunement que l'élève ait assimilé les opérations mentales requises pour produire ces réponses attendues.

Le *constructivisme pédagogique ou didactique* concerne surtout la façon dont on enseigne aux élèves. Il met l'accent sur la construction, par l'enseignant, de situations qui visent à susciter une évolution des conceptions ou, dit autrement, un changement conceptuel, chez ses élèves. Il s'oppose aux modèles d'enseignement qui reposent sur une simple transmission dogmatique des savoirs. En pratique, il implique une ingénierie didactique qui consiste à construire des dispositifs, des activités, des problèmes les plus efficaces possible.

Le constructivisme didactique, proche parent de la conception correctionniste des sciences présentée au deuxième chapitre, vise deux grands types d'apprentissage. Il vise d'abord l'apprentissage d'un *langage* permettant d'exprimer des énoncés d'observations, des concepts, des lois, des théories, des modèles et des façons de connaître le monde. Ce langage comporte un vocabulaire et une grammaire qui lui sont propres.

Les activités permettant à l'élève de nommer des objets, des êtres vivants et des phénomènes (vocabulaire) et d'exprimer des relations entre ces objets, êtres vivants et phénomènes (grammaire) sont donc importantes en sciences et technologies.

Il vise surtout l'apprentissage de stratégies de *résolution de problèmes.* Cet apprentissage, encore plus important que le précédent, s'accomplit par le biais d'activités, dont plusieurs sont des problèmes, qui permettent un travail cognitif sur une ou plusieurs conceptions. Ces activités de résolution de problème permettent aux élèves d'examiner le contexte particulier dans lequel leur conception peut avoir une certaine utilité, et, surtout, d'examiner les inconsistances qui peuvent exister entre leurs diverses conceptions, ou entre leurs conceptions et des concepts scientifiques. La prise de conscience de ces inconsistances peut déclencher deux grands types de conflits cognitifs, soit les conflits de centrations et les conflits sociogognitifs, qui aideront l'élève à remettre ses conceptions en question et qui, par la suite, en favoriseront l'évolution.

Les *conflits de centrations* surviennent, chez un élève, lorsqu'il prend conscience des inconsistances qui existent entre deux ou plusieurs de ses propres conceptions. Par exemple, un élève peut réaliser qu'il pense que les objets légers flottent et que les objets lourds coulent, mais que le traversier qu'il a pris pendant ses vacances flottait très bien, malgré son poids énorme. On peut noter ici que, lorsque l'accent est placé sur les conflits de centrations vécus par chaque élève, on parle alors de *constructivisme* au sens strict.

Les *conflits sociocognitifs* surviennent, dans un groupe, lorsque deux ou plusieurs élèves réalisent que leurs conceptions sont différentes. Des conflits sociocognitifs peuvent également survenir quand un ou plusieurs élèves réalisent que leurs conceptions diffèrent des conceptions qui sont généralement admises par la communauté scientifique. Lorsque l'accent est placé sur les conflits sociocognitifs ainsi que sur les interactions vécues par les élèves entre eux et avec leur milieu, on parle alors de *socioconstructivisme* plutôt que de simple constructivisme.

La résolution, partielle ou totale, de ces inconsistances permet aux conceptions des élèves d'évoluer. Les problèmes proposés aux élèves devront être bien dosés pour éviter les écueils que seraient une trop grande facilité ou une trop grande difficulté. En effet, comme l'a bien montré Lev Vygotski (1985), l'enseignement doit se situer dans une *zone proximale* où les activités, exercices et problèmes sont assez difficiles pour constituer des défis stimulants, sans toutefois être ardus au point d'être perçus comme insurmontables.

Le changement conceptuel

Les conceptions des élèves. Chacun, enfant ou adulte, éprouve le besoin de comprendre et d'expliquer le monde qui l'entoure: «Les objets légers flottent et les objets lourds coulent» ; « Le ciel est bleu à cause du reflet des océans » ; « Le courant électrique est un liquide qui circule dans les fils » ; « Les avions volent parce qu'ils sont plus légers que l'air » ; «Les métaux ne brûlent pas» ; «Le Soleil tourne autour de la Terre » ; « Les éclairs et le tonnerre sont causés par le choc des nuages » ; « Les baleines sont des poissons ». Voilà autant de conceptions fréquentes qui ne correspondent pas aux lois et aux théories de la science actuelle, mais qui permettent néanmoins d'expliquer, de façon plus ou moins adéquate, certains aspects de l'univers matériel ou de l'univers vivant. Plusieurs recherches ont montré que les élèves et les étudiants, quel que soit leur âge, possèdent de nombreuses conceptions, souvent inspirées du sens commun, relativement à divers domaines des sciences et des technologies.

Les caractéristiques des conceptions. Ces conceptions, qui amènent souvent les élèves à donner des réponses fausses à des questions portant sur les sciences, témoignent pourtant de modes de raisonnement organisés, qui présentent une certaine pertinence dans l'explication de plusieurs phénomènes naturels, ce qui explique d'ailleurs qu'elles *persistent* souvent jusqu'à l'âge adulte et qu'elles *résistent* à l'enseignement des sciences tel qu'il est dispensé actuellement dans la plupart des écoles du monde. Par exemple, si un élève est convaincu qu'il existe un « haut » et un « bas » dans l'Univers, on aura beau lui avoir montré des photographies de la Terre et un globe terrestre, il risque fort de continuer à croire qu'une roche lancée dans les airs n'aura pas la même trajectoire dans l'hémisphère Sud que dans l'hémisphère Nord.

Il n'y a d'ailleurs pas nécessairement de correspondance entre une conception d'un élève et sa réponse à une question. Par exemple, si vous demandez à un élève quel serait son poids sur la Lune, il peut fort bien vous répondre que son poids serait moindre, ce qui est une réponse vraie, en s'imaginant toutefois que c'est parce que la Lune est pleine de trous, ce qui est une conception non scientifique. À l'inverse, un autre élève pourrait vous dire qu'il serait deux fois moins lourd sur la lune, simplement parce qu'il a mal retenu le rapport des accélérations gravitationnelles entre la Lune et la Terre, ce qui suppose néanmoins une représentation scientifique du concept de poids.

Ces conceptions sont également très *personnelles* et même si tous les élèves d'une classe sont confrontés au même phénomène naturel, ils peuvent faire des observations et en donner des interprétations très diverses. Chaque élève est influencé par ses idées et ses attentes et reconstruit à sa façon le monde qui l'entoure.

Par ailleurs, ces conceptions peuvent parfois sembler *incohérentes* et il arrive que les élèves donnent des interprétations différentes, parfois même contradictoires, de phénomènes scientifiques équivalents. Les interprétations et les prédictions ponctuelles et indépendantes les unes des autres peuvent sembler très bien fonctionner, en pratique, et l'élève ne voit pas la nécessité de recourir à un modèle permettant d'unifier les phénomènes équivalents.

Il importe aussi de préciser que ces conceptions conduisent à des *explications adéquates*, dans certains contextes, mais fausses dans d'autres contextes. Le fait de croire, par exemple, que la chaleur est un gaz permet d'expliquer pourquoi, par une journée très chaude, une pièce se réchauffe quand on ouvre la fenêtre, mais ne permet pas d'expliquer comment la chaleur peut se propager dans le vide, à la vitesse de la lumière.

Enfin, certaines conceptions des élèves manifestent des *capacités d'adaptation* qui permettent tout de même un certain progrès cognitif. La conception de feu, par exemple, peut successivement désigner une substance, une énergie, puis une réaction chimique. Aucune de ces conceptions ne correspond au concept scientifique de feu, mais la conception du feu en tant que réaction chimique dénote une nette évolution par rapport à celle de feu en tant que substance.

Les obstacles épistémologiques. Les conceptions des élèves peuvent souvent être regroupées dans l'une ou l'autre des catégories formées par les obstacles épistémologiques. Voici quelques exemples de ces obstacles épistémologiques adaptés de ceux d'abord proposés par Bachelard.

- L'*obstacle animiste* consiste à expliquer un phénomène en attribuant une « âme » ou une volonté aux objets. L'élève dira, par exemple que, lorsqu'il marche, la Lune le suit parce qu'elle veut rester avec lui, plutôt que d'invoquer un effet de perspective.
- L'*obstacle verbal* consiste à expliquer un phénomène au moyen de mots. Au Moyen Âge, par exemple, on disait que l'opium faisait dormir parce qu'il contenait un « principe dormitif ». De nos jours, le fait de dire qu'un médicament soulage de la douleur parce qu'il contient un analgésique n'explique pas grand-chose non plus.

- Dans l'*obstacle classificatif* on tente d'expliquer un phénomène au moyen d'une classification. L'élève dira, par exemple, que les singes ont un cerveau développé parce que ce sont des primates, plutôt que de se rendre compte que c'est le contraire, à savoir que le cerveau développé est une des caractéristiques qui permet de classer un animal parmi les primates.
- L'*obstacle de l'univocité des relations* consiste à expliquer un phénomène par une causalité linéaire simple. L'élève qui connaît le baromètre dira, par exemple, qu'il pleut parce que la pression atmosphérique est basse, sans réaliser que plusieurs autres facteurs, tels que le taux d'humidité ou le passage d'un front, expliquent le fait qu'il pleuve.
- L'*obstacle tautologique* repose sur l'explication d'un phénomène en affirmant que les choses sont ainsi parce qu'elles sont ainsi. L'élève dira, par exemple, que les marsupiaux vivent en Australie parce que c'est leur habitat naturel.
- L'*obstacle subjectiviste* consiste à expliquer un phénomène par une volonté subjective. L'élève dira, par exemple, que les manchots empereurs vivent en Antarctique parce qu'ils aiment le froid, sans réaliser que c'est beaucoup plus leur régime alimentaire que leur « préférence » pour le froid qui explique leur présence dans cette région du globe.
- Dans l'*obstacle de l'unicité des points de vue* on apporte une explication à un phénomène à partir d'un seul point de vue. L'élève dira, par exemple, que l'orignal traverse la route, sans penser qu'on pourrait dire aussi que la route traverse le territoire de l'orignal.
- L'*obstacle anthropomorphique* concerne l'explication d'un phénomène en supposant que des plantes ou des animaux pensent comme les êtres humains ou ressentent les mêmes émotions que les êtres humains. L'élève dira, par exemple, que les oiseaux chantent parce qu'ils sont joyeux, plutôt que d'affirmer qu'ils chantent pour délimiter leur territoire ou attirer un partenaire.
- Enfin l'*obstacle substantialiste* consiste à expliquer un phénomène en ayant recours à une substance. L'élève dira, par exemple, que la chaleur est une substance qui circule facilement dans les objets métalliques alors que la chaleur est plutôt une forme d'énergie.

L'origine des conceptions des élèves est multiple. Un très grand nombre de conceptions sont basées sur le *sens commun*, et sur les *apparences* immédiatement perceptibles. Plusieurs conceptions sont indissociables du *développement général de l'intelligence* et tous les enfants du stade préopératoire, par exemple, recourent à des explications de type animiste ou anthropomorphique. Certaines de ces conceptions proviennent de l'*environnement social* de l'élève. La famille, les amis, la télévision, le cinéma, Internet proposent, explicitement ou implicitement, un grand nombre de conceptions plus ou moins scientifiques. D'autres sont liées à la *personnalité affective* de l'élève et du travail de l'inconscient, telles que, par exemple, les conceptions qui sont les reflets de craintes relatives à des mauvais esprits ou à des monstres. Finalement, certaines conceptions ont probablement une origine *historique*, telles que, par exemple, les croyances en l'influence des signes du zodiaque, directement héritées de l'histoire particulière de l'astrologie et de l'astronomie en Occident (Astolfi et Develay, 1989).

Comment déterminer les conceptions de vos élèves ?

Voici quelques techniques, inspirées de celles proposées par G. de Vecchi (1992), que vous pouvez appliquer :

- Posez des questions à vos élèves au sujet de certains phénomènes qu'ils ont l'occasion de constater dans leur vie de tous les jours.
- Demandez à vos élèves de commenter une illustration, une photo, une vidéo que vous leur présentez en tant qu'élément déclencheur.
- Demandez à vos élèves de dessiner des êtres vivants, des objets ou des phénomènes naturels et demandez-leur de commenter leur dessin, oralement ou par écrit.
- Demandez à vos élèves de vous donner leur propre définition de certains concepts scientifiques.
- Proposez à vos élèves de raisonner par la négative ou l'inverse. (Exemples : « Et si le Soleil n'existait pas ? » ; « Et si nous pouvions digérer la cellulose des plantes ? »)
- Faites la démonstration d'une expérience de physique, de chimie ou de biologie dont les résultats sont surprenants, et demandez à vos élèves d'expliquer ce qu'ils ont constaté.
- Placez vos élèves devant des explications contradictoires de divers phénomènes scientifiques et laissez-les en discuter entre eux.
- Demandez à vos élèves ce qu'ils pensent de certaines conceptions que vous connaissez ou qui ont été énoncées par des élèves d'une autre classe.
- Demandez à vos élèves ce qu'ils pensent d'une croyance de l'Antiquité ou du Moyen Âge. (Exemple : « Que pensez-vous de la théorie selon laquelle le Soleil tourne autour de la Terre ? »)

Le modèle de base du changement conceptuel. L'un des objectifs les plus importants de l'enseignement des sciences est de contribuer à faire évoluer les conceptions ou, en d'autres termes, à susciter un changement conceptuel chez l'élève. Plusieurs modèles ont été proposés pour décrire, expliquer et prédire ce changement conceptuel (Bélanger, 2008 ; Bêty, 2009). Le modèle de base fut proposé par Posner, Strike, Hweson et Gertzog au début des années 1980 (Posner, Strike, Hweson et Getzog, 1982).

Selon ce modèle, l'évolution d'une conception initiale incompatible avec un concept scientifique a d'autant plus de chance de se produire que la confrontation de l'élève avec certains phénomènes ou certaines informations lui permet de ressentir une *insatisfaction* à l'égard de cette conception initiale, que le concept scientifique présenté lui paraisse *intelligible* et *plausible* et, enfin, que le concept scientifique lui paraisse *fécond*, c'est-à-dire qu'il permet d'expliquer des phénomènes qui paraissaient difficilement explicables à l'aide de sa conception initiale.

L'apprentissage des sciences, dont le succès repose sur un certain paradoxe, nécessite une rupture par rapport au monde des conceptions habituelles, mais doit néanmoins prendre racine dans ces mêmes conceptions.

Quelques autres modèles du changement conceptuel. À la suite des travaux de Posner et de ses collègues, divers autres modèles du changement conceptuel furent proposés :

- Le modèle de Suzan Carey (1985) décrit l'évolution des conceptions en termes de « restructurations faibles » et de « restructurations fortes ». Une restructuration faible se produit quand l'élève continue à expliquer un phénomène d'une façon semblable, mais qui est devenue plus rigoureuse et plus précise. Une restructuration forte se produit quand l'élève explique un phénomène d'une façon différente, qui est devenue incompatible avec sa conception initiale.
- Le modèle d'André Giordan (1989), inspiré de notions tirées de la biochimie, compare l'évolution des conceptions aux transformations « allostériques » des protéines. En effet, de la même façon que certaines protéines peuvent se restructurer sous l'action d'un élément chimique supplémentaire, les conceptions d'un élève peuvent se restructurer à la suite de déséquilibres cognitifs.
- Le modèle d'Andrea di Sessa (1993) décrit l'évolution des conceptions en fonction de leur continuité plutôt que de leur rupture avec les conceptions initiales.

Selon ce modèle, les conceptions des élèves sont constituées de petits morceaux de savoir peu organisés appelés des *primitives.* Plusieurs de ces primitives, bien qu'elles soient des explications en partie fausses, peuvent servir de base à la construction, par l'élève, de concepts scientifiques. Par exemple, la primitive selon laquelle « le mouvement qui résulte d'une force se produit toujours dans le même sens que la force » n'est pas correcte, mais peut tout de même servir de base à une compréhension plus scientifique de la relation entre une force et un mouvement.

– Le modèle de Stella Vosniadou (1994), qui partage certains traits communs avec celui de Carey, décrit l'évolution des conceptions en termes d'enrichissement ou de révision. Un enrichissement est l'ajout de nouvelles informations, sans remise en question d'une « théorie cadre » sous-jacente (exemple : l'élève apprend que les océans comportent des régions très profondes). Une révision est une modification en profondeur d'une théorie cadre (exemple : l'élève réalise que la Terre n'est pas plate).

Des exemples de conceptions fréquentes chez les élèves

La présente section comporte, sous forme de tableaux, des exemples de conceptions fréquentes en physique, en chimie, en astronomie, en sciences de la Terre, en biologie et en technologie (Thouin, 2008).

Les conceptions fréquentes figurent dans la première colonne des tableaux. La liste des conceptions présentée n'a pas la prétention d'être exhaustive, mais constitue néanmoins un échantillon représentatif d'idées souvent exprimées par les élèves du primaire.

Les explications des conceptions sont présentées dans la deuxième colonne des tableaux. Chacune de ces explications est la principale raison pour laquelle la plupart des élèves qui adhèrent à cette conception considèrent qu'il s'agit d'un concept scientifique. Ces explications sont de divers types, et il serait sans doute impossible d'en faire une typologie rigoureuse, mais certains types sont plus fréquents que d'autres. En voici quelques exemples :

– Le *sens commun* est ce qui semble évident à première vue. Par exemple, étant donné qu'il semble toujours possible de séparer un fragment de matière en fragments plus petits, on pourrait croire que la matière peut être subdivisée à l'infini.

- Une *impression sensorielle* est basée sur un ou plusieurs sens. Par exemple, étant donné qu'un solide donne l'impression, au toucher, d'être plus compact qu'un liquide, on pourrait croire que la glace est plus dense que l'eau.
- Le *langage courant* comporte des mots ou des expressions qui ne sont pas scientifiques. Par exemple, étant donné que les unités de masse, telles que les grammes et les kilogrammes, sont habituellement utilisées pour mesurer des poids, on pourrait croire que la masse et le poids sont des concepts équivalents.
- La *généralisation* consiste à appliquer à d'autres phénomènes ou substances les propriétés connues pour quelques-uns. Par exemple, en se basant sur les propriétés des métaux les mieux connus, on pourrait croire que tous les métaux sont solides, durs et brillants.
- Le *lien direct* consiste à relier directement deux phénomènes entre eux. Par exemple, si un lien direct est établi entre le passage de l'état liquide à l'état gazeux et la chaleur, on pourrait croire que l'évaporation d'un liquide réchauffe la surface sur laquelle il se trouve.
- Un *exemple erroné* peut être relativement courant. Par exemple, étant donné que la buée et les nuages sont parfois présentés comme étant des exemples de vapeur d'eau, on pourrait croire que la buée et les nuages sont de l'eau à l'état gazeux.
- Une *vieille croyance* se perpétue parfois dans les croyances populaires. Par exemple, la croyance en l'influence des signes du zodiaque sur la vie des êtres humains ou l'explication des traits physiques d'un enfant par le mélange du sang de ses parents sont encore fréquentes de nos jours.
- Une *pratique ancienne* peut aussi laisser des traces. Par exemple, l'incinération des déchets ayant longtemps été une pratique courante, on pourrait croire qu'il s'agit d'une excellente façon de réduire le nombre et la taille des dépotoirs.
- Une *condition nécessaire, mais non suffisante* peut être confondue avec une condition nécessaire et suffisante. Par exemple, étant donné que de l'eau potable est presque toujours limpide (condition nécessaire), on pourrait croire qu'il suffit de rendre de l'eau limpide (condition non suffisante perçue comme étant suffisante) pour qu'elle devienne potable.

Les concepts scientifiques correspondant à chacune des conceptions non scientifiques sont présentés dans la troisième colonne des tableaux.

DES EXEMPLES DANS LE DOMAINE DE L'UNIVERS MATÉRIEL

La matière

Conceptions fréquentes	Explications des conceptions	Concepts scientifiques
	Notions de base	
La masse et le poids sont des concepts équivalents.	Les unités de masse, telles que les grammes et les kilogrammes, sont souvent utilisées pour mesurer des poids.	La masse d'un corps est la même partout dans l'univers, tandis que son poids change selon l'attraction gravitationnelle à laquelle cette masse est soumise.

	Les états de la matière	
L'eau en ébullition vive est plus chaude que l'eau en ébullition lente.	Quand l'eau est en ébullition vive, l'élément chauffant est souvent plus chaud que lorsqu'elle est en ébullition lente.	La température d'ébullition de l'eau, vive ou lente, est de 100 °C.
La glace doit toujours passer par l'état liquide avant de se transformer en vapeur d'eau.	La glace passe souvent par l'état liquide avant de se transformer en vapeur.	Il arrive que la glace se transforme directement en vapeur d'eau : c'est la sublimation.
La buée et les nuages sont de l'eau à l'état gazeux.	La buée et les nuages sont parfois présentés comme étant des exemples de vapeur d'eau.	La buée et les nuages sont formés de gouttelettes d'eau à l'état liquide.

	Les mélanges et les solutions	
Tous les liquides peuvent se mêler les uns aux autres.	Plusieurs liquides courants, tels que l'eau et l'alcool, se mêlent bien les uns aux autres.	Certains liquides, tels que l'eau et l'huile, ne sont pas miscibles.
L'huile ne se mélange pas à l'eau parce qu'elle est moins dense que l'eau.	L'huile est comparée à un corps solide qui flotte sur l'eau.	L'huile et l'eau ne se mélangent pas surtout parce qu'elles ne forment aucun lien chimique.

	Quelques propriétés physiques de la matière	
Un trombone ou une lame de rasoir flottent sur l'eau de la même façon qu'un bouchon de liège.	Une catégorie générale est établie pour tout ce qui tient à la surface de l'eau.	Un trombone ou une lame de rasoir tiennent à la surface de l'eau grâce à la tension superficielle de l'eau.

Les atomes

Conceptions fréquentes	Explications des conceptions	Concepts scientifiques
Notions de base		
Les atomes et les molécules d'un corps ont des propriétés semblables à celles du corps. (Par exemple, les atomes d'or sont durs et brillants et les molécules d'eau sont de minuscules gouttelettes.)	Dans la vie de tous les jours, un fragment de matière a les mêmes propriétés que le corps dont il provient.	Les propriétés physiques courantes ne peuvent être définies au niveau atomique ou moléculaire.

Les forces et les mouvements

Conceptions fréquentes	Explications des conceptions	Concepts scientifiques
Les forces		
Les objets légers flottent et les objets lourds coulent.	Plusieurs objets légers, tels qu'un bouchon de liège, flottent, et plusieurs objets lourds, tels qu'un bloc de ciment, coulent.	La flottaison ne dépend pas du poids, mais de la densité des objets.
Les objets lourds tombent plus vite que les objets légers.	À cause de la résistance de l'air, certains objets légers, tels qu'une feuille de papier, tombent plus lentement que des objets plus lourds.	Les objets légers qui opposent peu de résistance à l'air tombent avec la même accélération que les objets lourds.
La pression		
La pression de l'air ou de l'eau ne s'exerce que de bas en haut.	La pression de l'air et de l'eau est parfois comparée au poids d'un objet.	La pression de l'air et de l'eau s'exerce dans toutes les directions.
Le mouvement		
Il faut appliquer une force constante pour qu'un objet se déplace à vitesse constante.	Dans la plupart des situations de la vie courante, une vitesse constante est associée à une force constante.	En l'absence de friction, un objet en mouvement continue à se déplacer à vitesse constante.
Les machines simples		
Les machines simples ne font que modifier la direction des forces appliquées.	La modification de la direction des forces est l'effet le plus évident de l'utilisation d'une machine simple.	Plusieurs machines simples permettent de multiplier les forces appliquées.

L'énergie

Conceptions fréquentes	Explications des conceptions	Concepts scientifiques
	Le rayonnement électromagnétique	
Les ondes électromagnétiques ont besoin d'un milieu pour se propager.	Les ondes électromagnétiques sont associées à d'autres types d'ondes telles que les ondes sonores.	Les ondes électromagnétiques peuvent se propager dans le vide.

La lumière

Conceptions fréquentes	Explications des conceptions	Concepts scientifiques
	Notions de base	
Tous les objets visibles émettent de la lumière.	Un lien direct est établi entre la présence de lumière et l'émission de lumière.	La plupart des objets visibles ne font que réfléchir la lumière qu'ils reçoivent.
Seuls les miroirs réfléchissent la lumière.	Le miroir est l'exemple d'objet qui réfléchit la lumière le plus souvent présenté.	Tous les objets visibles qui n'émettent pas de lumière réfléchissent la lumière.
	Les couleurs	
Le mélange de toutes les couleurs donne toujours du noir.	Les mélanges de plusieurs couleurs les plus courants, tels que les mélanges de gouache, donnent du noir.	Par addition, avec des sources de lumières, le mélange de toutes les couleurs donne du blanc.
Le jaune est toujours une couleur primaire, et le vert est toujours une couleur secondaire.	Les couleurs primaires et secondaires les plus connues sont celles des crayons de couleur, de la gouache et de la peinture à l'huile.	Par addition des couleurs, le jaune est une couleur secondaire et le vert est une couleur primaire.
	Les miroirs et les lentilles	
Toutes les lentilles produisent des images plus grandes que l'objet.	Les lentilles les mieux connues sont celles des loupes et des jumelles.	Les lentilles convexes donnent des images plus grandes, mais les lentilles concaves donnent des images plus petites.

Le son

Conceptions fréquentes	Explications des conceptions	Concepts scientifiques
Le son ne peut se propager, ou se propage moins bien, dans les liquides et les solides que dans l'air.	Les liquides et les solides opposent plus de résistance que l'air au mouvement.	Le son se propage mieux dans les liquides et les solides que dans l'air.

La chaleur

Conceptions fréquentes	Explications des conceptions	Concepts scientifiques
	Notions de base	
Des matériaux tels que l'aluminium sont de bons isolants thermiques.	Le papier d'aluminium est souvent utilisé pour envelopper des aliments tels que des sandwichs.	L'aluminium est un très mauvais isolant thermique et n'empêche pas les objets ou les aliments qu'il contient de se réchauffer.
Une augmentation ou une diminution de la chaleur entraîne toujours une augmentation ou une diminution de la température.	Pour une substance qui n'est pas en train de changer d'état, il y a un lien entre l'augmentation ou la diminution de la chaleur et l'augmentation ou la diminution de la température.	Aux points de fusion ou d'ébullition, la quantité de chaleur varie, mais la température reste la même.

	La thermodynamique	
Il est possible de fabriquer des dispositifs qui fonctionnent sans arrêt, même sans moteur.	Certains dispositifs, tels que de lourds pendules, fonctionnent très longtemps sans moteur.	Aucun dispositif de mouvement perpétuel ne fonctionne, car il y a toujours une partie de l'énergie qui se dissipe sous forme de chaleur.

Le magnétisme et l'électricité

Conceptions fréquentes	Explications des conceptions	Concepts scientifiques
	Le magnétisme	
Tous les métaux sont attirés par un aimant.	Généralisation, à tous les métaux, de ce qui se produit pour certains métaux bien connus.	Seuls certains métaux sont attirés par un aimant.

L'électricité statique		
Le voltage des étincelles causées par l'électricité statique est très faible.	Les étincelles d'électricité statique produites dans la vie de tous les jours ne sont pas dangereuses.	Bien que leur puissance soit faible, le voltage de ces étincelles est très élevé.

Le courant électrique		
Il est suffisant de relier une seule borne d'une pile à une seule borne d'une ampoule pour que cette dernière s'allume.	L'électricité est associée à une sorte de carburant qui va du réservoir à l'endroit où il est consommé.	Les deux bornes de la pile et de l'ampoule doivent êtres reliés pour former un circuit électrique.
Seuls les métaux sont conducteurs.	Les métaux sont les conducteurs les mieux connus.	Certains matériaux, tels que le graphite, et certaines solutions, telles qu'une solution de sel de table, sont de bons conducteurs.

Les éléments et les molécules

Conceptions fréquentes	Explications des conceptions	Concepts scientifiques
Les éléments chimiques		
Toutes les substances pures, telle que l'eau distillée, sont des éléments.	Les substances pures et les éléments sont considérés comme équivalents.	Plusieurs substances pures, telles que l'eau distillée et l'alcool, sont des composés.
La mine de crayon et le diamant n'ont rien en commun.	L'apparence et les autres propriétés physiques de la mine de crayon et du diamant sont très différentes.	La mine de crayon et le diamant sont deux sortes de carbone pur.

La classification périodique		
Tous les métaux sont solides, durs et brillants.	Les métaux les mieux connus sont solides, durs et brillants.	Le mercure, par exemple, est liquide et le potassium est très mou.

Les molécules		
Les composés ont des propriétés qui sont l'addition de celles des éléments dont ils sont formés.	Dans la vie courante, un mélange a des propriétés qui sont l'addition de celle des substances dont il est composé. Le mélange d'un liquide acide et d'un liquide sucré est à la fois acide et sucré.	Les propriétés des composés peuvent être très différentes de celles des éléments dont ils sont formés. Le sel de table, par exemple, est formé de deux poisons.

Les cristaux		
Seules les pierres précieuses sont des cristaux.	Les pierres précieuses sont souvent présentées comme des exemples de cristaux.	Des substances telles que la glace, le sel et le sucre sont aussi des cristaux.

Les réactions chimiques

Conceptions fréquentes	Explications des conceptions	Concepts scientifiques
Notions de base		
La masse des produits est parfois moindre que la masse des réactifs.	Plusieurs réactions chimiques produisent des gaz invisibles et laissent peu de produits solides ou liquides.	Bien que certains produits soient parfois des gaz, la masse des produits est toujours égale à celle des réactifs.

Le feu		
Une flamme est formée d'une substance spécifique, toujours la même, qui se trouve dans les matériaux inflammables.	Les flammes des matériaux inflammables communs, tels que le bois et le papier, sont identiques.	Une flamme est formée de particules incandescentes dont la nature dépend du matériau qui brûle.
Les métaux ne brûlent pas.	Plusieurs ustensiles de cuisine sont en métal.	Des métaux tels le magnésium et le potassium brûlent très facilement.

Les acides et les bases		
Des produits comestibles, comme le jus d'orange, ne peuvent pas être des acides.	Les acides sont parfois présentés comme étant des substances corrosives et dangereuses.	Plusieurs produits comestibles, tels que des fruits, des jus de fruits et le vinaigre, sont acides.

Les composés chimiques

Conceptions fréquentes	Explications des conceptions	Concepts scientifiques
La chimie organique		
Des spiritueux différents contiennent des alcools différents.	Les divers types de spiritueux ont des goûts très différents les uns des autres.	Tous les spiritueux contiennent de l'éthanol.
Le lait ne contient pas de sucre.	Le goût du lait est très différent de celui des boissons sucrées les mieux connues.	Le lactose du lait est un sucre.

La synthèse		
Les produits synthétiques sont toujours moins bons ou plus nocifs que les produits naturels.	Les médias donnent souvent une connotation négative au mot «synthétique».	Il n'y a aucune différence entre plusieurs produits synthétiques et leur équivalent naturel.

Les techniques de l'architecture et de la construction

Conceptions fréquentes	Explications des conceptions	Concepts scientifiques
Les routes		
La partie la plus importante d'une bonne route est la chaussée en asphalte ou en béton.	La chaussée en asphalte ou en béton est la partie la plus visible d'une route.	La partie la plus importante d'une bonne route est sa fondation de pierres comprimées.
Les barrages		
L'épaisseur d'un barrage est la même à la base et au sommet.	L'observation des parties visibles d'un barrage peut donner l'impression que l'épaisseur est la même à la base et au sommet.	La base d'un barrage est plus épaisse que son sommet parce que la pression de l'eau augmente avec la profondeur.

Les techniques du mouvement

Conceptions fréquentes	Explications des conceptions	Concepts scientifiques
Les raquettes, les skis et les traîneaux		
Les raquettes permettent de marcher sur la neige parce qu'elles sont faites de matériaux légers.	Les objets légers s'enfoncent peu dans la neige.	Les raquettes permettent de marcher sur la neige parce qu'elles répartissent le poids du marcheur sur une grande surface.
Les navires et les sous-marins		
Les navires flottent grâce à la forme en V de leur coque.	La forme en V de certains objets peut les empêcher de s'enfoncer dans le sol.	Les navires flottent parce qu'ils sont moins denses que l'eau.
Les ballons et les dirigeables		
Les montgolfières sont remplies d'hélium.	Les petits ballons gonflés à l'hélium sont bien connus.	Les montgolfières sont remplies d'air chaud.

Les planeurs et les avions		
Les avions sont plus légers que l'air.	Certains objets, tels que les ballons à l'hélium, volent parce qu'ils sont plus légers que l'air.	Les avions sont plus lourds que l'air.
Ce sont les moteurs qui maintiennent les avions dans les airs.	L'observation des moteurs, lors du décollage, peut donner l'impression qu'ils maintiennent les avions dans les airs.	C'est la baisse de pression causée par l'écoulement de l'air au-dessus des ailes qui maintient les avions dans les airs.

Les techniques de la lumière, du son et des communications

Conceptions fréquentes	Explications des conceptions	Concepts scientifiques
Les instruments d'optique		
Un microscope comporte nécessairement plusieurs lentilles.	Les microscopes optiques modernes comportent plusieurs lentilles.	Les premières observations de micro-organismes furent effectuées à l'aide de microscopes à lentille simple.
Le téléphone et le télécopieur		
Les fils téléphoniques transmettent le son directement, comme de petits tubes ou comme des ficelles qui vibrent.	Dans un téléphone-jouet rudimentaire, le son est transmis par une ficelle ou par un tube.	Les fils téléphoniques transmettent un courant électrique ou une impulsion lumineuse qui sont recodés en sons.
La radio		
La radio permet l'émission et la réception directes d'ondes sonores.	Dans la vie courante, un son peut être entendu quand des ondes sonores se propagent dans l'air.	La radio fonctionne grâce à la transmission d'ondes électromagnétiques inaudibles.

Les techniques de la chaleur

Conceptions fréquentes	Explications des conceptions	Concepts scientifiques
Le chauffage solaire		
La température des rayons solaires n'est pas assez élevée pour faire fondre des métaux.	Les températures maximales atteintes en été ne sont que de 30 °C à 40 °C.	Les rayons solaires concentrés par des lentilles ou des miroirs peuvent permettent d'atteindre des températures assez élevées pour faire fondre des métaux.

Les techniques militaires et policières

Conceptions fréquentes	Explications des conceptions	Concepts scientifiques
	Les machines de guerre	
Dans l'Antiquité, il était impossible de lancer des projectiles de plusieurs dizaines de kilogrammes.	Impression basée sur le fait que la poudre à canon était inconnue dans l'Antiquité.	Dans l'Antiquité, il existait des catapultes très puissantes.

Les techniques de la chimie

Conceptions fréquentes	Explications des conceptions	Concepts scientifiques
	La céramique et le verre	
L'émail est une sorte de vernis.	Les vernis sont les enduits brillants les mieux connus.	L'émail est une substance très semblable au verre.
	Les métaux	
L'acier est identique au fer.	Le fer et les alliages à base de fer sont placés dans une seule grande catégorie.	L'acier est un alliage qui comporte une grande proportion de fer et d'autres éléments tels que le carbone et le chrome.
	Les savons et les autres produits nettoyants	
Le savon est une substance complexe, qui doit être fabriquée en usine.	De nos jours, le savon est surtout produit de façon industrielle.	Il est possible de produire du savon artisanal en faisant réagir de l'huile végétale avec une base forte.
	Les alcools et les hydrocarbures	
Le pétrole est l'hydrocarbure le plus abondant dans l'écorce terrestre.	Le pétrole est l'hydrocarbure le mieux connu.	Le charbon est un hydrocarbure beaucoup plus abondant que le pétrole.
	Les plastiques	
Tous les plastiques sont très semblables.	Tous les plastiques sont placés dans une même catégorie.	Les plastiques sont très différents les uns des autres et peuvent être durs, mous, cassants, flexibles, opaques ou transparents.

DES EXEMPLES DANS LE DOMAINE DE LA TERRE ET L'ESPACE

La Terre dans l'espace

Conceptions fréquentes	Explications des conceptions	Concepts scientifiques
	Les calottes glaciaires	
Les calottes glaciaires du pôle Nord et du pôle Sud reposent toutes deux sur un continent.	Presque partout sur Terre, la neige et la glace reposent sur de la terre ferme.	Seule la calotte glaciaire du pôle Sud repose sur un continent. Les glaces du pôle Nord flottent sur l'océan Arctique.
	Les saisons	
Les saisons dépendent de la distance entre le Terre et le Soleil.	Dans la vie de tous les jours, un objet placé plus près d'une source de chaleur qu'un autre devient plus chaud.	Les saisons dépendent de l'inclinaison de l'axe de rotation de la Terre par rapport au plan de son orbite autour du Soleil.

La structure de la Terre

Conceptions fréquentes	Explications des conceptions	Concepts scientifiques
	L'intérieur de la Terre	
Toute la Terre est solide comme la croûte terrestre.	Généralisation, à toute la Terre, de la composition de la croûte terrestre.	Une partie importante de la Terre, le manteau, est constituée d'un magma semi-liquide très chaud.
	Le magnétisme terrestre	
La position du pôle magnétique Nord et du pôle magnétique Sud est immuable et identique à la position des pôles géographiques.	Les pôles magnétiques et les pôles géographiques sont considérés comme identiques.	Les pôles magnétiques ne sont pas à la même position que les pôles géographiques, et se déplacent constamment.
	La tectonique des plaques	
Les continents sont immobiles.	À l'échelle de la durée d'une vie humaine, les continents ne semblent pas se déplacer.	Les continents, portés par les plaques tectoniques, dérivent d'environ 1 cm par an.

L'histoire de la Terre

Conceptions fréquentes	Explications des conceptions	Concepts scientifiques
	L'âge et l'origine de la Terre	
L'atmosphère a toujours contenu de l'oxygène.	Généralisation, à toutes les époques, de la composition actuelle de l'atmosphère.	L'oxygène, formé par photosynthèse, est apparu il y a un milliard d'années.
Couches de roches et fossiles		
Les fossiles sont des restes de plantes et d'animaux qui ont durci.	Les fossiles ont la même forme que des plantes ou des animaux ou que des parties de plantes ou d'animaux.	Un fossile peut être un moule en creux ou une empreinte formée de minéraux qui ont pris la place de l'animal ou de la plante.

L'évolution de la surface de la Terre

Conceptions fréquentes	Explications des conceptions	Concepts scientifiques
	L'érosion	
Toute l'érosion est causée par l'eau.	L'eau est la cause la mieux connue de l'érosion.	Les variations de température, le vent, de même que des processus chimiques et biologiques sont aussi des causes d'érosion.
	L'eau	
Une source est de l'eau qui remonte dans le sol jusqu'à la surface.	L'eau de certaines sources jaillit du sol.	Une source coule par gravité et ne peut jaillir du sol qu'au pied d'une pente.
	Les régions arides	
Tous les déserts sont situés dans des régions chaudes.	Les déserts les mieux connus sont ceux des régions chaudes.	Il existe des déserts, tels que l'Antarctique, dans les régions froides.
	Les étendues de glace	
Les glaciers sont immobiles.	Le mouvement des glaciers est relativement lent et difficile à percevoir.	Les glaciers, situés en montagne, s'écoulent lentement sous l'action de la gravité.

Le sol		
Tous les sols sont semblables.	Généralisation, à tous les sols, des caractéristiques des types de sols les mieux connus.	Il existe plusieurs types de sols qui peuvent être classés selon diverses caractéristiques.

Les océans et les mers

Conceptions fréquentes	Explications des conceptions	Concepts scientifiques
Les océans et les mers		
La profondeur des océans représente une portion appréciable du rayon de la Terre.	Les océans sont très profonds.	Toute proportion gardée, les océans peuvent être comparés à une mince couche de buée à la surface d'une boule de billard.

L'atmosphère et le temps

Conceptions fréquentes	Explications des conceptions	Concepts scientifiques
L'atmosphère		
L'atmosphère est composée principalement d'oxygène.	L'oxygène est le gaz de l'atmosphère le mieux connu.	L'atmosphère contient 78 % d'azote, 21 % d'oxygène et quelques autres gaz.

Les nuages et les précipitations		
Les nuages sont de l'eau à l'état gazeux.	Les nuages sont parfois présentés comme étant un exemple de vapeur d'eau.	La vapeur d'eau est invisible et les nuages sont formés de fines gouttelettes d'eau.
Des précipitations d'un centimètre de neige contiennent la même quantité d'eau que des précipitations d'un centimètre de pluie.	Toutes les précipitations peuvent sembler équivalentes.	Des précipitations de dix centimètres de neige contiennent la même quantité d'eau que des précipitations d'un centimètre de pluie.

Les masses d'air et les tempêtes		
Les éclairs et le tonnerre sont causés par le choc des nuages.	Il existe une croyance populaire à l'effet que les éclairs et le tonnerre sont causés par le choc des nuages.	Les éclairs et le tonnerre sont des décharges d'électricité statique à l'intérieur des nuages, entre les nuages ou entre les nuages et le sol.

Le système solaire

Conceptions fréquentes	Explications des conceptions	Concepts scientifiques
	Notions de base	
Le système solaire est le centre de l'Univers.	Lorsqu'il est question d'astronomie, le système solaire semble parfois la partie la plus importante de l'Univers.	Le Soleil n'est qu'une des étoiles d'une des galaxies de l'Univers.
	Le Soleil	
Le Soleil est une boule de feu.	Dans le langage courant, le Soleil est parfois décrit comme étant une « boule de feu ».	Le Soleil est formé d'hydrogène en fusion nucléaire.
	La Lune	
Les phases de la Lune sont causées par l'ombre de la Terre.	Lors des éclipses de Lune, l'ombre de la Terre peut cacher une partie de la Lune pendant quelque temps.	Les phases de la Lune sont causées par la façon dont la partie éclairée de Lune peut être vue de la Terre.
Les cratères de la Lune sont les restes d'anciens volcans.	Les cratères lunaires sont associés aux cratères volcaniques terrestres.	Les cratères de la Lune résultent d'impact de météorites.
	Jupiter	
Jupiter est une boule dense, à la surface solide comme la Terre ou Mars.	Généralisation, à toutes les planètes, de la surface de planètes comme la Terre ou Mars.	Jupiter est une boule de gaz qui entoure un noyau de roche et de métal.
	Saturne	
Les anneaux de Sature sont continus et solides.	Vus de la Terre, les anneaux de Saturne semblent continus et solides.	Les anneaux sont formés d'une multitude de morceaux de roche et de glace en orbite autour de Saturne.
	Les comètes	
Les comètes sont de grosses étoiles filantes.	Les photographies et les dessins de comètes et d'étoiles filantes se ressemblent.	Les comètes sont des boules de glace et de roche qui tournent autour du Soleil.

Les étoiles et les galaxies

Conceptions fréquentes	Explications des conceptions	Concepts scientifiques
Les étoiles		
Les étoiles sont beaucoup plus petites et plus froides que le Soleil.	Vues de la Terre, les étoiles ne sont que des points de lumière.	Le Soleil est une étoile moyenne.

Les constellations		
Les constellations sont formées d'étoiles qui sont réellement à proximité les unes des autres.	Impression basée sur la distance apparente entre les étoiles d'une même constellation.	Les étoiles de certaines constellations sont très éloignées les unes des autres.

La taille de l'Univers		
La lumière des étoiles nous parvient instantanément.	La vitesse de la lumière est tellement rapide que la propagation de la lumière semble parfois se faire de façon instantanée.	La lumière de la plupart des étoiles visibles à l'œil nu prend des dizaines et souvent des centaines d'années à nous parvenir.

La prospection minière

Conceptions fréquentes	Explications des conceptions	Concepts scientifiques
La prospection		
Le forage est la seule façon de faire de la prospection minière.	Le forage est l'étape la mieux connue de la prospection.	Il existe des méthodes géologiques, géochimiques et géophysiques de prospection.

La prévision météorologique

Conceptions fréquentes	Explications des conceptions	Concepts scientifiques
La prévision météorologique		
Le thermomètre est l'instrument de mesure le plus utile pour prévoir le temps.	Le thermomètre est l'instrument météorologique le mieux connu et le plus courant.	Le baromètre est l'instrument de mesure le plus utile pour prévoir le temps.

L'observation, la mesure et l'exploration de l'Univers

Conceptions fréquentes	Explications des conceptions	Concepts scientifiques
	L'observation en lumière visible	
Le grossissement est la caractéristique la plus importante d'un télescope.	Généralisation, aux télescopes, d'une caractéristique importante d'instruments tels que les loupes et les microscopes.	La caractéristique la plus importante d'un télescope est la quantité de lumière qu'il peut recueillir.

DES EXEMPLES DANS LE DOMAINE DE L'UNIVERS VIVANT

La cellule

Conceptions fréquentes	Explications des conceptions	Concepts scientifiques
	La cellule animale	
La cellule animale peut produire sa propre nourriture.	La croissance des organismes animaux peut donner l'impression qu'ils produisent de la matière.	La cellule animale doit puiser sa nourriture dans son environnement.

	Les tissus et les organes	
Les nerfs, les os et le sang ne sont pas des tissus.	Le mot « tissu » peut donner l'impression qu'un tissu vivant doit ressembler à un tissu textile.	Les nerfs sont du tissu nerveux, tandis que les os et le sang sont du tissu conjonctif.

La biochimie

Conceptions fréquentes	Explications des conceptions	Concepts scientifiques
	Les protides	
Seuls la viande et le poisson contiennent des protéines.	La viande et le poisson sont les sources de protéines le plus souvent citées en exemple.	Plusieurs végétaux contiennent des protéines.

	Les vitamines et les minéraux	
L'action du soleil sur la peau permet la formation de vitamine C.	Il se consomme plus de vitamine C en hiver qu'en été.	C'est la vitamine D, et non la vitamine C, qui est produite par l'action du Soleil sur la peau.

La transmission des caractères héréditaires

Conceptions fréquentes	Explications des conceptions	Concepts scientifiques
L'hérédité		
Les caractéristiques d'un animal ou d'un être humain sont déterminées par le mélange du sang de ses parents.	Le mélange du sang est une explication historique, qui se perpétue dans les croyances populaires, au sujet de la transmission des caractères héréditaires.	Les caractéristiques d'un animal ou d'un être humain sont déterminées par son bagage génétique.

L'évolution

Conceptions fréquentes	Explications des conceptions	Concepts scientifiques
La théorie actuelle de l'évolution		
Les espèces évoluent à cause de la transmission des caractères acquis pendant la vie des individus.	Croyance populaire concernant la transmission des caractères acquis.	Les espèces évoluent grâce au processus de la sélection naturelle.
L'histoire de la vie		
Les végétaux et les animaux sont apparus à peu près en même temps.	La façon dont l'apparition et l'évolution de la vie son présentées ne rend pas toujours compte des longues périodes concernées.	Les végétaux sont apparus très longtemps avant les animaux, et ont produit de l'oxygène.

La classification des êtres vivants

Conceptions fréquentes	Explications des conceptions	Concepts scientifiques
Les champignons appartiennent au règne des végétaux.	Certaines caractéristiques des champignons et des végétaux sont semblables.	Les champignons ne sont pas des végétaux et font partie d'un règne distinct.

Les virus et les micro-organismes

Conceptions fréquentes	Explications des conceptions	Concepts scientifiques
Les virus		
Le rhume et la grippe sont causés par le froid.	Dans les pays tempérés, les cas de rhume et de grippe sont plus fréquents en hiver.	Le rhume et la grippe sont causés par des virus qui se transmettent mieux en hiver parce que les gens passent plus de temps à l'intérieur.

Les unicellulaires sans noyau		
Toutes les bactéries sont nuisibles.	Les bactéries pathogènes défraient plus souvent les manchettes que les bactéries inoffensives ou utiles.	Il existe des bactéries utiles, comme celles qui sont utilisées dans la fabrication du yaourt et de fromage.

Les unicellulaires avec noyau		
Les seuls êtres vivants qui possèdent de la chlorophylle sont les plantes.	La chlorophylle est associée aux végétaux les mieux connus.	Les algues unicellulaires possèdent de la chlorophylle.

Les champignons

Conceptions fréquentes	Explications des conceptions	Concepts scientifiques
Les champignons		
Les moisissures apparaissent spontanément sur des aliments humides.	Rien ne semble se déposer sur les aliments qui moisissent.	Les moisissures ne peuvent apparaître que si des spores se sont déposées sur les aliments.

Les végétaux

Conceptions fréquentes	Explications des conceptions	Concepts scientifiques
L'embranchement des bryophytes		
Tous les végétaux ont des racines.	Généralisation basée sur les végétaux les mieux connus.	Les hépatiques et les mousses sont dépourvus de racines.

L'embranchement des ptéridophytes		
Les spores sont de petits fruits ou de petites graines.	Tout ce qui permet la reproduction d'un végétal est considéré comme un fruit ou une graine.	Les spores sont de minuscules paquets de cellules sans structure définie.

L'embranchement des spermaphytes: les gymnospermes		
Les conifères n'ont pas de feuilles et par conséquent, pas de chlorophylle.	Les aiguilles des conifères semblent très différentes des feuilles des arbres feuillus.	Les aiguilles des conifères sont de petites feuilles.

L'embranchement des spermaphytes : les angiospermes		
Les rosiers, les pommiers et les fraisiers ne peuvent faire partie de la même famille.	Les rosiers, les pommiers et les fraisiers sont des plantes de tailles très différentes.	La classification des plantes à fleurs est basée principalement sur les caractéristiques des fleurs, qui sont toutes semblables pour ces plantes.

La biologie végétale

Conceptions fréquentes	Explications des conceptions	Concepts scientifiques
L'anatomie végétale		
Tout le tronc d'un arbre est formé de cellules vivantes.	Dans le règne animal, tout l'organisme est formé de cellules vivantes.	Le bois d'un tronc d'arbre est formé de couches de cellules mortes et seule la mince couche située sous l'écorce est vivante.

La photosynthèse		
Les plantes ont besoin d'eau, de Soleil et de terre.	L'eau, le Soleil et la terre sont facilement visibles.	Les plantes ont aussi besoin de gaz carbonique pour pouvoir respirer.
La matière dont est formée une plante provient surtout des minéraux du sol.	L'importance accordée aux engrais donne l'impression que la plante tire l'essentiel de sa substance du sol.	La matière dont est formée une plante provient surtout du gaz carbonique et de l'eau.

Les systèmes de transport		
La sève monte jusqu'aux feuilles uniquement par capillarité.	La capillarité est le phénomène le mieux connu qui explique que de l'eau monte dans un tube.	La capillarité ne peut faire monter l'eau que de quelques centimètres. La traction de transpiration est donc nécessaire.

La croissance des plantes		
Les bourgeons des arbres feuillus se forment au printemps.	Les bourgeons sont plus gros et plus visibles au printemps	Les bourgeons se forment à l'automne.

La structure des fleurs		
Les fleurs de toutes les plantes possèdent un pistil et des étamines.	Les schémas habituels de la fleur la présentent avec un pistil et des étamines.	Certaines plantes ont des fleurs qui ne renferment qu'un pistil ou que des étamines.

La pollinisation et les graines		
Les plantes se reproduisent seulement quand les étamines d'une fleur fécondent le pistil de la même fleur.	Les étamines d'une fleur unique sont juste à côté de son pistil.	La plupart des plantes se reproduisent par pollinisation croisée, quand les étamines d'une fleur fécondent le pistil d'une autre fleur.

Les fruits		
La tomate, le concombre ou les haricots sont des « légumes ».	Dans le langage courant, les parties des plantes qui se mangent plutôt salées que sucrées sont appelées des « légumes ».	La formation des tomates, des concombres et des haricots résulte de la fécondation des fleurs et il s'agit donc de fruits. De plus, le terme « légume » peut difficilement être défini de façon univoque.

Les animaux

Conceptions fréquentes	Explications des conceptions	Concepts scientifiques
L'embranchement des spongiaires		
Les éponges sont des végétaux.	L'apparence extérieure des éponges est semblable à celle de certaines plantes aquatiques.	L'anatomie des éponges, de même que les cellules de leur organisme, sont très différentes de celles des végétaux.

L'embranchement des cnidaires		
Les coraux sont des roches.	Les récifs coralliens ressemblent à des formations rocheuses.	Les récifs coralliens sont des accumulations des minuscules cloisons en calcaires laissées par les coraux.

L'embranchement des mollusques		
Les mollusques sont tous de petits animaux comme l'escargot, la limace et la moule.	Les mollusques les mieux connus sont de petits animaux.	La pieuvre et le calmar sont également des mollusques.

L'embranchement des arthropodes : les insectes		
Les insectes ne sont pas des animaux.	Les exemples courants d'animaux sont presque toujours des vertébrés.	Les insectes, les araignées, les mille-pattes et les vers sont tous des animaux.
Les chenilles ont un grand nombre de paires de pattes.	Une observation rapide des chenilles donne l'impression qu'elles ont un grand nombre de paires de pattes identiques.	Les chenilles, comme tous les insectes, n'ont que trois paires de vraies pattes.

L'embranchement des arthropodes : les arachnides		
Les araignées sont des insectes.	Tous les petits animaux qui ressemblent un peu à des insectes sont placés dans une même catégorie.	Les araignées sont des arthropodes de la classe des arachnides.

L'embranchement des échinodermes		
Les échinodermes, tels que les étoiles de mer et les oursins, sont des végétaux.	Les étoiles de mer et les oursins ressemblent un peu à certaines plantes aquatiques.	Les étoiles de mer et les oursins sont des animaux relativement complexes.

L'embranchement des cordés : les poissons		
Les poissons possèdent des poumons.	Le système respiratoire le mieux connu est celui des amphibiens, des reptiles et des mammifères.	Les poissons, sauf les dipneustes, ne respirent pas par des poumons, mais par des branchies.

L'embranchement des cordés : les amphibiens		
Les amphibiens se reproduisent et se développent de la même façon que les reptiles.	Tous les animaux à sang froid sont classés dans une même catégorie.	Les amphibiens doivent pondre leurs œufs dans l'eau, ce qui n'est pas le cas des reptiles.

L'embranchement des cordés : les reptiles		
Les reptiles mettent leurs petits au monde comme des mammifères.	Le système de reproduction des vertébrés est placé dans une seule catégorie.	Tous les reptiles pondent des œufs.

L'embranchement des cordés : les oiseaux		
Tous les oiseaux ont une durée de vie relativement courte.	La vie de plusieurs espèces d'oiseaux bien connus est relativement courte.	Certaines espèces d'oiseaux, telles que le perroquet, ont une durée de vie comparable à celle des êtres humains.

L'embranchement des cordés : les mammifères		
Un animal qui pond des œufs ne peut pas être un mammifère.	La très grande majorité des mammifères ne pondent pas d'œufs.	Il existe trois espèces de mammifères qui pondent des œufs.
Les dauphins et les baleines sont des poissons.	Tous les animaux qui vivent dans l'eau et dont la forme ressemble à celle d'un poisson sont considérés comme des poissons.	Les dauphins et les baleines sont des mammifères marins.

La biologie animale

Conceptions fréquentes	Explications des conceptions	Concepts scientifiques
Des êtres vivants hétérotrophes		
Les animaux sont herbivores, carnivores ou omnivores.	Les régimes alimentaires les mieux connus sont ceux des animaux herbivores, carnivores et omnivores.	Il existe également des animaux suceurs, détritivores, filtreurs et saprophages.

Les squelettes		
Les seuls squelettes sont les squelettes osseux internes.	Dans le langage courant le mot « squelette » désigne un squelette osseux interne.	Il existe aussi des exosquelettes, des squelettes hydrostatiques et des endosquelettes cartilagineux.
Les os sont des morceaux de matière minérale inerte.	Les os sont durs comme de la roche.	L'os est une substance vivante et plusieurs os sont remplis de moelle rouge qui produit les globules rouges du sang.

La peau		
La peau est une membrane inerte.	La peau ressemble un peu à un tissu textile.	La peau est le plus grand organe du corps.

Le système respiratoire		
Tous les animaux possèdent des poumons.	Les animaux les mieux connus, tels que les oiseaux et les mammifères, possèdent des poumons.	De nombreuses espèces animales, telles que les vers, les insectes et les poissons, n'ont pas de poumons.

Le cœur et la circulation sanguine		
Tous les animaux ont un (et un seul) cœur.	Les animaux les mieux connus ont un (et un seul) cœur.	Certains animaux, tels que l'éponge, n'ont pas de cœur, tandis que d'autres, comme certains vers, en ont plusieurs.
La principale fonction du sang est de transporter des nutriments.	La fonction du sang est associée à celle de la sève des arbres.	La principale fonction du sang est d'amener l'oxygène dans toutes les parties du corps.

Le système digestif		
La salive sert uniquement à humecter les aliments.	Le rôle le plus évident de la salive est d'humecter les aliments.	Le goût du pain devient plus sucré à mesure qu'une enzyme de la salive commence à digérer l'amidon.

Le système urinaire et l'homéostasie		
La transpiration et le frissonnement sont des réflexes sans utilité particulière.	La transpiration et le frissonnement ne semblent rien changer rien au fonctionnement du corps.	La transpiration et le frissonnement contribuent à réguler la température du corps.

Le système musculaire		
Tous les muscles sont soumis à un contrôle conscient.	Les muscles les mieux connus, ceux des membres, sont soumis à un contrôle conscient.	Il est possible, par exemple, de contracter volontairement les muscles de l'abdomen, mais impossible de contracter volontairement les muscles qui entourent l'estomac.

Les mouvements		
Le mouvement des vers de terre est identique au mouvement des serpents.	Les mouvements de tous les animaux longilignes sont placés dans une même catégorie.	Le mouvement des vers de terre est longitudinal et celui des serpents est ondulatoire.

Les sens		
Tous les animaux perçoivent les formes et les couleurs comme les êtres humains.	Généralisation à partir de la perception des formes et des couleurs par les êtres humains.	Plusieurs animaux ne distinguent pas très bien les formes et ne distinguent pas les couleurs.
L'oreille ne sert qu'à entendre	L'audition est la fonction de l'oreille la mieux connue.	L'oreille interne joue aussi un grand rôle dans la perception de l'équilibre.
La langue est seule responsable des perceptions de la flaveur des aliments.	Dans le langage courant, les sensations associées aux aliments sont toutes attribuées à la langue.	La langue ne perçoit que les goûts acide, sucré, salé et amer et ne perçoit pas les nuances de la flaveur.

La communication		
Les chants et les cris des oiseaux expriment des émotions.	Généralisation, aux oiseaux, des raisons pour lesquelles les êtres humains chantent et crient.	Les chants et les cris des animaux servent à délimiter un territoire, attirer un partenaire ou donner l'alerte.

Les défenses contre les maladies		
Les allergies sont directement causées par les substances auxquelles le corps est allergique.	Le mécanisme des allergies est associé à celui des maladies infectieuses.	Les allergies sont causées par une réponse immunitaire excessive à certaines substances.

La reproduction et le développement		
Les papillons sont les seuls insectes à subir une métamorphose.	L'exemple de métamorphose le plus souvent présenté est la métamorphose des papillons.	Il n'y a pas que les papillons qui subissent une métamorphose. La coccinelle, par exemple, passe aussi par les états de larve et de nymphe.

Le comportement		
Tous les comportements des animaux sont acquis et doivent être enseignés par les parents.	Généralisation à partir de la façon dont les êtres humains éduquent leurs enfants.	De nombreux comportements des animaux sont innés et ne nécessitent aucun apprentissage.

L'écologie

Conceptions fréquentes	Explications des conceptions	Concepts scientifiques
Notions de base		
La biosphère est la surface des continents.	Les espèces vivantes les mieux connues se trouvent à la surface des continents.	La biosphère est plus que la surface des continents. Elle s'étend des profondeurs de l'océan aux basses couches de l'atmosphère et inclut aussi une certaine épaisseur de l'écorce terrestre.

Les pyramides et les chaînes alimentaires		
Les plantes et les arbres ont surtout une fonction d'abri pour les animaux.	La fonction d'abri est la fonction la plus évidente des plantes et des arbres.	Les plantes et les arbres sont une source de nourriture et d'oxygène pour les animaux.

Les techniques de l'alimentation

Conceptions fréquentes	Explications des conceptions	Concepts scientifiques
L'agriculture et l'élevage		
Toutes les cultures se font dans le sol.	Les cultures les mieux connues se font dans le sol.	La culture hydroponique se fait directement dans de l'eau à laquelle ont été ajoutés des sels minéraux.

La conservation des aliments		
Le seul rôle du sel est d'améliorer le goût des aliments.	En cuisine moderne, le sel est utilisé pour améliorer le goût des aliments.	Depuis l'Antiquité, et encore de nos jours pour certains aliments, le sel est un agent de conservation très important.

Les techniques de la santé

Conceptions fréquentes	Explications des conceptions	Concepts scientifiques
L'hygiène		
Les usines de traitement de l'eau peuvent produire une eau parfaitement pure.	Impression basée sur le fait que l'eau produite par les usines de traitement est considérée comme étant sans danger.	La plupart des usines de traitement de l'eau ne peuvent éliminer les contaminants chimiques.

La chirurgie		
Le sang d'un être humain en santé peut être transfusé à n'importe quel autre être humain.	Impression basée sur l'apparence extérieure, toujours la même, d'échantillons de sangs humains.	Certains groupes sanguins sont incompatibles et une transfusion entraînerait une réaction de rejet.

Le génie génétique et le clonage		
Le clonage est une technique récente.	Le clonage de mammifères, longtemps impossible à réaliser, défraie les manchettes depuis quelques années.	Le clonage de plantes et de certains invertébrés est pratiqué depuis des siècles.

Les techniques de l'environnement

Conceptions fréquentes	Explications des conceptions	Concepts scientifiques
L'enfouissement, le compostage et le recyclage des déchets		
Le recyclage ne vise qu'à réduire la quantité de déchets dans les dépotoirs.	La réduction de la quantité de déchets dans les dépotoirs est une des raisons pour lesquelles le recyclage est important.	Le recyclage vise aussi à réduire la quantité de matières premières nécessaires pour la fabrication de nouveaux produits.
Le traitement de l'eau		
Pour rendre de l'eau potable, il suffit de bien la filtrer pour qu'elle devienne limpide.	L'eau potable est limpide.	Pour rendre de l'eau potable, il faut aussi éliminer les micro-organismes qu'elle peut contenir.
Les énergies renouvelables		
L'énergie solaire ne permet de produire que de la chaleur.	La forme la plus évidente de l'énergie solaire est la chaleur.	L'énergie solaire permet aussi de produire de l'électricité grâce à des cellules photovoltaïques.
La protection biologique des cultures		
Seuls les pesticides et les herbicides chimiques permettent de tuer les insectes et les plantes indésirables pour les agriculteurs.	Les pesticides et les herbicides chimiques sont les façons les mieux connues de lutter contre les insectes et plantes indésirables.	Il existe diverses méthodes de protection biologique des cultures, telles que l'utilisation d'insectes inoffensifs qui mangent les insectes nuisibles.

CHAPITRE 8

LA TRANSPOSITION DIDACTIQUE: DU SAVOIR SAVANT AU SAVOIR SCOLAIRE

Les savoirs scientifiques et technologiques enseignés à tous les ordres d'enseignement, et particulièrement au primaire, sont bien différents des savoirs produits récemment par la communauté scientifique. En effet, les concepts, les lois et les théories enseignés aux élèves ne sont pas seulement des simplifications des concepts, des lois et des théories de diverses disciplines scientifiques, mais le résultat de reconstructions qui les modifient et transposent le savoir savant en savoir scolaire. Cette reconstruction, qui a d'abord été étudiée dans le domaine de la didactique des mathématiques, porte le nom de *transposition didactique* (Chevallard, 1991).

Les niveaux de transposition

La transposition didactique intervient à plusieurs niveaux:

- les scientifiques font des recherches et des études dont les conclusions sont le *savoir produit*;
- le savoir produit par les scientifiques est en partie censuré par la communauté scientifique elle-même, et devient ainsi le *savoir diffusé*;
- ce savoir diffusé fait l'objet d'une sélection et d'une transformation, en fonction des valeurs du système éducatif, et devient le *savoir à enseigner*, qui se retrouve dans le programme officiel;
- étant donné que chaque enseignant possède une culture, une expérience et des méthodes qui lui sont propres et fait sa propre interprétation du savoir à enseigner, le *savoir enseigné* diffère du savoir à enseigner;
- une partie seulement, souvent la partie la plus opératoire, des savoirs appris est vérifiée et constitue les *savoirs évalués*;
- enfin, peu d'élèves ont des résultats parfaits ou excellents lorsqu'ils sont évalués et seule une partie du savoir évalué peu être considérée comme le *savoir appris*.

La didactique des sciences s'intéresse particulièrement à la transposition didactique qui transforme le savoir diffusé par la communauté scientifique en savoir à enseigner à l'école. Les deux principaux processus qui interviennent, dans cette transposition, sont la *sélection* et la *transformation* des savoirs. Cette sélection et cette transformation sont surtout effectuées par les auteurs de programmes, de manuels et de matériel didactique. Dans certains cas, elles peuvent même aboutir à des savoirs scolaires qui n'ont pas d'équivalent dans le savoir scientifique moderne (exemples: la géométrie, le modèle planétaire de l'atome, la classe des poissons, etc.).

La sélection des savoirs

Il est impossible d'enseigner « toutes » les sciences et les technologies, surtout au primaire où le but visé est un éveil aux sciences. Il faut donc faire certains choix en fonction, par exemple, des buts poursuivis par le système éducatif et le programme de formation. Ainsi, un programme d'études peut mettre davantage l'accent sur les sciences physiques que sur les sciences biologiques ou accorder une plus grande importance aux applications qu'aux aspects théoriques. Il est évident, par ailleurs, que certains concepts jugés trop difficiles ne sont pas abordés au primaire et, à l'inverse, que certains concepts de base qui ne posent plus de problèmes aux scientifiques, tels que le concept de la flottabilité ou le concept du levier, peuvent constituer des aspects importants du programme. Les sciences et les technologies enseignées au primaire sont donc une représentation assez particulière du savoir scientifique, et cette représentation est choisie en fonction des finalités de l'enseignement primaire.

La transformation des savoirs

Les conditions dans lesquelles le savoir est transmis sont différentes de celles dans lesquelles il est produit et entraînent une structuration particulière. Par conséquent, les savoirs scolaires ne sont pas organisés de la même façon que les savoirs savants. Les problèmes abordés en sciences et technologie, avec les élèves, et les relations établies entre les concepts enseignés diffèrent des problèmes et des relations qui préoccupent les scientifiques. Cette transformation des savoirs savants en savoirs scolaires peut prendre une ou plusieurs des formes suivantes:

La dogmatisation. Tout savoir scientifique est susceptible d'être remis en question si de nouvelles questions, de nouveaux problèmes ou de nouvelles données jettent un doute sur les modèles généralement admis par la communauté scientifique.

Ce sont ces remises en question qui font progresser le savoir scientifique. Mais la transformation des savoirs scientifiques en savoirs scolaires a souvent comme effet de donner aux sciences et aux technologies un caractère dogmatique, c'est-à-dire de les présenter comme un ensemble de faits établis, de méthodes immuables, de théories prouvées de façon indiscutable.

La décontextualisation. Souvent, l'origine, le contexte de production, l'utilité, les applications pratiques des concepts, lois et théories scientifiques ne sont pas abordés avec les élèves. Le savoir est alors décontextualisé et les élèves risquent de se demander pourquoi il leur faut apprendre ce qui leur est enseigné.

La dépersonnalisation. Le savoir scientifique est souvent présenté en faisant abstraction de l'histoire des sciences. L'élève ne sait rien de la vie et des motivations des scientifiques à qui l'on doit les découvertes enseignées et n'est pas informé des idées dominantes à diverses époques. Il peut donc avoir l'impression que les sciences et les technologies n'existent que dans les livres ou sont le résultat du travail de chercheurs anonymes parfaitement neutres et objectifs, à l'abri de toute rivalité personnelle ou idéologique.

La désyncrétisation (ou désorganisation). Les sciences et les technologies sont des disciplines syncrétiques, c'est-à-dire qu'elles forment des ensembles organisés d'énoncés d'observations, de concepts, de lois, de théories et de modèles qui sont le résultat d'une longue évolution. Les programmes d'études, les manuels et les activités proposées en classe, organisés selon une logique différente, peuvent facilement masquer la cohérence et la logique de l'organisation des savoirs.

La programmation. Les programmes d'études en sciences et technologies organisent souvent le savoir scientifique en chapitres, blocs ou sections relativement indépendants les uns des autres. Cette programmation du savoir, qui est l'inverse de sa désyncrétisation, obéit toutefois à une logique beaucoup plus scolaire que scientifique.

La reformulation. Les savoirs sélectionnés comme objets à enseigner aux élèves sont reformulés en termes de compétences, de repères culturels, de savoirs et de stratégies. Cette reformulation peut avoir comme résultat de trier, découper et classer les savoirs scientifiques d'une façon très différente de celle de la communauté scientifique.

L'opérationnalisation. Les savoirs scolaires se traduisent souvent par des activités et des exercices facilement vérifiables au moment d'évaluer les apprentissages des élèves. Cette opérationnalisation peut cependant limiter les savoirs scolaires à des aspects relativement secondaires des savoirs savants. Elle risque aussi, parfois, de transformer l'enseignement et l'apprentissage en un processus difficilement compatible avec une véritable reconstruction du savoir par les élèves.

Une transposition didactique réussie

La sélection et la transformation des savoirs qui caractérisent les transpositions didactiques ne sont ni bonnes ni mauvaises, et elles sont inévitables. Il serait impossible, en effet, surtout au primaire, d'enseigner directement les savoirs de la communauté scientifique. Mais certaines transpositions didactiques sont mieux réussies que d'autres, particulièrement lorsqu'elles évitent une décontextualisation, une dogmatisation, une dépersonnalisation, une désyncrétisation et une opérationnalisation trop radicales des savoirs scientifiques.

Par conséquent, l'enseignement des sciences et des technologies devrait, dans la mesure du possible :

- présenter les sciences et les technologies d'une façon non dogmatique qui respecte la nature de ces activités qui impliquent de continuelles remises en question des savoirs ;
- placer les concepts, lois et théories scientifiques ainsi que les méthodes et procédés technologiques dans un contexte signifiant pour les élèves ;
- personnaliser le savoir scientifique et technique en accordant une place importante à l'histoire des sciences et à la biographie de scientifiques célèbres ;
- structurer les programmes et les manuels d'une façon qui respecte le plus possible le syncrétisme des disciplines scientifiques et technologiques ;
- reformuler et opérationnaliser les savoirs sans les dénaturer, en permettant aux élèves de vivre une véritable reconstruction du savoir.

CHAPITRE 9

LE CONTRAT DIDACTIQUE : UN CONTRAT IMPLICITE ENTRE L'ENSEIGNANT ET L'ÉLÈVE

Il arrive parfois, surtout à l'université, que certains professeurs appliquent une « pédagogie du contrat » avec leurs étudiants. Cette façon de procéder, qui peut prendre la forme d'un contrat écrit, consiste pour le professeur et chacun de ses étudiants à s'entendre sur les attentes qui correspondent aux divers résultats possibles. Par exemple, l'étudiant qui opte pour une note élevée s'engage à effectuer des travaux d'une qualité et d'une envergure beaucoup plus grandes que celui qui vise une note faible.

Le contrat didactique

La notion de contrat didactique, d'abord proposée par Guy Brousseau (1988) en didactique des mathématiques, est très différente de ce type de contrat explicite. Le contrat didactique désigne plutôt l'ensemble implicite des obligations réciproques entre l'enseignant et l'élève. Chacun a des droits et des responsabilités qui ne sont pas clairement énoncés mais qui font partie des rôles de l'enseignant et de l'élève.

La réussite des élèves dépend, dans une large mesure, du respect des termes du contrat didactique. Par conséquent, la didactique s'intéresse particulièrement à tout ce qui peut entraîner une rupture du contrat et aux façons d'éviter ces ruptures. Par exemple, le fait, pour un enseignant, d'enseigner directement les réponses aux questions habituellement posées aux examens constituerait une rupture du contrat puisqu'une telle pratique dévaloriserait la responsabilité de la construction du savoir par l'élève.

Le caractère implicite du contrat didactique a des implications paradoxales. Un bon enseignant doit être compétent et être bien préparé, mais il ne doit pas donner aux élèves toutes les informations et toutes les explications nécessaires pour accomplir les tâches (activités, exercices et problèmes) qu'il leur propose, autrement ces tâches deviendraient trop faciles ou trop automatiques et il n'y aurait pas de véritable apprentissage. D'ailleurs, bien que les élèves et les étudiants réclament souvent plus d'informations et d'explications, pour pouvoir accomplir les tâches le plus facilement possible, presque tous ressentent un certain malaise devant les enseignants et les professeurs qui donnent trop vite les réponses aux questions et les solutions des problèmes ou devant ceux qui accordent systématiquement d'excellentes notes, quelles que soient la qualité ou l'envergure du travail effectué. Ce malaise démontre bien que les élèves et les étudiants reconnaissent, plus ou moins consciemment, qu'ils sont les premiers responsables de leurs apprentissages.

On peut donc dire, de façon générale, que le contrat didactique définit le « métier d'élève » tout autant qu'il définit la profession enseignante. Une école où les enseignants et les élèves refuseraient de jouer leur rôle et d'assumer leurs responsabilités finirait vite par s'effondrer.

La dévolution des problèmes

Il découle de ce qui vient d'être présenté que l'enseignant, en plus de bien jouer son rôle, doit trouver les meilleures façons de faire en sorte que l'élève joue bien le sien et s'implique véritablement dans les tâches qui lui sont proposées. La dévolution désigne l'ensemble des moyens par lesquels l'enseignant suscite l'engagement et la mobilisation des élèves (Brousseau, 1998).

Les situations, activités, exercices et problèmes auxquels l'élève devra travailler ne sont souvent pas les siens, car il n'est pas réaliste de penser que l'élève se posera toujours les bonnes questions ou pensera à faire les bonnes activités au bon moment. Toutefois, ces diverses tâches, si elles sont bien conçues et bien adaptées, susciteront l'intérêt de l'élève, constitueront des défis stimulants à relever et seront non seulement bien acceptées par l'enfant, mais seront éventuellement perçues comme des tâches qui lui appartiennent vraiment. Les concepts, les moyens et les stratégies mis en œuvre par l'élève pour accomplir ces tâches et relever ces défis constitueront son apprentissage.

La conviction de plusieurs spécialistes de la didactique est que la dévolution est la clé permettant de résoudre un grand nombre de problèmes de motivation et de comportement chez les élèves, et ce, même dans les milieux les plus difficiles et les plus défavorisés. Par conséquent, peut-être faudrait-il qu'une bonne partie des heures passées à enseigner la « gestion de classe » aux futurs enseignants soit plutôt consacrée à développer la compétence à concevoir, dans toutes les matières scolaires, des situations didactiques vraiment stimulantes pour les élèves.

Des ruptures de contrat en didactique des sciences et des technologies au primaire

En didactique des sciences et des technologies au primaire, de nombreuses ruptures de contrat peuvent être observées dans le milieu scolaire. Nous en proposons quelques exemples :

- certains enseignants négligent ou omettent complètement l'enseignement des sciences et des technologies en prétextant, par exemple, que l'enseignement du français et des mathématiques est le plus important et qu'ils n'ont pas ou très peu de temps pour cette discipline ;
- certains enseignants consacrent suffisamment de temps aux sciences et aux technologies, mais ne le font pas de la façon prévue et offrent très peu d'occasions à leurs élèves de développer la compétence à résoudre des problèmes. Les activités consistent uniquement, par exemple, à lire des textes et à répondre à des questions dans des cahiers d'exercices, à regarder des vidéos ou à faire des recherches en bibliothèque ou dans Internet. L'école possède très peu de matériel scientifique ou, pire encore, tout le matériel nécessaire est disponible mais n'est jamais utilisé ;
- certains enseignants n'ont jamais fait l'effort d'enrichir leur culture scientifique et technologique et enseignent des notions fausses aux élèves, comme un enseignant qui dirait, par exemple, que les saisons sont causées par l'orbite elliptique de la Terre autour du Soleil et par la variation de distance qui en découle ;
- certains enseignants n'évaluent pas consciencieusement les apprentissages en sciences et technologies et, pour se simplifier la vie, accordent à peu près la même note à tous leurs élèves ;
- certains élèves (ce qui est heureusement une situation assez rare au primaire) perturbent le déroulement des activités de sciences et de technologies au point qu'il devient presque impossible pour l'enseignant de les superviser adéquatement.

Le contrat didactique idéal en sciences et technologies au primaire

Par conséquent, nous pourrions définir les grandes lignes d'un contrat didactique idéal, en sciences et technologies au préscolaire et au primaire, de la façon suivante :

- les enseignants ont la responsabilité d'enseigner le nombre d'heures de sciences et de technologies prévues par le programme de formation ;
- les enseignants ont la responsabilité d'enseigner les sciences et la technologie de la façon prévue par le programme, en proposant à leurs élèves des problèmes stimulants qui doivent être résolus en manipulant du matériel concret. Pour ce faire, ils doivent cependant pouvoir compter sur le fait que leur école mette à leur disposition un minimum de matériel scientifique ;
- les enseignants doivent acquérir et mettre régulièrement à jour une culture scientifique et technologique de base. La lecture de livres des sciences pour les jeunes, la visite de musées scientifiques, de même que la lecture de magazines ou l'écoute d'émissions de radio ou de télé de vulgarisation scientifique sont d'excellentes façons d'y parvenir ;
- les enseignants ont la responsabilité d'évaluer adéquatement les apprentissages en sciences et technologies ;
- les élèves ont la responsabilité de faire les efforts raisonnables nécessaires pour accomplir les tâches proposées.

LE *PROGRAMME DE FORMATION DE L'ÉCOLE QUÉBÉCOISE*: LA SOUS-SECTION SCIENCE ET TECHNOLOGIE

Le chapitre 10 présente le texte intégral de la sous-section « Science et technologie » du *Programme de formation de l'école québécoise* du ministère de l'Éducation du Gouvernement du Québec (MEQ, 2001) et concerne les trois cycles de l'enseignement primaire. (L'éducation préscolaire est présentée à l'annexe 1.) Les encadrés renferment nos commentaires et nos précisions; ils ne font pas partie du document officiel du Ministère.

Présentation de la discipline

L'apprentissage de la science et de la technologie est essentiel pour comprendre le monde dans lequel nous vivons et pour s'y adapter. Les développements scientifiques et technologiques sont présents partout et l'élève doit y être très tôt initié. Il est important qu'il saisisse la différence entre les phénomènes naturels et les objets fabriqués, mais surtout qu'il prenne conscience de l'évolution du rapport que l'homme a entretenu avec la nature à travers les âges, comment il en est venu à mieux la comprendre et en expliquer les divers phénomènes, comment aussi différents procédés de fabrication ont été conçus et améliorés à travers les âges.

Domaines distincts, mais néanmoins complémentaires, la science et la technologie se développent en étroite relation. La science vise à décrire et à expliquer le monde. Elle recherche les relations qui permettent de faire des prédictions et de déterminer les causes de phénomènes naturels. De son côté, la technologie applique les découvertes de la science tout en contribuant à son développement: elle lui fournit de nouveaux outils ou instruments, mais aussi de nouveaux défis et objets d'étude. Elle cherche à modifier le monde et à l'adapter aux besoins des êtres humains.

Science et technologie ou sciences et techniques ?

Tel que mentionné dans l'introduction de ce volume, le *Programme de formation de l'école québécoise*, comporte une section intitulée « Domaine de la mathématique, de la science et de la technologie », qui se subdivise en une sous-section « Mathématique » (au singulier) et une sous-section « Science et technologie » (au singulier également). Il nous semble toutefois que l'expression « science et technologie » est un calque de l'anglais *science and technology*. Nous croyons qu'il serait préférable, en bon français, de parler de *sciences*, au pluriel parce qu'il existe de nombreuses sciences, comme la physique, la chimie, l'astronomie, la géologie, la météorologie, la biologie, très différentes les unes des autres par leurs concepts, leurs théories et leurs approches. (La même remarque pourrait d'ailleurs s'appliquer au terme « mathématique », employé dans le *Programme de formation*, étant donné que *les* mathématiques sont un ensemble de disciplines aussi diverses que l'algèbre, la statistique, la géométrie, la topologie, etc.) Et il serait préférable aussi de parler de *techniques*, au pluriel également, parce qu'il existe aussi de nombreuses techniques qui reposent, selon les cas, sur des concepts de sciences physiques, de sciences biologiques et des sciences de la Terre et de l'Espace, et parce que ce terme serait plus approprié que le terme *technologie*, qui désigne habituellement l'étude des techniques, des machines et des outils employés dans l'industrie, un domaine qui n'est pas à la portée des élèves du préscolaire et du primaire.

Le présent programme constitue une initiation à l'activité scientifique et technologique. Il privilégie des contextes d'apprentissage qui mettent l'élève en situation de recourir à la science et à la technologie. Ces disciplines font appel à des démarches de l'esprit telles que le questionnement, l'observation méthodique, le tâtonnement, la vérification expérimentale, l'étude des besoins et des contraintes, la conception de modèles et la réalisation de prototypes. Elles sollicitent également la créativité, le souci de l'efficacité, la rigueur, l'esprit d'initiative et le sens critique. C'est en s'engageant dans ce type de démarches, à travers l'exploration de problématiques tirées de son environnement, que l'élève sera graduellement amené à mobiliser les modes de raisonnement auxquels font appel l'activité scientifique et l'activité technologique, à comprendre la nature de ces activités et à acquérir les langages qu'elles utilisent.

À travers cette initiation, le programme vise à développer la culture scientifique et technologique de l'élève. La science et la technologie sont omniprésentes dans notre quotidien. Il est important d'en prendre conscience et d'apprécier leur apport à l'évolution de la société. Pour cela, il faut d'abord en percevoir les manifestations dans notre environnement immédiat et s'initier à des façons particulières d'entrer en contact avec les phénomènes qui nous entourent. Il faut aussi en retracer l'évolution à travers l'histoire et identifier les facteurs de divers ordres qui influencent leur développement. Enfin, il faut adopter la distance critique nécessaire pour reconnaître les valeurs qui les fondent et les enjeux sociaux qui en découlent, pour en reconnaître les limites et en mesurer les impacts aussi bien positifs que négatifs dans notre vie.

Bien que la science et la technologie ne soient pas inscrites à la grille-matière du premier cycle du primaire, il importe d'initier l'élève de premier cycle à leurs rudiments à travers l'observation, la manipulation, le questionnement ou les modes de raisonnement logique tels que la classification et la sériation. À cet âge, les enfants se montrent généralement intéressés par de nombreux phénomènes reliés au monde qui les entoure. L'élève du premier cycle sera donc amené à s'initier à l'activité scientifique et technologique en développant la compétence: «Explorer le monde de la science et de la technologie». Cet apprentissage devra se réaliser à travers les autres disciplines et les domaines généraux de formation.

Le programme de science et technologie de deuxième et de troisième cycles prend appui sur ces apprentissages fondamentaux et s'articule autour de trois compétences.

Compétence 1: Proposer des explications ou des solutions à des problèmes d'ordre scientifique ou technologique.

Compétence 2: Mettre à profit les outils, objets et procédés de la science et de la technologie.

Compétence 3: Communiquer à l'aide des langages utilisés par la science et la technologie.

Ces compétences mettent l'accent sur des aspects distincts, mais néanmoins complémentaires de la science et de la technologie. Comme toute activité humaine, celles-ci s'inscrivent dans un contexte social, culturel et historique qui les marque mais qu'elles influencent en retour. Elles correspondent à une façon particulière d'appréhender le monde. La première compétence est reliée à l'appropriation des modes de raisonnement qui permettent d'aborder des problématiques d'ordre scientifique et technologique. Les deux autres sont étroitement reliées à la nature même des activités qu'elles permettent d'instrumenter, tant sur le plan de la réalisation que de la communication. Comprendre la nature des outils, objets et procédés auxquels la science et la technologie font appel est essentiel pour en mesurer les impacts aussi bien positifs que négatifs. Communiquer à l'aide des langages qu'elles utilisent permet d'assurer une continuité entre les connaissances acquises et celles qui naîtront des échanges avec les autres. Ces compétences se développent toutes trois en prenant appui sur des repères culturels qui permettent d'associer les apprentissages disciplinaires à divers champs de l'activité humaine et de les situer dans un contexte social et historique susceptible d'en éclairer le sens.

Des compétences au primaire ?

La place faite aux compétences, dans le nouveau *Programme de formation*, est controversée. Certains auteurs la trouvent excessive (Boutin et Julien, 2000). Le modèle axé sur les compétences a d'abord été appliqué, au Québec, à l'enseignement professionnel, auquel il est probablement le mieux adapté. Bien que ce modèle soit souvent présenté comme une manifestation du constructivisme ou du socioconstructivisme, le concept de compétence est pourtant absent des principales publications qui décrivent ces approches. De plus, il semble contradictoire de chercher à développer des «compétences» chez des élèves du primaire, surtout quand on sait que bon nombre de disciplines de cet ordre d'enseignement visent une initiation, comme le dit explicitement, par exemple, l'introduction de la section science et technologie. Enfin, tel que mentionné au chapitre 7, l'enseignement des sciences vise à provoquer des déséquilibres, des remises en question qui entraînent parfois plus d'incompétence que de compétence. Dans la section science et technologie du programme, on peut toutefois se réjouir du fait que la première compétence porte sur la résolution de problème, une notion fondamentale en didactique des sciences, tout en restant perplexe devant le peu d'importance accordée à l'évolution des conceptions des élèves.

Premier cycle du primaire

(Note : Au Québec, le premier cycle du primaire regroupe les élèves de première et de deuxième années, qui ont en moyenne 6 ou 7 ans.)

Compétence

Explorer le monde de la science et de la technologie.

Sens de la compétence

Explicitation

Explorer le monde de la science et de la technologie, c'est se familiariser avec des façons de faire et de raisonner, s'initier à l'utilisation d'outils ou à la mise en forme de matériaux à l'aide de procédés simples et apprivoiser divers éléments des langages utilisés par la science et la technologie. L'élève développe cette compétence en apprenant à manipuler des objets pour en découvrir les propriétés ou les caractéristiques. Il observe des phénomènes de son environnement immédiat, formule des questions et fait appel à ses sens pour trouver des réponses. Il élabore des expériences en recourant à des techniques ou à des procédés simples et il formule des explications ou propose des solutions en faisant appel à des éléments du langage scientifique ou technologique. Grâce à ces activités, il s'engage graduellement dans une démarche de construction de connaissances scientifiques et technologiques. Il apprend peu à peu à différencier ces deux types de connaissances tout en reconnaissant leur complémentarité. Il acquiert également un certain nombre d'habiletés et d'attitudes préalables aux apprentissages qu'il sera amené à réaliser au cours des deuxième et troisième cycles. En prenant conscience des gestes qu'il pose ou des procédés qu'il utilise, il s'initie graduellement à une dimension importante de la culture scientifique et technologique.

À l'éducation préscolaire, l'enfant a déjà eu l'occasion de se sensibiliser à des jeux d'expérimentation, au tâtonnement et à la manipulation de matériaux faciles à travailler ou à transformer. Les apprentissages à réaliser au premier cycle se situent dans le prolongement des acquis du préscolaire, tout en constituant une initiation plus systématique aux savoirs qu'il sera appelé à intégrer aux cycles suivants.

Contexte de réalisation

Cette compétence se développe à travers les autres programmes disciplinaires, mais particulièrement par l'intermédiaire des domaines généraux de formation, sources de nombreux questionnements qui peuvent être abordés sous l'angle de la science et de la technologie. L'élève est placé dans un environnement stimulant qui pique sa curiosité et sollicite sa participation active en mettant à sa disposition des matériaux, des instruments ou des outils à sa portée.

Cheminement de l'élève

En explorant des problématiques simples, issues de situations de la vie quotidienne, l'élève apprend à se questionner, à observer, à décrire, à manipuler, à concevoir, à construire, à proposer des explications ou des solutions, à chercher des moyens de les valider. Il s'approprie graduellement, à travers la description ou l'explication des phénomènes qu'il observe, des éléments des langages propres à la science et à la technologie. Au cours d'échanges avec ses camarades, il partage des informations, confronte ses idées et justifie ses explications. Il apprend à réfléchir aux gestes qu'il pose et à leur impact sur son environnement immédiat.

Composantes de la compétence

- Se familiariser avec des façons de faire et de raisonner propres à la science et à la technologie.
- S'initier à l'utilisation d'outils et de procédés simples.
- Apprivoiser des éléments des langages propres à la science et à la technologie.

Critères d'évaluation

- Utilisation d'un langage approprié à la description de phénomènes ou d'objets de son environnement immédiat.
- Formulation d'explications ou de pistes de solutions.

Attentes de fin de cycle

L'élève est capable de formuler des questions et de proposer des explications à divers phénomènes reliés à son environnement immédiat. Il effectue des expériences simples en vue de répondre à une question ou de solutionner un problème. Il sait faire la distinction entre le monde naturel et les objets fabriqués. Il comprend le fonctionnement d'objets simples qui sont relativement faciles à manipuler. Il a spontanément recours à des éléments des langages de la science et de la technologie pour formuler des questions, proposer des explications, expliquer des façons de faire, décrire des objets et en expliquer le fonctionnement.

Savoirs essentiels

Les savoirs essentiels du premier cycle portent sur des concepts et phénomènes simples de l'environnement immédiat. La liste ci-après n'est ni prescriptive ni exhaustive, mais donne un aperçu de ce qui peut être abordé à cette étape du développement de l'élève.

L'univers matériel

- Classification d'objets selon leurs propriétés et caractéristiques *(exemples: forme, taille, couleur, texture, odeur, etc.)*
- Conservation de la matière *(exemples: masse, forme, surface, quantité liquide, longueur)*
- Mélanges

- Substances miscibles et non miscibles *(exemples: eau et lait; eau et huile)*
- Substances solubles et non solubles
- Absorption
- Perméabilité et imperméabilité
- État solide, liquide, gazeux; changements d'état *(exemple: évaporation)*
- Friction *(exemples: pousser sur un objet, faire glisser un objet, faire rouler un objet)*
- Transparence *(exemples: translucidité, opacité)*
- Aimants (caractéristiques et utilisations)
- Produits domestiques courants *(exemples: propriétés, usages, symboles de sécurité)*
- Objets techniques usuels
- Description des pièces et des mécanismes d'un objet technique
- Identification des besoins à l'origine d'un objet technique

La Terre et l'Espace

- Lumière et ombre
- Température *(instruments de mesure et saisons)*
- Eau sous toutes ses formes *(nuages, pluie, rivières, lacs, océans)*
- Système terre, lune, soleil

L'univers vivant

- Anatomie externe de l'homme
- Techniques alimentaires *(exemples: fabrication du beurre, du pain)*
- Croissance d'une plante *(besoins de la plante)*
- Alimentation d'animaux domestiques et sauvages
- Adaptation d'un animal à son milieu *(exemples: anatomie, comportement)*
- Utilisation du vivant pour la consommation *(alimentation, logement, produits d'usage courant)*

Deuxième et troisième cycles du primaire

(Note: Au Québec, le deuxième cycle du primaire regroupe les élèves de troisième et de quatrième années, qui ont en moyenne 8 ou 9 ans, et le troisième cycle du primaire regroupe les élèves de cinquième et de sixième année, qui ont en moyenne 10 ou 11 ans.)

Compétence 1

Proposer des explications ou des solutions à des problèmes d'ordre scientifique ou technologique.

Sens de la compétence

Explicitation

La science et la technologie s'efforcent de résoudre les problèmes qui proviennent de multiples questions dont les réponses ne sont pas parfaitement claires ou satisfaisantes et elles s'appuient pour ce faire, sur des habiletés comme l'observation, la mesure, l'interprétation des données et la vérification. Ces activités visent à expliquer le monde et à l'adapter aux besoins des êtres humains. Elles doivent répondre à des questions qui surgissent de l'observation attentive de l'environnement ainsi que des difficultés de s'y adapter. Plusieurs de ces questions et difficultés sont issues de situations de la vie courante. Elles peuvent déboucher sur des problèmes relativement simples ou s'inscrire dans le cadre de problématiques plus vastes et souvent plus complexes.

Pour parvenir à proposer des explications ou des solutions à des problèmes d'ordre scientifique et technologique, il faut d'abord apprendre à se questionner. Les problèmes ne se présentent pas d'eux-mêmes et s'engager dans des activités de nature scientifique ou technologique ne peut se réduire à appliquer des méthodes. Il faut souvent faire preuve d'ouverture d'esprit et de créativité pour identifier des problématiques pertinentes et circonscrire, à l'intérieur de celles-ci, des problèmes qui se prêtent à l'observation et à l'analyse. En substance, la compétence se développe par la capacité d'explorer divers aspects de son environnement, d'interroger la nature à l'aide de stratégies d'exploration appropriées, de recueillir des données pertinentes et de les analyser en vue de proposer des explications pertinentes ou de fournir des solutions à des problèmes. Il s'agit d'une compétence dont le développement peut être tôt initié, mais qui continuera de se développer tout le long de la scolarité.

Liens avec les compétences transversales

Lorsqu'il propose des explications ou des solutions à des problèmes d'ordre scientifique et technologique, l'élève fait appel à plusieurs compétences transversales, notamment d'ordre intellectuel et méthodologique. En recourant aux modes de raisonnement propres à la science et à la technologie, il sollicite tout particulièrement la pensée créatrice, la résolution de problèmes et le jugement critique. À travers ses démarches d'observation, de manipulation et de collecte de données, il est appelé à développer des méthodes de travail efficaces.

Existe-t-il des compétences transversales ?

La notion de compétence transversale est loin de faire l'unanimité. Bernard Rey (1996), par exemple, bien qu'il admette l'existence de compétences fragmentaires qui sont mobilisées dans plusieurs disciplines scolaires, conteste l'existence de véritables compétences transversales. Il n'existe pas de méthode indépendante d'un contenu. L'élève qui possède une procédure, une méthode ou une structure acquise dans une situation ne peut pas toujours l'appliquer à une situation différente qui n'a pas le même sens. La compétence à «résoudre des problèmes» d'ordre grammatical ou syntaxique, en français, par exemple, n'a pas grand-chose à voir avec la compétence à «résoudre des problèmes» portant sur des opérations mathématiques. Toute compétence est par essence limitée et rattachée à un domaine précis. D'ailleurs, dans toute discipline, le problème des novices est souvent d'appliquer des compétences à des situations auxquelles elles ne sont pas adaptées.

Contexte de réalisation

Placé dans des situations qui l'amènent à se questionner, l'élève apprend à cerner des problématiques qu'il a lui-même reconnues ou qui lui sont proposées. À l'aide d'observations et de manipulations simples, il aborde divers problèmes en utilisant des instruments, outils ou techniques adaptés à la situation. Il a recours à des sources d'information et à des personnes qui l'aident à trouver des idées, des explications ou des solutions. Il explore des pistes de solutions, formule les propositions de solutions, les met en œuvre et en évalue les résultats. Il s'interroge, réfléchit, se documente, échange avec les autres, manipule du matériel, fait des essais et des erreurs. Ce faisant, il construit ses propres connaissances, apprivoise des concepts qui lui permettent de mieux comprendre son environnement et développe petit à petit des façons de faire propres au travail scientifique et au travail technologique. Il développe également sa culture générale, par le biais des fondements historiques et des aspects sociaux et éthiques de la science et de la technologie. Il prend conscience des impacts et des limites de ces activités.

Cheminement de l'élève

Au cours du *deuxième cycle*, l'élève aborde des problématiques et des problèmes relativement simples liés à son environnement. Lors d'observations, de manipulations et de productions, il fait des découvertes, confronte ses représentations, propose des explications et recherche des solutions. Au cours du *troisième cycle*, il aborde des problématiques et des problèmes liés à un environnement. Lors d'observations, de manipulations, de conceptions et de réalisations plus complexes, il établit avec plus de facilité et de justesse des liens entre ses explications et ses pistes de solutions. Il se rend compte qu'il existe souvent plusieurs solutions possibles. Il apprend à reconnaître, à l'intérieur d'une problématique, la part respective de la science et de la technologie. Il fait appel à des connaissances plus élaborées, tant scientifiques que technologiques, et développe des habiletés plus complexes.

Composantes de la compétence

- Identifier un problème ou cerner une problématique.
- Recourir à des stratégies d'exploration variées.
- Évaluer sa démarche.

Critères d'évaluation

- Description adéquate du problème ou de la problématique d'un point de vue scientifique ou technologique.
- Utilisation d'une démarche appropriée à la nature du problème ou de la problématique.
- Élaboration d'explications pertinentes ou de solutions réalistes.
- Justification des explications ou des solutions.

Attentes de fin de cycle

Deuxième cycle

À la fin du deuxième cycle, l'élève explore des problématiques qui font appel à des approches et stratégies relativement simples et concrètes. Il se documente, planifie son travail, prend des notes en fonction de certains paramètres. Il valide son approche en tenant compte de quelques éléments d'ordre scientifique ou technologique. Il distingue encore difficilement, dans une problématique, ce qui relève de la science et ce qui relève de la technologie.

Troisième cycle

À la fin du troisième cycle, l'élève explore des problématiques qui font appel à des approches et stratégies plus complexes et parfois un peu plus abstraites. Il se documente, planifie son travail, recueille des données en fonction de paramètres plus nombreux. Il valide son approche en tenant compte d'un plus grand nombre d'éléments. Il intègre, dans son analyse de la problématique, des dimensions à la fois scientifiques et technologiques.

Compétence 2

Mettre à profit les outils, objets et procédés de la science et de la technologie.

Sens de la compétence

Explicitation

Pour étudier le monde qui nous entoure, la science fait appel à une multitude de techniques, d'instruments et de procédés qui renvoient tout autant à des outils matériels qu'à des représentations mentales. Ils vont des plus simples (par ex.: mesurer une longueur à l'aide d'une règle) aux plus complexes (par ex.: calculer une masse volumique), et des plus concrets (par ex.: ajuster un engrenage) aux plus abstraits (par ex.: concevoir un plan). De son côté, la technologie, tout en bénéficiant de l'apport des connaissances scientifiques, élabore de nouveaux outils ou procédés dont on ne peut évaluer *a priori* toutes les utilisations possibles. Elle ne se réduit pas à une simple application des découvertes scientifiques puisque la création d'objets techniques précède souvent la formulation de théories scientifiques, comme le démontre l'histoire de la science et de la technologie. Par ailleurs, des objets, techniques ou procédés initialement conçus pour certains usages et dans certains contextes peuvent donner lieu à d'autres usages, dans d'autres contextes. Connaître ces outils et procédés, apprendre à les exploiter, identifier les divers contextes dans lesquels on peut en faire usage et en évaluer les répercussions ou les retombées dans diverses sphères de l'activité humaine représentent des dimensions importantes de la culture scientifique et technologique.

Mettre à profit les objets, outils et procédés de la science et de la technologie, c'est entre autres choses les exploiter pour se construire des représentations tangibles du monde qui nous entoure ou pour affiner la compréhension que l'on en a. C'est aussi se prononcer sur des questions relatives aux usages sociaux de la science et de la technologie et participer de façon plus éclairée aux choix qui conditionnent le présent et l'avenir de la société. Cette compétence se manifeste par des actions concrètes telles que tracer des plans, construire des environnements et des prototypes, mesurer des quantités, observer des objets petits ou éloignés, etc. Elle se manifeste aussi par la capacité à reconnaître divers usages des outils, objets ou procédés de la science et de la technologie dans différents contextes et à en reconnaître les impacts positifs ou négatifs, notamment sur la vie quotidienne.

Des précisions au sujet de la compétence 2

Les précisions suivantes peuvent être apportées au sujet de la compétence 2 :

Les outils, objets et procédés de la science et de la technologie désignent l'ensemble des instruments et méthodes utilisés par les scientifiques et les technologues. Plus spécifiquement :

- Les outils sont surtout les instruments de mesure et d'analyse ;
- Les objets sont surtout les installations et l'équipement de laboratoire et d'atelier (ou de salle de classe dans le cas d'une école) ;
- Les procédés sont surtout l'observation, la formulation d'hypothèses, les expériences, le contrôle des variables, le tracé de graphiques et de diagrammes, les calculs statistiques et la fabrication de prototypes.

Contexte de réalisation

L'élève fait appel à cette compétence dans des contextes variés. Quand il explore des problématiques, il est naturellement amené à recourir à divers outils et procédés scientifiques ou technologiques, que ce soit pour tracer des plans, mesurer, expérimenter, recueillir des données, simuler des phénomènes, concevoir des tableaux de résultats et tracer des graphiques, etc. Par ailleurs, d'autres activités telles que la réalisation d'une collection, la lecture, la visite d'un musée scientifique, d'une industrie ou d'une usine, la présentation d'un exposé, lui permettent d'utiliser des instruments d'observation, de prendre des notes, de représenter des données sous diverses formes (tableaux, graphiques, diagrammes, etc.) et de communiquer de l'information. Lorsqu'il apprend à reconnaître et à utiliser divers objets, outils ou procédés techniques, il est appelé à les relier à leur contexte, à en découvrir les usages variés, à en retracer l'évolution à travers l'histoire. Ce peut être l'occasion de s'interroger sur la manière dont certains objets influencent notre façon de vivre (p. ex.: évolution des moyens de transports, des systèmes de chauffage et d'éclairage, des appareils électroménagers, etc.) et sur les conséquences reliées à leur usage.

Liens avec les compétences transversales

Mettre à profit les objets, outils et procédés de la science et de la technologie suppose la capacité d'en faire usage, ce qui sollicite tout particulièrement les compétences d'ordre méthodologique. Cette compétence fait aussi largement appel au jugement critique puisqu'elle suppose la capacité d'apprécier les enjeux éthiques reliés à leur usage.

Cheminement de l'élève

Au cours du *deuxième cycle*, l'élève se familiarise avec des outils, techniques, instruments et procédés relativement simples et concrets. Il commence à découvrir les avantages de s'appuyer sur autre chose que les cinq sens et les méthodes usuelles de la vie courante. Au cours du *troisième cycle*, il se familiarise avec des outils, techniques, instruments et procédés plus complexes et plus abstraits. Il s'intéresse aux procédés de conception, de production et de mise en marché. Il maîtrise l'utilisation d'outils, d'instruments et de procédés simples. Il apprécie de plus en plus les avantages de ces outils, instruments et procédés, mais il commence également à prendre conscience de leurs limites.

Composantes de la compétence

- S'approprier les rôles et fonctions des outils, techniques, instruments et procédés de la science et de la technologie.
- Relier divers outils, objets ou procédés technologiques à leurs contextes et à leurs usages.
- Évaluer l'impact de divers outils, instruments ou procédés.

Critères d'évaluation

- Association des instruments, outils et techniques aux utilisations appropriées.
- Utilisation appropriée d'instruments, outils ou techniques.
- Conception et fabrication d'instruments, d'outils ou de modèles.
- Identification des impacts reliés à l'utilisation de divers outils, instruments ou procédés.

Attentes de fin de cycle

Deuxième cycle

À la fin du deuxième cycle l'élève utilise des outils, techniques, instruments et procédés relativement simples et concrets. Il en exploite le potentiel de base et porte un jugement sommaire sur les résultats qu'il obtient. Il conçoit des outils, instruments et techniques rudimentaires. Il connaît les exemples les plus manifestes de l'apport de la science et de la technologie aux conditions de vie de l'homme.

Troisième cycle

À la fin du troisième cycle l'élève utilise des outils, techniques, instruments et procédés plus complexes et abstraits qu'au cycle précédent. Il en exploite davantage le potentiel. Il porte un jugement plus nuancé sur les résultats qu'il obtient. Il conçoit des outils instruments et techniques plus élaborés. Il reconnaît quelques grandes sphères d'application de la science et de la technologie, telles que l'informatique, la biotechnologie, le génie médical, la pharmacologie, la transformation et l'exploitation de l'énergie, la robotique, l'astronautique, etc.

Compétence 3

Communiquer à l'aide des langages utilisés en science et en technologie.

Sens de la compétence

Explicitation

La communication constitue une facette essentielle de l'activité scientifique et technologique. La recherche et le dépouillement de plusieurs types de documents, la présentation claire et complète de résultats et la confrontation d'idées sont des dimensions omniprésentes du travail des scientifiques, des ingénieurs, des technologues et des techniciens. Cette communication fait appel à plusieurs langages qui permettent d'exprimer des concepts, des lois, des théories et des modèles, à l'aide notamment du formalisme des mathématiques. Ces langages sont constitués de termes courants, dont certains revêtent une signification particulière, de termes et d'expressions spécialisés ainsi que de modes de représentation tels que des symboles, des diagrammes, des tableaux et des graphiques.

Cette compétence consiste à interpréter et à émettre des messages en utilisant différentes composantes des langages propres à la science et à la technologie. L'élève emploie divers modes de représentation tels les dessins, les schémas, les graphiques, les symboles. La maîtrise des langages et des modes de représentation utilisés en science et technologie progresse tout au long de l'apprentissage. Elle favorise une structuration et une expression de plus en plus articulées de la pensée de l'élève.

Les langages : outils de communication et véhicules de la pensée

Comme il en est question au chapitre 15, les langages des sciences et des technologies comprennent le *langage naturel*, constitué de termes courants et de termes scientifiques utilisés dans des énoncés qui sont régis par la syntaxe usuelle, le *langage symbolique*, constitué d'un ensemble de symboles et des règles qui régissent leur agencement et le *langage graphique*, constitué d'un ensemble d'éléments visuels soumis aussi à des règles d'agencement. Il importe de souligner que ces langages ne sont pas que des outils de communication mais sont aussi des véhicules de la pensée. On oublie trop souvent que le langage, et particulièrement le langage écrit, avant d'être un message, introduit la rigueur dans le classement des choses et la mise en ordre des idées.

Liens avec les compétences transversales

En accordant de l'attention à l'exactitude et à la clarté de sa communication, aux supports qu'il utilise et aux individus auxquels il s'adresse, l'élève développe certaines compétences transversales, plus particulièrement celle qui touche l'habileté à communiquer et celle qui se rapporte à l'exploitation de l'information.

Contexte de réalisation

La communication intervient au cours d'activités variées. L'élève peut faire appel à divers modes de représentation pour soutenir un questionnement, comprendre les idées des autres, fournir une démonstration, proposer une explication. Il utilise divers éléments des langages propres à la science et à la technologie pour expliquer des phénomènes, décrire des objets, des procédés ou des outils. Il est invité à inclure dans sa communication des références d'ordre historique et culturel.

Cheminement de l'élève

Au *deuxième cycle* l'élève utilise des éléments du langage courant et du langage symbolique pour exprimer ses idées, ses explications et ses solutions relatives à des problèmes, concepts ou problématiques de science et de technologie. Il s'approprie graduellement les éléments du langage courant et du langage symbolique qui sont utilisés dans leur acception scientifique et technologique et il y recourt de façon adéquate lorsqu'il participe à des discussions avec ses pairs ou lorsqu'il propose une idée, une explication ou une solution. Il associe les nouveaux éléments pris dans leur acception scientifique et technologique aux éléments du langage courant, d'une part, et les nouveaux éléments liés à la science et à la technologie à ceux du langage symbolique (règles, syntaxe, termes, symboles, dessins, schémas, graphiques), d'autre part.

Au *troisième cycle* l'élève poursuit son appropriation des langages liés à la science et à la technologie en s'appuyant sur les apprentissages réalisés au cours du deuxième cycle. Il fait une utilisation de plus en plus juste des éléments constitutifs du langage courant et du langage symbolique lorsqu'il échange son point de vue avec ses pairs. Il fait preuve à la fois de créativité et de rigueur dans le choix et l'utilisation des modes de représentation les plus pertinents.

Composantes de la compétence

- S'approprier des éléments du langage courant liés à la science et à la technologie.
- Utiliser des éléments du langage courant et du langage symbolique liés à la science et à la technologie.
- Exploiter les langages courant et symbolique pour formuler une question, expliquer un point de vue ou donner une explication.

Critères d'évaluation

- Compréhension de l'information de nature scientifique et technologique.
- Transmission correcte de l'information de nature scientifique et technologique.

Attentes de fin de cycle

Deuxième cycle

À la fin du deuxième cycle l'élève interprète et transmet correctement de l'information scientifique et technologique simple comprenant quelques facettes (termes du langage courant qui ont la même signification que dans la vie de tous les jours, termes du langage courant qui ont une signification différente ou plus précise, quelques termes et expressions spécialisées, diagrammes, tableaux et graphiques simples).

Troisième cycle

À la fin du troisième cycle l'élève interprète et transmet correctement de l'information scientifique et technologique plus complexe comprenant des facettes à la fois plus nombreuses et plus élaborées (expressions et termes spécialisés plus nombreux; symboles, formules, diagrammes, tableaux et graphiques plus nombreux et plus élaborés).

Repères culturels

Les compétences du programme de science et technologie ont besoin, pour se développer, d'un environnement particulièrement riche et stimulant dans lequel on retrouve plusieurs repères culturels. Ces derniers permettent de mettre en perspective, d'enrichir, de personnaliser, de nuancer et de mieux intégrer les compétences et les savoirs essentiels du programme. La liste ci-après n'est pas exhaustive: elle présente un ensemble de propositions qui s'inscrivent dans le sens de la perspective souhaitée.

La science, la technologie et les autres champs de l'activité humaine. La science et la technologie se sont développées en constante symbiose, de même qu'en interaction continue avec d'autres domaines de l'activité humaine. Ainsi, plusieurs découvertes furent étroitement liées à l'invention d'instruments de mesure *(par ex.: horloge, thermomètre)* et d'observation *(par ex.: loupe, microscope, télescope).* Par ailleurs, des activités humaines aussi diverses que l'agriculture, l'élevage, la métallurgie, l'architecture ou la peinture, par exemple, ont apporté une contribution importante au développement de la science et à la technologie et bénéficié en retour de leurs découvertes.

La culture au second plan ?

L'acquisition d'une bonne culture générale devait être l'un des objectifs fondamentaux de la réforme ayant mené au *Programme de formation* de 2001. Mais le fait de présenter la culture, dans plusieurs sections du programme, sous forme de « repères culturels » généraux et plutôt périphériques risque de la reléguer au second plan, derrière les compétences et les savoirs essentiels. Pourtant, il aurait été tout à fait possible, dans le cas de la section science et technologie, de s'inspirer de l'histoire des sciences et des techniques pour proposer aux élèves des activités concrètes et stimulantes faisant partie intégrante du contenu notionnel du programme. Voir à ce sujet le chapitre 16 du présent ouvrage.

Histoire. Le contexte climatique, économique, social, politique et religieux détermine en grande partie le développement de la science et de la technologie. Celles-ci remontent à la plus haute Antiquité. Le cadran solaire, le calendrier, la fonte des métaux et le labourage des sols, par exemple, furent découverts bien avant Jésus-Christ. Tous les objets de la vie quotidienne, qu'il s'agisse d'un couteau ou d'un vélo, possèdent une histoire, parfois très longue, qui nous en apprend énormément sur la curiosité, la ténacité et l'imagination des êtres humains.

Personnes. Les découvertes scientifiques et les inventions technologiques ont toujours été et sont encore le fait de personnes ou groupes de personnes influencés par les contraintes de leur époque et de leur environnement. Des scientifiques tels que Galilée, Newton, Lavoisier, Pasteur, Darwin, Marie Curie et Einstein, pour n'en nommer que quelques-uns, ont contribué, en s'appuyant sur les travaux de leurs prédécesseurs et de leurs contemporains, à des progrès fondamentaux en science et technologie. Plus près de nous, des scientifiques, ingénieurs ou technologues québécois et canadiens sont reconnus dans leurs domaines. Des hommes et des femmes de tous les pays et de toutes les cultures œuvrent dans les domaines scientifiques et technologiques. Les professions de biologiste, de météorologue, de chimiste et d'ingénieur, par exemple, sont en général bien connues, mais il existe également des professions dont on parle moins et qui sont tout aussi intéressantes et utiles : géologue, cartographe, technicien agricole et forestier, etc.

Valeurs. La science et la technologie s'appuient sur des valeurs fondamentales, qui assurent la crédibilité de leurs résultats, telles que l'objectivité, la rigueur et la précision.

Éthique. Même les scientifiques et les technologues les mieux intentionnés mènent parfois des recherches ou aboutissent à des résultats discutables ou controversés. Par conséquent, les façons de conduire les recherches ainsi que les usages qui sont faits des découvertes et des applications de la science et de la technologie doivent être examinés à la lumière de critères rationnels et éthiques exigeants et, plus important encore, être discutés sur la place publique.

Impacts. Les impacts de la science et de la technologie sont considérables. La façon de vivre des populations des pays avancés est maintenant radicalement différente de ce qu'elle était il y a quelques siècles: le chauffage, le transport, les communications, l'hygiène et la santé, par exemple, se sont prodigieusement améliorés. Certains impacts peuvent toutefois s'avérer très néfastes tels que la bombe atomique, la détérioration de l'environnement. La conscience de la nature et de la gravité de ces impacts incite à agir pour en limiter les effets les plus dommageables et contribuer à la conservation de l'environnement et à l'amélioration de la vie.

Limites. Malgré leur énorme potentiel explicatif et prédictif et leur capacité de modifier en profondeur notre environnement, la science et la technologie ne sont ni parfaites ni toutes puissantes. Elles peuvent répondre à de nombreuses questions, mais les réponses apportées soulèvent souvent de nouvelles questions qui, parfois, restent longtemps sans réponse. Par ailleurs, plusieurs contraintes limitent le développement de la science et de la technologie, parmi lesquelles l'économie, les connaissances actuelles et les questions d'ordre éthique.

Savoirs essentiels

Les savoirs essentiels se répartissent en trois grands domaines avec lesquels l'élève doit être mis en contact: l'univers matériel, la Terre et l'Espace, l'univers vivant. Ils s'articulent autour de quelques concepts unificateurs qui permettent de faire des liens entre les domaines: la matière; l'énergie; les forces et les mouvements; les systèmes et l'interaction.

Ces concepts unificateurs regroupent un certain nombre de notions propres à chacun des domaines. Ces notions, dont le choix est laissé à l'initiative de l'enseignant, doivent être abordées par le biais de problématiques concrètes explorées par les élèves à l'aide de matériel de manipulation. Ces problématiques peuvent être introduites par des activités fonctionnelles *(par ex.: discussion, remue-méninges, lecture, etc.)* et conclues par des activités de structuration *(par ex.: réseau notionnel, rapport, présentation, etc.)*.

Un exemple de désyncrétisation des savoirs ?

Les concepts unificateurs censés permettre des liens entre les trois grands domaines peuvent être perçus comme un exemple de désyncrétisation (ou déstructuration) et, par conséquent, de transposition didactique mal réussie (voir à ce sujet le chapitre 8). En effet, si les concepts généraux de matière, d'énergie, de forces et mouvements, de systèmes et d'interaction structurent bien le domaine de l'univers matériel, ils s'appliquent beaucoup moins bien au domaine de la Terre et l'Espace et à celui de l'univers vivant et donnent l'impression d'avoir été plaqués à des savoirs qu'il aurait été préférable de grouper autrement.

Les exemples placés entre parenthèses à la suite de plusieurs notions fournissent des balises pour délimiter l'étendue que l'on devrait accorder aux savoirs essentiels en cause. Ils permettent d'illustrer le niveau de complexité auquel ces notions peuvent être étudiées au primaire. Le cycle auquel les notions s'adressent est indiqué à la fin de chaque ligne : (2e) ou (3e) cycle.

L'univers matériel

Matière

– Les propriétés et les caractéristiques de la matière sous différents états (solide, liquide, gazeux) :
  - forme (2e)
  - couleur (2e)
  - texture (2e)
  - masse et poids (2e)
  - masse volumique *(par ex. : petits objets légers et lourds, gros objets légers et lourds)* (2e)
  - densité et flottabilité (2e et 3e)
  - autres propriétés physiques *(par ex. : élasticité, dureté, perméabilité, solubilité)* (3e)
  - matériaux qui composent un objet (3e)

– Les transformations de la matière :
  - sous forme de changements physiques *(par ex. : casser, broyer, changements d'état)* (2e)
  - sous forme de changements chimiques *(par ex. : réactions chimiques simples : rouille, combustion, acide-base)* (3e)
  - fabrication de produits domestiques *(par ex. : savon, papier, ciment)* (2e et 3e)

Énergie

- Les formes d'énergie :
  - formes d'énergie *(par ex. : mécanique, électrique, chimique, calorifique, lumineuse, sonore, nucléaire)* (2e)
  - sources d'énergie *(par ex. : eau en mouvement, réaction chimique dans une pile, rayonnement solaire)* (3e)
- La transmission de l'énergie :
  - conductibilité thermique *(par ex. : conducteurs et isolants)* (3e)
  - conductibilité électrique *(par ex. : conducteurs et isolants)* (3e)
  - circuits électriques simples (3e)
  - ondes sonores *(par ex. : volume, timbre, écho)* (2e)
  - rayonnement lumineux *(par ex. : réflexion, réfraction)* (3e)
  - convection *(par ex. : dans les gaz et dans les liquides)* (2e)
- La transformation de l'énergie :
  - consommation et conservation de l'énergie par l'homme *(par ex. : compteur électrique, isolation)* (2e et 3e)
  - transformations de l'énergie d'une forme à une autre *(par ex. : transformation par les machines)* (2e et 3e)

Forces et mouvements

- Effets de l'attraction gravitationnelle sur un objet *(par ex. : chute libre, pendule)* (3e)
- Effets de l'attraction électrostatique *(par ex. : papier attiré par objet chargé)* (2e)
- Effets de l'attraction électromagnétique (*par ex. : aimant, électroaimant*) (3e)
- Pression (*par ex. : pression dans un ballon, aile d'avion*) (3e)
- Effets d'une force sur la direction d'un objet *(par ex. : pousser, tirer)* (2e)
- Effets combinés de plusieurs forces sur un objet *(par ex. : renforcement, opposition)* (3e)
- Caractéristiques du mouvement *(par ex. : direction, vitesse)* (2e)

Systèmes et interaction

- Machines simples (*par ex. : levier, plan incliné, vis, poulie, treuil*) (2e)
- Autres machines (*par ex. : chariot, roue hydraulique, éolienne*) (3e)
- Fonctionnement d'objets fabriqués (*par ex. : matériaux, formes, fonctions*) (2e et 3e)
- Servomécanisme et robots (3e)
- Technologie du transport (*par ex. : automobile, avion, bateau*) (2e et 3e)
- Technologie de l'électron (*par ex. : téléphone, radio, enregistrement du son, télévision, transistor, microprocesseur, ordinateur*) (2e et 3e)

Techniques et instrumentation

- Fabrication *(par ex. : interprétation de plans, traçage, découpage, assemblage, finition)* (2e et 3e)
- Utilisation d'instruments de mesure simples *(par ex. : règles, compte-gouttes, balance, thermomètre)* (2e et 3e)
- Utilisation de machines simples *(par ex. : levier, treuil, poulie)* (2e et 3e)
- Utilisation d'outils *(par ex. : pince, tournevis, marteau, clé, gabarit simple)* (2e et 3e)
- Conception et fabrication d'instruments, d'outils, de machines, de structures *(par ex. : ponts, tours)*, de dispositifs *(par ex. : filtration de l'eau)*, de modèles *(par ex. : planeur)* de circuits simples (2e et 3e)

Langage approprié

- Terminologie liée à la compréhension de l'univers matériel (2e et 3e)
- Conventions et modes de représentation propre aux concepts à l'étude (2e et 3e)
- Symboles (*par ex. : H_2O*) (3e)
- Graphiques *(par ex. : pictogramme, histogramme)* (2e et 3e)
- Tableaux (2e et 3e)
- Dessins, croquis (2e et 3e)
- Normes et standardisation (2e et 3e)

La Terre et l'Espace

Matière

- Les propriétés et caractéristiques de la matière terrestre:
  - sol, eau et air (2e)
  - traces de vivant et fossiles (2e)
  - classification de roches et minéraux (3e)
- L'organisation de la matière:
  - cristaux (2e)
  - structure de la Terre *(par ex.: continents, océans, calottes glaciaires, montagnes, volcans)* (3e)
- La transformation de la matière:
  - cycle de l'eau (2e)
  - phénomènes naturels *(par ex.: érosion, foudre)* (3e)

Énergie

- Les sources d'énergie:
  - énergie solaire (2e)
  - énergie hydraulique *(par ex.: barrage hydroélectrique, énergie marémotrice)* (2e)
  - énergie éolienne (2e)
  - énergie fossile (3e)
- La transmission de l'énergie *(par ex.: rayonnement)* (3e)
- La transformation de l'énergie:
  - énergies renouvelables (2e)
  - énergies non renouvelables (3e)

Forces et mouvements

- La rotation de la Terre *(par ex.: jour et nuit, déplacement apparent du Soleil et des étoiles)* (2e)
- Les marées (3e)

Systèmes et interaction

- Le système Soleil-Terre-Lune (2e)
- Le système solaire (3e)
- Les saisons (3e)
- Les étoiles et les galaxies *(par ex. : constellations)* (2e et 3e)
- Les systèmes météorologiques *(par ex. : nuages, précipitations, orages)* et les climats (2e et 3e)
- Technologies de la Terre, de l'atmosphère et de l'Espace *(par ex. : sismographe, prospection, prévision météorologique, satellites, station spatiale)* (2e et 3e)

Techniques et instrumentation

- Utilisation d'instruments d'observations simples *(par ex. : jumelles, télescope, binoculaire)* (2e et 3e)
- Utilisation d'instruments de mesure simples *(par ex. : règles, balance, thermomètre, girouette, baromètre, anémomètre, hygromètre)* (2e et 3e)
- Conception, fabrication d'instruments de mesure et de prototypes (2e et 3e)

Langage approprié

- Terminologie liée à la compréhension de la Terre et de l'Univers (2e et 3e)
- Conventions et modes de représentation *(par ex. : globe terrestre, constellations)* (2e et 3e)
- Dessins, croquis (2e et 3e)

L'univers vivant

Matière

- Les caractéristiques du vivant :
  - métabolisme des végétaux et des animaux *(par ex. : nutrition, respiration, croissance, mort)* (2e et 3e)
  - la reproduction des végétaux et des animaux (2e et 3e)

- L'organisation du vivant:
  - classification des êtres vivants *(par ex.: micro-organismes, champignons. végétaux, animaux)* (2e)
  - anatomie des végétaux *(par ex.: parties de la plante)* (2e)
  - anatomie des animaux *(par ex.: parties et principaux systèmes)* (2e)
  - sens *(par ex.: vue, ouïe, odorat, goût, toucher)* (2e)
  - système reproducteur de l'homme (3e)
- Les transformations du vivant:
  - croissance des végétaux et des animaux (2e)
  - métamorphoses *(par ex.: papillon, grenouille)* (3e)
  - croissance et développement de l'homme (3e)
  - évolution des êtres vivants (3e)

Énergie

- Les sources d'énergie des êtres vivants:
  - alimentation chez les animaux *(par ex.: besoins en eau, glucides, lipides, protéines, vitamines, minéraux)* (2e)
  - photosynthèse chez les végétaux *(par ex.: besoins en eau et gaz carbonique)* (3e)
  - technologies de l'agriculture et de l'alimentation *(par ex.: croisements et bouturage de plantes, sélection et reproduction des animaux, fabrication d'aliments, pasteurisation)* (2e et 3e)
- La transformation de l'énergie chez les êtres vivants:
  - chaînes alimentaires (2e)
  - pyramides alimentaires (3e)

Forces et mouvement

- Les mouvements chez les animaux *(par ex.: reptation, marche, vol)* (2e)
- Les mouvements chez les végétaux *(par ex.: phototropisme, hydrotropisme, géotropisme)* (3e)

Systèmes et interaction

- L'interaction entre les organismes vivants et leur milieu :
  - habitats des êtres vivants (2e)
  - parasitisme, *prédation* (2e)
  - adaptation *(par ex. : mimétisme)* (3e)
- L'interaction entre l'être humain et son milieu (2e et 3e)
- Technologies de l'environnement *(par ex. : recyclage, compostage)* (2e et 3e)

Techniques et instrumentation

- Utilisation d'instruments d'observations simples *(par ex. : loupe, binoculaire, jumelles, microscope)* (2e et 3e)
- Utilisation d'instruments de mesure simples *(par ex. : règles, compte-gouttes, balance, thermomètre)* (2e et 3e)
- Conception, fabrication d'environnements *(par ex. : aquarium, terrarium, incubateur, serre)* (2e et 3e)

Langage approprié

- Terminologie liée à la compréhension de l'univers vivant (2e et 3e)
- Conventions *(par ex. : clé d'identification de plantes et d'animaux)* (2e et 3e)
- Graphiques *(par ex. : pictogramme, histogramme)* (2e et 3e)
- Tableaux *(par ex. : tableaux de classification de plantes et d'animaux)* (2e et 3e)
- Dessins, croquis (2e et 3e)

Trop de savoirs essentiels ?

La sous-section science et technologie est considérée comme une initiation au domaine. Il est sans doute préférable que la liste des savoirs essentiels de cette sous-section soit relativement exhaustive, ce qui permet de faire en sorte que la plupart des questions, activités et problèmes de sciences et de technologie qui intéressent les élèves soient compatibles avec les savoirs du programme.

Stratégies

Les stratégies reliées à la pensée scientifique et technologique permettent de mener à bien la solution d'un problème et l'exploration d'une problématique. Elles ne sont pas nécessairement mises en œuvre dans toutes les situations, et peuvent l'être dans un ordre différent de celui présenté mais contribuent à un travail scientifique et technologique efficace et bien organisé.

Stratégies d'exploration

- Aborder un problème ou un phénomène à partir de divers cadres de référence
- Discerner les éléments pertinents à la résolution du problème
- Évoquer des problèmes similaires déjà résolus
- Prendre conscience de ses représentations préalables
- Schématiser ou illustrer le problème
- Formuler des questions
- Émettre des hypothèses
- Explorer diverses avenues de solution
- Anticiper les résultats de sa démarche
- Imaginer des solutions à un problème à partir de ses explications
- Prendre en considération les contraintes en jeu dans la résolution d'un problème ou la réalisation d'un objet
- Réfléchir sur ses erreurs afin d'en identifier la source
- Faire appel à divers modes de raisonnement *(par ex.: induire, déduire, inférer, comparer, classifier)*
- Recourir à des démarches empiriques *(par ex.: tâtonnement, analyse, exploration à l'aide de ses sens)*

Stratégies d'instrumentation

- Recourir à différentes sources d'information
- Valider les sources d'information

- Recourir à des techniques et à des outils d'observation variés
- Recourir au design technique pour illustrer une solution
- Recourir à des outils de consignation *(par ex. : schémas, notes, graphique, protocole, tenue d'un carnet ou d'un journal de bord)*

Stratégies de communication

- Recourir à des modes de communication variés pour proposer des explications ou des solutions *(par ex. : exposé, texte, protocole)*
- Recourir à des outils permettant de représenter des données sous forme de tableaux et de graphiques ou de tracer un diagramme
- Organiser les données en vue de les présenter
- Échanger des informations
- Confronter différentes explications ou solutions possibles à un problème pour en évaluer la pertinence *(par ex. : plénière)*

Suggestions pour l'utilisation des technologies de l'information et des communications

- Utiliser le courrier électronique pour échanger de l'information
- Utiliser Internet pour accéder à des sites à caractère scientifique et technologique
- Utiliser des cédéroms pour recueillir de l'information sur un sujet à l'étude
- Organiser et présenter des données à l'aide de divers logiciels
- Utiliser des logiciels de simulation
- Utiliser des logiciels de dessin
- Produire une représentation graphique de données
- Expérimenter en étant assisté de l'ordinateur
- Robotiser et automatiser

Combien d'heures par semaine doit-on enseigner la science et la technologie ?

Au premier cycle du primaire, aucun temps précis n'est prévu. Chaque enseignant peut décider du temps qu'il souhaite consacrer à la science et à la technologie. Au deuxième et troisième cycles du primaire, un total de 11 heures sont prévues pour les six disciplines suivantes: langue seconde, deux arts (exemples: musique et arts visuels), éthique et culture religieuse, univers social, science et technologie. Si le temps était bien réparti, tout enseignant devrait donc consacrer entre 1 h 30 et 2 h par semaine à la discipline science et technologie. En pratique, le temps consacré à la science et à la technologie varie beaucoup d'un enseignant à l'autre.

LES ACTIVITÉS DE RÉSOLUTION DE PROBLÈME : L'ESSENTIEL DU TRAVAIL EN SCIENCES ET TECHNOLOGIES

Pendant longtemps, un « problème » était surtout un moyen d'évaluation des apprentissages des élèves. De plus en plus, cependant, il devient un moyen d'apprentissage. Dans le cas des sciences et des technologies, les activités de résolution de problème sont les plus importantes et les plus formatrices puisque, comme il en a été question au chapitre 3, l'activité scientifique est essentiellement une activité qui consiste à résoudre des problèmes.

Les activités de résolution de problème sont celles auxquelles les élèves devraient consacrer la plus grande partie du temps consacré aux sciences et aux technologies. Elles se présentent souvent sous la forme d'une énigme visant à susciter des conflits cognitifs et sont l'occasion d'une remise en question de conceptions non scientifiques (Astolfi, 1997).

Des problèmes de type « boîte noire »

En sciences et en technologies, l'activité de résolution de problème type est celle de la *boîte noire*, qui consiste à découvrir le fonctionnement d'un dispositif caché. Imaginons, par exemple, une petite boîte de forme cubique qu'une baguette semble traverser de part en part. Toutefois, lorsqu'on tire sur ce qui semble être l'une des extrémités de la baguette, l'autre extrémité se déplace en sens inverse et sort de la boîte, du côté opposé. Quel est le mécanisme qui permet d'expliquer ce fonctionnement ?

La recherche du mécanisme qui explique le fonctionnement d'une boîte noire s'apparente au travail de recherche scientifique et présente les caractéristiques suivantes (Charnay, 1987 ; Robardet, 1990) :

- La façon dont la boîte noire fonctionne, comme tout phénomène naturel qui intrigue les scientifiques, est *incompatible avec une conception fréquente*. Dans ce cas-ci, par exemple, la conception habituelle est que si je tire sur une des baguettes, l'autre baguette (ou ce qui semble être l'autre extrémité de baguette) va se déplacer dans le même sens.

- L'étude du fonctionnement de la boîte noire, tout comme le travail de laboratoire, est une situation à caractère concret, qui implique une *manipulation* de l'objet et la réalisation de diverses *expériences.*
- Le fonctionnement de la boîte noire est perçu comme une énigme à résoudre, ce qui permet la *dévolution* du problème dont il a été question au chapitre portant sur le contrat didactique.
- Cette énigme, dont la solution n'est pas évidente, n'est pas non plus impossible à résoudre par les élèves et se situe dans la *zone proximale* qui permet une bonne mobilisation intellectuelle.
- Tout comme dans le cas d'un phénomène naturel inexpliqué, il est possible de formuler *plusieurs « théories »* qui expliquent le fonctionnement de la boîte noire. Dans ce cas-ci, on peut supposer qu'il y a un mécanisme de levier, un mécanisme de poulies, un mécanisme d'engrenages ou même un petit lutin à l'intérieur de la boîte.
- Tout comme dans le cas d'un phénomène naturel, *il n'existe pas de « bonne réponse »* écrite quelque part. Il serait toujours possible d'ouvrir la boîte noire, mais il est préférable, pour augmenter le caractère formateur de l'exercice, qu'elle soit bien scellée et qu'on ne puisse pas en connaître le mécanisme avec une certitude absolue. Il y a donc un certain élément de risque, qui fait partie du « jeu scientifique » dans les solutions proposées par les élèves.
- Tout comme les scientifiques analysent les mérites des diverses théories énoncées et essaient de retenir la meilleure, les élèves doivent *comparer leurs explications* et retenir celles qui leur semblent les plus plausibles.
- La théorie retenue marque une *évolution par rapport à la conception fréquente* initiale, et permet d'expliquer un phénomène d'une façon plus compatible avec les observations effectuées et les données obtenues.

Évidemment, les activités de résolution de problème proposées aux élèves du primaire ne sont pas toutes des *boîtes noires,* au sens littéral du terme, mais dans la mesure du possible, elles devraient toutes en présenter les caractéristiques essentielles.

Il existe un grand nombre d'activités de ce type qui peuvent être réalisées avec du matériel peu coûteux et disponible presque partout. Les laboratoires, les trousses spécialisées, les appareils complexes ne sont donc pas indispensables. L'expérience montre que ces activités devraient, dans presque tous les cas, pouvoir être résolues assez rapidement (des périodes de 60 à 90 minutes environ), quel que soit le temps qu'il fait à l'extérieur. Il est préférable aussi que ces activités soient relativement indépendantes les unes des autres.

Les problèmes des élèves ou des enseignants ?

Idéalement, les problèmes auxquels travaillent les élèves devraient être leurs propres problèmes, c'est-à-dire des problèmes qui découlent de questions qu'ils se sont eux-mêmes posées. Cela est souvent possible, car les élèves se posent bien de questions auxquelles ils peuvent répondre par des expériences simples. Mais plusieurs questions posées par les élèves sont trop vagues, trop générales ou trop complexes pour être facilement transposées sous forme d'activités de résolution de problème. En pratique, il convient donc être ouvert et attentif aux questions posées par les élèves et de bien les exploiter quand il est possible de le faire, mais il est très utile, également, de disposer d'une bonne banque de problèmes et d'activités qui peuvent servir à mieux orienter le questionnement des élèves. Par ailleurs, un élève ne pose jamais de questions portant sur un thème scientifique qu'il ne connaît pas et le rôle de l'enseignant consiste aussi à lui faire découvrir de nouveaux domaines des sciences et des technologies. Le bon enseignant prévoit donc beaucoup, mais laisse place à l'imprévisible.

Les composantes d'une activité de résolution de problème

Une activité de résolution de problème constitue le cœur d'une séquence didactique en sciences et technologies. Cette séquence didactique comporte habituellement les cinq étapes principales suivantes : des activités fonctionnelles, une activité de résolution de problème, des activités de structuration, des activités d'enrichissement et des activités d'évaluation des apprentissages. Étant donné que ce type de séquence comporte des activités d'évaluation des apprentissages (5e étape), on l'appelle aussi une situation d'apprentissage et d'évaluation (S. A. E.).

Les pages suivantes comprennent, au moyen d'un exemple commenté, un canevas que nous avons conçu et appliqué pour la conception des problèmes présentés dans cet ouvrage ainsi que dans l'ouvrage *Résoudre des problèmes scientifiques et technologiques au préscolaire et au primaire* (Thouin, 2006).

REMARQUE IMPORTANTE: Il est fortement conseillé de toujours essayer les principales solutions ou les approches possibles d'une activité de résolution de problème, avec le matériel disponible, avant de proposer cette activité aux élèves. Cette précaution permettra d'animer l'activité en toute confiance et avec plus d'assurance.

- **Titre:** *L'énoncé du problème peut servir de titre.*

PEUT-ON AGRANDIR DU TEXTE OU DES ILLUSTRATIONS SANS UTILISER DE LOUPES OU DE MICROSCOPES?

- **Thème:** *Thème scientifique auquel se rattache l'activité. (Exemples de thèmes: la mesure, l'électricité, la chaleur, la lumière, etc.)*

  La lumière (Univers matériel)

- **Âge des élèves:** *Âge des élèves auxquels il est possible de proposer l'activité, parfois après certaines adaptations, et âge (en caractères gras et soulignés) de ceux pour lesquels l'activité est particulièrement bien adaptée. Il est difficile de déterminer l'âge de façon précise car il dépend des compétences, des connaissances, du milieu socioéconomique et de la fréquence avec laquelle les élèves réalisent des activités scientifiques et technologiques. Il est possible, par exemple, que les élèves de 8 ans d'une école où il se fait beaucoup de sciences et de technologies, aient plus de facilité à résoudre un problème que les élèves de 11 ans d'une école où il s'en fait très peu.*

  6, 7, **8**, **9**, 10, 11 ans

- **Temps:** *Durée approximative prévue pour la solution du problème seulement. Les activités fonctionnelles, les activités de structuration et les activités d'enrichissement peuvent facilement faire tripler ou quadrupler la durée totale.*

  Environ 60 minutes (problème seulement)

Information destinée aux élèves

Énoncé du problème: *Énoncé le plus clair possible du problème ainsi que des limites à l'intérieur desquelles les élèves devront travailler.*

Peut-on agrandir du texte ou des illustrations sans utiliser les loupes ou les microscopes de la classe ?

Matériel requis : *Matériel qui sera mis à la disposition de chaque élève (si les élèves travaillent de façon individuelle) ou de chaque équipe. Si tous les élèves d'une classe travaillent sur la même activité au même moment, il faut multiplier la quantité indiquée par le nombre d'équipes pour trouver la quantité totale de matériel nécessaire.*

a) pour chaque élève ou chaque équipe

Des feuilles de papier journal (avec texte et photos ou illustrations), quelques pots transparents, quelques petites billes de verre transparent, du papier ciré, de la pellicule plastique, un compte-gouttes, des contenants de margarine en plastique, des élastiques, du ruban gommé.

b) pour l'ensemble du groupe-classe

Le congélateur (dans le réfrigérateur) de l'école.

Information destinée à l'enseignant

Savoirs essentiels (Programme de formation du MEQ) : *Savoirs essentiels, tels que présentés dans le* Programme de formation de l'école québécoise, *que le problème permet d'aborder.*

- 2e et 3e cycles : Univers matériel > énergie > transmission de l'énergie > rayonnement lumineux,
- 2e et 3e cycles : Univers matériel > techniques et instrumentation > conception et fabrication d'instruments.

Suggestions d'activités fonctionnelles (mise en situation) : *Première étape d'une séquence didactique en sciences et technologies, les activités fonctionnelles, qui sont souvent réalisées sans faire référence à un problème, sont présentées ici comme des activités de mise en situation d'un problème. Elles visent notamment une réflexion faisant intervenir les diverses conceptions des élèves, au sujet du thème abordé, et permettent à l'enseignant de prélever des informations qui lui permettront, par la suite, d'intervenir de façon plus structurée. Les activités fonctionnelles sont associées à la contextualisation des apprentissages, car elles situent le thème abordé dans un contexte signifiant pour les élèves. Les activités fonctionnelles sont régies par une logique divergente, au sens où chacune est susceptible de conduire dans plusieurs directions et d'amener les élèves à se poser des questions qui alimenteront leur réflexion. En voici quelques exemples :*

Un ***tour de table****, pendant lequel on laisse les élèves exprimer leur opinion, à tour de rôle, est particulièrement utile, au début d'un problème, pour identifier les conceptions des élèves au sujet d'un concept scientifique. Un* ***dessin*** *aide certains élèves à mieux représenter leur façon de voir les choses. Une* ***carte d'exploration*** *consiste à noter les réponses ou les commentaires formulés par les élèves sous la forme d'un diagramme qui fait ressortir les liens entre des conceptions initiales. Des* ***textes****, des* ***photos****, des* ***affiches****, des* ***dépliants****, des* ***modèles en trois dimensions****, des* ***documents sonores****, des* ***vidéos****, des* ***sites Web*** *et des* ***logiciels de simulation*** *(exemple : logiciel de simulation du pilotage d'un avion) peuvent aussi servir d'introduction au thème d'un problème.*

*Par ailleurs, l'****observation du matériel*** *et le* ***maniement des instruments de mesure*** *mis à la disposition des élèves peuvent les aider à résoudre plus facilement un problème. Dans certains cas, une* ***activité avec manipulation****, dont toutes les étapes sont décrites (exemple : fabriquer une pile avec un citron, un morceau de cuivre, un morceau de zinc et du fil électrique) pourra permettre aux élèves de se familiariser avec les savoirs essentiels et le matériel nécessaire pour résoudre le problème.*

À l'heure actuelle, une proportion importante des activités de sciences et de technologies proposées aux élèves sont des activités fonctionnelles qui ne sont pas suivies par des problèmes. À la limite, comme dans le cas des activités décrites dans plusieurs livres de sciences pour les enfants, il s'agit de simples recettes dont il suffit de suivre les étapes pour aboutir aux résultats illustrés. Bien qu'elles soient importantes pour amorcer la maîtrise de certaines compétences et pour permettre un premier contact avec divers savoirs, les activités fonctionnelles ne peuvent, à elles seules, conduire à une formation scientifique de qualité. Elles devraient plutôt être considérées comme des « pré-activités » d'introduction aux activités scientifiques beaucoup plus formatrices que sont les véritables problèmes.

- Faire un tour de table pour identifier les conceptions des élèves. Par exemple, certains élèves pensent qu'il n'y a que les loupes ou les microscopes vendus dans le commerce qui peuvent grossir les objets. D'autres pensent que le matériel nécessaire pour fabriquer une loupe est complexe.
- Dresser une carte d'exploration, avec les élèves, au sujet de la grosseur d'êtres vivants tels que les virus, les bactéries, les protozoaires, les moisissures ainsi que sur la grosseur d'objets inanimés tels que des grains de sel, de sucre, de sable, etc.
- Demander aux élèves d'observer des objets à l'aide d'une loupe ou d'un petit microscope.

Après les activités fonctionnelles, l'enseignant présente aux élèves l'énoncé du problème et le matériel disponible.

REMARQUE IMPORTANTE : Après avoir présenté l'énoncé du problème et le matériel disponible, il convient de laisser les élèves chercher eux-mêmes les solutions ou approches possibles. Le matériel disponible leur fournit des indices importants. Toutefois, si les élèves n'arrivent pas à trouver de solutions ou approches, ou s'ils ne trouvent que des solutions ou approches peu intéressantes, il est alors conseillé de leur donner des indices supplémentaires ou de leur faire des suggestions qui les guideront dans leur travail.

Sécurité : *Consignes visant à ce que l'activité se déroule de façon sécuritaire. Bien que la plupart des activités de résolution de problèmes qui peuvent être proposées à des élèves du primaire ne présentent pas grand danger, certaines précautions sont toujours de mise. (Pour plus d'information au sujet de la sécurité, veuillez vous référer à l'annexe 3.)*

Si possible, utiliser des contenants de plastique plutôt que des contenants de verre.

Quelques solutions ou approches possibles. *La recherche des solutions ou approches possibles est la deuxième étape d'une séquence didactique en sciences et technologies. Toutes les solutions qui permettent de résoudre le problème, ainsi que toutes les approches qui permettent de répondre à une question, à l'intérieur des limites fixées, sont acceptables. Cependant, les conflits sociocognitifs qui surviennent entre les élèves les amènent souvent à réaliser que certaines solutions ou certaines approches sont meilleures que d'autres. Il est à noter que certains élèves découvrent parfois des solutions et des approches originales difficilement prévisibles. Voici quelques solutions ou approches parmi les plus courantes pour ce problème :*

- Observer une illustration placée sous le fond d'un pot transparent rempli d'eau.
- Observer une illustration placée derrière un pot transparent rempli d'eau.
- Observer une illustration à travers une petite bille de verre transparent.
- Placer une feuille de papier ciré ou une pellicule plastique sur un morceau de papier journal. À l'aide d'un compte-gouttes, déposer des gouttes d'eau de diverses grosseurs sur le papier ciré ou la pellicule plastique. Observer des caractères imprimés du journal à travers les gouttes d'eau.
- Placer un morceau de papier journal au fond d'un contenant de margarine en plastique. Tendre une pellicule de plastique sur le rebord du contenant. (Pour plus de solidité, la fixer avec un élastique ou du ruban gommé.) Verser un peu

d'eau sur la pellicule et appuyer dessus de façon à lui donner une forme bombée vers l'intérieur du contenant. Observer le morceau de papier journal à travers cette lentille d'eau.

- Tendre une pellicule de plastique sur le rebord du contenant. (Pour plus de solidité, la fixer avec un élastique ou du ruban gommé.) Verser un peu d'eau sur la pellicule et appuyer dessus de façon à lui donner une forme bombée vers l'intérieur du contenant. Placer dans un congélateur. Retirer le glaçon ainsi formé et l'utiliser comme une loupe.

Concepts scientifiques. *Concepts ou lois scientifiques à la base des principales solutions possibles. Il n'est pas nécessaire que les élèves comprennent ou retiennent parfaitement ces concepts ou ces lois. Les élèves devraient idéalement avoir l'occasion de les revoir plusieurs fois, du préscolaire à la fin du primaire, comme ils revoient souvent les mêmes notions en français ou en mathématiques.*

Le verre, le plastique transparent, l'eau et la glace font dévier la lumière. C'est le phénomène de la réfraction. Quand la lumière traverse des surfaces planes, comme dans le cas d'une l'illustration placée sous le fond d'un pot transparent rempli d'eau, l'objet observé ne paraît pas plus gros, mais il paraît plus rapproché. Quand la lumière traverse des surfaces courbes, comme dans toutes les autres solutions, l'objet paraît plus gros si ces surfaces forment une lentille convexe (lentille aux surfaces bombées).

Repères culturels. *Notions liées à l'histoire, aux personnages scientifiques, aux valeurs, aux impacts ou aux limites des concepts scientifiques dont il est question dans le problème.*

Les lentilles furent décrites par le physicien arabe ALHAZEN (965-1039) vers l'an 1000. Le microscope à lentilles multiples fut inventé vers 1590 et le télescope à réfraction fut conçu en 1608 par l'opticien hollandais Hans LIPPERSHEY (1570-1619). Vers 1680, le naturaliste hollandais Antonie VAN LEEUWENHOEK (1632-1723) découvrit plusieurs espèces d'organismes microscopiques à l'aide de microscopes. (Les microscopes de Leeuwenhoek étaient cependant des microscopes à lentille simple comportant une seule lentille en forme de minuscule bille.)

Après le problème, l'enseignant propose des activités de structuration et des activités d'enrichissement.

Suggestions d'activités de structuration (synthèse et intégration des savoirs). *Troisième étape d'une séquence didactique en sciences et technologies, les activités de structuration permettent de faire la synthèse et l'intégration des connaissances acquises lors d'une activité de résolution de problème et de les situer dans une structure conceptuelle globale. À l'opposé des activités fonctionnelles, relativement ouvertes, les activités de structuration sont orientées vers la réalisation de tâches précises et sont encadrées de façon assez étroite par l'enseignant qui, à ce stade, doit s'assurer de l'atteinte des compétences et des savoirs essentiels du programme de formation. Les activités de structuration sont associées à la décontextualisation et à l'institutionnalisation des apprentissages, car elles servent de pont vers les contenus officiels à maîtriser. Les activités de structuration sont régies par une logique convergente, au sens où elles permettent de construire des relations entre des apprentissages ponctuels et indépendants, souvent réalisés pendant une assez longue période de temps. En voici quelques exemples :*

*Un **carnet scientifique** permet aux élèves de noter et de dessiner leurs observations, leurs montages et leurs solutions et peut également servir d'instrument d'évaluation pour l'enseignant (voir le chapitre 20 au sujet de l'évaluation des apprentissages). Les élèves de la fin du primaire peuvent, dans certains cas, ajouter des **tableaux de données** et des **graphiques** aux notes et dessins de leur carnet scientifique. Un **exposé** permet à une équipe d'élèves de présenter leur solution d'un problème ainsi que les concepts scientifiques sur lesquels repose cette solution. Cet exposé peut devenir matière à **débat** entre des équipes dont les solutions sont différentes. Un exposé donné par l'enseignant ou une **conférence donnée par un spécialiste invité** peuvent compléter cet exposé.*

*Des **textes**, des **photos**, des **affiches**, des **dépliants**, des **modèles en trois dimensions**, des **documents sonores**, des **vidéos**, des **sites Web** et des **logiciels de simulation**, souvent utiles lors des activités fonctionnelles, peuvent l'être aussi lors des activités de structuration, particulièrement dans ce cas s'il s'agit de documents qui mettent l'accent sur la synthèse des savoirs abordés ou de documents produits par les élèves eux-mêmes. Un **réseau notionnel** (appelé aussi une **trame conceptuelle**), tracé par les élèves avec l'aide de l'enseignant, relie, sous forme de diagramme, les concepts scientifiques abordés et permet aux élèves de constater les améliorations par rapport à la carte d'exploration intuitive tracée lors des activités fonctionnelles.*

*Lorsqu'elles sont possibles, la **visite d'un musée scientifique** ou la **visite d'une industrie** sont d'excellentes façons, pour les élèves, de faire la synthèse des connaissances acquises lors de l'activité de résolution de problème et de se familiariser avec leurs applications.*

Souvent organisées en fin d'année scolaire, une ***expo-sciences****, qui consiste pour les élèves à présenter un projet scientifique dans un kiosque, ou un* ***défi technologique****, basé sur la production d'un objet technique (exemple: construction du planeur qui franchit la plus grande distance), sont d'excellentes activités de structuration (voir l'annexe 4 au sujet des expo-sciences et des défis technologiques).*

À l'heure actuelle, l'importance accordée aux activités de structuration, tout comme aux activités de résolution de problèmes, est en général insuffisante. Plusieurs élèves sont donc non seulement privés de la possibilité de vivre des activités scientifiques très formatrices, mais également de celle de préciser le sens des concepts scientifiques abordés et des liens qui existent entre eux, ce qui risque de les conduire à des apprentissages superficiels et morcelés.

- Demander à chaque équipe de faire un exposé qui consiste à présenter sa solution aux autres élèves.
- Demander aux élèves de préparer une affiche qui présente les objets qui comportent des lentilles (loupe, lunettes, jumelles, télescope réfracteur, microscope, appareil photo, caméscope, projecteur, etc.)

Suggestions d'activités d'enrichissement. *Les activités d'enrichissement constituent la quatrième étape d'une séquence didactique en sciences et technologies. Cette section donne quelques pistes pour les élèves qui veulent aller plus loin. Ces activités prennent souvent la forme de recherche d'informations complémentaires en bibliothèque ou dans Internet.*

Faire une recherche pour trouver quels sont les instruments modernes qui permettent d'obtenir les plus forts grossissements (exemples: microscope électronique, microscope à effet tunnel).

Évaluation des apprentissages. *L'évaluation des apprentissages est la cinquième étape d'une séquence didactique en sciences et technologies. Les principales méthodes d'évaluation des apprentissages sont les questions orales ou écrites, les grilles d'observation, les fiches d'appréciation, le cahier de l'élève ou le dossier d'apprentissage. Pour plus de détails, se référer au chapitre 20.*

CHAPITRE 12

DES EXEMPLES DE PROBLÈMES AU SUJET DE L'UNIVERS MATÉRIEL : DU PRÉSCOLAIRE À LA FIN DU PRIMAIRE

Le chapitre 12 présente des exemples de problèmes au sujet des sciences et des technologies de l'univers matériel. Ces problèmes sont classés par ordre croissant de difficulté. Ils sont tirés de l'ouvrage *Résoudre des problèmes scientifiques et technologiques au préscolaire et au primaire* (Thouin, 2006).

1. PEUT-ON DÉTECTER UN TRÈS FAIBLE COURANT D'AIR ?

- **Thème :**

  La chaleur et la pression.

- **Âge :**

  De 4 à 11 ans.

- **Temps :**

  Environ 40 minutes (solution du problème seulement).

Information destinée aux élèves

Énoncé du problème :

Comment peut-on détecter un très faible courant d'air ?

Matériel requis :

a) pour chaque élève ou chaque équipe

Des feuilles de papier, du fil à coudre, une plume d'oiseau, une plume de duvet d'oiseau, de l'eau, un bâtonnet d'encens, un vire-vent (hélice en papier).

b) pour l'ensemble du groupe-classe

- Quelques grands bacs en plastique ;
- Un anémomètre de bonne qualité (vendu chez certains fournisseurs de matériel scientifique ; matériel facultatif).

Information destinée à l'enseignant

Savoirs essentiels (Programme de formation du MEQ) :

- 1er cycle : Objets techniques usuels > description des pièces et des mécanismes.
- 2e et 3e cycles : Univers matériel > techniques et instrumentation > conception et fabrication d'instruments.

Suggestions d'activités fonctionnelles (mise en situation) :

- Faire un tour de table pour connaître les conceptions des élèves. Par exemple, certains élèves pensent qu'il est impossible de détecter un très faible courant d'air.
- Demander aux élèves de décrire leurs observations de courants d'air et de vent.

Après les activités fonctionnelles, l'enseignant présente aux élèves l'énoncé du problème et le matériel disponible.

Sécurité :

Veiller à ce que les élèves ne se brûlent pas en allumant le bâtonnet d'encens.

Quelques solutions ou approches possibles :

- Observer les feuilles d'arbres, tels que le tremble, qui bougent au moindre vent.
- Mouiller un doigt et le placer à l'endroit où l'on veut détecter le courant d'air ou le vent. (La présence d'un léger courant d'air peut causer une sensation de fraîcheur du côté d'où vient l'air.)
- Percer deux ou trois trous près d'un des bords d'une feuille de papier. Attacher des fils à la feuille de papier en les passant dans ces trous. Suspendre la feuille de papier à l'endroit où l'on veut détecter le courant d'air ou le vent.
- Attacher une plume d'oiseau à un fil. Suspendre la plume à l'endroit où l'on veut détecter le courant d'air ou le vent.

- Tenir une plume de duvet d'oiseau à l'endroit où l'on veut détecter le courant d'air ou le vent.
- Tenir un bâtonnet d'encens allumé à l'endroit où l'on veut détecter le courant d'air ou le vent. Observer la fumée. (À l'extérieur, on peut observer la fumée qui s'élève d'une cheminée.)
- Placer un vire-vent en papier à l'endroit où l'on veut détecter le courant d'air ou le vent.
- Placer un anémomètre de bonne qualité à l'endroit où l'on veut détecter le courant d'air ou le vent.
- Observer attentivement la surface d'un bac en plastique rempli d'eau, ou la surface d'un étang, quand il y a un peu de vent.

Concepts scientifiques :

En météorologie, l'appareil qui sert à mesurer la vitesse du vent est l'anémomètre, qui se présente sous la forme d'une hélice fixée à une girouette qui s'oriente dans la direction du vent. De faibles vents peuvent faire tourner un anémomètre de bonne qualité, mais à cause de la friction dans le mécanisme, de très faibles vents dont la vitesse est tout près de 0 km/h ne le font habituellement pas tourner.

Repères culturels :

- Le savant anglais Robert HOOKE (1635-1703) inventa, en 1664, un anémomètre à palette qui fonctionnait selon un principe qui avait été établi par Leone Battista ALBERTI (1404-1472) en 1450.
- L'hydrographe britannique Francis BEAUFORT (1774-1857) proposa en 1806 l'*échelle de Beaufort*, une échelle d'estimation de la vitesse du vent d'après ses effets observables.

Après le problème, l'enseignant propose des activités de structuration et des activités d'enrichissement.

Suggestions d'activités de structuration (institutionnalisation des savoirs) :

- Demander aux élèves de présenter leur façon de détecter la présence d'un faible courant d'air.
- Présenter aux élèves l'anémomètre et la girouette.

Suggestions d'activités d'enrichissement :

Proposer aux élèves de se documenter pour répondre à la question suivante : Dans une grande ville, quel est le risque associé aux jours de vent nul ? (Les jours de vent nul peuvent entraîner l'accumulation des polluants dans l'air et la formation de smog.)

Évaluation :

Les principaux outils d'évaluation qui peuvent s'appliquer à des problèmes scientifiques et technologiques sont la grille d'observation, la fiche d'appréciation, le carnet scientifique de l'élève, le dossier d'apprentissage (portfolio), les questions orales et les questions écrites. Voir la présentation de ces outils au chapitre 20.

2. COMMENT PEUT-ON CONSERVER UN GLAÇON LE PLUS LONGTEMPS POSSIBLE ?

- **Thème :**

  Les techniques de la chaleur.

- **Âge :**

  De 6 à 11 ans.

- **Temps :**

  Environ 50 minutes (solution du problème seulement).

Information destinée aux élèves

Énoncé du problème :

Comment peut-on conserver un glaçon le plus longtemps possible ?

Matériel requis :

a) pour chaque élève ou chaque équipe

Quelques glaçons, du papier journal, des essuie-tout, du papier ciré, du papier d'aluminium, un morceau de coton, un morceau de laine, un morceau de polyester, quelques verres en mousse de polystyrène avec couvercle, quelques verres en carton ou en plastique, de la paille de papier, des copeaux de bois, une boîte de conserve vide, un récipient en plastique avec couvercle, un chronomètre, un thermomètre.

b) pour l'ensemble du groupe-classe

Quelques récipients isolants (thermos).

Information destinée à l'enseignant

Savoirs essentiels (Programme de formation du MEQ) :

- 1er cycle : Univers matériel > état solide, liquide, gazeux et changements d'état.
- 2e et 3e cycles : Univers matériel > énergie > transmission de l'énergie > conductibilité thermique.

Suggestions d'activités fonctionnelles (mise en situation) :

- Faire un tour de table pour connaître les conceptions des élèves. Par exemple, certains élèves pensent qu'un contenant en métal aidera à conserver un glaçon plus longtemps à cause de la sensation de froid que procurent les métaux au toucher.
- Animer une discussion au sujet des moyens que nous prenons pour nous protéger du froid l'hiver (vêtements, isolation des bâtiments). À l'inverse, discuter des moyens employés, l'été, pour garder les aliments frais (réfrigérateurs, glacières portatives, etc.)

Après les activités fonctionnelles, l'enseignant présente aux élèves l'énoncé du problème et le matériel disponible.

Sécurité :

Veiller à ce que les élèves n'échappent pas les thermos.

Quelques solutions ou approches possibles :

- Envelopper un glaçon dans du papier journal. Toucher le glaçon de temps à autre (à travers le papier) et mesurer le temps qu'il met à fondre. Faire de même avec les autres papiers disponibles.
- Envelopper un glaçon dans un morceau de coton. Toucher le glaçon de temps à autre (à travers le tissu) et mesurer le temps qu'il met à fondre. Faire de même avec les autres tissus disponibles.
- Placer un glaçon dans un verre de mousse de polystyrène et mettre un couvercle.

- Placer un glaçon dans un récipient en plastique rempli de paille de papier ou de copeaux de bois. Faire de même avec d'autres contenants (verre en mousse de polystyrène, verre en carton, verre en plastique, boîte de conserve vide, etc.)
- Placer le glaçon dans une bouteille thermos.

Concepts scientifiques:

Alors que certains matériaux tels que le métal conduisent bien la chaleur, d'autres tels que le plastique, le bois ou l'air agissent comme isolant thermique. Ils empêchent partiellement la chaleur de se propager. Le meilleur type de récipient isolant est toutefois le thermos, un récipient formé de deux enceintes entre lesquelles on fait le vide pour éviter la transmission de chaleur par conduction gazeuse ou convection. De plus, les enceintes sont souvent argentées afin de limiter les pertes thermiques par rayonnement.

Repères culturels:

Dès l'Antiquité, les êtres humains avaient découvert que des matériaux tels que la paille ou la tourbe étaient de bons isolants. Avant l'invention du réfrigérateur, on conservait parfois les aliments dans des glacières extérieures qui étaient des cabanes ou des caveaux contenant une grande quantité neige et de glace recouvertes de bran de scie. En 1892, le chimiste et physicien écossais James DEWAR (1842-1923) inventa un récipient isolant qui sera plus tard commercialisé sous le nom de thermos.

Après le problème, l'enseignant propose des activités de structuration et des activités d'enrichissement.

Suggestions d'activités de structuration (institutionnalisation des savoirs):

- Demander aux élèves de présenter leur façon de conserver le glaçon le plus longtemps possible.
- Demander aux élèves de comparer, à l'aide d'un thermomètre, les temps de refroidissement de liquides placés dans de vrais thermos avec ceux d'autres types de récipients. Leur suggérer d'observer comment le thermos est construit.

Suggestions d'activités d'enrichissement:

- On peut organiser le concours de l'équipe qui réussit à conserver son glaçon le plus longtemps possible en se servant des matériaux mis à sa disposition. (*Note*: Il est important que tous les glaçons soient de la même taille et que toutes les équipes disposent du même choix de matériaux.)

- Proposer aux élèves de trouver d'autres applications du concept d'isolation thermique (vêtements pour l'hiver, isolation des maisons, isolation de conduites d'eau chaude, etc.).

Évaluation :

Les principaux outils d'évaluation qui peuvent s'appliquer à des problèmes scientifiques et technologiques sont la grille d'observation, la fiche d'appréciation, le carnet scientifique de l'élève, le dossier d'apprentissage (portfolio), les questions orales et les questions écrites. Voir la présentation de ces outils au chapitre 20.

3. Peut-on empêcher des objets en fer de rouiller ?

➢ **Thème :**

Les éléments, les composés et les réactions chimiques.

➢ **Âge :**

De 6 à 11 ans.

➢ **Temps :**

Environ 30 minutes, puis 30 minutes quelques jours plus tard (solution du problème seulement).

Information destinée aux élèves

Énoncé du problème :

Peut-on empêcher des objets en fer de rouiller ?

Matériel requis :

a) pour chaque élève ou chaque équipe

Quelques pots de verre ou bouteilles en plastique transparent, des clous en fer neufs, de la peinture pour métal, une bougie, de la margarine, de la vaseline, de l'huile végétale, du sel.

b) pour l'ensemble du groupe-classe

De l'eau de Javel, quelques loupes.

Information destinée à l'enseignant

Savoirs essentiels (Programme de formation du MEQ) :

- 1er cycle : Univers matériel > produits domestiques courants.
- 2e et 3e cycles : Univers matériel > matière > transformations de la matière > sous forme de changements chimiques.

Suggestions d'activités fonctionnelles (mise en situation) :

- Faire un tour de table pour connaître les conceptions des élèves. Par exemple, certains élèves pensent qu'il est impossible d'empêcher la rouille de se former.
- Observer des objets qui sont rouillés.

Après les activités fonctionnelles, l'enseignant présente aux élèves l'énoncé du problème et le matériel disponible.

Sécurité :

Veiller à ce que les élèves soient prudents avec l'eau de Javel, qui est un liquide corrosif et très irritant.

Quelques solutions ou approches possibles :

Note : Pour toutes les solutions ou approches suivantes, on peut placer les clous à des endroits où ils pourraient rouiller, par exemple à l'extérieur dans un endroit exposé aux intempéries, dans un récipient rempli d'eau du robinet, dans un récipient rempli d'eau salée, dans un récipient rempli d'un mélange d'eau et d'une petite quantité d'eau de Javel.

- Placer le clou dans un sac à sandwich hermétiquement fermé.
- Recouvrir le clou de paraffine (en laissant tomber un peu de la paraffine d'une bougie qui brûle).
- Enduire le clou d'huile végétale.
- Enduire le clou de margarine.
- Enduire le clou de vaseline.
- Recouvrir le clou de peinture pour métal.

Concepts scientifiques :

La rouille est un composé chimique qui résulte de la réaction chimique entre le fer et l'oxygène de l'air (ou l'oxygène dissous dans l'eau). Cette réaction chimique est une réaction d'oxydation. La présence de sel ou d'ammoniac, dans l'eau, accélère l'oxydation et fait rouiller le fer plus rapidement.

Repères culturels :

Les oxydes métalliques sont connus depuis l'Antiquité, mais leur composition chimique, à base de métal et d'oxygène, n'a été comprise qu'au XVIIIe siècle, grâce notamment aux travaux d'Antoine de LAVOISIER (1743-1794).

Après le problème, l'enseignant propose des activités de structuration et des activités d'enrichissement.

Suggestions d'activités de structuration (institutionnalisation des savoirs) :

- Demander aux élèves de présenter leur façon d'empêcher un clou de rouiller.
- Présenter aux élèves les concepts de rouille et d'oxydation.

Suggestions d'activités d'enrichissement :

Proposer aux élèves de se documenter pour trouver les diverses façons de protéger les voitures contre la rouille. (Exemples : éviter l'épandage de sel, enduire d'huile le dessous de la voiture, etc.)

Évaluation :

Les principaux outils d'évaluation qui peuvent s'appliquer à des problèmes scientifiques et technologiques sont la grille d'observation, la fiche d'appréciation, le carnet scientifique de l'élève, le dossier d'apprentissage (portfolio), les questions orales et les questions écrites. Voir la présentation de ces outils au chapitre 20.

4. COMMENT PEUT-ON CONSTRUIRE LA TOUR LA PLUS HAUTE POSSIBLE AVEC DES CURE-DENTS ET DE LA PÂTE À MODELER ?

➢ **Thème :**

Les techniques de la fabrication, de la construction et de l'architecture.

➢ **Âge :**

De 8 à 11 ans.

- **Temps :**

Environ 60 minutes (solution du problème seulement).

Information destinée aux élèves

Énoncé du problème :

Comment peut-on construire la tour la plus haute possible avec des cure-dents et de la pâte à modeler ?

Matériel requis :

a) pour chaque élève ou chaque équipe

Des cure-dents, de la pâte à modeler. (On peut remplacer la pâte à modeler par des petites guimauves qu'on a laissé sécher quelques jours à l'extérieur de leur sac.)

b) pour l'ensemble du groupe-classe

Un ensemble pour structures, ponts et tours de type Lego-Dacta (vendu chez certains fournisseurs de matériel scientifique ; matériel facultatif).

Information destinée à l'enseignant

Savoirs essentiels (Programme de formation du MEQ) :

2e et 3e cycles : Univers matériel > techniques et instrumentation > conception et fabrication de structures.

Suggestions d'activités fonctionnelles (mise en situation) :

- Faire un tour de table pour connaître les conceptions des élèves. Par exemple, certains élèves pensent que le carré ou le cube sont les unités de base les plus solides pour construire une tour.
- Demander aux élèves de fabriquer une petite structure en trois dimensions avec des cure-dents et de la pâte à modeler. L'unité de base de cette structure doit être un solide géométrique (cube, pyramide, etc.).
- Présenter aux élèves des dessins et photographies de tours célèbres.

Après les activités fonctionnelles, l'enseignant présente aux élèves l'énoncé du problème et le matériel disponible.

Sécurité :

Utiliser des cure-dents dont une extrémité est plate, qui sont moins rigides et moins piquants que les cure-dents aux deux extrémités pointues.

Quelques solutions ou approches possibles :

- Construire la tour de façon spontanée, en agençant les cure-dents et les boules de pâte à modeler sans suivre de modèle défini.
- Construire la tour en utilisant le carré ou le cube comme unité fondamentale, et en faisant une base relativement petite.
- Construire la tour en utilisant le carré ou le cube comme unité fondamentale, et en faisant une base relativement grande.
- Construire la tour en utilisant le triangle ou le tétraèdre (pyramide à base triangulaire) comme unité fondamentale, et en faisant une base relativement petite.
- Construire la tour en utilisant le triangle ou le tétraèdre (pyramide à base triangulaire) comme unité fondamentale, et en faisant une base relativement grande (solution la plus solide).

Concepts scientifiques :

Le triangle et le tétraèdre (ou pyramide à base triangulaire) sont les formes géométriques les plus rigides car, contrairement au carré ou au cube, elles sont indéformables. Elles sont donc souvent utilisées comme unités fondamentales en architecture, notamment pour la construction de structures en bois ou en métal. Les cubes munis de diagonales sont aussi très rigides, mais les diagonales sont plus longues que les arêtes, ce qui pose un problème pratique quand les tiges disponibles (exemple : des cure-dents, dans le cas d'un modèle réduit) sont toutes de la même longueur. Par ailleurs, les tours les plus stables sont celles dont la base est de grande dimension et le sommet plus étroit, car leur centre de gravité est relativement bas. Il est possible de construire des tours plus élancées, mais elles doivent être très bien ancrées au sol.

Repères culturels :

Les premières tours, qui faisaient partie de l'enceinte fortifiée de Babylone, furent construites vers 2000 av. J.-C.

Après le problème, l'enseignant propose des activités de structuration et des activités d'enrichissement.

Suggestions d'activités de structuration (institutionnalisation des savoirs) :

- Demander aux élèves de dessiner, dans un carnet scientifique, la tour construite par leur équipe.
- Demander aux élèves de dessiner, dans un carnet scientifique, la tour la plus haute de la classe.
- Proposer aux élèves de construire une tour avec un ensemble pour structures, ponts et tours de type Lego-Dacta.

Suggestions d'activités d'enrichissement :

- Demander aux élèves de trouver des expressions qui comportent le mot *tour*.
- Demander aux élèves de trouver des proverbes et des chansons dans lesquels il est question d'une tour.
- Proposer aux élèves de rédiger un texte portant sur une des tours les plus hautes ou les plus célèbres du monde.
- Refaire le problème en remplaçant les cure-dents par du spaghetti sec, qui peut être cassé pour former des bâtonnets de diverses longueurs. Cette approche permet de construire des tours dont l'unité de base est un cube renforcé par des diagonales.

Évaluation :

Les principaux outils d'évaluation qui peuvent s'appliquer à des problèmes scientifiques et technologiques sont la grille d'observation, la fiche d'appréciation, le carnet scientifique de l'élève, le dossier d'apprentissage (portfolio), les questions orales et les questions écrites. Voir la présentation de ces outils au chapitre 20.

5. PEUT-ON FABRIQUER DU SIROP D'ÉRABLE ARTIFICIEL ?

- **Thème :**

Les techniques du vêtement et de l'alimentation.

- **Âge :**

De 8 à 11 ans.

➢ **Temps :**

Environ 50 minutes (solution du problème seulement).

Information destinée aux élèves

Énoncé du problème :

Peut-on fabriquer du sirop d'érable artificiel ?

Matériel requis :

a) pour chaque élève ou chaque équipe

Du sucre, de la cassonade, du sirop de maïs, de la mélasse, du caramel, quelques sachets de thé, du café soluble, du colorant alimentaire, de l'essence de vanille, de l'essence d'érable, de l'eau, quelques cuillères.

b) pour l'ensemble du groupe-classe

Un peu de vrai sirop d'érable, des produits alimentaires de substitution (sirop de table, margarine, crème fouettée artificielle de type Cool Whip, aspartame, etc.), quelques petites casseroles, une ou plusieurs plaques chauffantes ou éléments chauffants.

Information destinée à l'enseignant

Savoirs essentiels (Programme de formation du MEQ) :

2e et 3e cycles : Univers vivant > énergie > sources d'énergie des êtres vivants > alimentation chez les êtres humains ; technologies de l'alimentation.

Suggestions d'activités fonctionnelles (mise en situation) :

- Faire un tour de table pour connaître les conceptions des élèves. Par exemple, certains élèves pensent que le sirop de table est aussi un produit de l'érable.
- Animer une discussion au sujet de la cabane à sucre et des produits de l'érable.
- Observer des produits alimentaires de substitution (sirop de table, margarine, crème fouettée articielle de type Cool Whip, etc.)

Après les activités fonctionnelles, l'enseignant présente aux élèves l'énoncé du problème et le matériel disponible.

Sécurité :

- Veiller à ce que les élèves soient prudents avec la plaque chauffante ou l'élément chauffant.
- Par mesure d'hygiène, chaque élève doit avoir ses propres échantillons et sa propre cuillère.

Quelques solutions ou approches possibles :

Note: Pour toutes les solutions suivantes, les élèves font chauffer et brassent leur mélange à feu doux.

- Mélanger et chauffer de l'eau et du sucre avec du thé, du café, de la mélasse, de l'essence de vanille ou du colorant alimentaire (surtout pour la couleur).
- Mélanger et chauffer de l'eau et du sirop de maïs (surtout pour la texture).
- Mélanger et chauffer de l'eau, du sucre, de l'essence d'érable (surtout pour le goût).
- Mélanger et chauffer de l'eau, de la cassonade, du colorant alimentaire et de l'essence d'érable (pour la couleur, la texture et le goût).

Concepts scientifiques :

Le sirop d'érable est essentiellement de l'eau très sucrée, à laquelle certains composés organiques présents dans la sève ajoutent un arôme particulier. En ajoutant de l'essence d'érable (qui imite cet arôme) et du sirop de maïs (qui a une texture visqueuse) à de l'eau sucrée avec du sucre blanc ou de la cassonade, il est possible de produire du sirop artificiel dont le goût et la texture ressemblent à ceux du sirop d'érable.

Repères culturels :

Le chimiste allemand Emil FISCHER (1852-1919) découvrit la structure chimique des sucres simples vers 1887.

Après le problème, l'enseignant propose des activités de structuration et des activités d'enrichissement.

Suggestions d'activités de structuration (institutionnalisation des savoirs) :

- Demander aux élèves de présenter leurs façons de faire du sirop d'érable artificiel.
- Expliquer aux élèves d'où vient le sirop d'érable.
- Organiser le concours du sirop artificiel qui ressemble le plus à du véritable sirop d'érable.
- Présenter aux élèves divers produits de substitution (margarine, crème fouettée de type Cool Whip, etc.)

Suggestions d'activités d'enrichissement :

- Emmener les élèves visiter une érablière et une cabane à sucre au printemps.
- Proposer aux élèves d'essayer de faire du beurre d'érable et du sucre d'érable artificiel.
- Proposer aux élèves de se documenter pour répondre à la question suivante : Le sirop d'érable goûte-t-il toujours exactement la même chose ? (Réponse : Non. Il existe un système de classification du sirop d'érable qui comporte un grand nombre de nuances de flaveurs telles que lacté, floral, fruité, épicé, etc.)

Évaluation :

Les principaux outils d'évaluation qui peuvent s'appliquer à des problèmes scientifiques et technologiques sont la grille d'observation, la fiche d'appréciation, le carnet scientifique de l'élève, le dossier d'apprentissage (portfolio), les questions orales et les questions écrites. Voir la présentation de ces outils au chapitre 20.

6. COMMENT PEUT-ON SÉPARER LE POIVRE ET LE SEL D'UN MÉLANGE DE CES DEUX SUBSTANCES ?

➢ **Thème :**

La structure de la matière.

➢ **Âge :**

De 8 à 11 ans.

➢ **Temps :**

Environ 30 minutes (solution du problème seulement).

Information destinée aux élèves

Énoncé du problème :

Comment peut-on séparer le poivre et le sel d'un mélange de ces deux substances ?

Matériel requis :

a) pour chaque élève ou chaque équipe

Un mélange de poivre et de sel, une loupe, de petits objets pointus (aiguilles ou cure-dents), des récipients en plastique, de l'eau, des cuillères en métal et en plastique, une règle en plastique, un morceau de laine, des ballons de baudruche.

b) pour l'ensemble du groupe-classe

- Une ou deux bouilloires électriques.
- Un microscope ou une loupe de fort grossissement (matériel facultatif).

Information destinée à l'enseignant

Savoirs essentiels (Programme de formation du MEQ) :

2e et 3e cycles : Univers matériel > matière > transformations de la matière > changements physiques.

Suggestions d'activités fonctionnelles (mise en situation) :

- Faire un tour de table pour connaître les conceptions des élèves. Par exemple, certains élèves pensent que les grains de poivre et de sel sont trop petits et trop bien mêlés pour qu'il soit facile de les séparer.
- Animer une discussion au sujet de divers mélanges : poivre et sel, sable et sel, cristaux pour jus de fruit (sucre et saveur), etc.
- Demander aux élèves d'observer le mélange de poivre et de sel à l'aide d'une loupe ou d'un microscope.

Après les activités fonctionnelles, l'enseignant présente aux élèves l'énoncé du problème et le matériel disponible.

Sécurité :

Veiller à ce que les élèves ne se brûlent pas avec l'eau chaude.

Quelques solutions ou approches possibles :

- À l'aide d'une loupe et d'un petit objet pointu (aiguille ou cure-dents), séparer les grains de poivre et les grains de sel un à un.
- Souffler doucement sur le mélange de poivre et de sel déposé sur une table. Séparer le mélange des particules entraînées au loin du mélange des particules qui se déplacent moins. Répéter avec ces deux nouveaux mélanges.
- Verser le mélange de poivre et de sel dans l'eau. Sortir les grains de poivre à l'aide d'une cuillère. Faire chauffer l'eau jusqu'à ce qu'elle soit toute évaporée puis recueillir le sel au fond du contenant.
- Frotter une règle en plastique, une cuillère en plastique ou un ballon de baudruche contre un morceau de laine. Approcher doucement la règle, la cuillère ou le ballon du mélange de poivre et de sel.

Concepts scientifiques :

- *Pour la première solution :* Bien que les grains de poivre et de sel soient petits, il est possible de les séparer un à un.
- *Pour la deuxième solution :* Les grains de poivre étant un peu plus légers que les grains de sel, ils sont un peu plus facilement emportés par un petit courant d'air.
- *Pour la troisième solution :* Le poivre n'est pas soluble dans l'eau, tandis que le sel est soluble.
- *Pour la quatrième solution :* Les grains de poivre étant un peu plus légers que les grains de sel, ils sont un peu plus facilement attirés par un objet chargé d'électricité statique.

Repères culturels :

Dès l'Antiquité, on découvrit que certaines substances étaient solubles dans certains liquides, et que d'autres étaient non solubles. On découvrit également que de l'ambre (résine pétrifiée) chargée d'électricité statique pouvait attirer de petits objets.

Après le problème, l'enseignant propose des activités de structuration et des activités d'enrichissement.

Suggestions d'activités de structuration (institutionnalisation des savoirs) :

- Demander aux élèves de présenter leur façon de séparer le sel du poivre.
- Présenter aux élèves les concepts de solubilité et d'électricité statique.

Suggestions d'activités d'enrichissement :

Proposer aux élèves de répondre à la question suivante : Comment pourrait-on séparer un mélange de sable et de sel ?

Évaluation :

Les principaux outils d'évaluation qui peuvent s'appliquer à des problèmes scientifiques et technologiques sont la grille d'observation, la fiche d'appréciation, le carnet scientifique de l'élève, le dossier d'apprentissage (portfolio), les questions orales et les questions écrites. Voir la présentation de ces outils au chapitre 20.

DES EXEMPLES DE PROBLÈMES AU SUJET DE LA TERRE ET DE L'ESPACE : DU PRÉSCOLAIRE À LA FIN DU PRIMAIRE

Le chapitre 13 présente des exemples de problèmes au sujet des sciences et des technologies de la Terre et de l'Espace. Ces problèmes sont classés par ordre croissant de difficulté. Ils sont tirés de l'ouvrage *Résoudre des problèmes scientifiques et technologiques au préscolaire et au primaire* (Thouin, 2006).

1. LES NUAGES SONT-ILS TOUS IDENTIQUES ?

- **Thème :**

  L'atmosphère.

- **Âge :**

  De 4 à 11 ans.

- **Temps :**

  Environ 60 minutes (solution du problème seulement).

Information destinée aux élèves

Énoncé du problème :

Les nuages sont-ils tous identiques ?

Matériel requis :

a) pour chaque élève ou chaque équipe

Du papier et des crayons.

b) pour l'ensemble du groupe-classe

Une affiche qui présente les divers types de nuages (à présenter au cours des activités de structuration seulement).

Information destinée à l'enseignant

Savoirs essentiels (Programme de formation du MEQ) :

- 1er cycle : La Terre et l'Espace > eau sous toutes ses formes.
- 2e et 3e cycles : La Terre et l'Espace > systèmes et interactions > systèmes météorologiques ; technologies de l'atmosphère.
- 2e et 3e cycles : La Terre et l'Espace > langage approprié > conventions et modes de représentation.

Suggestions d'activités fonctionnelles (mise en situation) :

- Faire un tour de table pour connaître les conceptions des élèves. Par exemple, certains élèves pensent que les nuages ont des formes trop aléatoires pour qu'il soit possible d'en faire une classification.
- Demander aux élèves de consulter un site Web qui présente les conditions météorologiques observées ainsi que les prévisions pour les prochains jours.

Après les activités fonctionnelles, l'enseignant présente aux élèves l'énoncé du problème et le matériel disponible.

Sécurité :

Rien à signaler.

Quelques solutions ou approches possibles :

- Classer les nuages selon leur taille apparente dans le ciel.
- Classer les nuages selon leur couleur (blanc, gris pâle, gris foncé, noir).
- Classer les nuages selon leur forme.
- Classer les nuages selon leur altitude apparente dans le ciel.
- Classer les nuages selon le fait qu'ils puissent cacher plus ou moins bien le Soleil.
- Classer les nuages selon le fait qu'ils produisent ou non des précipitations.
- Classer les nuages selon leur déplacement apparent plus ou moins rapide dans le ciel.
- Classer les nuages selon leur changement de forme plus ou moins rapide dans le ciel.

Concepts scientifiques :

Il existe plusieurs types de nuages. Ceux qui sont situés à haute altitude ont un nom qui commence par *cirr.* Ceux qui sont situés à une altitude moyenne ont un nom qui commence par *alto.* Ceux qui sont à basse altitude ont un nom qui commence par *strat.* Ceux qui sont à développement vertical ont un nom qui commence par *cum.* Les dix principaux types de nuages sont les cirrus, les cirrostratus, les cirrocumulus, les altostratus, les altocumulus, les stratus, les stratocumulus, les cumulus, les cumulonimbus et les nimbostratus.

Repères culturels :

Le météorologiste anglais Luke HOWARD (1773-1864) proposa, en 1803, un système de classification des formes et des effets des nuages qui, pour l'essentiel, est encore utilisé de nos jours.

Après le problème, l'enseignant propose des activités de structuration et des activités d'enrichissement.

Suggestions d'activités de structuration (institutionnalisation des savoirs) :

- Demander aux élèves de présenter leur façon de classer les nuages.
- Demander aux élèves de tenir, durant quelques semaines, un journal au sujet des types de nuages visibles dans le ciel et du temps qui est associé à ces nuages.
- Présenter aux élèves une affiche qui comporte des photographies et la description des divers types de nuages.

Suggestions d'activités d'enrichissement :

- Proposer aux élèves de faire leur propre affiche en prenant des photographies de divers types de nuages.
- Proposer aux élèves d'essayer de faire des prévisions météorologiques d'après la présence de certains types de nuages.

Évaluation :

Les principaux outils d'évaluation qui peuvent s'appliquer à des problèmes scientifiques et technologiques sont la grille d'observation, la fiche d'appréciation, le carnet scientifique de l'élève, le dossier d'apprentissage (portfolio), les questions orales et les questions écrites. Voir la présentation de ces outils au chapitre 20.

2. COMMENT PEUT-ON REPRÉSENTER LA FORMATION D'UN CRATÈRE DE MÉTÉORITE ?

- **Thème :**

  Le système solaire.

- **Âge :**

  De 6 à 11 ans.

- **Temps :**

  Environ 40 minutes (solution du problème seulement).

Information destinée aux élèves

Énoncé du problème :

Comment peut-on représenter la formation d'un cratère de météorite ?

Matériel requis :

a) pour chaque élève ou chaque équipe

Quelques cailloux de diverses tailles, quelques billes en verre et acier de divers diamètres, un grand bac en plastique, du sable, de la terre, de la pâte à modeler, un bol à salade, de la farine, de la poudre pour lait au chocolat.

b) pour l'ensemble du groupe-classe

- Des photographies et des cartes de la Lune, une carte du monde.
- Un petit télescope (matériel facultatif).

Information destinée à l'enseignant

Savoirs essentiels (Programme de formation du MEQ) :

- 2ᵉ et 3ᵉ cycles : La Terre et l'Espace > systèmes et interaction > système solaire.
- 2ᵉ et 3ᵉ cycles : La Terre et l'Espace > techniques et instrumentation > conception et fabrication de modèles.

Suggestions d'activités fonctionnelles (mise en situation) :

- Faire un tour de table pour connaître les conceptions des élèves. Par exemple, certains élèves pensent que tous les cratères sont d'origine volcanique. D'autres élèves pensent que les météorites proviennent de l'atmosphère terrestre.
- Présenter aux élèves des photos de cratères causés par des impacts de météorites, sur la Terre et sur la Lune. Noter la présence de rayons de matière plus pâle autour de certains cratères lunaires.

Après les activités fonctionnelles, l'enseignant présente aux élèves l'énoncé du problème et le matériel disponible.

Sécurité :

Veiller à ce que les élèves laissent tomber la bille en acier avec précaution.

Quelques solutions ou approches possibles :

- Simuler la formation d'un cratère en laissant tomber un caillou ou une bille en verre ou acier dans un grand bac rempli de sable et placé sur le sol. (Varier la hauteur de laquelle on laisse tomber le caillou ou la bille.)
- Simuler la formation d'un cratère en laissant tomber un caillou ou une bille en verre ou acier dans un grand bac rempli de terre et placé sur le sol. (Varier la hauteur de laquelle on laisse tomber le caillou ou la bille.)
- Simuler la formation d'un cratère en laissant tomber un caillou ou une bille en verre ou en acier sur une grande plaque de pâte à modeler posée sur le sol. (Varier la hauteur de laquelle on laisse tomber le caillou ou la bille.)
- Simuler la formation d'un cratère de la façon suivante : Dans un bol à salade, verser environ deux tasses de farine et s'assurer que la surface de la farine est plate et horizontale. Verser ensuite une tasse de poudre pour lait au chocolat sur la surface de la farine et la répandre doucement pour former une deuxième couche plate et horizontale. Placer le bol sur le plancher. Laisser tomber une assez grosse bille d'acier dans le bol. Observer le cratère ainsi formé. Remarquer la farine projetée dans toutes les directions sur la couche de poudre de chocolat. Comparer avec des photographies de cratères lunaires.

Concepts scientifiques:

Les météorites sont de petits corps solides provenant de l'espace qui, à cause de la friction de l'air, se consument en traversant l'atmosphère terrestre et forment une traînée lumineuse. Il arrive parfois que des météorites plus massifs ne se consument pas entièrement et s'écrasent à la surface de la Terre, formant alors des cratères semblables à ceux de la Lune. Quand la Terre, dans son orbite autour du Soleil, traverse une zone où il y a une grande concentration de petits corps solides, il se produit une pluie d'étoiles filantes (par exemple la pluie des Perséides).

Repères culturels:

En 1803, l'astronome et physicien français Jean-Baptiste BIOT (1774-1862) démontra l'origine cosmique des météorites, qui avait déjà été suggérée par Ernst CHLADNI en 1794.

Après le problème, l'enseignant propose des activités de structuration et des activités d'enrichissement.

Suggestions d'activités de structuration (institutionnalisation des savoirs):

- Demander aux élèves de présenter leur façon de représenter la formation d'un cratère.
- Présenter aux élèves un documentaire portant sur les étoiles filantes et les météorites.
- Demander aux élèves de situer les principaux cratères d'impacts terrestres sur une carte du monde.

Suggestions d'activités d'enrichissement:

- Proposer aux élèves d'observer la Lune à l'aide d'un petit télescope et de dessiner sa surface. Comparer le dessin avec une carte de la Lune.
- Proposer aux élèves d'observer la prochaine pluie d'étoiles filantes (par exemple la pluie des Perséides).
- Emmener les élèves assister à un spectacle présenté par un planétarium où il est question des étoiles filantes et des météorites. Examiner de vraies météorites en montre dans les salles d'exposition du planétarium.

Évaluation :

Les principaux outils d'évaluation qui peuvent s'appliquer à des problèmes scientifiques et technologiques sont la grille d'observation, la fiche d'appréciation, le carnet scientifique de l'élève, le dossier d'apprentissage (portfolio), les questions orales et les questions écrites. Voir la présentation de ces outils au chapitre 20.

3. Comment peut-on représenter le ciel étoilé de l'hémisphère Nord ?

- **Thème :**

Les étoiles et les galaxies.

- **Âge :**

De 6 à 11 ans.

- **Temps :**

Environ 60 minutes (solution du problème seulement).

Information destinée aux élèves

Énoncé du problème :

Comment peut-on représenter le ciel étoilé de l'hémisphère Nord ?

Matériel requis :

a) pour chaque élève ou chaque équipe

Du papier, des crayons, de la peinture blanche, une grande boîte en carton, du carton noir, un vieux parapluie noir, du papier journal, de la colle blanche, une petite lampe halogène, de petites étiquettes autocollantes de forme ronde, une carte du ciel.

b) pour l'ensemble du groupe-classe

- Quelques cherche-étoiles.
- Un logiciel de simulation du ciel étoilé, un planétarium mobile (vendus chez certains fournisseurs de matériel scientifique ; matériel facultatif).

Information destinée à l'enseignant

Savoirs essentiels (Programme de formation du MEQ) :

- 2e et 3e cycles : La Terre et l'Espace > systèmes et interaction > étoiles et galaxies.
- 2e et 3e cycles : La Terre et l'Espace > techniques et instrumentation > conception et fabrication de modèles.
- 2e et 3e cycles : La Terre et l'Espace > langage approprié > conventions et modes de représentation.

Suggestions d'activités fonctionnelles (mise en situation) :

- Faire un tour de table pour connaître les conceptions des élèves. Par exemple, certains élèves pensent que le ciel contient trop d'étoiles pour qu'il soit possible de s'y retrouver.
- Présenter aux élèves les principales constellations et leur demander de les retrouver dans le ciel par une nuit sans nuage.

Après les activités fonctionnelles, l'enseignant présente aux élèves l'énoncé du problème et le matériel disponible.

Sécurité :

Veiller à ce que les élèves ne se blessent pas en manipulant la broche et les lampes.

Quelques solutions ou approches possibles :

- Reproduire une carte du ciel de l'hémisphère Nord sur une grande feuille de papier.
- Construire un cherche-étoiles de l'hémisphère Nord. (Un cherche-étoiles est une carte du ciel de forme circulaire munie d'un cache circulaire qui tourne par-dessus cette carte en ne laissant voir que les constellations visibles à une époque de l'année et à une heure données.)
- À l'aide de peinture blanche, dessiner les principales constellations de l'hémisphère Nord à l'intérieur d'un vieux parapluie.
- À l'aide de petites étiquettes autocollantes de forme ronde, reproduire les constellations en les collant sur le plafond et les murs d'une classe ou d'un autre local.

- Faire de petits trous, selon la forme de quelques constellations, dans un grand carton noir. Coller le carton dans une fenêtre par laquelle entre beaucoup de lumière. Observer le carton.
- Faire de petits trous dans une grande boîte en carton, selon la forme de quelques constellations, et placer une lampe allumée dans (ou sous) la boîte. Observer la boîte dans une pièce sombre.
- À l'aide de broche, de plusieurs épaisseurs de papier journal et de colle blanche, former une demi-sphère d'environ 40 cm de diamètre. Laisser sécher. Placer une petite lampe sans abat-jour (ou une simple ampoule sur une douille) à l'intérieur de la demi-sphère. Percer des trous dans la demi-sphère de façon à représenter les principales constellations de l'hémisphère Nord. Installer la demi-sphère dans un local sombre et allumer la lampe. Observer les taches de lumière sur le plafond et les murs.

Concepts scientifiques :

Le ciel étoilé change avec les heures et les saisons, mais les étoiles sont toujours, à l'échelle de temps d'une vie humaine, dans la même position les unes par rapport aux autres. Les étoiles visibles dans le ciel nocturne sont groupées, de façon arbitraire, en 88 constellations. Certaines constellations ne sont visibles que dans l'hémisphère Nord (par exemple la Petite Ourse), alors que d'autres constellations ne sont visibles que dans l'hémisphère Sud (par exemple la Croix du Sud). Les constellations situées près de l'horizon, aux latitudes des pays tempérés, sont visibles dans les deux hémisphères. Les cartes du ciel et les cherche-étoiles présentent les constellations.

Repères culturels :

Plusieurs constellations de l'hémisphère Nord furent définies en Mésopotamie, vers 3300 av. J.-C. D'autres constellations furent ajoutées plus tard par les Grecs. L'astronome grec HIPPARQUE de Rhodes (v. 190-v. 120 av. J.-C.) réalisa le premier catalogue d'étoiles vers 150 av. J.-C. et imagina une échelle de magnitude indiquant leur luminosité apparente. L'astrolabe de type cherche-étoiles, qui permet d'obtenir une représentation simplifiée du ciel en fonction de l'heure et de la date, fut inventé vers 450.

Après le problème, l'enseignant propose des activités de structuration et des activités d'enrichissement.

Suggestions d'activités de structuration (institutionnalisation des savoirs):

- Demander aux élèves de présenter leur façon de représenter le ciel étoilé.
- Nommer les constellations projetées sur le plafond et les murs par un planétarium mobile.
- À l'aide d'un logiciel de simulation du ciel étoilé, nommer les constellations telles qu'elles sont présentées sur l'écran d'un ordinateur.

Suggestions d'activités d'enrichissement:

- Emmener les élèves assister à un spectacle présenté par un planétarium.
- Faire réaliser aux élèves que les étoiles peuvent être sériées en fonction de leur magnitude. (Les étoiles de magnitude 1 sont les plus brillantes et les étoiles de magnitude 6 sont à la limite de visibilité à l'œil nu.)
- Discuter avec les élèves du problème de la pollution lumineuse, qui rend les étoiles de moins en moins visibles, surtout près des grandes villes. Quelles sont les façons de réduire cette pollution lumineuse?

Évaluation:

Les principaux outils d'évaluation qui peuvent s'appliquer à des problèmes scientifiques et technologiques sont la grille d'observation, la fiche d'appréciation, le carnet scientifique de l'élève, le dossier d'apprentissage (portfolio), les questions orales et les questions écrites. Voir la présentation de ces outils au chapitre 20.

4. PEUT-ON CONSTRUIRE UN INSTRUMENT SIMPLE POUR MESURER LE TEMPS?

➢ **Thème:**

La mesure du temps.

➢ **Âge:**

De 8 à 11 ans.

➢ **Temps:**

Environ 60 minutes (solution du problème seulement).

Information destinée aux élèves

Énoncé du problème :

Peut-on construire un instrument simple pour mesurer le temps ?

Matériel requis :

a) pour chaque élève ou chaque équipe

Des bouteilles en plastique transparent, des boîtes de conserve vides, des baguettes de bois, du carton ondulé, deux petits entonnoirs, du sable fin, des bougies, des poids et du fil de nylon, de l'eau.

b) pour l'ensemble du groupe-classe

- Quelques globes terrestres, un ensemble pour construire une horloge à pendule en carton ou en plastique.
- Divers instruments pour mesurer le temps (sablier, cadran solaire, horloge à pendule, etc. ; à présenter au cours des activités de structuration seulement.)

Information destinée à l'enseignant

Savoirs essentiels (Programme de formation du MEQ) :

- 2e et 3e cycles : La Terre et l'Espace > forces et mouvements > rotation de la Terre.
- 2e et 3e cycles : La Terre et l'Espace > techniques et instrumentation > conception et fabrication d'instruments de mesure et de prototypes.

Suggestions d'activités fonctionnelles (mise en situation) :

- Faire un tour de table pour connaître les conceptions des élèves. Par exemple, certains élèves pensent que le temps ne peut se mesurer qu'avec des instruments complexes tels qu'une montre ou une horloge.
- Présenter aux élèves les unités de mesure du temps : seconde, minute, heure, jour, semaine, mois, année.

Après les activités fonctionnelles, l'enseignant présente aux élèves l'énoncé du problème et le matériel disponible.

Sécurité :

Veiller à ce que les élèves ne se blessent pas en coupant ou taillant des matériaux.

Quelques solutions ou approches possibles :

- Construire une clepsydre rudimentaire qui ne compense pas la baisse de pression liée à la diminution de la quantité d'eau.
- Construire une clepsydre plus précise, dont la graduation ou la forme compensent la baisse de pression liée à la diminution de la quantité d'eau.
- Construire un cadran solaire rudimentaire à l'aide d'un simple gnomon planté à la verticale dans le sol ou fixé au centre d'un objet en forme de disque.
- Construire un cadran solaire plus précis, qui comporte un gnomon incliné en fonction de la latitude du lieu, c'est-à-dire un gnomon en forme de triangle rectangle dont l'hypoténuse pointe vers l'Étoile polaire.
- Utiliser un globe terrestre pour construire un « cadran solaire universel ». Pour ce faire, installer un globe terrestre à un endroit exposé au soleil toute la journée. S'assurer que l'axe de rotation du globe terrestre pointe vers l'Étoile Polaire et que le lieu d'observation (Montréal, par exemple) se trouve au sommet du globe. Constater que le globe terrestre est alors éclairé par le Soleil de la même façon que la Terre. Chaque déplacement de 15° de ligne de démarcation entre la lumière et l'ombre correspond à une heure.
- Construire un sablier rudimentaire, par exemple avec deux petits entonnoirs et du sable fin.
- Mesurer le temps au moyen de la vitesse de combustion d'une bougie.
- Mesurer le temps à l'aide de la période d'oscillation d'un pendule assez lourd, suspendu au plafond par un fil relativement long.
- Construire une horloge à pendule rudimentaire. (L'horloge peut être construite avec un jeu de type Lego-Dacta. Il se vend également des horloges à pendule, en carton ou en plastique, à assembler.)

Concepts scientifiques :

- CLEPSYDRE : Une clepsydre est une horloge à eau dont le principe est très simple. Un vase, qui comporte un orifice d'écoulement est rempli d'eau et le temps écoulé est déduit de la baisse de niveau de l'eau dans le vase ou quantité d'eau recueillie dans un autre vase. Une clepsydre plus précise doit cependant compenser le fait que la vitesse d'écoulement diminue à mesure que diminuent la quantité d'eau et la pression dans le vase. Cette compensation peut se faire en resserrant les repères vers le fond d'un vase cylindrique ou en donnant une forme conique au vase.

- CADRAN SOLAIRE : Les ombres de tous les objets se déplacent, au fil des heures, parce que la Terre tourne sur elle-même, ce qui cause un déplacement apparent du Soleil dans le ciel. Un simple bâton planté dans le sol (gnomon) peut servir de cadran solaire, mais un cadran solaire plus précis comporte un gnomon incliné selon la latitude du lieu et un cadran sur lequel sont tracées des droites qui permettent de repérer les heures.
- SABLIER : Le sablier est un instrument qui mesure le temps par écoulement de sable à travers un conduit reliant deux récipients fermés. Son principe de fonctionnement est semblable à celui de la clepsydre.
- BOUGIE : Une bougie se consume à une vitesse constante et peut donc être utilisée comme instrument de mesure du temps.
- PENDULE : Un pendule oscille de part et d'autre de sa position d'équilibre selon une durée constante appelée *période*. Un pendule peut donc être utilisé comme instrument de mesure simple ou pour contrôler le mécanisme d'une horloge mécanique, ce qui assure un fonctionnement plus précis.

Repères culturels :

- Environ 3000 ans av. J.-C., construction, en Égypte, de la plus ancienne clepsydre connue. Les clepsydres seront utilisées jusqu'au XVIIe siècle.
- Vers 1500 av. J.-C., construction, en Égypte, du plus ancien cadran solaire connu.
- Au début du XIVe siècle, construction, en Europe des premiers sabliers. (Il est probable, toutefois, que le sablier soit une invention chinoise beaucoup plus ancienne.) Le sablier sera utilisé par le scientifique italien GALILÉE (1564-1642), au XVIIe siècle, pour ses expériences sur le plan incliné. Il servira également à bord des navires d'exploration.
- GALILÉE démontra, en 1583, qu'un pendule oscille de part et d'autre de sa position d'équilibre selon une durée constante appelée *période*.
- Le mathématicien, physicien et astronome néerlandais Christiaan HUYGENS (1629-1695) inventa l'horloge à pendule en 1657.

Après le problème, l'enseignant propose des activités de structuration et des activités d'enrichissement.

Suggestions d'activités de structuration (institutionnalisation des savoirs) :

- Demander aux élèves de présenter leur façon de construire un instrument pour mesurer le temps.
- Présenter aux élèves des dessins et photographies d'anciens instruments pour mesurer le temps. Leur expliquer le principe du fonctionnement de ces instruments.
- Présenter aux élèves de véritables instruments pour mesurer le temps (sablier, cadran solaire, horloge à pendule, etc.)
- Présenter aux élèves un documentaire portant sur la mesure du temps.

Suggestions d'activités d'enrichissement :

Proposer aux élèves de trouver un site Internet qui donne le « temps atomique international », c'est-à-dire le temps exact donné par une horloge atomique extrêmement précise.

Évaluation :

Les principaux outils d'évaluation qui peuvent s'appliquer à des problèmes scientifiques et technologiques sont la grille d'observation, la fiche d'appréciation, le carnet scientifique de l'élève, le dossier d'apprentissage (portfolio), les questions orales et les questions écrites. Voir la présentation de ces outils au chapitre 20.

5. PEUT-ON CONSTRUIRE UN DÉTECTEUR RUDIMENTAIRE DE TREMBLEMENT DE TERRE ?

➢ **Thème :**

L'écorce terrestre.

➢ **Âge :**

De 8 à 11 ans.

➢ **Temps :**

Environ 60 minutes (problème seulement).

Information destinée aux élèves

Énoncé du problème :

Peut-on construire un détecteur rudimentaire de tremblement de terre ?

Matériel requis :

a) pour chaque élève ou chaque équipe

Une bouteille, de l'eau, deux verres à vin, une baguette en bois d'environ 0,5 cm de diamètre, quelques billes, un miroir de poche, un ressort de type Slinky, une petite boîte en carton, du carton, du papier, des crayons, une lampe sur pied sans abat-jour.

b) pour l'ensemble du groupe-classe

Quelques pointeurs lasers (matériel facultatif).

Information destinée à l'enseignant

Savoirs essentiels (Programme de formation du MEQ) :

- 2e et 3e cycles : La Terre et l'Espace > matière > transformation de la matière > phénomènes naturels.
- 2e et 3e cycles : La Terre et l'Espace > systèmes et interaction > technologies de la Terre.
- 2e et 3e cycles : La Terre et l'Espace > techniques et instrumentation > conception, fabrication d'instruments de mesure et de prototypes.

Suggestions d'activités fonctionnelles (mise en situation) :

- Faire un tour de table pour connaître les conceptions des élèves. Par exemple, certains élèves pensent que la seule façon de détecter un tremblement de terre est de sentir le sol trembler. D'autres élèves pensent que seuls des instruments complexes peuvent détecter des tremblements de terre.
- Présenter aux élèves un documentaire sur les tremblements de terre (séismes).

Après les activités fonctionnelles, l'enseignant présente aux élèves l'énoncé du problème et le matériel disponible.

Sécurité :

Veiller à ce que les élèves ne brisent pas les verres et le miroir.

Quelques solutions ou approches possibles :

Note: Pour toutes les solutions suivantes, les élèves peuvent simuler un petit tremblement de terre en sautant sur le plancher du local où se trouve leur détecteur ou en donnant de petits chocs à la table sur laquelle leur détecteur se trouve.

- Placer une bouteille à demi remplie d'eau sur une table. D'assez fortes vibrations du sol ou de la table forment de petites ondes concentriques à la surface de l'eau.
- Placer deux verres à vin sur une table de telle sorte qu'ils se touchent. D'assez fortes vibrations peuvent occasionner de petits chocs entre les verres.
- Placer une bille en équilibre au sommet d'une baguette de bois verticale d'environ ½ cm de diamètre. D'assez fortes vibrations peuvent faire tomber la bille.
- Suspendre un objet à un ressort de type Slinky accroché au plafond. Fixer un crayon à l'objet. Installer une feuille de papier (verticalement) de telle sorte que le crayon trace une onde quand le sol et l'objet vibrent.
- Coller un petit miroir de poche sur le dossier d'une chaise. Éclairer le miroir avec une lampe sans abat-jour ou un pointeur laser. Observer la tache de lumière réfléchie sur un mur par le miroir quand on donne un petit choc à la chaise ou quand on saute tout près de celle-ci.

Concepts scientifiques :

On peut détecter et mesurer l'amplitude des séismes à l'aide d'un sismographe. La plupart des sismographes modernes sont constitués d'une masse assez lourde, suspendue à un ressort, qui tend à rester immobile lorsque le sol se déplace. Les ondes sismiques sont enregistrées sur un rouleau de papier par une plume fixée à cette masse. L'intensité des tremblements de terre est mesurée à l'aide de l'*échelle de Richter* (qui s'étend de 0 à 9). Sur cette échelle, la plupart des petits séismes qui secouent les arbres et les voitures ont une intensité de 4 ou 5 et la plupart des grands séismes qui peuvent détruire des bâtiments ont une intensité de 6 ou 7.

Repères culturels :

Le physicien chinois Zhang HENG (79-139) inventa le séismoscope, ancêtre du sismographe, vers 110 ap. J.-C. Le séismoscope était constitué d'une masse métallique suspendue à l'intérieur d'un vase et reliée par des tiges à des billes posées en équilibre tout autour du vase. Une ou plusieurs billes tombaient quand la terre tremblait. Il s'agissait du premier appareil permettant de détecter des tremblements de terre de faible intensité.

Après le problème, l'enseignant propose des activités de structuration et des activités d'enrichissement.

Suggestions d'activités de structuration (institutionnalisation des savoirs) :

- Demander aux élèves de présenter leur détecteur de tremblement de terre.
- Présenter aux élèves un dessin ou une photographie du séismoscope de Heng.
- Présenter aux élèves des photographies de sismographes modernes.

Suggestions d'activités d'enrichissement :

- Emmener les élèves visiter un musée ou un centre recherche où se trouve un sismographe moderne.
- Proposer aux élèves de se documenter pour situer sur une carte du monde les régions les plus sujettes aux séismes.
- Proposer aux élèves de se documenter pour savoir si un séisme s'est déjà produit dans leur région.

Évaluation :

Les principaux outils d'évaluation qui peuvent s'appliquer à des problèmes scientifiques et technologiques sont la grille d'observation, la fiche d'appréciation, le carnet scientifique de l'élève, le dossier d'apprentissage (portfolio), les questions orales et les questions écrites. Voir la présentation de ces outils au chapitre 20.

6. PEUT-ON ESTIMER OU MESURER LE TAUX D'HUMIDITÉ DE L'AIR ?

- **Thème :**

L'atmosphère.

- **Âge :**

De 8 à 11 ans.

- **Temps :**

Environ 60 minutes, puis 5 minutes par jour pendant quelques jours (solution du problème seulement).

Information destinée aux élèves

Énoncé du problème :

Comment peut-on estimer ou mesurer le taux d'humidité de l'air ?

Matériel requis :

a) pour chaque élève ou chaque équipe

Des bouteilles en plastique transparent remplies d'eau, des craquelins, des cônes de divers conifères.

b) pour l'ensemble du groupe-classe

- De véritables hygromètres de divers types (vendus chez certains fournisseurs de matériel scientifique ; à présenter seulement au cours des activités de structuration).
- Accès à un réfrigérateur.

Information destinée à l'enseignant

Savoirs essentiels (Programme de formation du MEQ) :

- 2e et 3e cycles : La Terre et l'Espace > systèmes et interactions > technologies de l'atmosphère.
- 2e et 3e cycles : La Terre et l'Espace > techniques et instrumentation > conception et fabrication d'instruments de mesure.

Suggestions d'activités fonctionnelles (mise en situation) :

- Faire un tour de table pour connaître les conceptions des élèves. Par exemple, certains élèves pensent qu'il est difficile d'estimer ou de mesurer le taux d'humidité car la vapeur d'eau est invisible.
- Demander aux élèves de consulter un site Web qui présente les conditions météorologiques observées ainsi que les prévisions des prochains jours.

Après les activités fonctionnelles, l'enseignant présente aux élèves l'énoncé du problème et le matériel disponible.

Sécurité :

Rien à signaler.

Quelques solutions ou approches possibles :

- Estimer le taux d'humidité d'après la forme et la texture des cheveux. (Certaines personnes ont les cheveux plus frisés quand l'air est humide.)
- Estimer le taux d'humidité d'après la rapidité et la quantité de la condensation sur une bouteille d'eau qui sort du réfrigérateur. (Plus la condensation se forme vite et plus elle est abondante, plus l'air est humide.)
- Estimer le taux d'humidité à partir de l'importance et de la vitesse du ramollissement de craquelins laissés à l'air libre. (Plus le ramollissement des craquelins est évident et plus il survient rapidement, plus l'air est humide.)
- Estimer le taux d'humidité selon la façon dont ferme une porte en bois. (Certaines portes en bois très ajustées ferment moins facilement quand l'air est humide car la vapeur d'eau fait gonfler la porte.)
- En été, estimer le taux d'humidité selon l'impression de chaleur ressentie. Pour une même température, plus l'air est humide, plus on aura l'impression qu'il fait chaud.
- En hiver, estimer le taux d'humidité selon l'impression de froid ressentie. Pour une même température, plus l'air est humide, plus on aura l'impression qu'il fait froid.
- Estimer le taux d'humidité à l'aide de cônes de conifères. (Les cônes des conifères sont plus ou moins ouverts selon le taux d'humidité.)

- Mesurer le taux d'humidité à l'aide d'un hygromètre. (Hygromètre à cheveu, à condensation, à absorption ou psychromètre.)

Concepts scientifiques :

L'hygromètre est un instrument qui permet de mesurer le taux d'humidité de l'air. Il en existe plusieurs types. L'hygromètre à cheveu fonctionne grâce à la variation de la longueur d'un cheveu en fonction de l'humidité. L'hygromètre à condensation donne le taux d'humidité à partir de la température à laquelle se forme une condensation sur un réservoir qui contient un liquide froid. L'hygromètre à absorption donne le taux d'humidité en fonction de la quantité de vapeur d'eau absorbée par certains composés chimiques ou du changement de couleur de certains composés (exemple : chlorure de cobalt) en présence de vapeur d'eau. Le psychromètre donne le taux d'humidité à partir de la différence de température entre un thermomètre relié à une mèche mouillée et un thermomètre sec.

Repères culturels :

Le savant italien Francesco FOLLI (1624-1685) inventa l'hygromètre en 1664.

Après le problème, l'enseignant propose des activités de structuration et des activités d'enrichissement.

Suggestions d'activités de structuration (institutionnalisation des savoirs) :

- Demander aux élèves de présenter leur façon d'estimer ou de mesurer le taux d'humidité.
- Demander aux élèves de tenir, durant quelques semaines, un journal au sujet des variations du taux d'humidité et du temps qui est associé à ces variations.
- Présenter aux élèves de véritables hygromètres de divers types.

Suggestions d'activités d'enrichissement :

- Proposer aux élèves de se documenter pour trouver un modèle simple d'hygromètre fait à partir d'un cheveu et de construire cet hygromètre.
- Proposer aux élèves de fabriquer un hygromètre de type psychromètre à l'aide de deux thermomètres et d'une mèche qui trempe dans l'eau et de se documenter pour trouver une table qui donne le taux d'humidité de l'air en fonction de la différence de température entre les deux thermomètres.

- Proposer aux élèves de construire une station météorologique rudimentaire. (La station peut comporter des instruments rudimentaires fabriqués par les élèves ou des instruments plus précis qui proviennent d'un fournisseur de matériel scientifique).
- Emmener les élèves visiter une véritable station météorologique.
- Proposer aux élèves de se documenter pour répondre à la question suivante : Quels sont les faits saillants de la vie de Robert Hooke ?

Évaluation :

Les principaux outils d'évaluation qui peuvent s'appliquer à des problèmes scientifiques et technologiques sont la grille d'observation, la fiche d'appréciation, le carnet scientifique de l'élève, le dossier d'apprentissage (portfolio), les questions orales et les questions écrites. Voir la présentation de ces outils au chapitre 20.

DES EXEMPLES DE PROBLÈMES AU SUJET DE L'UNIVERS VIVANT: DU PRÉSCOLAIRE À LA FIN DU PRIMAIRE

Le chapitre 14 présente des exemples de problèmes au sujet des sciences et des technologies de l'univers vivant. Ces problèmes sont classés par ordre croissant de difficulté. Ils sont tirés de l'ouvrage *Résoudre des problèmes scientifiques et technologiques au préscolaire et au primaire* (Thouin, 2006).

1. De quoi une plante a-t-elle besoin pour vivre?

- **Thème:**

  Les végétaux.

- **Âge:**

  De 4 à 11 ans.

- **Temps:**

  Environ 60 minutes (solution du problème seulement).

Information destinée aux élèves

Énoncé du problème:

De quoi une plante a-t-elle besoin pour vivre?

Matériel requis:

a) pour chaque élève ou chaque équipe

Quelques petits récipients (par exemple des petits contenants de yaourt), de la terre noire pour les plantes d'intérieur, des particules de mousse de polystyrène, quelques graines de haricot, de l'ouate, une petite cuillère, des ciseaux, quelques verres ou récipients transparents.

b) pour l'ensemble du groupe-classe

Quelques grands bacs en plastique.

Information destinée à l'enseignant

Savoirs essentiels (Programme de formation du MEQ) :

- 1er cycle : Univers vivant > croissance d'une plante.
- 2e et 3e cycles : Univers vivant > énergie > sources d'énergie des êtres vivants > photosynthèse chez les végétaux ; technologies de l'agriculture.
- 2e et 3e cycles : Univers vivant > systèmes et interaction > interaction entre les organismes vivants et leur milieu > habitats des êtres vivants.

Suggestions d'activités fonctionnelles (mise en situation) :

- Faire un tour de table pour connaître les conceptions des élèves. Par exemple, certains élèves pensent qu'une plante a seulement besoin d'eau.
- Expliquer la procédure à suivre pour faire germer des graines de haricot dans de l'ouate humide.

Après les activités fonctionnelles, l'enseignant présente aux élèves l'énoncé du problème et le matériel disponible.

Sécurité :

Veiller à ce que les élèves se lavent bien les mains après avoir manipulé de la terre, des graines et des plantules.

Quelques solutions ou approches possibles :

Note : Les élèves peuvent d'abord faire germer des graines de haricot pour obtenir des plantules (petites plantes de quelques jours).

- Placer une plantule sur le bord de la fenêtre (à la lumière du soleil) et une autre dans un placard ou un endroit sombre. (Ces deux plantules doivent être plantées dans la même sorte de terre et arrosées de la même façon.)
- Arroser régulièrement une plantule et ne pas en arroser une autre. (Ces deux plantules doivent être plantées dans la même sorte de terre et exposées à la même quantité de lumière.)

- Transplanter une plantule dans un pot qui ne contient que des particules de mousse de polystyrène et en laisser une autre dans la terre. (Ces deux plantules doivent être arrosées de la même façon et exposées à la même quantité de lumière.)

Concepts scientifiques :

Les plantes ont besoin d'eau, d'air (surtout du gaz carbonique de l'air), de lumière et de sels minéraux pour vivre.

Repères culturels :

Dès la plus haute Antiquité, on savait que les plantes avaient besoin d'eau et de lumière et l'on avait remarqué qu'une terre devenait moins productive après quelques années. L'utilisation d'engrais naturels, pour enrichir la terre, débuta en Mésopotamie et en Égypte vers 3000 av. J.-C.

Après le problème, l'enseignant propose des activités de structuration et des activités d'enrichissement.

Suggestions d'activités de structuration (institutionnalisation des savoirs) :

- Demander aux élèves de présenter leur façon de trouver de quoi une plante a besoin pour vivre.
- Présenter aux élèves un documentaire portant sur l'histoire de l'agriculture.

Suggestions d'activités d'enrichissement :

- Proposer aux élèves de se documenter pour répondre à la question suivante : Les besoins de toutes les espèces de plantes sont-ils identiques ? (Les besoins de base sont semblables, mais les quantités d'eau, de lumière et de divers sels minéraux nécessaires sont variables.)
- Emmener les élèves visiter les terres d'un maraîcher (producteur de légumes). Observer les systèmes utilisés pour que les plantes ne manquent pas d'eau, de lumière et de sels minéraux.

Évaluation :

Les principaux outils d'évaluation qui peuvent s'appliquer à des problèmes scientifiques et technologiques sont la grille d'observation, la fiche d'appréciation, le carnet scientifique de l'élève, le dossier d'apprentissage (portfolio), les questions orales et les questions écrites. Voir la présentation de ces outils au chapitre 20.

2. PEUT-ON IDENTIFIER UN OBJET SANS LE VOIR ?

- **Thème :**

  Les animaux et les êtres humains.

- **Âge :**

  De 4 à 11 ans.

- **Temps :**

  Environ 40 minutes (solution du problème seulement).

Information destinée aux élèves

Énoncé du problème :

Peut-on identifier un objet sans le voir ?

Matériel requis :

a) pour chaque élève ou chaque équipe

Des objets courants de la classe ou de la maison qui présentent des particularités visuelles (forme, taille, etc.), auditives (sons qu'ils produisent lorsqu'ils sont frappés), olfactives ou tactiles (texture, dureté) ainsi que des substances qui peuvent être goûtées.

b) pour l'ensemble du groupe-classe

Des bâtonnets ou de cuillères en plastique.

Information destinée à l'enseignant

Savoirs essentiels (Programme de formation du MEQ) :

- 1er cycle : Univers vivant > adaptation d'un animal à son milieu.
- 2e et 3e cycles : Univers vivant > matière > organisation du vivant > sens.

Suggestions d'activités fonctionnelles (mise en situation) :

- Faire un tour de table pour connaître les conceptions des élèves. Par exemple, certains élèves pensent qu'il faut absolument voir un objet pour pouvoir l'identifier correctement.
- Animer une discussion au sujet du rôle de chacun de nos cinq sens.

Après les activités fonctionnelles, l'enseignant présente aux élèves l'énoncé du problème et le matériel disponible.

Sécurité :

Prévoir des bâtonnets (ou des cuillères en plastique) individuels en quantité suffisante pour les substances que les élèves peuvent goûter.

Quelques solutions ou approches possibles :

Note: Pour toutes les solutions ou approches, les élèves peuvent se placer en équipe de deux. Un des élèves a les yeux bandés et l'autre lui tend les objets et le guide dans son travail.

- Identifier les objets et substances selon leur taille.
- Identifier les objets et substances selon leur poids.
- Identifier les objets et substances selon leur texture.
- Identifier les objets et substances selon leur odeur.
- Identifier les objets et substances selon le bruit qu'ils font lorsqu'ils sont brassés ou frappés.
- Si les objets et les substances peuvent être goûtés sans danger, les identifier selon leur goût.

Concepts scientifiques :

Grâce au système nerveux, nos cinq sens (vue, ouïe, goût, toucher, odorat) transmettent à notre cerveau une foule de données au sujet du monde qui nous entoure. Le toucher est l'un des premiers sens dont l'enfant se sert pour explorer le monde. Le sens du toucher fonctionne grâce à des récepteurs, situés dans la peau, sensibles à la pression et à la température.

Repères culturels :

De tout temps, les êtres humains ont trouvé des façons de pallier l'impossibilité de voir (en raison de l'obscurité ou du fait d'être aveugle). Il existe même des systèmes d'écriture, tels que le braille, qui permettent de lire sans voir.

Après le problème, l'enseignant propose des activités de structuration et des activités d'enrichissement.

Suggestions d'activités de structuration (institutionnalisation des savoirs) :

- Demander aux élèves de présenter leurs façons d'identifier les objets.
- Présenter aux élèves les cinq sens.

Suggestions d'activités d'enrichissement :

- On peut organiser une compétition entre quelques élèves qui doivent, en ayant les yeux bandés, identifier correctement le plus d'objets et de substances possible en un temps donné.
- Proposer aux élèves de trouver des exemples de situation de la vie courante qui ne permettent pas de se servir du sens de la vue (obscurité, panne d'électricité, etc.).

Évaluation :

Les principaux outils d'évaluation qui peuvent s'appliquer à des problèmes scientifiques et technologiques sont la grille d'observation, la fiche d'appréciation, le carnet scientifique de l'élève, le dossier d'apprentissage (portfolio), les questions orales et les questions écrites. Voir la présentation de ces outils au chapitre 20.

3. PEUT-ON CLARIFIER DE L'EAU SALE ?

- **Thème :**

  L'environnement.

- **Âge :**

  De 6 à 11 ans.

- **Temps :**

  Environ 60 minutes (solution du problème seulement).

Information destinée aux élèves

Énoncé du problème :

Comment peut-on clarifier de l'eau sale ?

Matériel requis :

a) pour chaque élève ou chaque équipe

De l'eau à laquelle de la terre a été mélangée, divers récipients en plastique, un entonnoir, une tasse à mesurer ou un cylindre gradué, diverses boîtes en carton, des filtres à café, des essuie-tout, du papier journal, de l'ouate, une assiette, une passoire.

b) pour l'ensemble du groupe-classe

- Une plaque chauffante et une casserole ;
- Un modèle de station d'épuration miniature (vendu chez certains fournisseurs de matériel scientifique ; matériel facultatif).

Information destinée à l'enseignant

Savoirs essentiels (Programme de formation du MEQ) :

- 1er cycle : Univers vivant > adaptation de l'être humain à son milieu.
- 2e et 3e cycles : Univers vivant > systèmes et interaction > interaction entre l'être humain et son milieu ; technologies de l'environnement.
- 2e et 3e cycles : Univers vivant > techniques et instrumentation > utilisation d'instruments d'observation simples.

Suggestions d'activités fonctionnelles (mise en situation) :

- Faire un tour de table pour connaître les conceptions des élèves. Par exemple, certains élèves pensent que l'eau sale ne peut être clarifiée que dans une usine d'épuration.
- Tracer avec les élèves une carte d'exploration au sujet des principales caractéristiques de l'eau potable (limpide, sans bactéries, sans produits chimiques dangereux, sans sels minéraux qui donnent un mauvais goût).

Après les activités fonctionnelles, l'enseignant présente aux élèves l'énoncé du problème et le matériel disponible.

Sécurité :

- Veiller à ce que les élèves utilisent, de préférence, des récipients en plastique.
- Bien avertir les élèves de ne pas boire l'eau, même si elle est devenue claire, car elle peut encore contenir des bactéries et des substances toxiques.

Quelques solutions ou approches possibles :

Note: Les élèves doivent clarifier de l'eau à laquelle de la terre a été mêlée.

- Faire couler le mélange d'eau et de terre dans une passoire.
- Faire couler le mélange d'eau et de terre dans un filtre en papier (filtre à café ou papier essuie-tout).
- Faire couler le mélange d'eau et de terre dans un filtre en ouate.
- Faire bouillir le mélange d'eau et de terre dans une casserole et recueillir de l'eau claire par condensation de la vapeur d'eau sur une assiette ou une autre surface froide.

Concepts scientifiques :

Les eaux usées peuvent être des eaux de ruissellement et de drainage (par exemple : pluie, lavage des rues, terres agricoles), des eaux domestiques et des eaux industrielles. Dans les deux derniers cas surtout, ces eaux aboutissent, par un réseau d'égouts, dans une station d'épuration. L'épuration se fait en deux étapes. La première étape, l'épuration mécanique, consiste à séparer la boue des eaux usées. Cette boue, dont la décomposition produit du biométhane, est parfois utilisée comme source d'énergie pour l'usine d'épuration ou comme engrais par des agriculteurs de la région. La seconde étape, l'épuration biologique, consiste à aérer l'eau usée pour l'oxygéner et pour faciliter la dégradation des fines particules résiduelles par des bactéries. L'eau épurée est ensuite retournée dans la nature (rivière, lac, mer).

Repères culturels :

La première station d'épuration des eaux usées fut construite en Grande-Bretagne, sur la Tamise, en 1889.

Après le problème, l'enseignant propose des activités de structuration et des activités d'enrichissement.

Suggestions d'activités de structuration (institutionnalisation des savoirs) :

- Demander aux élèves de dessiner et de décrire leur dispositif dans un carnet scientifique.
- Demander aux élèves d'examiner un schéma du fonctionnement d'une usine d'épuration moderne.
- À l'aide d'un modèle de station d'épuration miniature, montrer aux élèves les principales étapes du traitement de l'eau.

Suggestions d'activités d'enrichissement :

- Emmener les élèves visiter une usine d'épuration.
- Proposer aux élèves de se documenter pour répondre à la question suivante : Quelles sont les substances qui ne devraient jamais se retrouver dans les égouts, car elles résistent à l'épuration et contaminent les cours d'eau ? (Réponses : médicaments, peinture, huile à moteur, produits chimiques, etc.)

Évaluation :

Les principaux outils d'évaluation qui peuvent s'appliquer à des problèmes scientifiques et technologiques sont la grille d'observation, la fiche d'appréciation, le carnet scientifique de l'élève, le dossier d'apprentissage (portfolio), les questions orales et les questions écrites. Voir la présentation de ces outils au chapitre 20.

4. PEUT-ON EMPÊCHER DES MORCEAUX DE POMME DE BRUNIR ?

- **Thème :**

La cellule et la chimie du vivant.

- **Âge :**

De 8 à 11 ans.

- **Temps :**

Environ 60 minutes (solution du problème seulement).

Information destinée aux élèves

Énoncé du problème :

Peut-on empêcher des morceaux de pomme de brunir ?

Matériel requis :

a) pour chaque élève ou chaque équipe

Une pomme, du sel, du sucre, du jus de citron, de l'huile végétale, du vernis à ongle, de la mayonnaise, du yogourt, du sirop d'érable, du vinaigre, quelques assiettes, quelques pots, quelques sacs à sandwich en plastique, de l'eau.

b) pour l'ensemble du groupe-classe

Accès à un réfrigérateur.

Information destinée à l'enseignant

Savoirs essentiels (Programme de formation du MEQ) :

- 2e et 3e cycles : Univers vivant > énergie > sources d'énergie des êtres vivants > technologies de l'alimentation.

Suggestions d'activités fonctionnelles (mise en situation) :

- Faire un tour de table pour connaître les conceptions des élèves. Par exemple, certains élèves pensent qu'il est impossible d'empêcher des morceaux de pomme de brunir.
- Animer une discussion au sujet des aliments préparés avec des pommes (compote, gelée, tartes, chaussons, etc.).
- Observer un morceau de pomme qui est resté à l'air libre quelques heures.

Après les activités fonctionnelles, l'enseignant présente aux élèves l'énoncé du problème et le matériel disponible.

Sécurité :

Rien à signaler

Quelques solutions ou approches possibles

- Saupoudrer une bonne quantité de sel sur un morceau de pomme. Attendre 1 ou 2 heures. Observer.
- Saupoudrer une bonne quantité de sucre sur un morceau de pomme. Attendre 1 ou 2 heures. Observer.
- Imbiber un morceau de pomme de jus de citron. Attendre 1 ou 2 heures. Observer.
- Imbiber un morceau de pomme de vinaigre. Attendre 1 ou 2 heures. Observer.
- Placer un morceau de pomme dans un pot rempli d'eau. Attendre 1 ou 2 heures. Observer.
- Placer un morceau de pomme dans un sac à sandwich dont on a fait sortir le plus d'air possible. Attendre 1 ou 2 heures. Observer.
- Placer un morceau de pomme dans une assiette, puis le mettre au réfrigérateur. Attendre 1 ou 2 heures. Observer.

Concepts scientifiques :

Pour empêcher le brunissement d'une pomme, il faut réduire le plus possible la réaction chimique entre la pomme et l'oxygène de l'air. Le sel, le sucre, le jus de citron et le vinaigre ont la propriété de réduire cette réaction, car ces produits bloquent l'action d'une enzyme, présente dans la pomme, qui active la réaction avec l'oxygène. De plus, ces produits ont la propriété de limiter la prolifération des bactéries, ce qui explique qu'on les utilise beaucoup pour la conservation des aliments. On peut aussi réduire le brunissement de la pomme en la plongeant dans l'eau, en la plaçant dans un sac dont on a fait sortir le plus d'air possible, ou en le recouvrant de mayonnaise, de yogourt ou de sirop, ce qui réduit le contact avec l'oxygène. Ces méthodes fonctionnent aussi pour les poires, les bananes, les avocats, etc.

Repères culturels :

Le chimiste français Charles CAGNIARD-LATOUR (1777-1859) et les cytologistes allemands Theodor SCHWANN (1810-1882) et Friedrich KÜTZING (1807-1897) montrèrent, vers 1835, que les cellules de la levure, un champignon microscopique, contenaient des ferments, plus tard appelés enzymes.

Après le problème, l'enseignant propose des activités de structuration et des activités d'enrichissement.

Suggestions d'activités de structuration (institutionnalisation des savoirs) :

- Demander aux élèves de faire un exposé qui consiste à présenter sa solution aux autres élèves.
- Demander aux élèves de vérifier si leurs solutions pourraient aussi s'appliquer à d'autres fruits et légumes qui ont tendance à brunir.

Suggestions d'activités d'enrichissement :

Proposer aux élèves de se documenter pour répondre aux questions suivantes : Pourquoi l'acide citrique est-il souvent utilisé dans l'industrie alimentaire ? (Réponse : L'acide citrique, qui est l'acide du citron et des autres agrumes, est souvent utilisé pour réduire le brunissement des pommes et autres fruits.)

Évaluation :

Les principaux outils d'évaluation qui peuvent s'appliquer à des problèmes scientifiques et technologiques sont la grille d'observation, la fiche d'appréciation, le carnet scientifique de l'élève, le dossier d'apprentissage (portfolio), les questions orales et les questions écrites. Voir la présentation de ces outils au chapitre 20.

5. QUELLES SONT CES POUDRES BLANCHES ?

- **Thème :**

  Les animaux et les êtres humains.

- **Âge :**

  De 8 à 11 ans.

- **Temps :**

  Environ 60 minutes (solution du problème seulement).

Information destinée aux élèves

Énoncé du problème :

Quelles sont ces poudres blanches ?

Matériel requis :

a) pour chaque élève ou chaque équipe

Du sucre ordinaire, du sucre à glacer, du fructose, de l'aspartame, du sel, de la farine, de la poudre à pâte, du bicarbonate de sodium, des cristaux pour breuvage de couleur blanche (ou jaune très pâle), de la fécule de maïs, de la poudre de talc (ou de la poudre pour bébé), du savon à lessive, de petits récipients pour chacun des produits, quelques verres en plastique, du vinaigre, un compte-gouttes, de l'eau, des bâtonnets ou des cuillères en plastique,

b) pour l'ensemble du groupe-classe

Quelques loupes, un microscope (matériel facultatif).

Information destinée à l'enseignant

Savoirs essentiels (Programme de formation du MEQ) :

- 2e et 3e cycles : Univers vivant > matière > organisation du vivant > sens.
- 2e et 3e cycles : Univers vivant > techniques et instrumentation > utilisation d'instruments d'observation simples.

Suggestions d'activités fonctionnelles (mise en situation) :

- Faire un tour de table pour connaître les conceptions des élèves. Par exemple, certains élèves pensent que toutes les substances qui ont la même apparence sont identiques.
- Animer une discussion au sujet du rôle de chacun de nos cinq sens.

Après les activités fonctionnelles, l'enseignant présente aux élèves l'énoncé du problème et le matériel disponible.

Sécurité :

- Aviser les élèves de ne goûter que de très petites quantités des substances, de recracher immédiatement et de se rincer la bouche si elles ont mauvais goût.
- Aviser les élèves que, dans une situation réelle (travail d'un détective), le sens du goût ne devrait être utilisé qu'en dernier recours, avec une quantité infime (2 ou 3 grains) de la substance.

Quelques solutions ou approches possibles :

- Essayer de distinguer les substances les unes des autres et de les identifier en se servant uniquement de ses yeux.
- Essayer de distinguer les substances les unes des autres et de les identifier en se servant de ses yeux et d'une loupe ou d'un microscope.
- Essayer de distinguer les substances les unes des autres et de les identifier en se basant sur leur odeur.
- Essayer de distinguer les substances les unes des autres et de les identifier en se basant sur leur texture.
- Essayer de distinguer les substances les unes des autres et de les identifier en se basant sur leur goût.
- Essayer de distinguer les substances les unes des autres et de les identifier en se basant sur le goût d'un mélange d'une petite quantité de substance et d'eau.
- Essayer de distinguer les substances les unes des autres et de les identifier en mélangeant une petite quantité de chaque substance avec du vinaigre et en observant ce qui se passe. (Ne pas goûter.)
- Essayer de distinguer les substances les unes des autres et de les identifier en se basant sur deux ou plusieurs des solutions ou approches suggérées.

Concepts scientifiques :

Le sens de la vue n'est pas toujours suffisant pour reconnaître une substance, car l'apparence peut être identique ou très semblable à celle d'une autre substance. L'utilisation des cinq sens et des techniques telles qu'une réaction chimique nous permettent d'obtenir plus d'information au sujet de la substance et de l'identifier plus facilement.

Repères culturels :

Les laboratoires modernes de la police disposent d'instruments complexes, tels que les spectrographes de masse, qui peuvent identifier des milliers de substances chimiques.

Après le problème, l'enseignant propose des activités de structuration et des activités d'enrichissement.

Suggestions d'activités de structuration (institutionnalisation des savoirs) :

- Demander aux élèves de présenter leurs façons d'identifier les poudres blanches.
- Présenter les cinq sens aux élèves.

Suggestions d'activités d'enrichissement :

- On peut organiser une compétition entre quelques élèves qui doivent, en ayant les yeux bandés, identifier correctement le plus de sortes de poudre possible en un temps donné.
- Inviter un policier ou un détective qui travaille dans un laboratoire à venir présenter ses méthodes de travail.

Évaluation :

Les principaux outils d'évaluation qui peuvent s'appliquer à des problèmes scientifiques et technologiques sont la grille d'observation, la fiche d'appréciation, le carnet scientifique de l'élève, le dossier d'apprentissage (portfolio), les questions orales et les questions écrites. Voir la présentation de ces outils au chapitre 20.

6. PEUT-ON DISTINGUER DE L'EAU DOUCE ET DE L'EAU SUCRÉE SANS Y GOÛTER ?

➢ **Thème :**

La santé et la maladie.

➢ **Âge :**

De 8 à 11 ans.

➢ **Temps :**

Environ 60 minutes (solution du problème seulement).

Information destinée aux élèves

Énoncé du problème :

Peut-on distinguer de l'eau douce et de l'eau sucrée sans y goûter ?

Matériel requis :

a) pour chaque élève ou chaque équipe

Quelques récipients, du sucre, de l'eau, quelques pailles, un compte-gouttes, une plaque chauffante ou un élément chauffant, quelques casseroles, quelques petites assiettes.

b) pour l'ensemble du groupe-classe

- Un réfractomètre (vendu chez certains fournisseurs de matériel scientifique ; matériel facultatif),
- De la liqueur de Fehling (indicateur chimique vendu chez certains fournisseurs de matériel scientifique ; matériel facultatif).

Information destinée à l'enseignant

Savoirs essentiels (Programme de formation du MEQ) :

- 2e et 3e cycles : Univers matériel > matière > propriétés et caractéristiques de la matière sous différents états > masse volumique ; autres propriétés physiques.
- 2e et 3e cycles : Univers vivant > énergie > sources d'énergie des êtres vivants > alimentation chez les animaux.
- 2e et 3e cycles : Univers vivant > techniques et instrumentation > utilisation d'instruments de mesure simples.

Suggestions d'activités fonctionnelles (mise en situation) :

- Faire un tour de table pour connaître les conceptions des élèves. Par exemple, certains élèves pensent que la seule façon de distinguer de l'eau douce et de l'eau sucrée est de goûter aux liquides.
- Demander aux élèves quels sont les breuvages sucrés qu'ils connaissent (jus de fruits, boissons gazeuses, lait au chocolat, etc.).

Après les activités fonctionnelles, l'enseignant présente aux élèves l'énoncé du problème et le matériel disponible.

Sécurité :

Veiller à ce que les élèves ne se brûlent pas avec la plaque chauffante ou l'élément chauffant.

Quelques solutions ou approches possibles :

Après avoir préparé une solution très sucrée, les solutions ou approches suivantes sont possibles :

- Tremper les doigts d'une main dans de l'eau et les doigts de l'autre main dans une solution sucrée. Observer les doigts.
- Sur une table, verser quelques gouttes d'eau et, à quelques centimètres, quelques gouttes de solution sucrée. Laisser évaporer. Observer l'endroit où étaient les gouttes d'eau et de solution.
- Verser un peu d'eau au fond d'une casserole. Faire évaporer l'eau en plaçant la casserole sur une plaque chauffante. Observer. Verser ensuite un peu de solution sucrée dans une casserole. Faire évaporer l'eau en la plaçant sur une plaque chauffante. Observer.
- Placer de l'eau douce et de l'eau sucrée au congélateur. Observer.
- Aspirer de l'eau à l'aide d'un compte-gouttes. Tenir une paille verticalement au-dessus d'une assiette. Verser assez rapidement (mais pas brusquement) le contenu du compte-gouttes dans la paille. Observer. Faire la même chose avec la solution sucrée. (Si l'on désire recommencer, bien rincer la paille après l'avoir utilisée avec de l'eau sucrée.)
- À l'aide d'un compte-gouttes, verser un peu de liqueur de Fehling dans de l'eau et dans la solution sucrée. Observer.
- En septembre, octobre, mai ou juin, aller à l'extérieur et trouver une fourmilière. Dans de petites assiettes, placer quelques gouttes d'eau près de l'entrée de la fourmilière et, de l'autre côté, quelques gouttes de solution sucrée. Observer le comportement des fourmis.
- À l'aide d'un réfractomètre à main à teneur en sucre, comparer la concentration de sucre d'un échantillon d'eau douce et d'un échantillon d'eau sucrée.

Concepts scientifiques :

Il existe plusieurs méthodes pour détecter du sucre en solution dans l'eau :

- L'eau sucrée est légèrement adhésive et rend les doigts ou la surface d'une table collants.

- En faisant évaporer l'eau, le sucre en solution se dépose au fond de la casserole.
- L'eau sucrée ne gèle pas à la même température que l'eau douce.
- La solution sucrée est plus visqueuse que l'eau douce et coule plus lentement que l'eau douce dans une paille.
- La liqueur de Fehling est un indicateur chimique qui change de couleur dans l'eau sucrée.
- Les fourmis, abeilles et les autres insectes sont attirés par de l'eau sucrée, car ils la boivent pour se nourrir.
- L'indice de réfraction de l'eau varie avec la concentration de sucre.

Repères culturels:

Le médecin anglais Thomas WILLIS (1621-1675) redécouvrit vers 1660 le fait, déjà observé par des médecins indiens vers 400 av. J.-C., que l'urine des diabétiques contient du sucre.

Après le problème, l'enseignant propose des activités de structuration et des activités d'enrichissement.

Suggestions d'activités de structuration (institutionnalisation des savoirs):

- Demander à chaque équipe d'élèves de présenter sa solution.
- Demander aux élèves de noter toutes les solutions dans un carnet scientifique.

Suggestions d'activités d'enrichissement:

Proposer aux élèves de nourrir les colibris (oiseaux-mouches) à l'aide d'un distributeur d'eau sucrée.

Évaluation:

Les principaux outils d'évaluation qui peuvent s'appliquer à des problèmes scientifiques et technologiques sont la grille d'observation, la fiche d'appréciation, le carnet scientifique de l'élève, le dossier d'apprentissage (portfolio), les questions orales et les questions écrites. Voir la présentation de ces outils au chapitre 20.

LES LANGAGES DES SCIENCES ET DES TECHNOLOGIES: OUTILS DE COMMUNICATION ET VÉHICULES DE LA PENSÉE

Les sciences et les technologies ont recours à un langage complexe pour énoncer leurs concepts, lois, théories et modèles. Et tout langage, s'il est évidemment un outil de communication, ne peut être réduit à ce seul rôle, car il est aussi le véhicule de la pensée et du raisonnement.

Le chapitre 15, qui s'inspire de l'ouvrage *Intervenir sur les langages en mathématiques et en sciences* (De Serres et collaborateurs, 2003) destiné surtout aux enseignants d'élèves du cégep (équivalant à la fin du lycée, en France), présente les langages employés en sciences et technologies et propose des suggestions d'activités, adaptées pour le primaire, qui favorisent l'acquisition de ces langages.

Comme le mentionne clairement Marie-Éva de Villers dans la préface de cet ouvrage, « si les enseignants doivent transmettre leurs connaissances en faisant un usage rigoureux des ressources langagières, ils doivent aussi s'assurer que leurs élèves maîtrisent suffisamment la langue pour bien comprendre les explications données, pour être en mesure de saisir pleinement le sens des notions enseignées, d'établir des liens entre ces notions et leurs diverses représentations plutôt que de tenter simplement de les mémoriser. »

Cette acquisition des langages des sciences et des technologies est d'autant plus importante qu'il existe une étroite corrélation entre les lacunes dans la maîtrise de ces langages et le taux d'échec en sciences et technologies. Ces échecs se manifestent surtout aux ordres d'enseignement supérieurs, mais ils peuvent trouver leur source dès le primaire, dans les milieux scolaires où les sciences et les technologies sont négligées.

Par ailleurs, il est souvent difficile pour les élèves du primaire de distinguer le discours scientifique du discours quotidien, dont les caractéristiques sont fort différentes. Par exemple, le discours scientifique est collectif, général et abstrait, tandis que le discours quotidien s'adresse habituellement à des personnes en particulier. Le discours scientifique s'adresse à tous, alors que le discours quotidien consiste plutôt à dialoguer avec quelqu'un. Les énoncés du discours scientifique se situent par rapport à une théorie, alors que le discours quotidien s'établit par rapport à des faits et des impressions. Enfin, le discours scientifique vise une validité générale alors que le discours quotidien n'a qu'une validité locale et actuelle. (D'après Ducancel, cité dans Astolfi, Darot, Ginsburger-Vogel et Toussaint, 1997).

Les trois langages des sciences et des technologies

Le langage scientifique et technologique est en fait une combinaison de trois langages :

Le langage naturel est constitué de termes courants et de termes scientifiques employés dans des énoncés qui sont régis par la syntaxe usuelle. En voici des exemples :

- Le palan est une machine simple qui permet de multiplier la force appliquée.
- Les saisons sont causées par l'inclinaison de l'axe de rotation de la Terre par rapport au plan de son orbite autour du Soleil.
- Le lion est un mammifère situé au sommet de la pyramide alimentaire.

Ce langage naturel, qui semble simple, est plus complexe qu'il n'en a l'air parce que plusieurs termes scientifiques n'ont pas le même sens, ou possèdent un sens beaucoup plus précis, dans le langage scientifique naturel que dans le langage courant. De plus, bon nombre de termes scientifiques et techniques sont peu utilisés dans la vie quotidienne et sont probablement inconnus des élèves (exemples : densité, sismographe, hygromètre, métamorphose, photosynthèse). Enfin, les définitions et les explications des termes scientifiques varient, d'une source consultée à une autre ou d'un enseignant à un autre, et peuvent être sources de confusion chez les élèves.

Le langage symbolique est constitué d'un ensemble de symboles et des règles qui régissent leur agencement. En voici des exemples :

- Les unités de mesure, tels que m (mètres), kg (kilogrammes), s (secondes), °C (degrés Celsius).
- Les symboles chimiques, tels que H (hydrogène), O (oxygène), C (carbone), N (azote).

– Les symboles d'opération, tels que + et – et les symboles de relation, tels que =, < et >, employés en mathématiques et aussi en sciences et technologies.

Ce langage est plus abstrait que le langage naturel et pose des difficultés semblables à celles que poseraient des termes d'une langue étrangère qui seraient mêlés à la langue première, mais sans traduction. Pendant quelques années, la plupart des élèves peuvent fonctionner avec une compréhension approximative du langage symbolique mais, à mesure qu'ils avancent dans leur scolarité et que le nombre de symboles augmente, plusieurs lisent ou emploient ce langage avec de plus en plus de difficulté et finissent par décrocher.

Le langage graphique est un ensemble d'éléments visuels (points, traits, lignes, flèches, etc.) soumis aussi à des règles d'agencement. En voici des exemples :

– Les figures géométriques telles que le carré, le rectangle, le triangle, le polygone, les droites perpendiculaires ou parallèles.

– Les tableaux de données.

– Les diagrammes tels que le diagramme à bandes ou à bâtons, le diagramme circulaire, le diagramme de Venn, l'histogramme.

– Les graphiques cartésiens.

– Les réseaux de concepts et autres schémas.

Ce langage, dont le niveau d'abstraction semble à mi-chemin entre celui du langage naturel et celui du langage symbolique est, en fait, le plus abstrait des trois car un seul diagramme synthétise parfois un très grand nombre de données. Les difficultés que pose ce langage sont d'autant plus insidieuses que sa signification semble évidente et claire aux enseignants qui sont habitués de l'employer mais échappe parfois complètement aux élèves qui le perçoivent comme de simples ensembles de dessins.

L'acquisition des langages des sciences et des technologies

Au primaire, l'acquisition des langages des sciences et des technologies se fait, le plus souvent, de façon naturelle et graduelle, dans le cadre des activités proposées aux élèves.

Les activités suivantes peuvent servir à enrichir les aspects langagiers de l'enseignement des sciences et des technologies. Plusieurs de ces activités peuvent se retrouver à l'intérieur de problèmes, souvent à titre d'activités de structuration. Dans certains cas, ces activités peuvent aussi être utilisées sous forme d'exercices distincts permettant de remédier à des lacunes spécifiques.

Tirer profit de la lecture d'un manuel scolaire. Cette activité, qui s'adresse surtout aux élèves des 2e et 3e cycles, consiste à lire un chapitre ou une section d'un manuel scolaire en complétant un tableau du genre suivant :

Termes scientifiques ou symboles déjà rencontrés		Termes scientifiques ou symboles nouveaux	
Compris (En donner une courte définition)	Incompris	Compris (En donner une courte définition)	Incompris

Un tour de table, au cours duquel les élèves présentent chacun leur tableau, permet ensuite à l'enseignant de préciser, si nécessaire, les termes et symboles compris et d'expliquer les termes et symboles incompris. L'enseignant peut parfois conclure cette activité par un test portant sur les termes et les symboles.

Acquérir un vocabulaire scientifique de base. Au début d'une période ou de quelques périodes consacrées aux sciences et aux technologies, l'enseignant écrit au tableau, devant la classe, la liste de tous les termes scientifiques qui seront employés pendant cette période ou au cours de l'ensemble des périodes qui porteront sur le même problème ou le même thème. Il demande aux élèves d'écrire ces termes dans un cahier ou dans le carnet scientifique qui accompagne un problème. Il coche les termes à mesure qu'ils sont employés et précise leur signification. Il revoit l'ensemble des termes à la fin de la séquence. L'enseignant suggère aux élèves de se constituer graduellement un glossaire scientifique et technologique, tout au long de l'année scolaire, et d'en préciser les définitions à l'aide d'un dictionnaire ou d'une encyclopédie, et insiste sur la grande utilité de tels ouvrages de référence.

Accroître son vocabulaire scientifique par la lecture. Cette activité est semblable à l'activité « Tirer profit de la lecture d'un manuel scolaire » présentée ci-dessus, mais elle se déroule pendant la lecture de divers textes de vulgarisation tirés de livres ou de revues scientifiques et technologiques destinés à des enfants d'âge primaire. Le même genre de tableau à compléter peut être proposé. L'enseignant peut aussi conclure l'activité par un test portant sur les termes et symboles.

Apprendre à s'exprimer oralement. Cette activité permet aux élèves de s'exprimer oralement en utilisant les langages des sciences et des technologies. Elle peut prendre plusieurs formes : lire à voix haute des consignes, traduire des symboles en langage naturel, décrire une illustration ou un graphique en ses propres mots et le plus clairement possible sans que les autres élèves puissent voir ce qui est décrit, expliquer comment on compte s'y prendre pour résoudre un problème, commenter la solution d'une autre équipe, définir un terme en ses propres mots ou résumer ce qui a été vu lors d'une activité précédente.

Prendre conscience de l'importance de bien rédiger. Cette activité, qui s'adresse surtout aux élèves des 2e et 3e cycles, consiste pour chaque élève à rédiger un texte, par exemple sa solution à un problème, sans écrire son nom sur leur feuille. L'enseignant remet ensuite chacun des textes à un autre élève, choisi au hasard, qui doit en faire la correction en indiquant si l'explication est claire et, le cas échéant, quels sont les aspects qu'il a de la difficulté à comprendre. Cette activité permet aux élèves de réaliser qu'il ne suffit pas d'écrire d'une manière qui permet de se comprendre soi-même et qu'il est important d'écrire de façon à être bien compris de tous.

Articuler sa pensée par l'utilisation de liens grammaticaux. Cette activité permet aux élèves, surtout des 2e et 3e cycles, de travailler sur les relations logiques exprimées par les langages des sciences et des technologies. Elle peut prendre la forme d'énoncés à compléter par une conjonction, une préposition ou un adverbe. En voici des exemples :

- Le sable versé dans l'eau se dépose au fond __________ sa densité est supérieure à celle de l'eau. (*sauf, si, et, car*)
- Le fer peut rouiller __________ on le met en contact avec de l'air et de l'eau. (*si, et, ainsi*)
- L'eau de la mer nous semble bleue __________ le ciel est bleu. (*donc, car, mais*).
- L'eau peut se mettre à bouillir __________ sa température augmente suffisamment. (*mais, si, donc*)

Apprendre à synthétiser de l'information. Cette activité, qui s'adresse surtout aux élèves des 2e et 3e cycles, permet aux élèves d'apprendre à résumer de l'information à caractère scientifique ou technologique. Une habileté importante à développer pour synthétiser de l'information consiste à en repérer les mots clés. Cette activité pourrait donc se vivre en deux temps : dans un premier temps chaque élève trouve les mots clés d'un texte, et dans un second temps il rédige un résumé du texte.

Observer et commenter. En sciences et technologies, il est impossible d'étudier tous les savoirs essentiels dans le cadre d'activités de résolution de problèmes. Certains concepts doivent être abordés autrement, par exemple par la présentation d'un documentaire. Malheureusement, les élèves sont plutôt passifs, parfois même peu attentifs pendant de tels visionnements. Cette activité, qui encourage une écoute et une observation plus actives, consiste à présenter un documentaire, sur un sujet scientifique ou technologique que les élèves connaissent déjà un peu, en supprimant le commentaire, c'est-à-dire en enlevant le son. Les élèves doivent alors observer le plus attentivement possible, prendre des notes pendant le visionnement et présenter ensuite à tour de rôle le contenu du documentaire. On peut aussi placer les élèves en équipe, donner à chaque équipe la consigne de s'entendre sur une interprétation, et demander à un représentant de chaque équipe de présenter le documentaire.

Connaître quelques symboles. Cette activité vise à vérifier la compréhension de certains symboles par les élèves. Elle peut consister à demander aux élèves d'écrire le symbole qui désigne une unité de mesure, un élément chimique ou une relation mathématique. En sens inverse, elle peut consister à demander aux élèves de dire ou d'écrire, en leurs propres mots, ce que désignent des symboles tels que m, °C, kg, s, H, O, C, N, +, –, =, < ou >. Avec les élèves des 2e et 3e cycles, ces questions pourraient, dans certains cas, prendre la forme d'un test écrit.

Produire un tableau de résultats. La tentation est parfois grande, pour les enseignants, de fournir aux élèves des tableaux dans lesquels il suffit d'écrire les données dans les bonnes cases. Cette activité vise à développer, chez les élèves, l'habileté à concevoir leurs propres tableaux. Au 1er cycle, on peut par exemple, demander aux élèves de construire un tableau pour présenter des objets qui flottent et d'autres qui ne flottent pas. Aux 2e et 3e cycles, on peut, par exemple, fournir aux élèves des données météorologiques prises d'heure en heure (exemples : température, pression atmosphérique, taux d'humidité) et leur demander de les présenter sous forme de tableau. Pour laisser aux élèves la possibilité de développer cette habileté graduellement, il est important de ne pas viser un modèle standard et d'accepter tous les tableaux clairs et complets.

Interpréter un tableau et tracer un graphique. Cette activité consiste, à partir d'un tableau de données construit par les élèves ou d'un tableau fourni par l'enseignant, à tracer un graphique qui présente l'ensemble ou une partie des données contenues dans le tableau. Par exemple, dans le cas d'un tableau qui présente des objets qui coulent ou qui flottent, il serait possible de construire un diagramme à bandes ou à bâtons. Dans le cas des données météorologiques, il serait possible de tracer un graphique cartésien pour chacune des variables (température, pression atmosphérique, taux d'humidité, etc.) en fonction du temps.

Interpréter divers types de graphiques. Cette activité, qui s'adresse aux élèves des 2e et 3e cycles, consiste à décrire l'information contenue dans un diagramme à bandes ou à bâtons, un diagramme circulaire, un diagramme de Venn, un histogramme ou un graphique cartésien. On peut, par exemple, diviser la classe en deux, chaque moitié de la classe ayant le même nombre d'équipes de 2 ou 3 élèves. Distribuer des copies d'un premier graphique aux équipes d'une des moitiés de la classe, et des copies d'un deuxième graphique aux équipes de l'autre moitié. (Les graphiques sont plus ou moins complexes selon le niveau des élèves.) Chaque équipe doit interpréter et expliquer par écrit l'information qu'on peut tirer de son graphique. Elle donne ensuite son texte à une équipe de l'autre moitié de la classe. L'équipe de l'autre moitié doit alors essayer de reconstituer le graphique à partir du texte. Comparer ensuite les reconstitutions avec les graphiques distribués.

Écouter, visualiser et traduire. À l'école, un grand nombre d'explications sont données de façon orale et une partie importante de l'apprentissage passe par l'écoute. Mais plusieurs élèves sont parfois distraits ou ont de la difficulté à visualiser certaines explications. Cette activité consiste à pratiquer l'écoute active et à visualiser correctement des descriptions ou explications. L'enseignant dicte un texte scientifique écrit en langage naturel. Les élèves, au lieu d'écrire le texte qui est dicté, doivent le représenter autrement en utilisant le langage symbolique ou le langage graphique. Ils peuvent, par exemple, représenter certaines parties du texte par des dessins, d'autres parties par des symboles, d'autres encore par des graphiques et peut-être même certaines parties par des réseaux de concepts. Par exemple, au 3e cycle, on pourrait dicter un texte simple tel que : « Un canon est pointé vers le ciel de façon à former un angle de 45° avec le sol. Il tire un projectile. Le projectile décrit une trajectoire en forme de parabole et retombe sur le sol à une distance de 500 mètres du canon. » Dans ce cas, les élèves devraient dessiner le canon et la trajectoire du projectile.

Élaborer un réseau de concepts. Cette activité consiste à établir des liens entre les concepts qui ont été vus lors d'une activité ou d'un problème. Elle consiste, pour les élèves, à élaborer un réseau de concepts. On peut, par exemple, placer les élèves en équipe, demander à chaque équipe d'élaborer son propre réseau, puis le comparer aux réseaux construits par les autres élèves. Cette comparaison offre une occasion de discuter des avantages, inconvénients ou lacunes de chaque représentation. Il est également possible de comparer les réseaux de concepts avec un réseau plus formel construit par l'enseignant.

LES REPÈRES CULTURELS : MIEUX CONNAÎTRE L'HISTOIRE DES SCIENCES ET DES TECHNOLOGIES POUR MIEUX ENSEIGNER

L'histoire des sciences et des technologies à l'école ? À première vue, on pourrait penser qu'il s'agit d'un domaine très spécialisé, peu compatible avec l'enseignement au primaire. Pourtant, dans le *Programme de formation de l'école québécoise*, l'un des apprentissages communs au domaine de la mathématique, de la science et de la technologie est d'« apprécier l'importance de la mathématique, de la science et de la technologie dans l'histoire de l'humanité ».

En sciences, le programme du primaire indique, dans la présentation de la discipline, qu'il faut « retracer l'évolution de la science et de la technologie à travers l'histoire et identifier les facteurs de divers ordres qui influencent leur développement ». Dans la section des repères culturels, le nouveau programme mentionne, au sujet de l'histoire, que « le contexte climatique, économique, social, politique et religieux détermine en grande partie le développement de la science et de la technologie et ces disciplines remontent à la plus haute Antiquité : le cadran solaire, le calendrier, la fonte des métaux et le labourage des sols, par exemple, furent découverts bien avant Jésus-Christ et tous les objets de la vie quotidienne, qu'il s'agisse d'un couteau ou d'un vélo, possèdent une histoire, parfois très longue, qui nous en apprend énormément sur la curiosité, la ténacité et l'imagination des êtres humains. » Et dans cette même section, au sujet des personnes, on peut lire que « les découvertes scientifiques et les inventions technologiques ont toujours été et sont encore le fait de personnes ou groupes de personnes influencés par les contraintes de leur époque et de leur environnement. Des scientifiques tels que Galilée, Newton, Lavoisier, Pasteur, Darwin, Marie Curie et Einstein, pour n'en nommer que quelques-uns, ont contribué, en s'appuyant sur les travaux de leurs prédécesseurs et de leurs contemporains, à des progrès fondamentaux en science et technologie. »

Les avantages d'une perspective historique

Une formation scientifique et technique qui comporte une perspective historique présente en effet de nombreux avantages (Duschl 1994; Gagné 1993; Matthews, 1994; Stinner et Williams 1998; Wandersee, 1992) :

- Elle permet aux formateurs d'anticiper les difficultés conceptuelles des élèves et fait voir à ces derniers que les idées, les représentations et les conceptions plus ou moins adéquates qu'ils doivent remettre en question sont souvent les mêmes que celles que les scientifiques d'autrefois durent eux aussi remettre en question.
- Elle ouvre la voie à une réflexion sur la nature de l'activité scientifique et technologique.
- Elle assure un enseignement moins dogmatique des sciences et des technologies, car elle tient compte du contexte et de l'origine de la production des savoirs. Se familiariser avec le contexte dans lequel sont apparus des concepts, des lois ou des théories peut non seulement aider à les comprendre mais aussi à mieux saisir leur intérêt ou leur nécessité.
- Elle établit de nombreux liens avec la vie de tous les jours car une multitude de découvertes et inventions qui jalonnent l'histoire des sciences et des technologies sont encore couramment appliquées ou employées à notre époque.
- Elle tient compte de plusieurs pratiques sociales de référence, car le développement des sciences et des technologies dépend non seulement de la recherche pure, mais également de la recherche appliquée, de l'ingénierie, de la production industrielle ou artisanale, d'activités domestiques et même de conflits armés.
- Elle vise un questionnement au sujet des valeurs sur lesquelles s'appuient les sciences et les technologies et s'arrête sur les questions éthiques qui jalonnent leur développement à travers les siècles.
- Elle aide à mieux comprendre les impacts et les limites des sciences et des technologies.
- Elle établit des liens avec plusieurs autres matières scolaires, principalement celles qui relèvent de l'univers social.

- Elle personnalise les sciences et les technologies. La biographie de plusieurs scientifiques est passionnante et très révélatrice du contexte de leurs découvertes.
- Elle illustre le caractère humain des sciences et des technologies et ainsi intéresse aussi les élèves qui sont plus portés vers les arts et les sciences humaines.
- Elle enrichit la culture générale des élèves.

L'approche historique est d'ailleurs une pratique courante dans de nombreuses disciplines. La littérature, l'architecture et la peinture, par exemple, ont toujours été abordées de façon historique. Même les mathématiques sont presque toujours enseignées d'une façon qui suit de très près leur développement historique : nombres entiers, nombres rationnels, géométrie euclidienne, algèbre, nombres irrationnels, trigonométrie, nombres complexes, etc.

Malheureusement, en sciences et technologies, malgré les indications des programmes d'études, la perspective historique est peu présente, et parfois même rejetée, comme en témoigne le fait que dans les manuels scolaires des élèves, l'histoire des sciences et des technologies, quand elle est présente, se limite souvent à de brefs encadrés accessoires, presque décoratifs, ou le fait que la formation donnée aux futurs enseignants de sciences du secondaire, dans plusieurs universités, ne comporte aucun cours d'histoire des sciences et des technologies.

Pourtant, tous s'entendent pour affirmer, à la suite de Piaget, qu'on ne peut se contenter d'exposer des savoirs de façon magistrale et qu'il convient, dans la mesure du possible, de permettre aux élèves de les reconstruire. Mais comment s'attendre à ce que les élèves appliquent cette démarche sans leur faire prendre conscience que les savoirs scientifiques et technologiques se sont aussi construits, à chaque époque de l'histoire de l'humanité, à la suite de constantes et difficiles remises en question des théories et procédés mis au point lors des époques précédentes ? Comment susciter une évolution des conceptions individuelles sans faire voir que les modèles, les concepts et les procédés des sciences et des technologies évoluent sans cesse eux aussi ? Les théories de la science contemporaine paraîtraient beaucoup plus pertinentes et nécessaires aux élèves si on leur expliquait en quoi elles diffèrent des théories qu'elles ont remplacées, pourquoi elles ont pris leur place et comment cette évolution – à l'image des apprentissages que les élèves auront à faire – a souvent été longue et laborieuse.

Une façon d'intégrer l'histoire des sciences et des technologies à l'enseignement

En pratique, toutefois, les formateurs qui souhaitent intégrer l'histoire des sciences et des technologies à leur enseignement se sentent souvent démunis car il existe peu de sources d'informations qui présentent des activités qui permettent de le faire de façon concrète, vivante et stimulante. Le présent chapitre, qui comporte des extraits de l'ouvrage *Explorer l'histoire des sciences et des techniques : activités, exercices et problèmes* (Thouin, 2004) présente une façon concrète d'intégrer l'histoire des sciences et des technologies à l'enseignement.

Évidemment, toute histoire des sciences et des technologies, au même titre que les sciences et les technologies elles-mêmes, est formée par l'esprit humain et n'est, en aucune façon, parfaitement objective, universelle ou intemporelle. Par exemple, même lorsqu'il est question de l'Antiquité ou du Moyen Âge, une histoire des sciences rédigée au XIXe siècle diffère beaucoup d'une histoire écrite au début du XXIe siècle car les interprétations du passé varient en fonction des savoirs, sensibilités et perspectives de chaque époque. Dans le même ordre d'idées, il est souvent très révélateur de comparer une histoire des sciences et des technologies écrite par un historien français avec celle écrite par un historien britannique, allemand ou américain. Les découvertes et inventions sur lesquelles on insiste, de même que les scientifiques à qui on les attribue ne sont pas toujours les mêmes. Une même loi peut ainsi s'appeler *loi de Boyle*, *loi de Mariotte* ou, pour éviter toute controverse, *loi de Boyle-Mariotte*. Il va de soi aussi que plus on remonte dans le temps, plus la chronologie des événements est douteuse.

L'histoire des sciences et des technologies présentée dans le présent chapitre et dans l'ouvrage dont il est tiré n'échappe pas à cette règle. Elle est d'autant plus particulière et subjective qu'elle vise d'abord, pour l'enseignement à des élèves relativement jeunes, des fins didactiques et pratiques. Certains choix ont présidé à son élaboration :

- Étant donné que les formateurs abordent habituellement les concepts et théories scientifiques de façon thématique, l'histoire des sciences et des technologies est présentée sous forme de thèmes. Par commodité, ces thèmes sont regroupés dans les grandes disciplines que sont la physique, la chimie, l'astronomie, les sciences de la Terre, la biologie et la technologie.

- La structure de base de chacun des thèmes est une chronologie. Cela ne signifie pas, cependant, que l'orientation de l'ouvrage soit purement événementielle ou cumulative, ou encore qu'elle soit une apologie des sciences et des techniques, car de nombreux commentaires critiques situent les découvertes, inventions, théories et affirmations des scientifiques dans leur contexte et signalent, par exemple, en quoi elles marquent des ruptures et des progrès mais aussi des erreurs et des reculs par rapport aux savoirs ou procédés qui les ont précédés.
- Étant donné que le temps historique ne s'appréhende que très graduellement, chez les élèves, et n'est pas bien établi avant l'adolescence, les chronologies sont subdivisées en grandes périodes telles que l'Antiquité orientale, l'Antiquité classique, le Moyen Âge, la Renaissance, le XVIIe siècle, le XVIIIe siècle, qui sont beaucoup plus importantes, sur le plan didactique, et beaucoup plus à la portée des élèves que les dates précises. Au primaire et au début du secondaire, les élèves ne peuvent faire preuve du recul nécessaire pour s'abstraire complètement du présent, pour se situer dans la durée ou pour suivre l'évolution des concepts scientifiques d'une façon rigoureuse. À cet âge, une approche historique devrait surtout permettre une évocation du passé, une familiarisation avec de grandes époques et une constatation du changement sous forme, par exemple, de différences entre des conceptions anciennes et des conceptions modernes.
- Pour ne pas surcharger le contenu, l'histoire des sciences et des technologies est exposée de façon synthétique et simplifiée. Il s'agit toutefois d'une simplification de « bonne foi » qui essaie, autant que possible, de ne pas dénaturer le déroulement historique et le développement des concepts présentés.
- L'essentiel de chacun des thèmes est un ensemble de capsules reliées à des découvertes et inventions importantes de l'histoire des sciences et des technologies. Toutes ces capsules comportent les éléments suivants :

  1. *Les conceptions fréquentes à l'époque et chez certains élèves.* Il s'agit des conceptions fréquentes, à l'époque, que la découverte ou l'invention présentées dans la capsule a permis de remettre en question. Dans un grand nombre de cas, ces conceptions se retrouvent encore, de nos jours, chez nombre d'élèves.
  2. *Les concepts scientifiques actuels.* Il s'agit des principaux concepts scientifiques reliés aux découvertes ou inventions présentées. Pour des raisons didactiques, ces concepts sont exprimés et expliqués en fonction de la terminologie et des théories actuelles. Les concepts sont tous présentés de façon très succincte,

et le lecteur est invité à consulter des ouvrages de vulgarisation scientifique plus complets s'il ressent le besoin d'explications plus fouillées.

3. *Des activités, exercices ou problèmes*. Il s'agit de tâches concrètes qui peuvent être proposées aux élèves.

Les *activités* consistent, par exemple, à examiner un schéma, une photographie ou un document vidéo, à effectuer une visite, à observer des objets ou des êtres vivants et à effectuer une manipulation avec du matériel ou une simulation sur ordinateur.

Les *exercices* consistent habituellement à se documenter pour répondre à une question. Une recherche dans une bonne encyclopédie ou sur un site Web est habituellement la meilleure façon de procéder. Certains exercices consistent aussi à discuter d'une question en équipe ou en groupe-classe. (*Note:* Plusieurs de ces exercices comportent déjà, à titre indicatif, certains éléments de réponse. Il est préférable de ne pas présenter ces éléments de réponse aux élèves.)

Les *problèmes* consistent à répondre à une question ouverte qui implique la recherche des meilleures solutions ou approches possibles à partir du matériel suggéré. Ces problèmes, dont certains sont tirés de *Résoudre des problèmes scientifiques et technologiques au préscolaire et au primaire*, permettent:

- de voir les limites de conceptions fréquentes;
- de manipuler du matériel et parfois de réaliser une expérience scientifique, sans toutefois imposer une « recette uniforme »;
- de proposer plusieurs solutions ou approches possibles;
- de prendre conscience qu'il n'existe pas une seule « bonne réponse » absolue;
- de discuter des mérites respectifs des diverses solutions ou approches proposées;
- d'opter pour des solutions ou des approches originales, différentes de celles des autres, en autant qu'elles soient bien justifiées;
- de constater que les solutions ou les approches retenues impliquent une évolution des conceptions fréquentes initiales.

Dans le cas des activités et des problèmes, les tâches proposées sont souvent identiques à des observations et à des expériences historiques. Quand ce n'est pas le cas, elles s'en inspirent de façon plus indirecte, mais permettent tout de même de mieux saisir la nature et l'importance des découvertes ou des inventions auxquelles

elles se rattachent. Un effort particulier a été fait pour que la majorité des activités et problèmes puisse être réalisée avec du matériel simple et peu coûteux mais certains d'entre eux nécessitent du matériel provenant de fournisseurs spécialisés.

Des exemples de capsules historiques

Les pages suivantes comportent des exemples de capsules historiques, présentées par ordre thématique (et non chronologique). Ces capsules ne devraient pas être enseignées telles quelles aux élèves, ce qui risquerait de donner lieu à un enseignement dogmatique composé, par exemple, de concepts scientifiques suivis des tâches qui leur sont liées. Elles devraient plutôt être considérées comme des pistes, des éléments déclencheurs et des façons d'enrichir des thèmes scientifiques ou technologiques sur lesquels travaillent déjà les élèves ou auxquels ils s'intéressent.

Le radiomètre (physique ; structure de la matière). En 1861, le physicien britannique William CROOKES (1832-1919) invente le radiomètre, ampoule de verre dans laquelle tournent, quand elle est éclairée, quatre petites feuilles métalliques.

Conception fréquente à l'époque et chez certains élèves : La lumière ne peut être la cause du déplacement d'un objet.

Concepts scientifiques actuels : Le radiomètre est une ampoule de verre qui contient un gaz à faible pression et dans laquelle tourne, lorsqu'elle est éclairée, une hélice composée de quatre petites feuilles métalliques dont l'une des faces est noire. Le fonctionnement du radiomètre est un argument en faveur de la théorie cinétique des gaz. En effet, le rayonnement reçu par l'hélice est absorbé par les faces noires, ce qui cause une augmentation de leur température ainsi que l'agitation des molécules du gaz situé de ce côté, faisant tourner l'hélice.

Activité et exercice (8 ans et plus) :

- Observer le fonctionnement d'un radiomètre (on peut s'en procurer un chez certains fournisseurs de matériel scientifique).
- Formuler des hypothèses pour répondre à la question suivante : Pourquoi l'hélice du radiomètre tourne-t-elle quand elle est éclairée ?

La loi de Hooke (physique ; forces et mouvements). En 1676, le savant anglais Robert HOOKE (1635-1703) formule la loi de Hooke, selon laquelle l'extension d'un corps élastique est proportionnelle à la tension appliquée.

Conception fréquente à l'époque et chez certains élèves: Il n'y a pas de relation précise et uniforme entre l'extension d'un corps élastique et la tension appliquée.

Concepts scientifiques actuels: L'extension d'un corps élastique est directement proportionnelle à la tension appliquée. Par exemple, si un ressort s'étire de 2 cm sous une tension de 500 newtons, il s'étirera de 4 cm sous une tension de 1 000 newtons.

Activités (8 ans et plus):

- Vérifier la loi de Hooke à l'aide d'un ressort et d'un jeu de poids.
- Faire la même chose, de façon virtuelle, à l'aide d'un logiciel d'étude de la mécanique (on peut s'en procurer un chez certains fournisseurs de matériel scientifique).
- Utiliser un dynamomètre (balance à ressort) pour peser des objets.
- Concevoir un dynamomètre simple.
- Se documenter pour répondre à la question suivante: Quels sont les faits saillants de la vie de Robert Hooke? (Exemples: Robert Hooke commença sa carrière en tant qu'assistant du physicien Robert Boyle. Il fut professeur de mathématiques, administrateur de la Société Royale et dessina également les plans de plusieurs édifices.)

Le thermoscope (physique; chaleur et pression). Vers 250 av. J.-C., le scientifique grec PHILON de Byzance (IIIe siècle av. J.-C.) conçoit un thermoscope, ancêtre du thermomètre, qui permet de constater des différences de température. Le fonctionnement du thermoscope repose sur la dilatation d'une certaine quantité d'air, qui provoque le déplacement d'un certain volume d'eau.

Conceptions fréquentes à l'époque et chez certains élèves: Il est impossible de visualiser une augmentation de température.

Concepts scientifiques actuels: Le volume d'une quantité d'air augmente avec la température. Cette augmentation du volume de l'air peut être utilisée pour déplacer un certain volume d'eau et constater l'augmentation de la température. Cet instrument n'est pas précis parce que le volume d'une certaine quantité d'air change aussi avec la pression atmosphérique.

Activité (8 ans et plus) :

- Fabriquer un thermoscope rudimentaire à l'aide d'un simple ballon de baudruche. (À mesure que la température augmente, la taille du ballon augmente.)
- Fabriquer un thermoscope à l'aide d'un tube de verre, d'une éprouvette à demi remplie d'eau colorée et d'un bouchon de caoutchouc percé. (À mesure que la température augmente, l'air se dilate et fait monter l'eau colorée dans le tube. L'élévation du liquide est plus grande que dans un thermomètre à liquide.) Graduer le thermomètre en fixant une bande de carton sur le tube de verre et en comparant avec un thermomètre du commerce.
- Fabriquer un thermoscope à l'aide d'un contenant métallique (exemple : gros contenant d'huile végétale ou de café), d'un bouchon en caoutchouc percé, d'un tuyau flexible, d'une bouteille transparente vide (exemple : bouteille de boisson gazeuse en plastique) et d'un bac en plastique. Remplir le bac en plastique avec de l'eau. Plonger la bouteille dans le bac, pour qu'elle se remplisse d'eau, et la soulever, à l'envers, au-dessus de la surface de l'eau, en prenant soin que le goulot reste toujours dans l'eau. Placer une extrémité du tuyau flexible dans la bouteille. Placer l'autre extrémité du tuyau dans le bouchon percé et fixer le bouchon percé sur le contenant métallique. Placer le contenant métallique sur une plaque chauffante et observer le déplacement de l'eau dans la bouteille transparente.

La pile électrique (physique ; électricité et magnétisme). En 1800, le physicien italien Alessandro VOLTA (1745-1827) invente la pile électrique, premier dispositif permettant de produire du courant électrique continu. La pile jouera un rôle fondamental dans le progrès de l'électricité au cours du XIXe siècle.

Conception fréquente à l'époque et chez certains élèves : Le seul type d'électricité qu'il soit possible de produire facilement est l'électricité statique.

Concepts scientifiques actuels : Une pile est constituée de deux métaux différents qui baignent dans une solution acide. Des réactions chimiques entre les métaux et l'acide entraînent un déplacement d'ions (atomes électriquement chargés) dans la solution et un déplacement d'électrons dans le circuit qui relie les morceaux de métal, ce qui cause un courant électrique.

Exercice (8 ans et plus):

- Consulter une encyclopédie pour répondre à la question suivante: Quels sont les faits saillants de la vie d'Alessandro Volta? (Exemple: Volta, qui était professeur, fit un bon nombre de ses découvertes dans le cadre de ses recherches universitaires.)

Problème (8 ans et plus):

- Peut-on produire du courant électrique?

Matériel:

- Un citron, un pamplemousse, une orange, du vinaigre, un pot, des morceaux de papier buvard, quelques pièces de 1 ¢, quelques pièces de 5 ¢, quelques morceaux de cuivre, quelques morceaux d'acier, des fils électriques munis de petites pinces crocodile, des écouteurs de baladeur, une DEL (diode électroluminescente, qui s'allume avec très peu de courant), une ampoule de 1,5 volt et un socle dans lequel visser l'ampoule (pour pouvoir la brancher plus facilement).

Quelques solutions ou approches possibles:

- Tremper un morceau de cuivre et un morceau d'acier dans du vinaigre de telle sorte qu'une partie de ces deux morceaux de métal dépasse hors de la solution. Brancher un fil électrique à chacun des morceaux de métal. À l'aide des fils, toucher les deux bornes d'écouteurs de baladeurs. (Les deux bornes des écouteurs sont situées dans la prise des écouteurs et très près l'une de l'autre: une des bornes est à l'extrémité de la prise, l'autre est sur le côté.) On devrait entendre un petit crépitement quand les fils touchent les bornes. On peut également brancher chacune des bornes d'une DEL à chacun des morceaux de métal.

- Planter un morceau de cuivre et un morceau d'acier dans un citron, une orange ou un pamplemousse de telle sorte qu'une partie de ces deux morceaux de métal dépasse hors du fruit. Brancher un fil électrique à chacun des morceaux de métal. À l'aide des fils, toucher les deux bornes d'écouteurs de baladeurs. On devrait entendre un petit crépitement quand les fils touchent les bornes. (Plusieurs fruits branchés en série produisent assez de courant pour allumer une petite ampoule de lampe de poche.) On peut également brancher chacune des bornes d'une DEL à chacun des morceaux de métal.

- Faire une pile de pièces de monnaie et de morceaux de buvard imbibés de vinaigre dans l'ordre suivant : une pièce de 1 ¢, un morceau de buvard imbibé de vinaigre, une pièce de 5 ¢, un morceau de buvard imbibé de vinaigre, une pièce de 1 ¢, etc. Terminer la pile avec une pièce de 5 ¢. Brancher un fil électrique au premier 1 ¢ et au dernier 5 ¢. À l'aide des fils, toucher les deux bornes d'écouteurs de baladeurs. On devrait entendre un petit crépitement quand les fils touchent les bornes. On peut également brancher chacune des bornes d'une DEL à chacune des bornes de la pile. Si la pile contient plusieurs pièces de monnaie, il est possible qu'elle soit assez forte pour allumer une ampoule.

Les lentilles et la chambre noire (physique ; la lumière et le son). Vers l'an 1000, le physicien arabe Ibn al-Haythaam ALHAZEN (965-1039) réfute la théorie proposée par le philosophe grec Euclide, selon laquelle l'œil émet un « feu visuel » qui rend la vision possible, et distingue clairement les concepts d'éclairement et de vision. Il montre que, sur tous les miroirs, plans et non plans, le rayon incident et le rayon réfléchi se trouvent toujours dans le même plan que la normale, c'est-à-dire la droite perpendiculaire à la tangente au miroir. Il décrit deux nouvelles inventions, les lentilles et la chambre noire (qui permet de projeter l'image d'un objet extérieur à l'intérieur d'une boîte).

Conceptions fréquentes à l'époque et chez certains élèves : Il est impossible de projeter l'image virtuelle d'un objet sur un écran.

Concepts scientifiques actuels : Les lentilles et la chambre noire permettent de produire une image virtuelle d'un objet. Les lentilles produisent l'image par réfraction de la lumière, tandis que la chambre noire la produit en ne laissant passer qu'une petite partie de la lumière émise ou réfléchie par l'objet, ce qui croise les rayons lumineux et cause une inversion de l'image sur un écran.

Activités (8 ans et plus) :

- Obtenir diverses images virtuelles à l'aide de lentilles.
- Fabriquer une chambre noire (écran de papier de soie installé à la place d'un des petits côtés d'une boîte à chaussure ; trou percé au centre du petit côté opposé au papier de soie). Obtenir des images virtuelles à l'aide de cette chambre noire.
- Obtenir des images virtuelles à l'aide d'une chambre noire plus perfectionnée, munie d'une lentille et d'un diaphragme (qu'on peut se procurer chez certains fournisseurs de matériel scientifique).

- Faire la même chose, de façon virtuelle, à l'aide d'un logiciel d'étude de l'optique (qu'on peut se procurer chez certains fournisseurs de matériel scientifique).

La chromatographie sur papier (chimie; éléments, composés et réactions chimiques). En 1944, le biochimiste britannique Archer MARTIN (né en 1910) et le biochimiste britannique Richard SYNGE (1914-1994) développent la technique de la chromatographie sur papier pour l'analyse des mélanges de composés organiques.

Conception fréquente (à l'époque et chez certains élèves): Seules des méthodes physiques ou chimiques complexes permettent de séparer les composés dont est formé un mélange.

Concepts scientifiques actuels: La chromatographie consiste à faire passer un mélange à travers une colonne contenant un matériau absorbant ou à le faire monter par capillarité dans les fibres d'un papier absorbant. Par exemple, l'encre des marqueurs noirs, bruns, violets et autres est formée d'un mélange de pigments de diverses couleurs primaires. Ces pigments n'ont pas tous la même affinité pour le papier et se séparent en montant dans ses fibres par capillarité.

Activités (8 ans et plus):

- À l'aide d'un marqueur noir à l'encre lavable, faire une assez grosse tache sur un papier-filtre ou un papier buvard. À l'aide d'un support quelconque, fixer le papier à la verticale pour qu'il trempe dans l'eau, avec la tache à une hauteur de 1 ou 2 cm au-dessus de la surface de l'eau. Observer. Essayer avec des marqueurs d'autres couleurs.
- Après avoir recueilli quelques feuilles d'érable vertes, les déchirer en petits morceaux, les déposer dans un mortier, ajouter environ 5 ml d'alcool à friction et écraser le mélange jusqu'à l'obtention d'une solution de couleur vert foncé. Faire une assez grosse tache sur un papier-filtre ou un papier buvard avec cette solution. À l'aide d'un support quelconque, fixer le papier à la verticale pour qu'il trempe dans de l'alcool, avec la tache à une hauteur de 1 ou 2 cm au-dessus de la surface de l'alcool. Observer. Essayer avec les feuilles d'autres arbres et plantes.

L'eau de Javel (chimie; industrie chimique). En 1789, le chimiste français Claude-Louis BERTHOLLET (1748-1822) découvre les propriétés décolorantes de l'hypochlorite de sodium, qu'il appela eau de Javel, du nom d'une localité près de Paris où travaillaient les lavandières.

Conception fréquente à l'époque et chez certains élèves : La seule façon de décolorer ou détacher un tissu est de le laver longtemps ou de l'exposer au soleil.

Concepts scientifiques actuels : L'eau de Javel est une solution d'hypochlorite de sodium (ou de potassium) dans l'eau, de formule NaOCl. C'est un oxydant puissant, employé à diverses concentrations pour désinfecter, stériliser les eaux, blanchir les textiles. Un papier ou un tissu peuvent se décolorer en réagissant avec de l'oxygène. La lumière et la chaleur du soleil accélèrent la réaction avec l'oxygène de l'air. L'eau de Javel contient des atomes d'oxygène qui réagissent avec le papier.

Problème (8 ans et plus) :

- Comment peut-on décolorer du papier de couleur ?

Matériel :

- Du papier de diverses couleurs, une gomme à effacer pour crayon à mine, une gomme à effacer pour stylo, du détersif à vaisselle, de l'eau de Javel.

Quelques solutions ou approches possibles :

- Frotter la gomme à effacer pour crayon à mine sur le papier pendant quelque temps.
- Frotter la gomme à effacer pour stylo sur le papier pendant quelque temps.
- Placer le morceau de papier à un endroit exposé aux rayons du Soleil. Le laisser à cet endroit pendant quelques jours. (Le papier doit cependant être à l'abri de la pluie ou de la neige.)
- Tremper le papier dans du détersif à vaisselle.
- Tremper le papier dans de l'eau de Javel.

La clepsydre (astronomie ; mesure du temps). Vers 3000 av. J.-C., on assiste à la construction, en Égypte, de la plus ancienne clepsydre connue. Les clepsydres seront utilisées jusqu'au XVIIe siècle.

Conception fréquente à l'époque : Il est impossible de mesure le temps de façon précise.

Concepts scientifiques actuels : Une clepsydre est une horloge à eau dont le principe est un peu le même que celui d'un sablier. Un vase, qui comporte un orifice d'écoulement, est rempli d'eau et le temps écoulé est déduit de la baisse de niveau de l'eau dans le vase ou quantité d'eau recueillie dans un autre vase. Une clepsydre plus précise doit cependant compenser le fait que la vitesse d'écoulement diminue à mesure que diminuent la quantité d'eau et la pression dans le vase. Cette compensation peut se faire en resserrant les repères vers le fond d'un vase cylindrique ou en donnant une forme conique au vase.

Activités (8 ans et plus):

- Examiner des photographies ou des schémas de divers modèles de clepsydre.
- Construire une clepsydre rudimentaire qui ne compense pas la baisse de pression liée à la diminution de la quantité d'eau.
- Construire une clepsydre plus précise, dont la graduation ou la forme compense la baisse de pression liée à la diminution de la quantité d'eau.

Les découvertes astronomiques de Galilée (astronomie; système solaire). En 1609, le physicien et astronome italien GALILÉE (1564-1642) perfectionne le télescope à réfraction et découvre les taches solaires, la rotation du Soleil sur lui-même, les cratères et les mers sur la Lune ainsi que les quatre principales lunes de Jupiter. Plusieurs années plus tard, en 1633, il sera déclaré hérétique par Rome, pour son soutien au système héliocentrique de Copernic, et devra abjurer devant l'Inquisition.

Conceptions fréquentes à l'époque et chez certains élèves:

- La surface du Soleil et celle de la Lune sont parfaitement uniformes.
- Le Soleil est parfaitement immobile.
- La Terre est la seule planète à posséder une lune.

Concepts scientifiques actuels: Les taches solaires sont des orages magnétiques à la surface du Soleil. Le Soleil tourne sur lui-même (environ 1 mois pour une rotation complète). Les cratères de la Lune sont des impacts de météorites. Les mers de la Lune sont des étendues de lave solidifiée. Jupiter possède un très grand nombre de lunes et quatre d'entre elles sont faciles à observer.

Activités et exercice (8 ans et plus):

- Fabriquer un petit télescope à réfraction à l'aide d'un tube en carton et de deux lentilles.

- Observer la Lune et Jupiter avec ce télescope ou avec des jumelles. Il est possible d'apercevoir les plus gros cratères de la surface de la Lune et les quatre plus grosses lunes de Jupiter.
- Observer le Soleil avec une plaque de verre ou de plastique noir prévu à cet effet. (ou par projection, sur un carton blanc, avec un télescope ou des jumelles). Il y a généralement quelques taches à la surface du Soleil. Constater que les taches permettent de suivre la rotation du Soleil sur lui-même.
- Répondre à la question suivante : Quels sont les faits saillants de la vie de Galilée ? (Noter, par exemple, que certaines de ses observations, comme celles de l'oscillation de lampes dans une cathédrale et la chute de corps du haut de la tour penchée de Pise, sont peut-être de l'ordre de la légende. Noter aussi son goût assez prononcé pour la confrontation avec les autorités.)

Les constellations de l'hémisphère Nord du ciel (astronomie ; étoiles et galaxies). Vers 3300 av J.-C., définition de plusieurs constellations de l'hémisphère Nord en Mésopotamie.

Conception fréquente à l'époque et chez certains élèves : Le ciel contient trop d'étoiles pour qu'il soit possible de s'y retrouver.

Concepts scientifiques actuels : Le ciel étoilé change avec les heures et les saisons mais les étoiles sont toujours, à l'échelle de temps d'une vie humaine, dans la même position les unes par rapport aux autres. Les étoiles visibles dans le ciel nocturne sont groupées, de façon arbitraire, en 88 constellations. Certaines constellations ne sont visibles que dans l'hémisphère Nord (exemple : la Petite Ourse), alors que d'autres constellations ne sont visibles que dans l'hémisphère Sud (exemple : la Croix du Sud). Les constellations situées près de l'horizon, aux latitudes des pays tempérés, sont visibles dans les deux hémisphères. Les cartes du ciel et les cherche-étoiles présentent les constellations.

Activités (8 ans et plus) :

- Reconnaître les constellations par une nuit sans nuages, dans un endroit sombre.
- Distinguer les constellations projetées sur le dôme d'un planétarium.
- À l'aide d'un logiciel d'astronomie (vendu chez certains fournisseurs de matériel scientifique), nommer les constellations telles qu'elles sont présentées à l'écran d'un ordinateur.

Problème (8 ans et plus):

- Comment peut-on représenter le ciel étoilé de l'hémisphère Nord?

Matériel:

- Du papier, des crayons, une grande boîte en carton, du carton noir, un vieux parapluie noir, du papier journal, de la colle blanche, une petite lampe halogène, de petites étiquettes autocollantes de forme ronde, une carte du ciel, quelques cherche-étoiles.

Quelques solutions ou approches possibles:

- Reproduire une carte du ciel de l'hémisphère Nord sur une grande feuille de papier.
- Construire un cherche-étoiles de l'hémisphère Nord. (Un cherche-étoiles est une carte du ciel de forme circulaire muni d'un cache circulaire qui tourne par-dessus cette carte en ne laissant voir que les constellations visibles à une époque précise de l'année et à une heure données.)
- À l'aide de peinture blanche, dessiner les principales constellations de l'hémisphère Nord à l'intérieur d'un vieux parapluie.
- À l'aide de petites étiquettes autocollantes de forme ronde, reproduire les constellations en les collant sur le plafond et les murs d'une classe ou d'un autre local.
- Faire de petits trous, selon la forme de quelques constellations, dans un grand carton noir. Coller le carton dans une fenêtre par laquelle entre beaucoup de lumière. Observer le carton.
- Faire de petits trous dans une grande boîte en carton, selon la forme de quelques constellations, et placer une lampe allumée dans (ou sous) la boîte. Observer la boîte dans une pièce sombre.
- À l'aide de broche, de plusieurs épaisseurs de papier journal et de colle blanche, former une demi-sphère d'environ 40 cm de diamètre. Laisser sécher. Placer une petite lampe sans abat-jour (ou une simple ampoule sur un socle) à l'intérieur de la demi-sphère. Percer des trous dans la demi-sphère de façon à représenter les principales constellations de l'hémisphère Nord. Installer dans un local sombre et allumer la lampe. Les petits trous projettent des taches de lumière sur le plafond et les murs.

Les distances Terre-Lune et Terre-Soleil (astronomie ; observer, mesurer et explorer l'Univers).Vers 250 av. J.-C., l'astronome grec ARISTARQUE de Samos (v. 310-v. 230 av. J.-C.) est le premier à estimer le rapport entre les distances Terre-Lune et Terre-Soleil en mesurant les dimensions des cônes d'ombre lors des éclipses. Il propose un système héliocentrique selon lequel les planètes tournent autour du Soleil. Ce système sera repris au XVIe siècle par Copernic.

Conception fréquente à l'époque et chez certains élèves : La Lune et le Soleil sont situés à la même distance de la Terre parce que leur diamètre apparent dans le ciel est le même.

Concepts scientifiques actuels : La distance Terre-Lune est d'environ 400 000 kilomètres, tandis que la distance Terre-Soleil est d'environ 150 millions de kilomètres, soit 375 fois plus. Le diamètre de la Terre est d'environ 13 000 kilomètres, celui de la Lune est d'environ 3 500 kilomètres, soit le quart de celui de la Terre, tandis que le diamètre du Soleil est d'environ 1 400 000 kilomètres soit 109 fois celui de la Terre.

Activité (8 ans et plus) : Dessiner la Terre, la Lune et le Soleil à l'échelle sur trois morceaux de papier différents et placer ces trois morceaux de papier les uns par rapport aux autres en respectant aussi les distances. Il faudra se rendre dans un endroit assez vaste, comme le gymnase ou la cour de l'école. Par exemple, en respectant toujours la même échelle, la Lune mesure ½ mm de diamètre (soit un simple point), la Terre 2 mm de diamètre et le Soleil 20 cm de diamètre. La distance Terre-Lune est de 6 centimètres et la distance Terre-Soleil atteint 22 mètres. (On pourrait aussi représenter la Lune par un grain de sable, la Terre par une petite perle en plastique et le Soleil par un gros ballon de plage.)

Le gyroscope (sciences de la Terre ; globe terrestre). En 1852, le physicien français Léon FOUCAULT (1819-1868) invente le gyroscope, appareil qui fournit une direction invariable de référence grâce à la rotation rapide d'une masse autour d'un axe.

Conception fréquente à l'époque et chez certains élèves : Il est impossible qu'un objet qui est simplement appuyé sur une de ses extrémités puisse tenir en formant un angle prononcé avec la verticale.

Concepts scientifiques actuels : Le gyroscope est un appareil qui fournit une direction invariable de référence grâce à la rotation rapide d'une masse autour d'un axe. Il a maintenant remplacé la boussole, dans les navires puis les avions, car il présente l'avantage de ne pas être influencé par les masses magnétiques locales.

Activités et exercices (8 ans et plus):

- Observer les diverses façons dont un gyroscope peut tenir en équilibre sur une de ses pointes. (Des gyroscopes sont vendus chez des fournisseurs de matériel scientifique et chez certains marchands de jouets.)
- Se documenter pour répondre à la question suivante: Pourquoi une bicyclette ne tombe-t-elle pas sur le côté quand elle est en mouvement? (Quand elles tournent, les roues de la bicyclette agissent comme des gyroscopes et leur axe de rotation demeure dans la même direction, parallèle au sol. C'est d'ailleurs la même chose qui se produit quand on fait tourner sur le sol un disque plat ou une assiette, posés sur le côté.)
- Examiner des gyroscopes de navigation.
- Se documenter pour répondre à la question suivante: Quels sont les faits saillants de la vie de Léon Foucault? (Exemples: Léon Foucault travailla pendant plusieurs années avec le physicien français Armand Fizeau. Il devint physicien à l'Observatoire de Paris en 1855.)

Le séismoscope (sciences de la Terre; écorce terrestre et océans). Vers 110 ap. J.-C., le physicien chinois Zhang HENG (79-139) invente le séismoscope, constitué d'une masse métallique suspendue à l'intérieur d'un vase et relié par des tiges à des billes posées en équilibre tout autour du vase. (Une ou plusieurs billes tombent quand la terre tremble.) Il s'agit du premier appareil permettant de détecter des tremblements de terre de faible intensité.

Conception fréquente à l'époque et chez certains élèves: La seule façon de détecter un tremblement de terre est de sentir le sol trembler.

Concepts scientifiques actuels: Les scientifiques utilisent des sismographes pour détecter et mesurer l'amplitude des séismes. La plupart des sismographes modernes sont constitués d'une masse assez lourde, suspendue à un ressort, qui tend à rester immobile lorsque le sol se déplace. Les ondes sismiques sont enregistrées sur un rouleau de papier par une plume fixée à cette masse. L'intensité des tremblements de terre est mesurée à l'aide de l'échelle de Richter (qui s'étend de 0 à 9). Sur cette échelle, la plupart des petits séismes qui secouent les arbres et les voitures ont une intensité de 4 ou 5 et la plupart des grands séismes qui peuvent détruire des bâtiments ont une intensité de 6 ou 7.

Problème (8 ans et plus) :

- Comment peut-on construire un détecteur rudimentaire de tremblement de terre ?

Matériel :

- Un verre à vin, une baguette en bois, quelques billes, un miroir, un ressort de type Slinky, une petite boîte en carton, du carton, du papier, des crayons ; une lampe de poche ou un pointeur laser.

Quelques solutions ou approches possibles :

- Placer deux verres à vin sur une table de telle sorte qu'ils se touchent. D'assez fortes vibrations du sol peuvent occasionner de petits chocs entre les verres.
- Placer une bille en équilibre au sommet d'une baguette de bois verticale. D'assez fortes vibrations du sol peuvent faire tomber la bille.
- Suspendre un objet à un ressort de type Slinky accroché au plafond. Fixer un crayon à l'objet. Installer une feuille de papier (verticalement) de telle sorte que le crayon trace une onde quand le sol et l'objet vibrent.
- Coller un miroir sur le dossier d'une chaise. Éclairer le miroir avec une lampe de poche ou un pointeur laser. Observer la tache de lumière réfléchie sur un mur par le miroir quand on donne un petit choc à la chaise.

Le pluviomètre (sciences de la Terre ; atmosphère). Au IVe siècle av. J.-C., on assiste à l'invention, aux Indes, du pluviomètre. Il réapparaîtra en Asie vers 1440 et en Italie à partir de 1669.

Conception fréquente à l'époque et chez certains élèves : Il est difficile de mesurer les précipitations.

Concepts scientifiques actuels : Le pluviomètre est un instrument permettant de mesurer la quantité de précipitations qui tombent en un lieu donné. Sous sa forme la plus simple, il est constitué d'un entonnoir placé dans un contenant gradué du même diamètre. L'entonnoir permet d'éviter que des gouttes d'eau soient projetées à l'extérieur du contenant. Un pluviomètre muni d'une surface chauffante fait fondre la neige et permet ainsi de mesurer la quantité de précipitations qui tombent à l'état solide.

Activités (8 ans et plus):

- Examiner des photographies et, si possible, de véritables pluviomètres utilisés dans les stations météorologiques.
- Imaginer et construire un pluviomètre rudimentaire. À l'aide de ce pluviomètre, mesurer la quantité de pluie qui tombe au cours d'une période donnée.

Les fossiles (biologie et médecine; classification et évolution des êtres vivants). Vers 550 av. J.-C., le philosophe grec XÉNOPHANE (VIe siècle av. J.-C.) trouve, très loin des côtes de la Méditerranée, des fossiles d'organismes marins et en déduit que la mer s'étendait autrefois jusqu'à cet endroit. Il affirme que la Terre finira un jour par se désintégrer et disparaître.

Conception fréquente à l'époque et chez certains élèves: Les mers et les océans ont toujours été situés aux mêmes endroits.

Concepts scientifiques actuels: Plusieurs régions des continents actuels se situaient autrefois sous des mers ou des océans. C'est pour cette raison qu'on y retrouve des fossiles d'animaux marins. La région de Montréal, par exemple, qui était autrefois sous la mer de Champlain est riche en fossiles de petits mollusques.

Activités (8 ans et plus):

- Examiner une carte montrant l'emplacement des mers et des océans à diverses époques des temps géologiques relativement récents.
- Rechercher des fossiles à des endroits où se trouvent maintenant des roches sédimentaires (exemple: dans la vallée du Saint-Laurent, au Québec).
- Reconnaître et nommer des reproductions en plastique de divers fossiles (vendues chez certains fournisseurs de matériel scientifique).
- À l'aide d'un logiciel d'identification de fossiles (qu'on peut se procurer chez certains fournisseurs de matériel scientifique), reconnaître et nommer des fossiles virtuels.

La protection des aliments (biologie et médecine; animaux). En 1668, le médecin italien Francesco REDI (1626-1697) démontre qu'en protégeant la viande pour empêcher les mouches d'y pondre des œufs aucun asticot ne s'y développe, ce qui constitue un premier pas vers la remise en question de la théorie de la génération spontanée.

Conception fréquente à l'époque et chez certains élèves: Des vers ou des mouches peuvent apparaître spontanément dans les aliments.

Concepts scientifiques actuels: Selon la théorie de la génération spontanée, énoncée au cours de l'Antiquité grecque, on croyait que des êtres vivants pouvaient apparaître spontanément dans des aliments ou de la matière organique. Les travaux de Francisco Redi, et plus tard de Lazzaro Spallanzani (1729-1799) et, surtout, de Louis Pasteur (1822-1895) confirmèrent l'impossibilité de la génération spontanée et donnèrent naissance à la loi de la biogenèse, selon laquelle la vie ne peut provenir que de la vie. (Sauf, évidemment, au moment de l'apparition de la vie sur Terre.) Quand des vers ou des mouches apparaissent dans des aliments, c'est parce que des œufs y ont été pondus.

Activités (8 ans et plus):

- Observer, dans une épicerie ou une fruiterie, les petites mouches qui volent autour des fruits.
- Laisser quelques tomates à l'air libre pendant plusieurs jours. Observer. Refaire l'expérience après avoir bien lavé les tomates et les avoir placées dans une gaze ou une moustiquaire très fines ou dans un sac en plastique (exemple: sac à sandwich) hermétiquement fermé.

La respiration des plantes (biologie et médecine; végétaux). En 1782, le naturaliste suisse Jean SENEBIER (1742-1809) montre que la présence d'« air fixe » (gaz carbonique) accélère la production d'« air respirable » par les plantes. Archibald Vivian HILL (1886-1977) montrera toutefois, en 1940, que les deux phénomènes ne sont pas directement liés car l'oxygène produit par les plantes ne provient pas des molécules de gaz carbonique, mais plutôt des molécules d'eau.

Conceptions fréquentes à l'époque et chez certains élèves:

- Les végétaux respirent de l'oxygène et rejettent du gaz carbonique, comme les animaux et les êtres humains.
- Les végétaux se nourrissent principalement des substances qu'ils puisent dans la Terre.

Concepts scientifiques actuels: La photosynthèse est un processus au moyen duquel les végétaux utilisent l'énergie lumineuse pour fabriquer du glucose à partir de gaz carbonique et d'eau, en libérant de l'oxygène par de minuscules ouvertures, les stomates, situées sur l'épiderme des feuilles. L'oxygène pur rend toutes les combustions beaucoup plus vives que dans l'air. (L'air ne contient que 21 % d'oxygène.)

Activité (8 ans et plus): Verser de l'eau tiède dans un grand bac en plastique. Remplir un pot transparent d'eau tiède et le renverser dans le bac de manière qu'il demeure plein. Insérer l'extrémité d'une tige de plante grimpante (lierre, philodendron) dans le pot, en prenant soin de ne pas introduire d'air. Placer le montage dans un endroit ensoleillé de la classe. Effectuer des observations à intervalles réguliers et noter ces observations. Refaire l'expérience en plaçant le montage dans un endroit sombre. (On peut vérifier quelle est la nature du gaz produit en le recueillant dans une éprouvette et en faisant pénétrer une longue allumette enflammée dans cette éprouvette. On peut aussi utiliser un indicateur liquide au manganèse de la concentration d'oxygène dissous dans l'eau. On peut également placer un pH-mètre électronique dans le pot, car une augmentation du pH est en corrélation avec la baisse de la proportion de gaz carbonique et l'augmentation de la proportion d'oxygène.)

Les organismes microscopiques (biologie et médecine; cellule et chimie du vivant). Vers 1680, le naturaliste hollandais Antonie VAN LEEUWENHOEK (1632-1723) perfectionne le microscope à lentille unique et découvre l'existence de plusieurs espèces d'organismes microscopiques. Il décrit sous le nom d'« animalcules spermatiques » les spermatozoïdes dans le sperme de plusieurs animaux. Après avoir découvert que des organismes microscopiques vivent sur les dents, il prend l'habitude de nettoyer régulièrement les siennes.

Conception fréquente à l'époque et chez certains élèves: Il n'existe pas d'êtres vivants trop petits pour être visibles à l'œil nu.

Concepts scientifiques actuels: Il existe plusieurs espèces d'organismes difficiles ou impossibles à voir à l'œil nu. Certains sont des organismes pluricellulaires tels que les puces, tandis que d'autres sont des organismes unicellulaires, avec ou sans noyau. Les unicellulaires avec noyau qui constituent le règne des protistes se subdivisent en deux embranchements: celui des algues unicellulaires, qui présentent des caractéristiques « végétales » (exemples: algue verte, diatomée), et celui des protozoaires, qui comportent des caractéristiques « animales » (exemples: amibe, paramécie). Les unicellulaires sans noyau sont des bactéries.

Activités (8 ans et plus):

- Observer des caractères d'imprimerie à travers une petite bille de verre transparent (principe du microscope de Leeuwenhoek).
- Laisser tremper de l'herbe dans de l'eau pendant quelques jours puis examiner l'eau avec un petit microscope. Il est assez facile d'y observer des paramécies, et parfois des algues et des amibes.
- Observer des préparations microscopiques de micro-organismes (vendues chez certains fournisseurs de matériel scientifique). On peut également observer des préparations virtuelles à l'aide de certains logiciels de microscopie.
- Se documenter pour répondre à la question suivante: Pourquoi est-il important de se brosser les dents? (Exemple: présence de bactéries dans la bouche et sur les dents.)
- Se documenter pour répondre à la question suivante: Quels sont les faits saillants de la vie d'Antonie Van Leeuwenhoek? (Noter, par exemple, que pendant longtemps, la Société royale de Londres, à qui il envoyait ses dessins et descriptions d'organismes microscopiques, ne prenait pas ses travaux au sérieux.)

L'épuration des eaux usées (biologie et médecine; environnement). En 1889, on assiste à la construction, en Grande-Bretagne, sur la Tamise, de la première station d'épuration des eaux usées.

Conception fréquente à l'époque et chez certains élèves: Les eaux usées peuvent être rejetées directement dans les cours d'eau.

Concepts scientifiques actuels: Les eaux usées peuvent être des eaux de ruissellement et de drainage (exemples: pluie, eau de lavage des rues, eau des terres agricoles), des eaux domestiques et des eaux industrielles. Dans les deux derniers cas surtout, ces eaux aboutissent par un réseau d'égouts jusqu'à une station d'épuration. L'épuration se fait en deux étapes. La première étape, l'épuration mécanique, consiste à séparer la boue des eaux usées. Cette boue, dont la décomposition produit du biométhane, est parfois utilisée comme source d'énergie pour l'usine d'épuration ou comme engrais par des agriculteurs de la région. La seconde étape, l'épuration biologique, consiste à aérer l'eau usée pour l'oxygéner et faciliter la dégradation des fines particules résiduelles par des bactéries. L'eau épurée est ensuite retournée dans la nature (rivière, lac, mer).

Activités et exercice (8 ans et plus):

- Examiner un schéma du fonctionnement d'une usine d'épuration moderne.
- Si possible, faire une visite guidée d'une usine d'épuration.
- Concevoir un système de filtre pour faire une épuration mécanique d'eau à laquelle une certaine quantité de terre a été mêlée.
- À l'aide d'un modèle de station d'épuration miniature (qu'on peut se procurer chez certains fournisseurs de matériel scientifique), observer les principales étapes du traitement de l'eau.
- Se documenter pour répondre à la question suivante: Quelles sont les substances qui ne devraient jamais se retrouver dans les égouts, car elles résistent à l'épuration et contaminent les cours d'eau? (Exemples: médicaments, peinture, huile à moteur, produits chimiques, etc.)

Le diabète et la détection du sucre (biologie et médecine: santé et maladie). Vers 1660, le médecin anglais Thomas WILLIS (1621-1675) redécouvre le fait, déjà observé par des médecins indiens vers 400 av. J.-C., que l'urine des diabétiques contient du sucre.

Conception fréquente à l'époque et chez certains élèves: La seule façon de détecter la présence de sucre dissous dans un liquide est de goûter le liquide.

Concepts scientifiques actuels: Le diabète sucré est une maladie chronique causée par un trouble du métabolisme des sucrées lié à une insuffisance totale ou relative de la sécrétion d'insuline par le pancréas. Le manque d'insuline entraîne une accumulation du glucose dans les tissus révélée par une élévation anormale du taux de glucose dans le sang et par la présence de glucose dans l'urine. De petits appareils électroniques peuvent mesurer le taux de sucre dans le sang à partir d'une goutte de sang. Le diabète se traite par des injections régulières d'insuline.

Il existe plusieurs méthodes pour détecter du sucre en solution dans l'eau:

- L'eau sucrée est légèrement adhésive et laisse les doigts ou la surface d'une table collante.
- En faisant évaporer l'eau, le sucre en solution se dépose au fond de la casserole.
- L'eau douce et l'eau sucrée ne gèlent pas à la même température.

- La solution sucrée est plus visqueuse que l'eau douce et coule plus lentement que l'eau dans une paille.
- La liqueur de Fehling est un indicateur chimique qui change de couleur dans l'eau sucrée.
- Les fourmis sont attirées par de l'eau sucrée car elles la boivent pour se nourrir.
- L'indice de réfraction de l'eau varie avec la concentration de sucre.

Problème (8 ans et plus): Peut-on savoir, sans y goûter, lequel d'un échantillon d'eau douce et d'un échantillon d'eau sucrée est l'échantillon d'eau sucrée ?

Matériel :

Quelques récipients, du sucre, de l'eau, quelques pailles, un compte-gouttes, une plaque chauffante ou un élément chauffant, quelques casseroles, de la liqueur de Fehling (indicateur chimique ; matériel facultatif).

Quelques solutions ou approches possibles :

Après avoir préparé une solution très sucrée, les solutions ou approches suivantes sont possibles :

- Tremper les doigts d'une main dans de l'eau et les doigts de l'autre main dans une solution sucrée. Observer les doigts.
- Verser quelques gouttes d'eau et, à quelques centimètres, quelques gouttes de solution sucrée sur une table. Laisser évaporer. Observer l'endroit où étaient les gouttes d'eau et de solution.
- Verser un peu d'eau au fond d'une casserole. Faire évaporer l'eau en plaçant la casserole sur une plaque chauffante. Observer. Verser ensuite un peu de solution sucrée dans une casserole. Faire évaporer l'eau en la plaçant sur une plaque chauffante. Observer.
- Placer de l'eau douce et de l'eau sucrée au congélateur. Observer.
- Prendre de l'eau à l'aide d'un compte-gouttes. Tenir une paille verticalement au-dessus d'une assiette. Verser assez rapidement (mais pas brusquement) le contenu du compte-gouttes dans la paille. Observer. Faire la même chose avec la solution sucrée. (Si l'on désire recommencer, bien rincer la paille après l'avoir utilisée avec de l'eau sucrée.)

- À l'aide d'un compte-gouttes, verser un peu de liqueur de Fehling dans de l'eau douce et de l'eau sucrée. Observer.
- En septembre, octobre, mai ou juin, aller à l'extérieur et trouver une fourmilière. Placer quelques gouttes d'eau près de l'entrée de la fourmilière et, de l'autre côté, quelques gouttes de solution sucrée. Observer le comportement des fourmis.
- À l'aide d'un réfractomètre à main à teneur en sucre (qu'on peut se procurer chez certains fournisseurs de matériel scientifique), comparer la concentration de sucre d'un échantillon d'eau douce et d'un échantillon d'eau sucrée.

Activité (8 ans et plus):

- Se documenter sur les façons de prévenir le diabète de type 2, souvent lié à de mauvaises habitudes alimentaires.

La tour (technologie; techniques de l'architecture et de la construction). Vers 2000 av. J.-C., on assiste à la construction des premières tours, qui faisaient partie de l'enceinte fortifiée de Babylone.

Conceptions fréquentes à l'époque: La seule façon de voir au-dessus des obstacles est de monter au sommet d'une montagne, d'une colline ou d'un arbre.

Concepts scientifiques actuels: La tour, d'abord utilisée comme flanquement d'une muraille, a été en usage dès l'Antiquité la plus lointaine (enceinte de Babylone). Au Moyen Âge, la tour devint un élément indispensable des châteaux fortifiés, qui en comportaient plusieurs, les plus importantes étant généralement situées aux angles des murailles; l'une d'elles, isolée et spécialement aménagée (le donjon), servait de réduit. De nos jours, il existe de nombreux types de tours, dont plusieurs sont à la fois des attractions touristiques et des supports pour des systèmes de télécommunication.

Activités (8 ans et plus):

- Construire une tour avec du matériel de récupération ou du matériel peu coûteux.
- Construire une tour avec un ensemble pour structures, ponts et tours de type Lego-Dacta (qu'on peut se procurer chez certains fournisseurs de matériel scientifique).
- Organiser un concours qui consiste à construire la tour la plus haute possible avec une boîte de cure-dents et de petites guimauves.
- Visiter une tour moderne.

Le parachute (technologie; techniques du mouvement). Vers 1490, l'artiste et inventeur italien LÉONARD DE VINCI (1452-1519) dessine les plans de plusieurs machines telles que le vérin hydraulique et le parachute.

Conception fréquente à l'époque et chez certains élèves: Il est impossible de ralentir la chute d'un objet.

Concepts scientifiques actuels: Un parachute ralentit la vitesse de chute d'un objet ou d'une personne car sa grande surface augmente la résistance de l'air. De façon générale, les modèles de parachute efficaces sont faits d'un matériau très léger et comportent un assez grand nombre de ficelles assez longues. Leur forme n'a pas tellement d'importance.

Activité (8 ans et plus): Se documenter pour répondre à la question suivante: Quels sont les faits saillants de la vie de Léonard de Vinci? (Noter, par exemple, que Léonard de Vinci est célèbre autant pour ses travaux dans les domaines artistique, médical et technique. Remarquer sa façon spéciale d'écrire pour ne pas pouvoir être lu facilement.)

Problème (8 ans et plus): Comment peut-on construire un parachute qui descend lentement?

Matériel:

- Quelques sacs d'épicerie en plastique, quelques sacs pour envelopper les vêtements après un nettoyage à sec, du papier de soie, quelques morceaux de divers tissus, de la ficelle blanche, de petits objets à suspendre au parachute, des ciseaux; quelques chronomètres.

Quelques solutions ou approches possibles:

- Les parachutes peuvent être faits de divers matériaux.
- Les parachutes peuvent être plus ou moins grands.
- Les parachutes peuvent avoir diverses formes (ronds, carrés, rectangulaires, en étoile, etc.)
- Les parachutes peuvent comporter un nombre plus ou moins grand de ficelles (4, 6, 8, etc.)
- Les ficelles peuvent être plus ou moins longues.

Remarque : Si toutes les équipes utilisent un même objet à accrocher au parachute, on peut organiser le concours du parachute qui descend le plus lentement.

Le disque microsillon (technologie ; techniques de la lumière, du son et des communications). En 1948, l'inventeur américain d'origine hongroise Peter GOLDMARK (1906-1977) invente le disque microsillon en vinylite, d'une durée cinq fois supérieure aux disques en gomme-laque utilisés depuis l'invention du gramophone.

Conception fréquente à l'époque : La seule façon d'enregistrer des sons est de graver des sillons dans de la gomme-laque.

Concepts scientifiques actuels : Les disques microsillons sont en vinyle et de très petits sillons (d'où le nom microsillon) y sont gravés. De chaque côté du sillon sont aussi gravés de petits creux. Lorsque la pointe de diamant ou de saphir, qui est située au bout du bras pivotant, passe dans le sillon, elle va vibrer au rythme des creux et des bosses. Ces vibrations seront transformées en signaux électriques qui pourront par la suite être amplifiés. Les disques microsillons ont perdu en popularité depuis l'invention du disque compact, mais certains mélomanes préfèrent encore le son qu'ils produisent.

Activités (8 ans et plus) :

- Examiner les sillons d'un disque microsillon à la loupe ou au microscope.
- À l'aide d'un vieux disque microsillon et d'une petite aiguille droite plantée au fond d'un litre de lait vide, constater qu'il est possible d'entendre le son, sans amplificateur, en faisant tourner le disque sur une table tournante et en laissant traîner la pointe de l'aiguille au fond des sillons. (Même principe que les anciens gramophones.)
- Comparer le son produit par un disque microsillon et par un disque compact.

Le thermos (technologie ; techniques de la chaleur). En 1872, le chimiste et physicien écossais James DEWAR (1842-1923) invente un récipient isolant, qui sera plus tard commercialisé sous le nom de Thermos, pour la conservation des gaz liquéfiés.

Conception fréquente à l'époque et chez certains élèves : La seule façon de construire un récipient isolant est d'utiliser une bonne épaisseur d'un matériau non conducteur.

Concepts scientifiques actuels : Un thermos est un récipient isolant formé de deux enceintes de verre entre lesquelles on fait le vide pour éviter la transmission de chaleur par conduction gazeuse ou convection. De plus, les faces des enceintes situées du côté de la partie sous vide sont argentées afin de limiter les pertes thermiques par rayonnement.

Problème (8 ans et plus) : Comment peut-on conserver un liquide chaud ou froid le plus longtemps possible ?

Matériel :

Des pots et récipients de tailles variées, du papier journal, de la mousse de polystyrène, du caoutchouc mousse, des éponges, des morceaux de tissu, un thermomètre, un Thermos.

Quelques solutions ou approches possibles :

- Placer le liquide chaud ou froid dans divers récipients. À l'aide d'un thermomètre, comparer les temps de refroidissement ou de réchauffement.
- Fabriquer des récipients isolants en plaçant un petit contenant dans un grand contenant et en remplissant l'espace entre les deux contenants avec du papier journal, de la mousse de polystyrène, du caoutchouc mousse, des éponges ou des morceaux de tissu. À l'aide d'un thermomètre, comparer les temps de refroidissement ou de réchauffement de liquides dans ces récipients et avec les récipients ordinaires.
- Utiliser un vrai Thermos. À l'aide d'un thermomètre, comparer les temps de refroidissement ou de réchauffement de liquides. Observer comment le Thermos est construit.

Les empreintes digitales (technologie ; techniques militaires et policières). En 1892, le physiologiste anglais Francis GALTON (1822-1911), cousin de Darwin, met au point le système d'identification par les empreintes digitales.

Conception fréquente à l'époque et chez certains élèves : Il presque impossible d'identifier l'auteur d'un crime s'il n'est pas pris sur le fait.

Concepts scientifiques actuels : Les empreintes digitales, aussi appelées *dactylogrammes*, sont les traces souvent invisibles laissées par les doigts sur les objets touchés et qui permettent d'identifier une personne. Ces empreintes, qui comportent des lignes appelées *lignes papillaires*, sont propres à chaque personne. Elles peuvent être rendues visibles à l'aide de divers produits chimiques, tels que des sels d'argent. De nos jours, les ordinateurs accélèrent grandement le travail de reconnaissance des empreintes.

Activités (8 ans et plus):

- Former des empreintes digitales visibles en touchant un tampon encreur avec un doigt (pouce ou index) et en appuyant le doigt sur une feuille de papier.
- Comparer ses empreintes à celles d'autres personnes ayant utilisé le même doigt (pouce ou index).
- Visiter un poste de police et observer les techniques utilisées pour rendre les empreintes visibles et les identifier.

La saumure (technologie; techniques du vêtement et de l'alimentation). Vers 200 av. J.-C., les Romains développent une méthode de conservation du poisson, des olives, des radis et d'autres légumes dans la saumure.

Conception fréquente à l'époque et chez certains élèves: La plupart des légumes ne peuvent être conservés très longtemps.

Concepts scientifiques actuels: Lorsqu'un aliment contient plus de 15 % de sel, les bactéries qui provoquent habituellement la fermentation ou la décomposition ne peuvent se développer. C'est pour cette raison que la saumure, qui est une solution concentrée de sel, est un bon milieu de conservation. Pour certains aliments, le vinaigre peut jouer le même rôle que la saumure.

Activité (8 ans et plus): Préparer une saumure, c'est-à-dire une solution d'eau salée qui contient au moins 15 % de sel. Placer de petits morceaux de divers légumes dans cette solution. Observer les légumes après quelques jours et quelques semaines. Comparer avec des morceaux de légumes placés dans de l'eau douce. (Par mesure de sécurité, mettre les mélanges de liquide et de légumes dans des bouteilles en plastique munies d'un bouchon percé, ce qui évite une explosion en cas de dégagement de gaz. De plus, ne pas manger les aliments, même ceux qui sont dans la saumure, car des erreurs sont toujours possibles et pourraient causer des intoxications alimentaires.)

CHAPITRE 17

L'INTÉGRATION DES MATIÈRES : LES PROJETS TRANSDISCIPLINAIRES

Le *Programme de formation de l'école québécoise* vise à favoriser le décloisonnement disciplinaire. L'école est ainsi « conviée à dépasser les cloisonnements entre les disciplines afin d'amener l'élève à mieux saisir et à intégrer les liens entre ses divers apprentissages » (MEQ, 2001). Pour ce faire, le programme comporte notamment des compétences transversales et des domaines généraux de formation qui ne répondent pas à une logique disciplinaire.

Les compétences transversales, qui sont d'ordre intellectuel, méthodologique, personnel, social et de l'ordre de la communication, présentent un caractère générique, se déploient à travers divers domaines d'apprentissage et débordent les frontières de chacune des disciplines. Les domaines généraux de formation que sont la santé et le bien-être, les médias, l'environnement et la consommation, l'orientation et l'entrepreneuriat ainsi que le vivre-ensemble et la citoyenneté, touchent à diverses dimensions de la vie contemporaine et visent à amener l'élève à établir des liens entre ses apprentissages scolaires et la vie quotidienne.

Les projets transdisciplinaires et les activités disciplinaires

Certaines personnes travaillant dans le milieu scolaire ont traduit ce décloisonnement par un apprentissage presque totalement centré sur des projets transdisciplinaires du genre de celui qui est présenté dans le paragraphe suivant, adapté de Tardif (1998) :

Des élèves d'une classe du troisième cycle du primaire, regroupés en petites équipes, effectuent un projet de recherche sur les grands explorateurs ayant vécu à différents moments de l'histoire et ayant fait des explorations dans diverses régions du globe. Chaque équipe se concentre sur un grand explorateur. Les recherches peuvent porter sur divers aspects tels que les intentions de l'explorateur, l'histoire et la géographie de son pays d'origine à l'époque de l'exploration, les péripéties de son voyage, les distances parcourues, la description des lieux explorés en mettant l'accent sur les composantes géophysiques, les interactions avec les personnes rencontrées et les caractéristiques de leur société, ainsi que l'identification et la caractérisation des phénomènes naturels observés. Un tel projet, outre qu'il permet d'acquérir des compétences transversales, favorise des apprentissages en français, en mathématiques, en sciences humaines ainsi qu'en sciences et technologies.

De tels projets transdisciplinaires, bien qu'ils soient intéressants, comportent souvent de graves lacunes lorsqu'ils sont examinés à la lumière de certaines des disciplines qu'ils prétendent intégrer. Dans l'exemple du paragraphe ci-dessus, les apprentissages en sciences et technologies ne sont pas tellement satisfaisants parce qu'ils demeurent purement livresques et ne permettent ni de questionner la nature, ni de résoudre un véritable problème scientifique, ni d'utiliser les outils et procédés des sciences et des technologies.

On comprend mieux alors pourquoi la plupart des spécialistes de la didactique, et particulièrement les didacticiens des sciences et des technologies, sans s'opposer totalement à la réalisation de projets transdisciplinaires, insistent sur la nécessité de réserver une bonne part de la grille horaire, au primaire, à des activités d'enseignement et d'apprentissage disciplinaires qui préservent la spécificité des compétences, savoirs et stratégies de chacune des disciplines.

Quelques avantages des projets transdisciplinaires

Cela dit, les projets transdisciplinaires ont quand même leur place et présentent des avantages certains, dont les plus évidents sont le développement des compétences transversales et la familiarisation avec les domaines généraux de formation.

De plus, en sciences et technologies, les projets transdisciplinaires peuvent contribuer à contourner un problème fréquemment invoqué par les enseignants, qui est celui du manque de temps. En effet, un grand nombre d'heures sont nécessaires pour développer les compétences et acquérir les savoirs en français et en mathématiques au programme et, dans un tel contexte, les autres disciplines, telles que les arts, l'univers social ou la science et la technologie, quand elles ne sont pas purement et simplement laissées de côté, sont souvent reléguées au second plan.

Une des façons de contourner cette difficulté, qui peut devenir fort intéressante en sciences et technologies, consiste à faire l'intégration de deux ou plusieurs disciplines dans le cadre d'un projet ou d'un problème portant sur une thématique scientifique ou technologique. Plusieurs thèmes, tels que l'environnement, l'énergie, la santé, l'alimentation, permettent d'aborder des compétences et des savoirs de sciences et de technologies, de même que des compétences transversales, des domaines généraux de formation, des compétences et des savoirs d'autres disciplines.

Les caractéristiques d'un projet transdisciplinaire

Un projet permettant une intégration réussie présente habituellement les caractéristiques suivantes :

La transdisciplinarité. Certaines activités scolaires multidisciplinaires ne comportent qu'une juxtaposition de contenus et ne permettent pas d'atteindre les compétences, stratégies et savoirs des disciplines qu'elles visent à intégrer.

Par exemple, ce n'est pas en écrivant une dictée sur les planètes que les élèves intègrent l'astronomie au français, et ce n'est pas en collant des feuilles d'arbres dans un cahier qu'ils intègrent la botanique aux arts visuels. En fait, il n'est pas facile d'intégrer certains savoirs et certaines compétences et il est préférable de les aborder de façon unidisciplinaire. Il serait inutile, par exemple, d'essayer d'intégrer des concepts d'électricité avec des règles de grammaire ou des notions de géométrie.

Différente de la multidisciplinarité, la transdisciplinarité permet à chaque discipline scolaire intégrée dans un projet de fournir un apport réel aux thèmes abordés.

Le niveau conceptuel élevé des savoirs. Le projet devrait porter, au moins en partie, sur des savoirs d'un niveau conceptuel assez élevé, tels que les concepts d'énergie, de système ou de croissance par exemple, qui se prêtent bien à l'intégration de diverses disciplines.

Le lien avec les domaines généraux de formation. Le projet devrait permettre à l'élève d'établir des liens avec sa vie quotidienne, comme le prévoient les domaines généraux de formation. En chimie, par exemple, la rédaction d'un rapport de recherche, qui permet d'intégrer des objectifs de sciences et des objectifs de français, sera beaucoup plus stimulante, pour l'élève, si cette recherche porte sur des produits chimiques d'usage courant que sur des composés qu'il ne connaît que d'une façon purement théorique.

Des compétences disciplinaires semblables. Le projet devrait permettre de développer des compétences disciplinaires semblables. Plusieurs disciplines, par exemple, visent à développer des compétences portant sur la résolution de problème et sur la communication.

Le lien avec des compétences transversales. Le projet devrait aussi permettre de développer des compétences transversales qui, par définition, sont des compétences transdisciplinaires. Ces compétences sont d'ordre intellectuel, méthodologique, personnel, social et de l'ordre de la communication.

Le réalisme. De façon générale, un projet ne devrait pas viser l'intégration de plus de deux ou trois disciplines scolaires. Une tentative d'intégrer dans un même projet la science et la technologie, le français, les mathématiques, l'univers social, les arts visuels, la musique et l'éducation physique se solderait probablement par un échec pour une ou plusieurs des disciplines intégrées.

CHAPITRE 18

LES TECHNOLOGIES DE L'INFORMATION ET DE LA COMMUNICATION : UN COMPLÉMENT UTILE

La section « Science et technologie » du *Programme de formation* comporte un certain nombre de suggestions pour l'utilisation des technologies de l'information et des communications (TIC). On propose notamment d'inciter les élèves à accomplir les tâches suivantes :

- utiliser le courrier électronique pour échanger de l'information ;
- utiliser Internet pour accéder à des sites à caractère scientifique et technologique ;
- utiliser des CD-ROM pour recueillir de l'information sur un sujet à l'étude ;
- organiser et présenter des données à l'aide de divers logiciels ;
- utiliser des logiciels de simulation ;
- utiliser des logiciels de dessin ;
- produire une représentation graphique de données ;
- expérimenter en étant assisté de l'ordinateur ;
- robotiser et automatiser.

Le présent chapitre traite de l'utilisation des TIC en sciences et technologies, en faisant toutefois certaines mises en garde concernant des dérives possibles.

Les TIC et le questionnement de la nature

La « science et technologie » est la seule matière scolaire qui permet aux élèves de « questionner la nature », c'est-à-dire de trouver des réponses à leurs questions en observant, en mesurant, en construisant des outils et des instruments, en faisant des expériences, en résolvant des problèmes et en imaginant des prototypes. C'est donc une matière scolaire qui nécessite la manipulation constante de divers matériaux objets et êtres vivants. On ne le répétera jamais trop, il n'y a pas de véritable apprentissage des sciences et des technologies sans observation, sans mesure, sans expérimentation, sans résolution de problème et sans fabrication.

Malheureusement, les TIC ont parfois tendance à se substituer à ce questionnement de la nature. Il existe même des écoles où les enseignants et les élèves croient sincèrement avoir fait des sciences et des technologies parce qu'ils ont écrit un texte portant sur un thème scientifique à l'aide d'un ordinateur, posé une question à un expert par courrier électronique, trouvé de l'information dans Internet ou dans des CD-ROM pour rédiger des « recherches » ou réalisé uniquement des expériences virtuelles sur un écran d'ordinateur.

Le point de vue adopté dans ce chapitre, comme le sous-titre l'indique, est que les technologies de l'information et de la communication peuvent jouer un rôle complémentaire utile, mais qu'elles ne devraient jamais prendre la place de l'observation, de la résolution de problème, de l'expérimentation ou de la fabrication qui doivent demeurer l'essentiel des activités proposées en sciences et technologies.

Les TIC et les technologies

Une distinction importante s'impose en TIC et technologies car on réduit parfois, dans le milieu scolaire, les technologies aux seules technologies de l'information et de la communication.

Comme on l'a vu aux chapitres 4, 5 et 6, il existe des technologies des sciences physiques, des technologies des sciences de la Terre et de l'Espace et des technologies des sciences biologiques. Les technologies de l'information et de la communication ne sont qu'un volet des technologies des sciences physiques et il ne suffit pas que les élèves utilisent un ordinateur pour pouvoir prétendre qu'ils se sont familiarisés avec les technologies.

L'ordinateur est évidemment très utile en sciences et technologies, mais les technologies sont beaucoup plus que la conception et l'utilisation d'ordinateurs et autres techniques associées.

Les sections suivantes présentent brièvement les principales utilisations des technologies de l'information et de la communication qui peuvent être utiles en sciences et technologies au primaire (Guir, 2002).

Les logiciels de traitement de texte

Ces logiciels, dont l'un des plus connus est Word de Microsoft, sont très utiles à la fois aux enseignants et aux élèves. En sciences et technologies, les enseignants peuvent s'en servir, par exemple, pour rédiger, sous une forme et claire et lisible, les consignes d'un problème de science et technologie ainsi que pour préparer le carnet scientifique de l'élève qui accompagne ce problème particulier. La possibilité de modifier facilement la disposition du texte et la taille des caractères est particulièrement utile pour s'adapter au niveau des élèves.

Les élèves, surtout vers la fin du primaire, peuvent s'en servir pour rédiger des comptes rendus d'activités scientifiques et divers textes portant sur les sciences et les technologies.

Il est intéressant de noter que la plupart des bons logiciels de traitement de texte comportent des fonctions souvent mal connues, pourtant très utiles en enseignement. Plusieurs logiciels, par exemple, peuvent effectuer la synthèse automatique d'un texte. Ils peuvent aussi calculer des indices de lisibilité, qui permettent de s'assurer qu'un texte n'est ni trop facile ni trop difficile pour les élèves auxquels il est destiné. Ces indices, tels que l'indice de Flesch, sont habituellement basés sur le nombre moyen de syllabes par mot et le nombre moyen de mots par phrase.

Les tableurs

Ces logiciels, dont le plus courant est Excel de Microsoft sont particulièrement utiles en sciences et technologies pour dresser des tableaux de données, effectuer des opérations logiques et mathématiques sur ces données et tracer divers graphiques.

Un exemple fréquent d'utilisation du tableur concerne les données recueillies à l'aide des instruments d'une petite station météorologique comportant, par exemple, un thermomètre (température), un baromètre (pression), un hygromètre (taux d'humidité), un anémomètre (vitesse du vent) et un pluviomètre (quantité de précipitations). Ces données peuvent être notées dans un tableau, une ou plusieurs fois par jour, et divers graphiques, habituellement d'une des variables en fonction du temps (exemple : température en fonction du temps), peuvent être tracés.

Les diaporamas électroniques

Ces logiciels, dont le mieux connu est Power Point de Microsoft sont destinés à illustrer des présentations orales. Ils permettent de présenter du texte, des dessins, des photographies et des animations. En sciences et technologies, ils sont particulièrement utiles pour faciliter la compréhension de certains concepts scientifiques.

Par exemple, une diapositive électronique comportant une animation portant sur l'orbite de la Terre autour du Soleil et sur la façon dont la Terre est éclairée par le Soleil tout au long de l'année illustrerait très bien une présentation orale sur les saisons.

Les logiciels de dessin

Ces logiciels, dont une version simplifiée est généralement incluse dans la plupart des bons logiciels de traitement de texte, permettent de tracer facilement des illustrations beaucoup plus claires que celles que la plupart des utilisateurs seraient capables de tracer à la main.

En sciences et technologies, il existe aussi des logiciels de dessin spécialisés qui permettent, par exemple, de tracer rapidement des circuits électriques ou des montages expérimentaux en mécanique ou en chimie.

Les CD et les DVD

Les disques optiques peuvent contenir l'équivalent de plusieurs milliers de pages de textes et d'images ainsi que des animations, des films, du son, etc.

En sciences et technologies au primaire, des disques très utiles, mais souvent oubliés ou négligés, sont les encyclopédies générales ou spécialisées. Les textes de ces encyclopédies, rédigés par des experts, sont souvent d'excellentes introductions à divers concepts, lois ou théories scientifiques et des illustrations, animations ou extraits de films en facilitent beaucoup la compréhension.

Il existe également de nombreux logiciels éducatifs portant sur divers domaines des sciences et des technologies. Certains se présentent même sous forme de jeux vidéo, ce qui peut augmenter leur attrait pour les élèves.

Les logiciels de courrier électronique

Ces logiciels, appelés aussi *logiciels de courriel*, permettent la communication, partout dans le monde, entre tous les utilisateurs qui disposent d'un ordinateur branché à un serveur. Le courriel est aussi utilisé pour créer des listes de diffusion thématique permettant d'échanger des messages entre des groupes de personnes intéressées par des sujets précis.

En sciences et technologies au primaire, le courriel peut servir de moyen de communication entre des élèves d'écoles plus ou moins éloignées qui s'intéressent à un même thème ou travaillent à des projets semblables ; certains projets peuvent même impliquer des élèves de deux ou plusieurs pays. Le courriel permet également à des élèves de poser des questions à un expert qui a accepté d'agir à titre de consultant pour un projet scientifique ou technologique.

Le Web

Le Web, qui vient des mots anglais *World Wide Web*, appelé parfois la *toile*, est constitué d'un vaste ensemble d'informations reliées par des liens hypertextes dans Internet. L'hypertexte permet, par un simple clic de la souris sur un mot, de passer d'un fragment de texte à un autre, de faire apparaître une image, d'entendre un document sonore, ou de voir un extrait de film. Les logiciels d'aide à la navigation, tels que Explorer de Microsoft, appelés aussi navigateurs ou fureteurs, permettent de consulter et de télécharger des milliers de pages de documents et d'images sur toutes sortes de sujets. La recherche de ces documents est facilitée par un moteur de recherche, tel que Google, qui trouve les documents les plus pertinents en fonction des mots-clés qui lui sont fournis.

Les utilisateurs peuvent aussi créer eux-mêmes leurs propres sites Web et y établir des liens hypertextes vers d'autres documents ou d'autres serveurs Internet.

En science et technologies au primaire, le Web est surtout utilisé par les enseignants et les élèves qui ont besoin d'information complémentaire. Plusieurs sites spécialement conçus pour l'enseignement au primaire ainsi que plusieurs sites de vulgarisation scientifique ont été créés au cours des dernières années. Certains sites permettent même de télécharger des logiciels spécialisés semblables à ceux qui sont disponibles sur CD. Par ailleurs, des écoles ou des équipes d'élèves qui travaillent à des projets scientifiques d'envergure créent parfois leur propre site Web, ce qui permet alors à d'autres enseignants et élèves de consulter leurs productions.

Étant donné la qualité et la fiabilité très variables des informations disponibles sur le Web, il importe toutefois que les enseignants guident étroitement les élèves lors de leur navigation et les aide à développer un regard vis-à-vis de certains sites douteux sur lesquels ils peuvent parfois tomber.

Les logiciels de cartographie conceptuelle

Une carte conceptuelle, appelée aussi *réseau notionnel*, est une représentation schématique qui permet de relier des mots qui désignent des concepts scientifiques, placés dans des cases ou dans des ovales, par des segments de droite ou des flèches accompagnés de mots-liens qui représentent les relations qui existent entre ces concepts. Une carte conceptuelle ressemble à une carte d'exploration, mais elle est plutôt utilisée à des fins de synthèse des connaissances qu'à des fins de découverte et d'exploration.

Une carte conceptuelle peut être tracée à la main ou à l'aide d'un logiciel de dessin ordinaire. Il existe toutefois des logiciels spécialisés, tels que CMmap, qui permettent de modifier facilement les liens établis entre les concepts et, surtout, d'inclure des liens hypertextes dans la carte. Ces liens permettent d'ouvrir des documents écrits, des animations ou des extraits de film qui ont été trouvés à propos des concepts ou des mots-liens.

Les logiciels de cartographie conceptuelle aident les élèves à apprendre, en facilitant la structuration cognitive de leur savoir, en leur permettant d'archiver le savoir contenu dans les liens hypertextes et en facilitant leur production créatrice. Ils permettent aussi aux enseignants de suivre la progression dans le temps de la compréhension des concepts scientifiques par les élèves.

Les logiciels de simulation

Ces logiciels permettent de simuler des activités qui seraient souvent trop coûteuses, trop risquées, trop complexes ou trop lentes pour être vécues de façon réelle par les élèves. Parmi les plus connus, on peut mentionner ceux qui permettent de conduire une voiture, de piloter un avion, de superviser la croissance d'une ville ou de partir à la recherche d'un trésor.

Bien que la plupart de ces logiciels aient d'abord été conçus pour être utilisés comme jeux, certains permettent des apprentissages intéressants dans le domaine des sciences et des technologies. Le pilotage d'un avion, par exemple, permet de se familiariser avec plusieurs concepts à la base du vol.

Il existe aussi des logiciels de simulation plus scientifiques qui permettent, par exemple, en astronomie, d'observer les constellations à différentes dates de l'année et selon diverses positions dans la Galaxie ou, en biologie, de superviser la croissance d'une colonie de fourmis ou de bactéries.

L'expérimentation assistée par ordinateur (ExAO)

L'ExAO désigne les utilisations de l'ordinateur qui facilitent la collecte des données et le contrôle d'une expérience scientifique. Surtout utilisée par des élèves plus vieux, l'expérimentation assistée par ordinateur est parfois applicable à certaines expériences de la fin du primaire.

En plus, évidemment, d'un ordinateur, la composante principale d'une expérience assistée par ordinateur est un capteur qui traduit la valeur d'une variable physique, chimique ou biologique sous forme de signal électrique. Il existe, par exemple, des capteurs de température, de pression, de voltage, d'intensité du courant, de volume sonore, de pH, d'intensité lumineuse et de taux d'oxygène. Les trousses d'expérimentation assistée par ordinateurs comportent habituellement divers capteurs ainsi qu'une petite unité d'acquisition qui permet de relier ces capteurs à un ordinateur. Ces capteurs effectuent automatiquement la mesure des variables prises en compte dans une expérience et libèrent ainsi l'élève de la prise de mesures manuelle.

De plus, l'ordinateur muni des logiciels d'un système d'ExAO peut faire le traitement automatique, en temps réel, des données recueillies par les capteurs et les représenter sous diverses formes, telles que des tableaux de données, des diagrammes à bande, des cadrans avec aiguilles, des graphiques cartésiens et même, dans certains cas, des équations algébriques. Les données et leurs représentations peuvent aussi être enregistrées et imprimées, ce qui facilite grandement la production de rapports par l'élève.

À titre d'exemple d'utilisation de l'ExAO au primaire, on pourrait mentionner une expérience sur la photosynthèse qui viserait à mesurer la production d'oxygène par une algue microscopique en fonction de l'intensité lumineuse. Cette expérience nécessiterait une source de lumière d'intensité variable et un capteur du taux d'oxygène placé dans l'éprouvette où se trouvent les algues. Les élèves pourraient facilement constater, sur un graphique tracé en temps réel par l'ordinateur, que le taux d'oxygène varie rapidement selon l'intensité de la lumière qui éclaire l'éprouvette.

Les laboratoires virtuels

Le principe de base des laboratoires virtuels est semblable à celui de l'expérimentation assistée par ordinateur, en ce sens qu'ils facilitent aussi la collecte des données et le contrôle d'une expérience scientifique. Dans ce cas, toutefois, l'expérience n'est pas réelle, mais seulement virtuelle, et se vit entièrement à l'écran d'un ordinateur.

Par exemple, au lieu de travailler avec de vrais plans inclinés, de vraies poulies, de vrais circuits électriques, de vrais produits chimiques ou de véritables êtres vivants, l'élève travaille avec des entités virtuelles qu'il manipule à l'écran. Il existe par exemple des logiciels tels que *Interactive Physics* qui permettent de faire toutes les expériences virtuelles imaginables sur les forces et les mouvements et de voir, comme en ExAO, les tableaux de données et les graphiques se tracer en temps réel dans une partie de l'écran.

Dans certains cas, les laboratoires virtuels sont indispensables car l'expérience qui intéresse l'élève serait tout simplement impossible à réaliser autrement. Par exemple, toujours dans le domaine des forces et des mouvements, sans un outil comme *Interactive Physics,* comment étudier l'effet, sur un projectile lancé par un canon, d'une diminution de l'attraction gravitationnelle ou d'une augmentation de la résistance de l'air ?

Sur le plan didactique, le danger de l'existence de ces laboratoires virtuels est que les expériences réelles, même celles qu'il serait possible de faire dans une classe ou un laboratoire, finissent par céder la place à des expériences virtuelles, beaucoup plus simples, économiques et, dans certains cas, propres et sécuritaires que les expériences réelles. Les élèves seraient alors privés du véritable questionnement de la nature et de la véritable manipulation d'objets concrets qui sont indispensables à leurs apprentissages en sciences et technologies.

La robotique

Cette technologie désigne la conception de robots simples et leur contrôle par un ordinateur (Charland, 2007). Elle permet aux élèves de se familiariser avec certains principes de mécanique, car les robots sont constitués de machines simples, telles que des leviers, des roues, des vis, des treuils et de poulies, qui sont mues par de petits moteurs électriques. Elle leur permet également d'apprendre les rudiments du langage de programmation nécessaire pour donner des instructions à l'ordinateur qui contrôle le robot.

Il existe des ensembles, tels que ceux de la compagnie Lego-Dacta, qui comportent toutes les pièces nécessaires à construction de petits robots ainsi que le logiciel nécessaire à la programmation de l'ordinateur auquel ils sont reliés.

Bien que la robotique soit intéressante, il faut cependant reconnaître qu'elle est coûteuse et nécessite des composantes relativement fragiles. Dans bien des cas, les écoles auraient avantage à s'assurer qu'elles possèdent et utilisent le matériel beaucoup plus simple permettant de faire des activités et problèmes dans d'autres domaines des sciences et des technologies avant de se lancer dans l'achat d'ensembles de robotique.

LES MUSÉES SCIENTIFIQUES ET TECHNOLOGIQUES : DES ÉTABLISSEMENTS AUX RÔLES MULTIPLES

Le mot « musée » évoque parfois un endroit statique, quelque peu élitiste, où l'on peut voir des collections d'œuvres et d'objets. Il est vrai qu'un musée a pour mission de conserver, d'étudier et d'exposer des témoins de l'activité humaine et de l'environnement. Mais un musée doit aussi partager ses collections et ses savoirs, à des fins d'éducation ou d'agrément, avec l'ensemble de la communauté, et notamment avec le milieu scolaire (Cohen, 2002 ; Émond, 2006).

Dans ce chapitre, l'accent est mis sur les divers rôles que peuvent jouer les musées scientifiques et technologiques dans l'enseignement et l'apprentissage des sciences et des technologies au primaire. Il est à noter que le mot « musée » doit ici être interprété dans un sens très large, car il désigne des établissements aussi variés, par exemple, qu'un jardin botanique, un planétarium, un parc zoologique ou un musée technologique dédié à l'électricité.

Il sera aussi brièvement question de l'apport possible d'autres types de musées (artistiques, historiques, ethnographiques, etc.) à l'enseignement et l'apprentissage de la discipline science et technologie au primaire

La formation initiale des enseignants

La majorité des étudiants des programmes de formation à l'éducation préscolaire et à l'enseignement primaire ont une formation préalable dans les domaines des sciences humaines, des lettres ou des arts. La culture scientifique et technologique de ces étudiants se limite aux contenus des cours de sciences suivis au secondaire et à d'autres concepts acquis, de façon personnelle, par le biais de divers médias.

La visite de musées scientifiques et technologiques peut contribuer à rehausser leur culture scientifique et technologique. Ces visites peuvent se dérouler de diverses façons. Les étudiants les plus motivés peuvent prendre l'initiative de faire des visites individuelles non guidées, des visites guidées à l'aide d'un audioguide (si disponibles), ou des visites guidées par des employés ou des bénévoles des musées visités.

Plusieurs musées organisent aussi des conférences, des projections de films et des ateliers, pour le grand public, qui sont d'autres occasions d'enrichir sa culture scientifique.

Par ailleurs, dans le cadre d'un programme de formation à l'enseignement, les cours de didactique des sciences et des technologies peuvent comporter des visites guidées de musées scientifiques et technologiques. Ces visites peuvent alors être une occasion, pour les futurs enseignants, de se familiariser non seulement avec les collections et les présentations des musées, mais également avec les services d'animation pédagogique que les musées offrent aux enseignants et à leurs élèves.

La formation continue des enseignants

Des visites guidées, semblables à celles qui peuvent être organisées pour les étudiants des programmes de formation à l'enseignement, peuvent également être organisées pour des enseignants.

De plus, dans le cadre des congrès d'enseignants, des visites des musées scientifiques et technologiques de la région où se tient le congrès sont souvent prévues, ce qui peut être une excellente occasion, pour les enseignants de rehausser leur culture scientifique et technologique et de connaître l'existence de services qui sont parfois disponibles, sous des formes équivalentes, dans les musées des diverses régions d'où proviennent les enseignants qui participent au congrès.

L'animation pédagogique au musée

La plupart des musées scientifiques et technologiques offrent des services d'animation pédagogique aux élèves de tous les niveaux scolaires. Dans les grands musées, il peut même s'agir d'une unité distincte qui compte un grand nombre d'animateurs spécialement formés.

Ces animateurs reçoivent les groupes d'élèves au musée et leur offrent une conférence ou un spectacle (spectacle de planétarium, par exemple), une visite guidée et un atelier pratique adaptés à leur niveau scolaire et au contenu de leur programme d'études.

Dans bien des cas, ces activités sont accompagnées de matériel didactique qui prend habituellement la forme de brochures comportant des textes explicatifs, des questions et des espaces pour écrire les réponses ou prendre des notes.

Bien que la visite d'un musée puisse servir de mise en situation pour un thème ou des problèmes scientifiques qui seront abordés en classe après la visite, il est sans doute préférable de la considérer comme une activité de structuration ou d'enrichissement, vers la fin de l'étude d'un thème scientifique ou technologique. En effet, les élèves déjà familiers avec les objets, les êtres vivants, les phénomènes ou les concepts présentés dans le musée trouveront habituellement leur visite plus intéressante et en retireront un plus grand bénéfice.

L'animation pédagogique à l'école

Certains musées scientifiques et technologiques offrent aussi des activités qui peuvent se dérouler dans les écoles, ce qui peut être utile pour les écoles situées à une assez grande distance de ces musées ou pour les écoles dont le budget limité ou l'horaire trop rempli ne permet pas le déplacement des élèves jusqu'aux musées.

Les animateurs qui se rendent dans les écoles peuvent, par exemple, présenter des films ou des diapositives, animer des ateliers pratiques avec du matériel concret provenant du musée et remettre aux élèves de la documentation portant sur les thèmes scientifiques et technologiques qui constituent la raison d'être du musée.

Tout comme la visite d'un musée, une animation à l'école peut être conçue comme une activité fonctionnelle de mise en situation ou, à l'inverse, comme une activité de structuration ou d'enrichissement, mais la deuxième possibilité est généralement préférable.

Les trousses de matériel pour les écoles

Certains musées scientifiques et technologiques ont également développé des trousses de matériel que des enseignants peuvent emprunter pour quelque temps.

L'utilisation de ces trousses, qui comportent du matériel concret accompagné d'un guide d'utilisation, permet aux enseignants de jouer un rôle semblable à celui d'un animateur qui viendrait rencontrer les élèves à l'école.

Les sites Web des musées

La plupart des musées scientifiques et technologiques possèdent un site Web où se trouvent des informations utiles concernant le domaine de spécialisation du musée.

Par exemple, plusieurs de ces sites permettent une visite virtuelle du musée, comportent une banque de textes et de photos destinés aux enseignants et aux élèves, présentent des réponses à des questions souvent posées, proposent des activités virtuelles interactives, affichent des liens vers d'autres sites Web pertinents et suggèrent une bibliographie d'ouvrages de vulgarisation intéressants.

L'apport possible d'autres types de musées

Bien que les musées scientifiques et technologiques soient les plus susceptibles de contribuer à enrichir la formation scientifique et technologique des enseignants et des élèves du primaire, presque tous les types de musées permettent des apprentissages en sciences et en technologies, particulièrement les apprentissages qui relèvent de la section des repères culturels du *Programme de formation.*

Dans un musée d'art, il est possible d'apprendre une foule de choses au sujet de la grande variété des matériaux utilisés par les dessinateurs, les peintres et les sculpteurs : crayon, fusain, eau-forte, huile, aquarelle, papier, toile, bois, métal, pierre, etc. Il est également possible d'examiner des toiles plus ou moins anciennes pour voir comment les gens vivaient, à diverses époques, et pour identifier les objets dont ils se servaient ainsi que les techniques qu'ils connaissaient. Certains musées possèdent des portraits de scientifiques célèbres ainsi que des toiles qui dépeignent des expériences scientifiques ou des phénomènes naturels.

Dans un musée d'histoire, des objets anciens, ainsi que des maquettes qui reconstituent des sites historiques, rendent encore plus facile la familiarisation avec les techniques utilisées dans le passé. Des cartes géographiques permettent également de voir l'évolution d'une ville, d'une région ou d'un pays.

Dans un musée ethnographique, il est possible de comparer les savoirs et les techniques de diverses cultures, à diverses époques, et de constater que, dans plusieurs domaines, certaines civilisations anciennes et certains peuples autochtones étaient beaucoup plus avancées qu'on pourrait parfois le croire.

L'ÉVALUATION DES APPRENTISSAGES EN SCIENCES ET TECHNOLOGIES : PRINCIPES ET OUTILS

L'évaluation des apprentissages est souvent considérée, avec raison, comme le talon d'Achille de tout programme de formation. En effet, même le meilleur des programmes risque fort de ne pas être appliqué si l'évaluation des apprentissages s'avère difficile à réaliser de façon satisfaisante. (Durand et Chouinard, 2006; Scallon, 2007)

Le présent chapitre expose d'abord les rôles, les étapes et le contexte de l'évaluation d'une façon qui s'inspire du document *L'évaluation des apprentissages au préscolaire et au primaire : cadre de référence* du ministère de l'Éducation du Québec (MEQ, 2002). Il propose ensuite des exemples d'outils tels que la grille d'observation, la fiche d'appréciation, le carnet scientifique de l'élève et le dossier d'apprentissage qui sont particulièrement bien adaptés à l'évaluation des apprentissages en sciences et technologies au primaire.

Étant donné que le *Programme de formation de l'école québécoise* met l'accent sur le développement de compétences et la démarche d'apprentissage, l'évaluation, en toute cohérence, doit porter particulièrement sur ces mêmes aspects. En pratique, cela signifie qu'il est souvent difficile de distinguer les activités d'évaluation des activités d'apprentissage, soit parce que l'évaluation se fait pendant les activités d'apprentissage, soit parce que la nature des principales activités d'évaluation est semblable à celle des activités d'apprentissage. Par exemple, si les principales activités proposées aux élèves sont des activités de résolution de problèmes, l'évaluation des apprentissages devrait surtout se faire pendant ces activités ou, parfois, au moyen d'activités de résolution de problème semblables mais conçues à des fins d'évaluation. Pour cette raison, on parle parfois, pour désigner ce type d'évaluation, d'*évaluation formatrice*, au sens où les activités d'évaluation sont les mêmes, ou de même nature, que les activités de formation.

Lorsque les activités d'évaluation sont prévues dans les activités de formation, comme dans l'exemple de problème présenté au chapitre 11, l'ensemble forme alors une *situation d'apprentissage et d'évaluation (S. A. E.).*

De plus, la conception de l'évaluation proposée ici est celle d'une *régulation des apprentissages.* Dans le cas des sciences et des technologies, cela signifie que l'évaluation devrait porter principalement sur la démarche suivie par l'élève et sur l'évolution de ses conceptions plutôt que sur la mémorisation, la compréhension ou l'application de concepts et de lois scientifiques. Les jugements et les décisions découlant de l'évaluation devraient être principalement de type didactique et aider les élèves à surmonter les difficultés rencontrées.

Enfin, toute régulation des apprentissages débouche aussi sur une *régulation de l'enseignement.* En effet, comme les chapitres précédents ont permis de le constater, les difficultés des élèves trouvent parfois leur source dans une transposition didactique inadéquate, un contrat didactique mal défini (ou non respecté), ou une démarche didactique mal adaptée aux élèves, ce qui peut alors entraîner des changements importants dans les façons d'enseigner.

La définition et les rôles de l'évaluation

L'évaluation des apprentissages peut être définie comme « *une démarche qui permet de porter un jugement sur les compétences développées et les connaissances acquises par l'élève en vue de prendre des décisions et d'agir* ». (MEQ, 2002)

Les principaux rôles de l'évaluation sont l'aide à l'apprentissage et la reconnaissance des principales composantes de ces apprentissages que sont les compétences, les savoirs et les stratégies. Ces deux rôles peuvent souvent être joués simultanément, au moyen des mêmes outils, mais exigeront parfois des moments ou des instruments distincts.

Le rôle d'aide à l'apprentissage consiste à soutenir l'élève dans le développement des compétences et des stratégies ainsi que dans l'acquisition des savoirs essentiels. Comme le mentionne le cadre de référence, l'aide à l'apprentissage peut se faire au moyen de régulations interactives, rétroactives et proactives. Les *régulations interactives,* qui sont les plus importantes, prennent souvent la forme d'échanges non officiels qui surviennent durant les activités d'apprentissage. Il peut s'agir, par exemple, de questions orales posées par l'enseignant pour aider les élèves à s'orienter, de brèves réponses données aux élèves par l'enseignant durant leur travail, ou de commentaires passés par l'enseignant alors qu'il circule d'un élève (ou d'une équipe) à l'autre. Les *régulations rétroactives* permettent de revenir sur des apprentissages incomplets. Il peut s'agir, par exemple, de fournir aux élèves des nouvelles directives qui leur permettront de mieux réussir certaines tâches ou certains aspects d'une tâche complexe. Les régulations rétroactives sont souvent destinées surtout aux élèves qui éprouvent des difficultés particulières. *Les régulations proactives* s'appuient sur les apprentissages déjà effectués et orientent les futures activités d'apprentissage. Il peut s'agir, par exemple, étant donné les difficultés rencontrées par plusieurs élèves, de modifier les prochains problèmes déjà prévus.

L'enseignant n'est pas le seul responsable de ces trois types de régulation. L'élève doit aussi pouvoir réguler ses apprentissages. Il peut le faire lors d'échanges avec l'enseignant et avec d'autres élèves ou, de façon plus systématique, à l'aide de divers outils d'autoévaluation.

Le rôle de reconnaissance des compétences, des savoirs et des stratégies consiste à rendre compte, souvent de façon officielle, des apprentissages. Il s'agit alors de faire un bilan des apprentissages, notamment en fonction des attentes de fin de cycle, des composantes des compétences, des savoirs essentiels et des stratégies présentées dans le *Programme de formation*. Ce bilan peut se retrouver, sous forme résumée, dans le bulletin scolaire de l'élève.

Les étapes de l'évaluation

L'évaluation comporte les étapes suivantes : la planification, la prise de l'information et son interprétation, le jugement, la décision et la communication. Évidemment, une évaluation spontanée et non officielle des apprentissages ne nécessite pas de suivre toutes ces étapes de façon aussi rigoureuse qu'une évaluation instrumentée et plus formelle.

La planification de l'évaluation est, en fait, un aspect de la planification des activités d'apprentissage. En effet, étant donné qu'il n'y a généralement pas de séparation nette entre les temps d'apprentissage et les temps d'évaluation, et ce, particulièrement dans le cas des situations d'apprentissage et d'évaluation ou S. A. E., cette planification consiste d'abord à décider quelles compétences, quels savoirs, quelles stratégies seront à la fois enseignés et évalués, et de quelle façon. Elle consiste aussi à décider quels outils (exemples : grille d'observation, carnet scientifique de l'élève, dossier d'apprentissage) permettront de conserver des traces de la progression des apprentissages des élèves. Ces décisions sont souvent prises lors des séances de travail des enseignants d'une même équipe-cycle, en concertation avec les autres enseignants de l'école.

La prise d'information et son interprétation, qui est l'aspect qui nous intéresse le plus dans ce chapitre, devraient surtout se dérouler pendant les activités régulières de la classe. L'enseignant peut faire cette prise d'information et cette interprétation de façon spontanée, sans outils d'évaluation, en observant et en questionnant les élèves. Il peut aussi l'effectuer de façon plus organisée, à l'aide d'outils tels que des grilles d'observation, des listes de vérification ou des carnets de l'élève, qui sont présentés plus loin dans ce chapitre à la section « Les principaux outils d'évaluation en sciences et technologie ». Il peut ensuite interpréter les informations recueillies à la lumière des apprentissages attendus selon le *Programme de formation.* Il peut le faire en cours d'apprentissage, en associant dans la mesure du possible les élèves à l'analyse de leurs travaux et productions. Il peut aussi le faire en fin de cycle, en tenant compte de façon plus précise des attentes de fin de cycle, du contexte de réalisation et des critères d'évaluation des compétences.

Le jugement consiste à tirer une conclusion à partir des informations recueillies et interprétées. Il s'agit principalement de se prononcer sur le degré de développement de compétences ou le niveau d'acquisition de savoirs essentiels. Lors de ce jugement, il faut évidemment tenir compte du temps dont l'élève disposait, des ressources mises à sa disposition et de tous les autres facteurs qui ont eu une influence sur ses apprentissages. De plus, surtout en cours de cycle, un jugement est toujours temporaire, car l'élève aura d'autres occasions de poursuivre ses apprentissages.

La décision consiste, une fois le jugement posé, à déterminer comment agir dans le meilleur intérêt des élèves. Il peut s'agir, par exemple, d'ajouter des activités permettant de développer certaines compétences, de proposer certains exercices à des élèves qui ont des difficultés ou d'augmenter le nombre d'activités d'enrichissement pour les élèves qui veulent en savoir plus.

La communication, qui s'inscrit soit dans le rôle d'aide à l'apprentissage, soit dans celui de reconnaissance des compétences, savoirs et stratégies, est destinée à l'élève, à ses parents, aux autres enseignants et à toute autre personne concernée par le cheminement scolaire de l'élève. La forme la plus officielle de communication est le bulletin scolaire qui présente une information concise et un portrait global de la progression de l'élève. Le bulletin est conçu par l'équipe-école, généralement à partir d'un cadre d'élaboration proposé par la commission scolaire. Il existe aussi d'autres formes de communication telles que le journal de bord de l'élève, le dossier d'apprentissage (portfolio) et, dans le cas plus spécifique des sciences et des technologies, le carnet scientifique de l'élève.

Le contexte de l'évaluation

Cette section présente les façons de s'assurer que l'évaluation respecte les visées du *Programme de formation.*

Les objets d'évaluation peuvent être relativement nombreux. Tout ce qui permet une régulation du travail de l'élève et de l'enseignant peut faire l'objet d'évaluation : les conceptions fréquentes, la démarche suivie, les compétences, les savoirs, la motivation, etc. Certains de ces objets doivent être évalués sur-le-champ, à l'aide d'outils comme les grilles d'observation, parce qu'ils se produisent dans des contextes qui ne laissent pas de trace (exemple : exposé oral de l'élève). D'autres objets peuvent être évalués plus tard, car ils se manifestent dans des productions durables (exemples : maquette, rapport). En sciences et technologies, les principaux objets d'évaluation sont les compétences disciplinaires, les savoirs essentiels et les stratégies.

Les situations d'apprentissage et les situations d'évaluation, qui, comme on l'a vu, sont souvent les mêmes, se déroulent parfois sur plusieurs périodes ou plusieurs jours. C'est le cas notamment de certains des problèmes présentés dans les chapitres 11 à 14. On se rappellera que ces situations devraient, dans la mesure du possible, être réalistes, significatives et stimulantes, souples et adaptables, cohérentes ainsi que rigoureuses.

Les conditions de réalisation doivent tenir compte du fait que tout apprentissage exige du temps et que les élèves ne progressent pas tous au même rythme. L'enseignant doit donc fournir un soutien adapté et gradué, dont il devra toutefois tenir compte à l'évaluation.

Les tâches désignent tout ce que l'élève doit faire pour développer les compétences et faire l'apprentissage des savoirs. L'enseignant décrit les tâches (exemples : activités fonctionnelles, activités de résolution de problème, activités de structuration), les exigences qu'elles comportent, les ressources nécessaires pour les exécuter et le temps prévu. L'évaluation, pour être cohérente, doit tenir compte de ces diverses consignes et contraintes.

Les critères d'évaluation permettent de se prononcer, par exemple, sur l'efficacité de la démarche ou sur la qualité d'une production. Le choix de ces critères peut se faire à partir de ceux qui sont proposés, pour chaque compétence, dans le *Programme de formation.* D'autres critères peuvent également s'inspirer des attentes de fin de cycle.

Les principaux outils d'évaluation en sciences et technologies

Les outils d'évaluation servent à recueillir les données permettant de porter un jugement sur le développement des compétences et l'acquisition de connaissances (Laurier, Morissette et Tousignant, 2005; Morissette et Laurencelle, 1993). Les outils présentés dans cette section, que nous avons conçus et utilisés dans divers contextes, sont particulièrement utiles à l'étape de la prise d'information et de son interprétation. Certains outils, tels que le carnet scientifique de l'élève et le dossier d'apprentissage (portfolio) peuvent aussi jouer un rôle à l'étape de la communication.

La grille d'observation sert à évaluer la qualité et la quantité des *comportements* d'un élève ou d'une équipe d'élèves. Elle comporte une liste d'actions ou de processus et une échelle d'appréciation. Cette échelle d'appréciation peut être simplement qualitative et accompagnée d'une légende qui donne la signification générale (habituellement une qualité, une fréquence ou une facilité) de chaque échelon. Elle peut aussi être descriptive, chaque échelon comportant alors une description plus précise du niveau d'atteinte du comportement.

Le premier exemple présente une grille d'observation très simple, avec une échelle numérique portant sur la qualité de chaque comportement. L'échelle associée à chaque comportement comporte quatre échelons. L'échelon 0 correspond à un comportement insatisfaisant, l'échelon 1 à un comportement passable, l'échelon 2 à un bon comportement et l'échelon 3 à un excellent comportement.

On remarquera que, contrairement à une pratique courante dans le milieu scolaire, ces échelles d'appréciation sont symétriques, c'est-à-dire qu'elles comportent deux échelons dont l'appréciation possède une connotation négative (niveau 0 et niveau 1) et deux échelons dont l'appréciation possède une connotation positive (niveau 2 et niveau 3). Ce type d'échelle, peut-être un peu sévère au premier coup d'œil, est généralement considéré comme plus honnête, pour les élèves, que le type d'échelle dont les échelons inférieurs correspondent à une performance « acceptable » ou « bonne ». En effet, les échelles dans lesquelles les échelons inférieurs correspondent à des manifestations dont la connotation est, en principe, positive finissent par être interprétées de façon fort différente. Pour bien des élèves, par exemple, les mots « bon » ou « bien », qui se retrouvent souvent dans les échelons inférieurs de diverses échelles, signifient maintenant « faible ».

Grille d'observation avec une échelle numérique

La fabrication de colle pour une maquette
(une grille par équipe)

Comportements à observer	0	1	2	3
1. Les élèves se préparent.				
2. Les élèves mesurent les ingrédients.				
3. Les élèves exécutent les opérations de la recette.				
4. Les élèves brassent et délayent la colle.				
5. Les élèves versent la colle dans un contenant.				
6. Les élèves lavent les ustensiles et récipients utilisés.				

Légende : 0 : Insatisfaisant ; 1 : Passable ; 2 : Bon ; 3 : Excellent.

Les exemples suivants sont des grilles d'observation générales pour les compétences de la section « Science et technologie » du *Programme de formation*. Ces grilles peuvent être utilisées telles quelles ou peuvent être adaptées pour des activités précises en reformulant les attentes en fonction de ces activités.

Les attentes reliées aux compétences s'inspirent des critères d'évaluation et des attentes de fin de cycle présentés dans le *Programme de formation*. L'échelle d'appréciation associée à chacune des attentes comporte quatre échelons. L'échelon 0 correspond à l'absence totale de manifestation relative à l'attente, l'échelon 1 à une manifestation peu adéquate, l'échelon 2 à une manifestation adéquate et l'échelon 3 à une manifestation excellente. Le niveau visé est le niveau 2, mais certains élèves peuvent dépasser ce niveau pour certaines attentes et se rendre jusqu'au niveau 3, qui est le plus exigeant.

Cette fois encore, on remarquera que les échelles d'appréciation sont symétriques, c'est-à-dire qu'elles comportent deux échelons dont l'appréciation possède une connotation négative (niveau 0 et niveau 1) et deux échelons dont l'appréciation possède une connotation positive (niveau 2 et niveau 3).

En pratique, et surtout aux 2e et 3e cycles où il y a 3 compétences, il est évidemment impossible de se prononcer, pour tous les élèves d'un groupe, au sujet de tous les comportements des grilles d'observation des pages suivantes. Il est donc plus réaliste de ne pas employer ces grilles telles quelles et de se préparer des grilles plus courtes en choisissant les comportements les plus directement liés à une activité ou à un problème donnés.

Grille d'observation de la compétence du premier cycle :

Explorer le monde de la science et de la technologie

Comportements à observer	Niveau 0	Niveau 1	Niveau 2	Niveau 3
L'élève formule des questions au sujet de phénomènes de son environnement immédiat.	Ne formule pas de questions.	Formule des questions peu pertinentes.	Formule des questions pertinentes.	Formule des questions pertinentes et précises.
L'élève propose des explications à divers phénomènes de son environnement immédiat.	Ne propose pas d'explications.	Propose des explications peu adéquates.	Propose des explications adéquates.	Propose des explications adéquates et détaillées.
L'élève effectue des expériences simples en vue de répondre à une question ou de résoudre un problème.	N'effectue pas d'expériences.	Effectue des expériences peu concluantes.	Effectue des expériences concluantes.	Effectue des expériences concluantes et rigoureuses.
L'élève sait faire la distinction entre le monde naturel et les objets fabriqués.	Ne sait pas faire la distinction.	Sait faire des distinctions peu claires.	Sait faire des distinctions claires.	Sait faire des distinctions claires et détaillées.
L'élève comprend le fonctionnement d'objets simples faciles à manipuler.	Ne comprend pas le fonctionnement.	Comprend mal le fonctionnement.	Comprend bien le fonctionnement.	Comprend bien le fonctionnement, même dans le détail.
L'élève à recours a des éléments des langages des sciences et des technologies pour questionner et expliquer.	N'a pas recours à des éléments des langages.	A peu recours à des éléments des langages.	A généralement recours à des éléments des langages.	A presque toujours recours a des éléments des langages.

Grille d'observation de la compétence 1 du deuxième cycle :

Proposer des explications ou des solutions
à des problèmes d'ordre scientifique ou technologique

Comportements à observer	Niveau 0	Niveau 1	Niveau 2	Niveau 3
L'élève décrit adéquatement le problème d'un point de vue scientifique ou technologique.	Ne décrit pas le problème.	Décrit le problème de façon peu adéquate.	Décrit le problème de façon adéquate.	Décrit le problème de façon adéquate et précise.
L'élève se documente.	Ne se documente pas.	Se documente peu.	Se documente bien.	Se documente de façon détaillée.
L'élève planifie son travail.	Ne planifie pas son travail.	Planifie peu son travail.	Planifie bien.	Planifie de façon détaillée.
L'élève utilise une démarche adaptée à la nature du problème.	N'utilise pas de démarche.	Utilise une démarche peu adaptée.	Utilise une démarche bien adaptée.	Utilise une démarche bien adaptée et rigoureuse
L'élève fait appel à des stratégies relativement simples et concrètes.	Ne fait pas appel à des stratégies.	Fait appel à des stratégies peu adéquates.	Fait appel à des stratégies adéquates.	Fait appel à des stratégies adéquates et originales.
L'élève prend des notes en fonction de certains paramètres.	Ne prend pas de notes.	Prend très peu de notes.	Prend des notes complètes.	Prend des notes complètes et détaillées.
L'élève fournit des explications pertinentes ou des solutions réalistes.	Ne fournit pas d'explication ou de solution.	Fournit des explications très peu pertinentes ou des solutions peu réalistes.	Fournit des explications pertinentes ou des solutions réalistes.	Fournit des explications pertinentes et originales ou des solutions réalistes et originales.
L'élève justifie et valide son approche en tenant compte de quelques éléments d'ordre scientifique ou technologique.	Ne justifie pas et ne valide pas son approche.	Justifie et valide peu son approche.	Justifie et valide bien son approche.	Justifie et valide bien et de façon détaillée son approche.
L'élève commence à distinguer ce qui relève de la science et ce qui relève de la technologie.	Ne distingue pas ce qui relève de l'une ou de l'autre.	Distingue peu ce qui relève de l'une ou de l'autre.	Distingue bien ce qui relève de l'une ou de l'autre.	Distingue bien et avec précision ce qui relève de l'une ou de l'autre.

Grille d'observation de la compétence 2 du deuxième cycle :

Mettre à profit les outils, les objets et les procédés de la science et de la technologie

Comportements à observer	Niveau 0	Niveau 1	Niveau 2	Niveau 3
L'élève associe des instruments, des outils et des techniques aux utilisations appropriées.	N'associe pas d'instruments, pas d'outils ni de techniques.	Associe de façon peu adéquate des instruments, des outils et des techniques.	Associe correctement des instruments, des outils et des techniques.	Associe de façon excellente des instruments, des outils et des techniques.
L'élève utilise des outils, des techniques, des instruments et des procédés relativement simples et concrets.	N'utilise pas d'outils, pas de techniques, pas d'instruments ni de procédés.	Utilise de façon peu adéquate des outils, des techniques, des instruments et des procédés.	Utilise correctement des outils, des techniques, des instruments et des procédés.	Utilise de façon excellente des outils, des techniques, des instruments et des procédés.
L'élève exploite le potentiel de base des outils, des techniques, des instruments et des procédés.	N'exploite pas le potentiel des outils, des techniques, des instruments et des procédés.	Exploite peu le potentiel des outils, des techniques, des instruments et des procédés.	Exploite bien le potentiel des outils, des techniques, des instruments et des procédés.	Exploite de façon excellente le potentiel des outils, des techniques, des instruments et des procédés.
L'élève porte un jugement sommaire sur les résultats qu'il obtient à l'aide de ces outils, de ces techniques, de ces instruments et de ces procédés.	Ne porte pas de jugement sur les résultats qu'il obtient.	Porte un jugement peu éclairé sur les résultats qu'il obtient.	Porte un bon jugement sur les résultats qu'il obtient.	Porte un excellent jugement sur les résultats qu'il obtient.
L'élève conçoit des outils, des instruments et des techniques rudimentaires.	Ne conçoit pas d'outils, pas instruments ni de techniques.	Conçoit des outils, des instruments et des techniques peu adaptés.	Conçoit des outils, des instruments et des techniques bien adaptés.	Conçoit des outils, des instruments et des techniques bien adaptés et originaux.
L'élève relève des impacts liés à l'utilisation de divers outils, instruments ou procédés.	Ne relève pas d'impacts liés à l'utilisation.	Relève peu d'impacts liés à l'utilisation.	Relève les principaux impacts liés à l'utilisation.	Relève les principaux impacts et des impacts secondaires liés à l'utilisation.
L'élève connaît les exemples les plus manifestes de l'apport de la science et de la technologie aux conditions de la vie de l'homme.	Ne connaît pas d'exemples de l'apport.	Connaît peu d'exemples de l'apport.	Connaît les principaux exemples de l'apport.	Connaît les principaux exemples et des exemples secondaires de l'apport.

Grille d'observation de la compétence 3 du deuxième cycle :

Communiquer à l'aide des langages utilisés en science et technologie

Comportements à observer	Niveau 0	Niveau 1	Niveau 2	Niveau 3
L'élève interprète correctement des termes du langage courant qui ont la même signification que dans la vie de tous les jours.	N'interprète pas de termes du langage courant (même signification).	Interprète de façon peu adéquate des termes du langage courant (même signification).	Interprète bien des termes du langage courant (même signification).	Interprète bien et de façon précise des termes du langage courant (même signification).
L'élève interprète correctement des termes du langage courant qui ont une signification différente ou plus précise que dans la vie de tous les jours.	N'interprète pas de termes du langage courant (signification différente).	Interprète de façon peu adéquate des termes du langage courant (signification différente).	Interprète bien des termes du langage courant (signification différente).	Interprète bien et de façon précise des termes du langage courant (signification différente).
L'élève interprète correctement des termes et des expressions spécialisés.	N'interprète pas de termes ni d'expressions spécialisés.	Interprète de façon peu adéquate des termes et des expressions spécialisés.	Interprète bien des termes et des expressions spécialisés.	Interprète bien et de façon précise des termes et des expressions spécialisés.
L'élève interprète correctement des diagrammes, des tableaux et des graphiques simples.	N'interprète pas de diagrammes, pas de tableaux ni de graphiques.	Interprète de façon peu adéquate des diagrammes, des tableaux et des graphiques.	Interprète bien des diagrammes, des tableaux et des graphiques.	Interprète bien et de façon précise des diagrammes, des tableaux et des graphiques.
L'élève transmet correctement des termes du langage courant qui ont la même signification que dans la vie de tous les jours.	Ne transmet pas de termes du langage courant (même signification).	Transmet de façon peu adéquate des termes du langage courant (même signification).	Transmet bien des termes du langage courant (même signification).	Transmet bien et de façon précise des termes du langage courant (même signification).
L'élève transmet correctement des termes du langage courant qui ont une signification différente ou plus précise que dans la vie de tous les jours.	Ne transmet pas de termes du langage courant (signification différente).	Transmet de façon peu adéquate des termes du langage courant (signification différente).	Transmet bien des termes du langage courant (signification différente).	Transmet bien et de façon précise des termes du langage courant (signification différente).

L'élève transmet correctement des termes et des expressions spécialisés.	Ne transmet pas de termes ni d'expressions spécialisés.	Transmet de façon peu adéquate des termes et expressions spécialisés.	Transmet bien des termes et expressions spécialisés.	Transmet bien et de façon précise des termes et expressions spécialisés.
L'élève transmet correctement des diagrammes, des tableaux et des graphiques simples.	Ne transmet pas de diagrammes, de tableaux ni de graphiques.	Transmet de façon peu adéquate des diagrammes, des tableaux et des graphiques.	Transmet bien des diagrammes, des tableaux et des graphiques.	Transmet bien et de façon précise des diagrammes, des tableaux et des graphiques.

Grille d'observation de la compétence 1 du troisième cycle :

Proposer des explications ou des solutions
à des problèmes d'ordre scientifique ou technologique

Comportements à observer	Niveau 0	Niveau 1	Niveau 2	Niveau 3
L'élève décrit adéquatement le problème d'un point de vue scientifique ou technologique.	Ne décrit pas le problème.	Décrit le problème de façon peu adéquate.	Décrit le problème de façon adéquate.	Décrit le problème de façon adéquate et précise.
L'élève se documente.	Ne se documente pas.	Se documente peu.	Se documente bien.	Se documente de façon détaillée.
L'élève planifie son travail.	Ne planifie pas son travail.	Planifie peu son travail.	Planifie bien.	Planifie de façon détaillée.
L'élève utilise une démarche adaptée à la nature du problème.	N'utilise pas de démarche.	Utilise une démarche peu adaptée.	Utilise une démarche bien adaptée.	Utilise une démarche bien adaptée et rigoureuse.
L'élève fait appel à des stratégies plus complexes et abstraites qu'au deuxième cycle.	Ne fait pas appel à des stratégies.	Fait appel à des stratégies peu adéquates.	Fait appel à des stratégies adéquates.	Fait appel à des stratégies adéquates et élaborées.
L'élève prend des notes en fonction de paramètres plus nombreux qu'au deuxième cycle.	Ne prend pas de note.	Prend peu de notes.	Prend des notes complètes.	Prend des notes complètes et détaillées.
L'élève fournit des explications pertinentes ou des solutions réalistes.	Ne fournit pas d'explication ou de solution.	Fournit des explications peu pertinentes ou des solutions peu réalistes.	Fournit des explications pertinentes ou des solutions réalistes.	Fournit des explications pertinentes et originales ou des solutions réalistes et originales.

L'élève justifie et valide son approche en tenant compte d'un plus grand nombre d'éléments d'ordre scientifique ou technologique qu'au deuxième cycle.	Ne justifie pas et ne valide pas son approche.	Justifie et valide peu son approche.	Justifie et valide bien son approche.	Justifie et valide bien et de façon détaillée son approche.
L'élève intègre, dans son analyse d'un problème, des dimensions à la fois scientifiques et technologiques.	N'intègre pas de dimensions scientifiques et technologiques.	Intègre peu de dimensions scientifiques ou technologiques.	Intègre plusieurs dimensions scientifiques ou technologiques.	Intègre plusieurs dimensions scientifiques et plusieurs dimensions technologiques.

Grille d'observation de la compétence 2 du troisième cycle :

Mettre à profit les outils, les objets et les procédés de la science et de la technologie

Comportements à observer	Niveau 0	Niveau 1	Niveau 2	Niveau 3
L'élève associe des instruments, des outils et des techniques aux utilisations appropriées.	N'associe pas d'instruments, pas outils ni de techniques.	Associe de façon peu adéquate des instruments, des outils ou des techniques.	Associe correctement des instruments, des outils ou des techniques.	Associe de façon excellente des instruments, des outils ou des techniques.
L'élève utilise des outils, des techniques, des instruments et des procédés plus complexes et abstraits qu'au deuxième cycle.	N'utilise pas d'outils, pas de techniques, pas d'instruments ni de procédés.	Utilise de façon peu adéquate des outils, des techniques, des instruments et des procédés.	Utilise correctement des outils, des techniques, des instruments et des procédés.	Utilise de façon excellente des outils, des techniques, des instruments et des procédés.
L'élève exploite davantage qu'au deuxième cycle le potentiel des outils, des techniques, des instruments et des procédés.	N'exploite pas le potentiel des outils, des techniques, des instruments et des procédés.	Exploite peu le potentiel des outils, des techniques, des instruments et des procédés.	Exploite bien le potentiel des outils, des techniques, des instruments et des procédés.	Exploite de façon excellente le potentiel des outils, des techniques, des instruments et des procédés.
L'élève porte un jugement plus nuancé qu'au deuxième cycle sur les résultats qu'il obtient à l'aide de ces outils, de ces techniques, de ces instruments et de ces procédés.	Ne porte pas de jugement sur les résultats qu'il obtient.	Porte un jugement peu éclairé sur les résultats qu'il obtient.	Porte un bon jugement sur les résultats qu'il obtient.	Porte un excellent jugement sur les résultats qu'il obtient.

L'élève conçoit des outils, des instruments et des techniques plus complexes qu'au deuxième cycle.	Ne conçoit pas d'outils, pas d'instruments ni de techniques.	Conçoit des outils, des instruments et des techniques peu adaptés.	Conçoit des outils, des instruments et des techniques bien adaptés.	Conçoit des outils, des instruments et des techniques bien adaptés et complexes.
L'élève relève des impacts liés à l'utilisation de divers outils, instruments ou procédés.	Ne relève pas d'impacts liés à l'utilisation.	Relève peu d'impacts liés à l'utilisation.	Relève les principaux impacts liés à l'utilisation.	Identifie les principaux impacts et des impacts secondaires liés à l'utilisation.
L'élève connaît quelques grandes sphères d'application de la science et de la technologie.	Ne connaît pas d'exemples de sphères d'application.	Connaît peu d'exemples de sphères d'application.	Connaît les principaux exemples de sphères d'application.	Connaît un grand nombre d'exemples de sphères d'application.

Grille d'observation de la compétence 3 du troisième cycle :

Communiquer à l'aide des langages utilisés en science et technologie

Comportements à observer	Niveau 0	Niveau 1	Niveau 2	Niveau 3
L'élève interprète correctement des termes du langage courant qui ont la même signification que dans la vie de tous les jours.	N'interprète pas de termes du langage courant (même signification).	Interprète de façon peu adéquate des termes du langage courant (même signification).	Interprète bien des termes du langage courant (même signification).	Interprète bien et de façon précise des termes du langage courant (même signification).
L'élève interprète correctement des termes du langage courant qui ont une signification différente ou plus précise que dans la vie de tous les jours.	N'interprète pas de termes du langage courant (signification différente).	Interprète de façon peu adéquate des termes du langage courant (signification différente).	Interprète bien des termes du langage courant (signification différente).	Interprète bien et de façon précise des termes du langage courant (signification différente).
L'élève interprète correctement des termes et expressions spécialisés (incluant des symboles et des formules).	N'interprète pas de termes et expressions spécialisés.	Interprète de façon peu adéquate des termes et expressions spécialisés.	Interprète bien des termes et expressions spécialisés.	Interprète bien et de façon précise des termes et expressions spécialisés.
L'élève interprète correctement des diagrammes, des tableaux et des graphiques plus complexes.	N'interprète pas de diagrammes, tableaux et graphiques	Interprète de façon peu adéquate des diagrammes, tableaux et graphiques.	Interprète bien des diagrammes, tableaux et graphiques.	Interprète bien et de façon précise des diagrammes, tableaux et graphiques.

L'élève transmet correctement des termes du langage courant qui ont la même signification que dans la vie de tous les jours.	Ne transmet pas de termes du langage courant (même signification).	Transmet de façon peu adéquate des termes du langage courant (même signification).	Transmet bien des termes du langage courant (même signification).	Transmet bien et de façon précise des termes du langage courant (même signification).
L'élève transmet correctement des termes du langage courant qui ont une signification différente ou plus précise que dans la vie de tous les jours.	Ne transmet pas de termes du langage courant (signification différente).	Transmet de façon peu adéquate des termes du langage courant (signification différente).	Transmet bien des termes du langage courant (signification différente).	Transmet bien et de façon précise des termes du langage courant (signification différente).
L'élève transmet correctement des termes et expressions spécialisés (incluant des symboles et des formules).	Ne transmet pas de termes ni d'expressions spécialisés.	Transmet de façon peu adéquate des termes et des expressions spécialisés.	Transmet bien des termes et des expressions spécialisés.	Transmet bien et de façon précise des termes et des expressions spécialisés.
L'élève transmet correctement des diagrammes, des tableaux et des graphiques plus complexes qu'au deuxième cycle.	Ne transmet pas de diagrammes, pas de tableaux ni de graphiques.	Transmet de façon peu adéquate des diagrammes, des tableaux et des graphiques.	Transmet bien des diagrammes, des tableaux et des graphiques.	Transmet bien et de façon précise des diagrammes, des tableaux et des graphiques.

La fiche d'appréciation. Certaines compétences et stratégies ainsi que certains savoirs s'évaluent plus facilement en observant les *productions* des élèves plutôt qu'en observant directement les élèves eux-mêmes. Les instruments utilisés pour faire l'évaluation systématique des productions des élèves sont les fiches d'appréciation. Ces fiches d'appréciation peuvent être utilisées pour juger de la qualité de productions telles que des montages, des maquettes, des modèles, des dessins, des travaux de recherche, ou toute autre production que l'élève peut remettre à l'enseignant.

L'exemple qui suit présente une fiche d'appréciation avec une échelle numérique portant sur la qualité de chaque critère. L'échelle associée à chaque critère comporte quatre échelons. L'échelon 0 correspond à un critère pour lequel la production est insatisfaisante, l'échelon 1 à un critère pour lequel elle est passable, l'échelon 2 à un critère pour lequel elle est bonne et l'échelon 3 à un critère pour lequel la production est excellente. Encore une fois, on remarquera que les échelles d'appréciation sont symétriques et comportent un nombre pair d'échelons.

Fiche d'appréciation avec une échelle numérique

La fabrication d'une mangeoire pour les oiseaux

Critères d'appréciation	0	1	2	3
1. Les dimensions de la mangeoire sont adéquates.				
2. Les parties de la mangeoire sont bien taillées.				
3. Les parties de la mangeoire sont bien assemblées.				
4. Les couleurs de la mangeoire sont bien choisies.				
5. La mangeoire est solide.				
6. La mangeoire est installée à un endroit approprié.				
7. La mangeoire est bien fixée.				
8. La nourriture placée dans la mangeoire convient aux espèces d'oiseaux choisies.				

Légende : 0 : Insatisfaisant ; 1 : Passable ; 2 : Bon ; 3 : Excellent.

L'autoévaluation et l'évaluation par les pairs contribuent à développer des compétences métacognitives chez l'élève, lui permettent de s'approprier son savoir et développent son autonomie. Pour ce faire, il est possible de concevoir des grilles d'observation et des fiches d'appréciation simplifiées, que l'élève ou les autres élèves de son équipe peuvent utiliser eux-mêmes.

Voici un exemple d'une grille d'observation pour autoévaluation par l'élève.

Grille d'observation pour autoévaluation

La fabrication de colle pour une maquette
(autoévaluation individuelle)

Comportements à observer	0	1	2	3
1. Je me suis bien préparé.				
2. J'ai mesuré les ingrédients.				
3. J'ai suivi la recette.				
4. J'ai brassé et délayé la colle.				
5. J'ai versé la colle dans un contenant.				
6. J'ai lavé les ustensiles et récipients utilisés.				

Légende : 0 : Insatisfaisant ; 1 : Passable ; 2 : Bon ; 3 : Excellent.

On peut aussi proposer à l'élève des énoncés à compléter, du genre :

- J'ai appris que…
- Je suis surpris que…
- J'ai remarqué que…
- J'ai découvert que…
- J'ai bien aimé que…
- Je n'ai pas aimé que…

Il est important, toutefois, que les enseignants comparent les résultats des auto-évaluations, des évaluations par les pairs et de leur propre évaluation. Ces comparaisons permettent parfois de découvrir des différences de perception et peuvent susciter des échanges fructueux.

Le carnet scientifique de l'élève est un outil d'évaluation particulièrement intéressant. Sous sa forme la plus ouverte, ce peut être un simple cahier dans lequel l'élève, au fil de ses activités scientifiques, de ses lectures, de ses explorations et de son travail personnel, prend divers types de notes. Chez les plus jeunes élèves, on y trouvera surtout des dessins, tandis que chez les élèves plus âgés, on y trouvera des dessins, des tableaux de données, des graphiques et du texte.

Sous une forme plus structurée, ce peut être un carnet conçu par l'enseignant en fonction d'un problème particulier. Sa structure peut alors être parallèle à celle de ce problème, avec des sections à compléter pour les diverses sections. Par exemple, un carnet scientifique de l'élève conçu pour le problème *Comment peut-on construire la tour la plus haute possible avec des cure-dents et de la pâte à modeler ?*, présenté au chapitre 12, pourrait comporter :

1. Une section pour les activités fonctionnelles (exemples : conceptions fréquentes des élèves, dessin de la petite structure de base en trois dimensions, dessins de tours célèbres) ;
2. Une section pour la solution de problème (exemples : dessin et description de la tour construite par l'équipe) ;

3. Une section pour les activités de structuration (exemples: dessin de la tour construite par l'équipe dont l'élève fait partie, dessin de la tour la plus haute construite par l'ensemble du groupe, liste des mots nouveaux appris lors de la problématique, notes pour une présentation qui sera faite aux autres élèves);
4. Une section pour les activités d'enrichissement (exemples: expressions, proverbes et chansons qui comportent le mot tour, texte écrit par l'élève au sujet de tours hautes ou célèbres);
5. Une section pour les commentaires de l'élève au sujet du problème.

Un des rôles importants du carnet scientifique, sur le plan de l'évaluation des apprentissages, est d'améliorer la communication entre l'élève et l'enseignant. Par exemple, l'élève peut aussi se servir de son carnet pour poser des questions, demander des explications, témoigner de ses succès ou faire part de ses difficultés.

Voici un exemple de fiche d'appréciation possible, pour le carnet scientifique de l'élève, en fonction de deux des trois compétences de la section «Science et technologie» du *Programme de formation.*

Fiche d'appréciation pour un carnet scientifique de l'élève

Évaluation des compétences 1 et 3 (élèves de 2e ou de 3e cycle)

Critères d'appréciation	0	1	2	3
Compétence 1: Proposer des explications ou des solutions à des problèmes d'ordre scientifique ou technologique.				
1. Le carnet comporte une bonne description du problème.				
2. Le carnet contient des traces de la planification faite par l'élève.				
3. Le carnet contient des traces des essais et des expériences faits par l'élève.				
4. Le carnet comporte des explications pertinentes.				
Compétence 3: Communiquer à l'aide des langages employés en science et technologie.				
5. Le carnet comporte les termes scientifiques appropriés.				
6. Le carnet comporte des dessins et des diagrammes clairs.				
7. Le carnet comporte les notes nécessaires pour une présentation orale.				
8. L'ensemble du carnet est bien disposé.				

Légende: 0: Insatisfaisant; 1: Passable; 2: Bon; 3: Excellent.

Le dossier d'apprentissage (portfolio). Le dossier d'apprentissage, appelé aussi *portfolio*, est une collection organisée des réalisations de l'élève. Il prend souvent la forme d'un porte-documents dans lequel peuvent se retrouver des productions, des réflexions, des commentaires ainsi qu'une grande variété de pièces qui permettent à l'élève de démontrer l'apprentissage et la compréhension d'idées scientifiques qui vont au-delà de faits et de connaissances mémorisées.

À titre d'exemple, on pourrait retrouver dans le dossier d'un élève des documents tels que des carnets scientifiques complétés lors de la solution de problèmes, des outils d'autoévaluation, des articles de vulgarisation scientifique, des extraits d'un journal de bord, des photographies, des dépliants, etc. L'élève devrait examiner et réorganiser régulièrement le contenu de son dossier d'apprentissage.

Voici un exemple de fiche d'appréciation pour un dossier d'apprentissage.

Fiche d'appréciation pour un dossier d'apprentissage (portfolio)

Critères d'appréciation	0	1	2	3
1. Le dossier d'apprentissage comporte une bonne variété de pièces et de documents.				
2. Le dossier témoigne de la capacité de l'élève à faire des choix judicieux.				
3. Le dossier met en valeur les forces de l'élève.				
4. Le dossier comporte des commentaires et d'autres aspects réflexifs.				
5. Le dossier témoigne de créativité et d'originalité.				
6. Le dossier démontre le désir de l'élève d'aller au-delà des activités scolaires.				
7. Le dossier témoigne du progrès de l'élève par son caractère évolutif.				
8. L'ensemble du dossier d'apprentissage est bien organisé.				

Légende : 0 : Insatisfaisant ; 1 : Passable ; 2 : Bon ; 3 : Excellent.

Les questions orales et les échanges avec l'élève sont une source importante d'information au sujet de ses connaissances, de sa façon de raisonner et de son attitude envers les sciences et les technologies. Les échanges les plus profitables sont ceux qui portent sur ses conceptions de l'élève et sur les activités scientifiques qu'il a réalisées. Voici des catégories selon lesquelles il est possible de regrouper des questions orales posées aux élèves, avec un exemple de question pour chacune des catégories :

- *Les conceptions:* Pourquoi fait-il chaud en été et froid en hiver?
- *La compréhension d'un problème:* Comment pourrais-tu me l'expliquer en tes propres mots?
- *L'approche et la démarche:* As-tu essayé de procéder d'une autre façon?
- *Les relations:* Quel lien peux-tu établir entre ces deux quantités?
- *La communication:* Quelles sont les étapes les plus importantes dans cette activité?
- *La prédiction:* Qu'est-ce qui va se produire, d'après toi?
- *La conclusion:* Comment pourrais-tu vérifier si ta conclusion est correcte?
- *Les applications:* Connais-tu une autre situation où ce principe scientifique s'applique?
- *La pensée réflexive:* Es-tu satisfait de ton travail?

Les questions écrites à correction objective ne sont pas les outils d'évaluation les plus importants en sciences et technologies au primaire car ils permettent difficilement d'évaluer des compétences, des stratégies ou des savoirs complexes. Ce genre de question peut toutefois jouer un rôle utile pour évaluer, par exemple, la connaissance de termes scientifiques et de certains savoirs essentiels de base.

Voici quelques exemples de divers types de questions écrites à correction objective.

Question à choix de réponse

Forme « Trouver la bonne réponse »

Quel gaz de l'atmosphère nous protège des rayons ultraviolets émis par le Soleil?
a) le gaz carbonique
b) l'ozone
c) l'azote
d) l'oxygène

Réponse: b) l'ozone

Question à choix de réponse

Forme « Trouver la meilleure réponse »

Lequel des aliments suivants serait la meilleure source de protéines ?

a) du pain

b) du tofu

c) une pomme

d) du riz

Réponse : b) du tofu

Question à choix de réponse

Forme « Trouver la seule réponse qui soit fausse »

Tous les êtres vivants ci-dessous sont des végétaux sauf :

a) les algues

b) les conifères

c) les champignons

d) les mousses

Réponse : c) les champignons

Question d'appariement

Indique, sur la ligne qui suit chaque question, la lettre qui correspond à la réponse.

Question	***Réponse***
1. Je soigne les maladies de la peau. _____	A. Dentiste
2. Je soigne les maladies du cœur. _____	B. Ophtalmologiste
3. Je soigne les maladies des dents. _____	C. Dermatologue
4. Je soigne les maladies des yeux. _____	D. Cardiologue
5. Je soigne les maladies des poumons. _____	E. Urologue
	F. Pneumologue

Réponses : 1 et C ; 2 et D ; 3 et A ; 4 et B ; 5 et F

Question à choix simple

Forme de base

Sur la ligne, inscris « V » lorsque l'énoncé est vrai et « F » lorsque l'énoncé est faux.

1. Les veines sont les vaisseaux sanguins qui conduisent le sang du cœur vers les divers organes du corps. _____
2. Les globules rouges de notre sang transportent l'oxygène à travers notre organisme. _____

Réponses : 1 : F ; 2 : V

Question à choix simple

Forme correction

Indique si l'énoncé suivant est vrai ou faux.

Si l'énoncé est vrai, encercle « V ».

Si l'énoncé est FAUX, encercle « F » et remplace le mot souligné par le mot que rendrait l'énoncé vrai. Inscris ce mot sur la ligne.

La planète la plus rapprochée du Soleil est Vénus. V F _____________

Réponse : Faux ; Mercure.

Question à réponse courte

Quel est le nom du tourbillon de vent très violent qui se forme parfois lors d'un orage ? _________

Réponse : Une tornade

Question de type compléter la phrase

Complète les phrases suivantes à l'aide de la liste de mots qui sont donnés à la suite du texte.

Le _________ est le plus gros papillon de jour du Québec. C'est certainement l'un des plus _________. Ces papillons sont de grands _________ : ils quittent le Québec en août et parcourent plus de 4 000 km pour _________ au Mexique. Ils y passent une partie du temps suspendus aux _________ des arbres, formant des masses de _________ d'individus. C'est en _________ qu'ils reviennent vers nos régions.

hiverner, monarque, juillet, beaux, voyageurs, branches, milliers.

Les questions écrites à développement sont souvent plus utiles que les questions écrites à correction objective, car elles permettent d'évaluer des compétences, des stratégies ou des savoirs plus complexes. Évidemment, elles sont surtout utilisées vers la fin du primaire, à un âge où les élèves sont capables de bien s'exprimer par écrit.

Deux types de clé de correction sont utilisés pour les questions écrites à développement. Une clé de correction analytique accorde des points en fonction d'éléments spécifiques attendus dans la réponse. Une clé de correction synthétique accorde des points en fonction d'une évaluation plus globale de la réponse.

Question écrite à développement

Clé de correction analytique

Question : En revenant d'un voyage qui a duré deux semaines, tu constates que ton jardin a été détruit. Explique comment tu pourrais procéder pour en découvrir la cause.

Clé de correction analytique :

1. L'élève formule des hypothèses (exemples : un violent orage, le chien d'un voisin, du vandalisme, etc.) 15 points
2. L'élève prévoit des façons de vérifier chacune de ses hypothèses (exemples : lire les journaux, vérifier si les voisins étaient chez eux, rechercher des traces de pas, etc.) 15 points
3. L'élève prévoit une interprétation des divers résultats possibles (exemple : telle ou telle cause serait plus ou moins probable). 10 points
4. L'élève prévoit formuler la conclusion de sa démarche. 10 points

Remarque : Une réponse complète comporte les 4 éléments énumérés ci-dessus, pour un maximum possible de 50 points.

Question écrite à développement

Clé de correction synthétique

Question : Tu as plusieurs plants de violettes africaines. Les feuilles de certains plants jaunissent et ces plants ne donnent pas de fleurs. Essaie de concevoir et de planifier une expérience qui pourrait te permettre de trouver la cause du problème.

Clé de correction synthétique : (Maximum : 10 points)

- L'élève comprend très bien le problème et tient compte de tous les facteurs. Il présente un plan expérimental clair, concis et complet, qui démontre de l'imagination. Il prévoit certaines des difficultés qu'il pourra rencontrer. (9 ou 10 points)
- L'élève comprend bien le problème et tient compte des principaux facteurs. Il présente un bon plan expérimental, qui nécessite de légères modifications. (7 ou 8 points)
- L'élève comprend le problème, mais néglige certains facteurs. Il présente un plan expérimental qui nécessite certaines modifications. (5 ou 6 points)
- L'élève ne comprend pas très bien le problème et néglige des facteurs importants. Il présente un plan peu efficace, qui nécessite des modifications importantes. (3 ou 4 points)
- L'élève ne comprend pas le problème et néglige presque tous les facteurs. Il présente un plan qui ne fonctionnerait pas. (1 ou 2 points)

Remarque : La réponse de l'élève se situe dans l'une ou l'autre des catégories énumérées ci-dessus.

L'ÉVALUATION DU MATÉRIEL DIDACTIQUE : MANUELS, DIDACTICIELS ET SITES WEB, MATÉRIEL SCIENTIFIQUE

Il est tout à fait possible d'enseigner les sciences et les technologies, au primaire, sans se servir de manuels scolaires, d'ordinateurs ou de matériel scientifique spécialisé. Bon nombre d'enseignants n'ont recours qu'à des ouvrages de référence qui présentent des problèmes scientifiques et technologiques ainsi qu'à du matériel de manipulation simple, acheté dans des quincailleries, des épiceries et d'autres commerces à grande surface (Voir la liste du matériel de manipulation à l'annexe 5). Toutefois, certains enseignants préfèrent se servir de matériel didactique spécialement conçu pour l'enseignement des sciences et des technologies. Le présent chapitre, écrit à leur intention, présente des critères d'évaluation qui permettent de choisir le matériel didactique le mieux adapté à un enseignement qui respecte les principes de base de la didactique actuelle de la discipline science et technologie. Certains de ces critères s'inspirent de ceux proposés par Gerard et Roegiers (2003).

Les manuels scolaires

Plusieurs maisons d'édition ont publié des collections de manuels scolaires pour l'enseignement de la discipline science et technologie au primaire. Ces collections de manuels scolaires, appelés aussi des ensembles didactiques, comportent un manuel de l'enseignant, des manuels de l'élève et, dans certains cas, des cahiers d'exercices non réutilisables dans lesquels l'élève peut écrire et dessiner.

Au sujet des cahiers d'exercices, il est important de noter qu'ils doivent être facultatifs. Un ensemble didactique qui serait inutilisable ou incomplet sans les cahiers d'exercices qui l'accompagnent ne devrait jamais être retenu par un enseignant ou une école car l'achat de ces cahiers, chaque année, engendre des coûts importants pour l'école ou pour les parents des élèves.

Les grilles suivantes permettent de faire une évaluation de la qualité des manuels de l'élève et du manuel de l'enseignant d'un ensemble didactique en science et technologie.

Pour chacun des critères, la personne qui évalue les manuels peut indiquer si elle est:

- 0: totalement en désaccord
- 1: en désaccord
- 2: plus ou moins d'accord
- 3: d'accord
- 4: totalement d'accord

avec l'affirmation qui correspond au critère.

Le manuel de l'élève

La présentation matérielle					
Le titre est bien lisible sur la couverture.	0	1	2	3	4
Le cycle (ou le niveau) d'enseignement est clairement indiqué sur la couverture.	0	1	2	3	4
La couverture est attirante.	0	1	2	3	4
Le papier semble suffisamment résistant.	0	1	2	3	4
La reliure semble suffisamment résistante.	0	1	2	3	4
La pagination est bien lisible sur toutes les pages.	0	1	2	3	4
Le nombre d'illustrations est adéquat.	0	1	2	3	4
Les illustrations sont attrayantes.	0	1	2	3	4
Les illustrations sont bien disposées.	0	1	2	3	4
La plupart des illustrations complètent le texte et ne sont pas simplement décoratives.	0	1	2	3	4

L'organisation de l'information					
Une table des matières présente clairement la structure du contenu.	0	1	2	3	4
Les unités du contenu (chapitres ou sections) correspondent à des unités d'apprentissage ou à des thèmes bien identifiés.	0	1	2	3	4
Les activités proposées dans chacune des unités de contenu sont variées (problèmes, lectures, questions, etc.).	0	1	2	3	4
Les unités de contenu (chapitres ou sections) sont relativement indépendantes les unes des autres.	0	1	2	3	4

Le langage utilisé est bien adapté à l'âge des élèves.	0	1	2	3	4
Le vocabulaire nouveau est bien défini.	0	1	2	3	4
La police de caractères est appropriée.	0	1	2	3	4
La mise en page est claire et bien ordonnée.	0	1	2	3	4

Le contenu scientifique et technologique					
Le contenu respecte les savoirs essentiels du *Programme de formation* pour le cycle concerné.	0	1	2	3	4
Les savoirs scientifiques et technologiques présentés sont conformes aux théories et concepts actuels.	0	1	2	3	4
Les concepts scientifiques et les notions technologiques sont clairement expliqués.	0	1	2	3	4
Les savoirs abstraits sont clarifiés par des analogies ou des exemples.	0	1	2	3	4

L'approche didactique					
Les activités de résolution de problèmes constituent l'essentiel de l'approche didactique retenue.	0	1	2	3	4
Les problèmes proposés ne sont pas de simples recettes et comportent plusieurs solutions possibles.	0	1	2	3	4
Des activités fonctionnelles (mise en situation) telles que des lectures d'introduction, des questions, des manipulations sont proposées.	0	1	2	3	4
Des activités de structuration (intégration des savoirs) telles que la prise de notes et des lectures de synthèse sont proposées.	0	1	2	3	4
Des repères culturels, tels que des notions historiques et biographiques, complètent les activités proposées.	0	1	2	3	4
Des activités d'enrichissement, pour les élèves qui veulent aller plus loin, sont proposées.	0	1	2	3	4
Plusieurs des activités proposées favorisent la coopération (travail en équipe) entre les élèves.	0	1	2	3	4
Certaines activités présentent des liens avec la vie courante et l'environnement de l'élève.	0	1	2	3	4
Le matériel nécessaire à la réalisation des activités est clairement présenté.	0	1	2	3	4
Le matériel nécessaire à la réalisation des activités est généralement simple et peu coûteux.	0	1	2	3	4

Certaines activités prévoient l'utilisation de technologies de l'information et de la communication.	0	1	2	3	4
Les consignes concernant la réalisation des activités sont clairement énoncées.	0	1	2	3	4
Des consignes concernant la sécurité sont données lorsque nécessaire.	0	1	2	3	4
Les diverses activités proposées comportent des aspects (questions, prise de notes, exposés, etc.) qui permettent à l'enseignant de faire une évaluation des apprentissages des élèves.	0	1	2	3	4

Jugement global					
Ce manuel pourrait servir de matériel didactique principal pour l'enseignement de la discipline science et technologie.	0	1	2	3	4
S'il n'est pas utilisé comme matériel didactique principal, ce manuel serait une référence très utile pour l'enseignement de la discipline science et technologie.	0	1	2	3	4

Le manuel de l'enseignant

La présentation matérielle					
Le titre est bien lisible sur la couverture.	0	1	2	3	4
Le cycle (ou le niveau) d'enseignement est clairement indiqué sur la couverture.	0	1	2	3	4
La couverture est attirante.	0	1	2	3	4
Le papier semble suffisamment résistant.	0	1	2	3	4
La reliure semble suffisamment résistante.	0	1	2	3	4
La pagination est bien lisible sur toutes les pages.	0	1	2	3	4

L'organisation de l'information					
Une table des matières présente clairement la structure du contenu.	0	1	2	3	4
Les unités du contenu (chapitres ou sections) correspondent à des unités d'apprentissage ou à des thèmes bien identifiés.	0	1	2	3	4
Les activités proposées dans chacune des unités de contenu sont variées (problèmes, lectures, questions, etc.)	0	1	2	3	4
Les unités de contenu (chapitres ou sections) sont relativement indépendantes les unes des autres.	0	1	2	3	4

La police de caractères est appropriée.	0	1	2	3	4
La mise en page est claire et bien ordonnée.	0	1	2	3	4
L'organisation de l'information permet des liens clairs entre le manuel de l'enseignant et le manuel de l'élève.					

Le contenu scientifique et technologique					
Le contenu respecte les savoirs essentiels du *Programme de formation* pour le cycle concerné.	0	1	2	3	4
Les savoirs scientifiques et technologiques présentés sont conformes aux théories et concepts actuels.	0	1	2	3	4
Les concepts scientifiques et les notions technologiques sont clairement expliqués.	0	1	2	3	4
Les savoirs abstraits sont clarifiés par des analogies ou des exemples.	0	1	2	3	4

L'approche didactique					
L'approche didactique prévoit la prise en compte des conceptions fréquentes chez les élèves.	0	1	2	3	4
Des exemples de conceptions fréquentes chez les élèves sont présentés pour les divers thèmes abordés.	0	1	2	3	4
Les activités de résolution de problèmes constituent l'essentiel de l'approche didactique retenue.	0	1	2	3	4
Les problèmes proposés ne sont pas de simples recettes et comportent plusieurs solutions possibles.	0	1	2	3	4
Des solutions possibles sont présentées pour les problèmes proposés.	0	1	2	3	4
Des activités fonctionnelles (mise en situation) telles que des lectures d'introduction, des questions, des manipulations sont proposées.	0	1	2	3	4
Des activités de structuration (intégration des savoirs) telles que la prise de notes et des lectures de synthèse sont proposées.	0	1	2	3	4
Des repères culturels, tels que des notions historiques et biographiques, complètent les activités proposées.	0	1	2	3	4
Des activités d'enrichissement, pour les élèves qui veulent aller plus loin, sont proposées.	0	1	2	3	4
Plusieurs des activités proposées favorisent la coopération (travail en équipe) entre les élèves.	0	1	2	3	4

Certaines activités présentent des liens avec la vie courante et l'environnement de l'élève.	0	1	2	3	4
Le matériel nécessaire à la réalisation des activités est clairement présenté.	0	1	2	3	4
Le matériel nécessaire à la réalisation des activités est généralement simple et peu coûteux.	0	1	2	3	4
Certaines activités prévoient l'utilisation de technologies de l'information et de la communication.	0	1	2	3	4
Les consignes concernant la réalisation des activités sont clairement énoncées.	0	1	2	3	4
Des consignes concernant la sécurité sont données lorsque nécessaire.	0	1	2	3	4
Les diverses activités proposées comportent des aspects (questions, prise de notes, exposés, etc.) qui permettent à l'enseignant de faire une évaluation des apprentissages des élèves.	0	1	2	3	4
Des outils d'évaluation (grilles d'observation, fiches d'appréciation, carnet de l'élève, etc.) sont proposés à l'enseignant.	0	1	2	3	4

Jugement global					
Cet ensemble didactique (manuel de l'enseignant et manuels de l'élève) pourrait servir de matériel didactique principal pour l'enseignement de la discipline science et technologie.	0	1	2	3	4
S'il n'est pas utilisé comme matériel didactique principal, cet ensemble didactique serait une référence très utile pour l'enseignement de la discipline science et technologie.	0	1	2	3	4

Les ouvrages de vulgarisation

En plus des manuels scolaires, plusieurs autres ouvrages peuvent être utiles pour l'enseignement et l'apprentissage des sciences et des technologies au primaire.

Pour les élèves, il existe un très grand nombre d'ouvrages de vulgarisation portant sur les sciences et les technologies. Certains de ces ouvrages comportent des activités concrètes à réaliser avec du matériel de manipulation. D'autres présentent des concepts scientifiques, des notions technologiques et des biographies d'hommes et de femmes de sciences dans un langage adapté à l'âge des enfants auxquels ils s'adressent. Dans un cas comme dans l'autre, ces ouvrages permettent de compléter les activités fonctionnelles, les repères culturels, les activités de structuration et les activités d'enrichissement d'une séquence didactique en sciences. Ils permettent surtout de rehausser la culture scientifique et technologique des élèves et d'augmenter leur intérêt pour les sciences et les technologies.

Pour les enseignants, en plus des ouvrages conçus pour les enfants, des ouvrages de vulgarisation scientifique conçus pour le grand public peuvent contribuer à l'enrichissement des séquences didactiques prévues avec les élèves. Ils peuvent aussi rehausser la culture scientifique et technologique.

Leur choix étant en bonne partie une question de préférence personnelle, ce chapitre ne propose pas de grille d'évaluation des ouvrages de vulgarisation, mais des bibliothécaires compétents pourront facilement orienter les élèves et les enseignants vers des ouvrages qui répondent à leurs besoins. Cela dit, il est rassurant de savoir que la plupart des ouvrages de vulgarisation en sciences et technologies, surtout s'ils sont publiés par des maisons d'édition reconnues, sont de bonne qualité. De plus, les progrès récents dans les domaines de l'infographie et de l'éditique permettent maintenant de produire des livres très attrayants, dont les illustrations facilitent la compréhension de concepts qui sont parfois abstraits.

Les didacticiels et les sites Web

De nombreux didacticiels, habituellement vendus sous la forme de CD ou de DVD, et de nombreux sites Web peuvent aussi être utiles pour l'enseignement des sciences et des technologies au primaire.

Les grilles suivantes permettent de faire l'évaluation des didacticiels et des sites Web qui semblent intéressants.

La page d'accueil					
Le nom du didacticiel ou du site Web est bien lisible.	0	1	2	3	4
Le nom du didacticiel ou du site Web représente bien son contenu.	0	1	2	3	4
Le public cible est bien identifié.	0	1	2	3	4
Le ou les auteurs individuels (personnes) ou collectifs (établissement, association, etc.) sont mentionnés.	0	1	2	3	4
Les fonctions et compétences de l'auteur ou des auteurs sont mentionnées.	0	1	2	3	4
L'adresse de courriel de l'auteur, de l'éditeur ou d'un webmestre est disponible.	0	1	2	3	4

La date de l'édition ou de la dernière mise à jour est clairement indiquée.	0	1	2	3	4
Le didacticiel ou le site Web semble respecter les droits de propriété intellectuelle des auteurs dont les ouvrages ont été consultés.	0	1	2	3	4
La page d'accueil est claire.	0	1	2	3	4
La page d'accueil est attrayante.	0	1	2	3	4
L'information s'affiche rapidement.	0	1	2	3	4

L'organisation de l'information					
Les plans du didacticiel ou du site Web peuvent être affichés.	0	1	2	3	4
La façon de naviguer dans le didacticiel ou le site Web est facile à comprendre.	0	1	2	3	4
Les unités du contenu correspondent à des unités d'apprentissage ou à des thèmes bien identifiés.	0	1	2	3	4
Les activités proposées dans chacune des unités de contenu sont variées (problèmes, lectures, questions, etc.)	0	1	2	3	4
Les unités de contenu sont relativement indépendantes les unes des autres.	0	1	2	3	4
La police de caractères est appropriée.	0	1	2	3	4
La mise en page est claire et bien ordonnée.	0	1	2	3	4
Le didacticiel ou le site Web exploite bien les possibilités graphiques de l'ordinateur (exemples : animations, vidéos).	0	1	2	3	4
Le didacticiel ou le site Web exploite bien les possibilités sonores de l'ordinateur (exemples : bruits, musique, voix).	0	1	2	3	4
Le didacticiel ou le site Web exploite bien les possibilités d'interactivité de l'ordinateur (exemple : possibilité de répondre à des questions et de recevoir une rétroaction).	0	1	2	3	4
Les liens vers d'autres sites Web sont pertinents et actifs.	0	1	2	3	4
Une bibliographie pertinente est proposée.	0	1	2	3	4

Le contenu scientifique et technologique					
Le didacticiel ou le site Web a pour but général d'informer et non de persuader.	0	1	2	3	4
Le contenu complète bien le *Programme de formation* pour le cycle concerné.	0	1	2	3	4

Les savoirs scientifiques et technologiques présentés sont conformes aux théories et concepts actuels.	0	1	2	3	4
Les concepts scientifiques et les notions technologiques sont clairement expliqués.	0	1	2	3	4
Les savoirs abstraits sont clarifiés par des illustrations ou, mieux encore, par des animations.	0	1	2	3	4

L'approche didactique					
L'approche didactique prévoit la prise en compte des conceptions fréquentes chez les élèves.	0	1	2	3	4
Des exemples de conceptions fréquentes chez les élèves sont présentés pour les divers thèmes abordés.	0	1	2	3	4
Les activités de résolution de problèmes (qui peuvent être des simulations) constituent l'essentiel de l'approche didactique retenue.	0	1	2	3	4
Les problèmes proposés ne sont pas de simples recettes et comportent plusieurs solutions possibles.	0	1	2	3	4
Des solutions possibles sont présentées pour les problèmes proposés.	0	1	2	3	4
Des activités fonctionnelles (mise en situation) telles que des lectures d'introduction et des questions sont proposées.	0	1	2	3	4
Des activités de structuration (intégration des savoirs) telles que la prise de notes et des lectures de synthèse sont proposées.	0	1	2	3	4
Des repères culturels, tels que des notions historiques et biographiques, sont présentés dans le didacticiel ou le site Web.	0	1	2	3	4
Des activités d'enrichissement, pour les élèves qui veulent aller plus loin, sont proposées.	0	1	2	3	4
Certaines activités présentent des liens avec la vie courante et l'environnement de l'élève.	0	1	2	3	4
Les consignes concernant la réalisation des activités sont clairement énoncées.	0	1	2	3	4
Des consignes concernant la sécurité sont données lorsque nécessaire.	0	1	2	3	4
Des outils d'auto-évaluation sont proposés à l'utilisateur.	0	1	2	3	4

Jugement global					
Ce didacticiel ou ce site Web serait un complément utile pour l'enseignement de la discipline science et technologie au primaire.	0	1	2	3	4

Le matériel scientifique spécialisé

Certains fournisseurs vendent du matériel spécialement conçu pour l'enseignement des sciences et des technologies. Ce matériel scientifique est très varié et certains catalogues en présentent des dizaines de pages : contenants pour faire germer des graines, mini-serres, boîtes pour l'élevage d'insectes, cadrans solaires, instruments météorologiques, modèles du système solaire, modèles anatomiques, planches didactiques, modèles de la respiration pulmonaire, ensembles pour l'étude de la mécanique, du magnétisme, de l'électricité, de la chaleur, de l'optique, de l'acoustique, de la chimie, de l'environnement, etc.

Comme dans le cas des ouvrages de vulgarisation, ce matériel spécialisé est généralement de bonne qualité, mais il est souvent inutilement coûteux. En effet, il est possible, dans bien des cas, de le remplacer par du matériel simple, disponible partout. Il est très facile, par exemple, de construire une mini-serre avec des contenants de plastique, de fabriquer une girouette avec du carton rigide ou de représenter le système solaire avec des ballons, des balles et des billes de divers diamètres.

De plus, et cette objection est particulièrement importante sur le plan didactique, l'utilisation de ce matériel prive parfois les élèves d'apprentissages importants qu'ils pourraient faire en essayant d'en trouver ou d'en construire l'équivalent eux-mêmes. Demander aux élèves de découvrir par eux-mêmes comment fabriquer un instrument pour mesurer le temps est beaucoup plus formateur que de les laisser simplement se servir d'un cadran solaire, d'une clepsydre, d'un pendule ou d'un sablier provenant d'un fournisseur spécialisé.

Certains achats peuvent toutefois être utiles aux écoles dont le budget le permet. Un microscope qui peut être branché à un ordinateur pour observer des spécimens à l'écran ou un ensemble de robotique sont des exemples de matériel scientifique et technologique spécialisé que des enseignants pourraient apprécier.

L'ÉVALUATION DE L'ENSEIGNEMENT : DES CRITÈRES ADAPTÉS AUX SCIENCES ET AUX TECHNOLOGIES

Dans la plupart des universités, la qualité de l'enseignement des professeurs est évaluée, de façon statutaire, au moyen de questionnaires auxquels les étudiants répondent à la fin de chacun des cours de leur programme. Les résultats de ces évaluations sont transmis aux directeurs des départements et peuvent être utilisés à des fins de promotion des professeurs. Les résultats sont également remis aux professeurs eux-mêmes et peuvent jouer un rôle formatif, en faisant ressortir les forces et les faiblesses de leur enseignement et en leur permettant d'améliorer certaines de leurs pratiques (Bernard, 1992).

Au primaire, les élèves sont trop jeunes pour répondre à des questionnaires d'évaluation de l'enseignement. De plus, sauf en début de carrière, l'évaluation de la qualité de l'enseignement par des administrateurs n'est pas une pratique habituelle. L'évaluation de l'enseignement prend donc surtout la forme d'une auto-évaluation par l'enseignant ou d'une évaluation formative qui peut être effectuée, à la demande de l'enseignant, par un directeur d'école, par un conseiller pédagogique ou par un collègue enseignant. Le présent chapitre présente des critères d'évaluation qui pourraient servir à une auto-évaluation ou à une évaluation par une autre personne.

Il existe un grand nombre de livres et d'articles concernant l'évaluation de l'enseignement à divers ordres d'enseignement. Plusieurs de ces références proposent des grilles d'évaluation des compétences ou des comportements attendus des enseignants. Les critères d'évaluation présentés dans les pages qui suivent sont une adaptation, pour l'enseignement des sciences et des technologies au primaire, des compétences professionnelles et des composantes de ces compétences présentées dans le document *La formation à l'enseignement : les orientations, les compétences professionnelles* du ministère de l'Éducation du Québec (MEQ, 2001).

Pour chacune des compétences, les composantes de la compétence qui ont été retenues sont évaluées selon une échelle de 0 à 3 points. Un « 0 » indique une absence de manifestation de la composante ; un « 1 » indique une manifestation partielle ou insatisfaisante de la composante; un « 2 » indique une manifestation adéquate de la composante; un « 3 » indique une excellente manifestation de la composante.

Le total des points attribués aux composantes d'une compétence permet d'estimer le niveau de maîtrise de cette compétence. Plus le total se rapproche du maximum possible pour une compétence, plus la compétence peut être considérée comme maîtrisée.

Compétence 1 : Le savoir et la culture

Agir en tant que professionnelle ou professionnel héritier, critique et interprète d'objets de savoirs ou de culture scientifique et technologique.

Composante 1 : Situer les points de repère fondamentaux et les axes d'intelligibilité (concepts et méthodes) des savoirs scientifiques et technologiques afin de rendre possibles des apprentissages significatifs et approfondis chez les élèves.	0	1	2	3
Composante 2 : Prendre une distance critique à l'égard des sciences et des technologies, notamment en ce qui concerne leurs impacts et leurs limites.	0	1	2	3
Composante 3 : Établir des relations entre la culture scientifique et technologique prescrite dans le programme de formation et celle de ses élèves.	0	1	2	3
Total pour la compétence 1 (maximum 9 points)				

Compétence 2 : La langue d'enseignement

Communiquer clairement et correctement, à l'oral et à l'écrit, dans les langages naturel, symbolique et graphique des sciences et des technologies.

Composante 1 : Employer une variété de langage oral appropriée dans ses interventions auprès des élèves, des parents et des pairs.	0	1	2	3
Composante 2 : Respecter les règles de la langue écrite dans les productions destinées aux élèves.	0	1	2	3
Composante 3 : Pouvoir argumenter, au sujet de concepts scientifiques et de notions technologiques, de manière cohérente, efficace, constructive et respectueuse lors de discussions.	0	1	2	3
Composante 4 : Communiquer de manière rigoureuse en employant un vocabulaire précis et une syntaxe correcte.	0	1	2	3

Composante 5: Corriger les erreurs commises par les élèves dans leurs communications orales et écrites.	0	1	2	3
Composante 6: Chercher constamment à améliorer son expression orale et écrite.	0	1	2	3
Total pour la compétence 2 (maximum 18 points)				

Compétence 3 : La conception de situations d'enseignement-apprentissage

Concevoir des situations d'enseignement-apprentissage, en sciences et technologies, en fonction des élèves concernés et du développement des compétences visées dans le programme de formation.

Composante 1 : Appuyer le choix et le contenu de ses interventions sur les données récentes de la recherche en matière de didactique des sciences et des technologies.	0	1	2	3
Composante 2 : Sélectionner et interpréter les savoirs disciplinaires en ce qui concerne les finalités, les compétences ainsi que les éléments de contenus du programme de formation.	0	1	2	3
Composante 3 : Planifier des séquences d'enseignement et d'évaluation (dont surtout des activités de résolution de problèmes) qui tiennent compte de la logique des contenus et de la progression des apprentissages en sciences et technologies.	0	1	2	3
Composante 4 : Prendre en considération les conceptions fréquentes des élèves dans l'élaboration des situations d'enseignement-apprentissage en sciences et technologies.	0	1	2	3
Composante 5 : Choisir des approches didactiques variées (dont surtout des activités de résolution de problèmes) et appropriées au développement des compétences visées dans le programme de formation.	0	1	2	3
Composante 6: Anticiper les obstacles à l'apprentissage des contenus à faire apprendre.	0	1	2	3
Composante 7 : Prévoir des situations d'apprentissage permettant l'intégration des compétences dans des contextes variés.	0	1	2	3
Total pour la compétence 3 (maximum 21 points)				

Compétence 4: Le pilotage de situations d'enseignement-apprentissage

Piloter des situations d'enseignement-apprentissage, en sciences et technologies, en fonction des élèves concernés et du développement des compétences visées dans le programme de formation.

Composante 1: Créer des conditions pour que les élèves s'engagent dans des situations-problèmes, des tâches et des projets significatifs en tenant compte de leurs caractéristiques cognitives, affectives et sociales.	0	1	2	3
Composante 2: Mettre à la disposition des élèves les ressources nécessaires à la réalisation des situations d'apprentissage proposées.	0	1	2	3
Composante 3: Guider les élèves dans la sélection, l'interprétation et la compréhension de l'information disponible dans les diverses ressources ainsi que dans la compréhension des éléments des situations-problèmes ou des exigences d'une tâche ou d'un projet.	0	1	2	3
Composante 4: Encadrer les apprentissages des élèves par des stratégies, des démarches, des questions et des rétroactions fréquentes et pertinentes de manière à favoriser l'intégration et le transfert des apprentissages en sciences et technologies.	0	1	2	3
Composante 5: Habiliter les élèves à travailler en coopération.	0	1	2	3
Total pour la compétence 4 (maximum 15 points)				

Compétence 5: L'évaluation des apprentissages

Évaluer la progression des apprentissages et le degré d'acquisition des savoirs et des compétences des élèves en sciences et technologies.

Composante 1: En situation d'apprentissage, prendre des informations afin de repérer les forces et les difficultés des élèves et afin de revoir et d'adapter l'enseignement en vue de favoriser la progression des apprentissages en sciences et technologies.	0	1	2	3
Composante 2: Établir un bilan des acquis afin de porter un jugement sur le degré d'acquisition des savoirs et des compétences.	0	1	2	3
Composante 3: Construire ou employer des outils permettant d'évaluer la progression et l'acquisition des savoirs et des compétences.	0	1	2	3
Composante 4: Communiquer aux élèves et aux parents, de façon claire et explicite, les résultats attendus ainsi que les rétroactions au regard de la progression des apprentissages et de l'acquisition des compétences.	0	1	2	3

Composante 5 : Collaborer avec l'équipe pédagogique à la détermination du rythme et des étapes de progression souhaitées à l'intérieur du cycle de formation.	0	1	2	3
Total pour la compétence 5 (maximum 15 points)				

Compétence 6 : Le fonctionnement du groupe-classe

Planifier, organiser et superviser le mode de fonctionnement du groupe-classe en vue d'optimiser le déroulement des activités en sciences et technologies.

Composante 1 : Définir et mettre en place un système de fonctionnement efficace pour les activités en sciences et technologies.	0	1	2	3
Composante 2 : Communiquer aux élèves des exigences claires au sujet des activités en sciences et technologies et s'assurer qu'ils s'y conforment.	0	1	2	3
Composante 3 : Adopter des stratégies pour prévenir l'émergence de comportements non appropriés et pour intervenir efficacement lorsqu'ils se manifestent.	0	1	2	3
Composante 4 : Maintenir un climat propice à l'apprentissage.	0	1	2	3
Total pour la compétence 6 (maximum 12 points)				

Compétence 7 : Les élèves présentant des difficultés d'apprentissage, d'adaptation et un handicap

Adapter ses interventions, en sciences et technologies, aux besoins et aux caractéristiques des élèves présentant des difficultés d'apprentissage, d'adaptation ou un handicap.

Composante 1 : Favoriser l'intégration, aux activités en sciences et technologies, des élèves qui présentent des difficultés d'apprentissage, de comportement ou un handicap.	0	1	2	3
Composante 2 : Présenter aux élèves des tâches d'apprentissage, des défis et des rôles dans le groupe-classe qui les font progresser dans leur cheminement en sciences et technologies.	0	1	2	3
Total pour la compétence 7 (maximum 6 points)				

Compétence 8 : Les technologies de l'information et des communications

Intégrer les technologies de l'information et des communications aux fins de préparation et de pilotage d'activités d'enseignement-apprentissage, de gestion de l'enseignement et de développement professionnel en sciences et technologies.

Composante 1 : Exercer un esprit critique et nuancé par rapport aux avantages et aux limites véritables des TIC comme soutien à l'enseignement et à l'apprentissage des sciences et des technologies.	0	1	2	3
Composante 2 : Évaluer le potentiel didactique des outils informatiques et des réseaux en relation avec le développement des compétences en sciences et technologies.	0	1	2	3
Composante 3 : Communiquer à l'aide d'outils multimédias variés.	0	1	2	3
Composante 4 : Utiliser efficacement les TIC pour rechercher, interpréter et communiquer de l'information et pour résoudre des problèmes en sciences et technologies.	0	1	2	3
Composante 5 : Utiliser efficacement les TIC pour se constituer des réseaux d'échange et de formation continue concernant l'enseignement des sciences et des technologies.	0	1	2	3
Composante 6 : Aider les élèves à s'approprier les TIC, à les utiliser pour faire des activités d'apprentissage, à évaluer leur utilisation de la technologie et à juger de manière critique les données recueillies sur les réseaux.	0	1	2	3
Total pour la compétence 8 (maximum 18 points)				

Compétence 9 : La coopération avec toutes les personnes concernées

Coopérer avec l'équipe-école, les parents, les différents partenaires sociaux et les élèves en vue de l'atteinte des savoirs et des compétences en sciences et technologies.

Composante 1 : Collaborer avec les autres membres de l'équipe-école en vue de la définition des orientations ainsi que de l'élaboration et de la mise en œuvre de projets scientifiques et technologiques (exemple : une expo-sciences).	0	1	2	3
Composante 2 : Faire participer les parents et les informer concernant la réussite de leur enfant en sciences et technologies.	0	1	2	3
Composante 3 : Coordonner ses interventions avec les différents partenaires de l'école.	0	1	2	3

Composante 4 : Soutenir les élèves dans leur participation aux activités et aux projets scientifiques et technologiques.	0	1	2	3
Total pour la compétence 9 (maximum 12 points)				

Compétence 10 : Le travail avec l'équipe pédagogique

Travailler de concert avec les membres de l'équipe pédagogique à la réalisation des tâches permettant le développement et l'évaluation des compétences en sciences et technologies.

Composante 1 : Discerner les situations qui nécessitent la collaboration d'autres membres de l'équipe pédagogique relativement à la conception et à l'adaptation des situations d'enseignement-apprentissage, à l'évaluation des apprentissages et à la maîtrise des compétences de fin de cycle.	0	1	2	3
Composante 2 : Définir et organiser un projet en fonction des objectifs à atteindre par l'équipe pédagogique.	0	1	2	3
Composante 3 : Participer activement et de manière continue aux équipes pédagogiques intervenant auprès des mêmes élèves.	0	1	2	3
Composante 4 : Travailler à l'obtention d'un consensus, lorsque cela est requis, entre les membres de l'équipe pédagogique.	0	1	2	3
Total pour la compétence 10 (maximum 12 points)				

Compétence 11 : Le développement professionnel

S'engager dans une démarche individuelle et collective de développement professionnel en sciences et technologies.

Composante 1 : Établir un bilan de ses compétences et mettre en œuvre les moyens pour les développer en utilisant les ressources disponibles (exemple de ressource : un congrès d'enseignants qui propose des ateliers en sciences et technologies).	0	1	2	3
Composante 2 : Échanger des idées avec ses collègues quant à la pertinence de ses choix pédagogiques et didactiques.	0	1	2	3
Composante 3 : Réfléchir sur sa pratique (analyse réflexive) et réinvestir les résultats de sa réflexion dans l'action.	0	1	2	3
Composante 4 : Mener des projets pédagogiques pour résoudre des problèmes d'enseignement.	0	1	2	3
Composante 5 : Faire participer ses pairs à des démarches de recherche liées à la maîtrise des compétences en sciences et technologies.	0	1	2	3
Total pour la compétence 11 (maximum 15 points)				

Compétence 12 : L'action éthique et responsable

Agir de façon éthique et responsable dans l'exercice de ses fonctions.

Composante 1 : Discerner les valeurs (exemples : objectivité, rigueur, précision) en jeu dans ses interventions en sciences et technologies.	0	1	2	3
Composante 2 : Mettre en place dans sa classe un fonctionnement démocratique.	0	1	2	3
Composante 3 : Fournir aux élèves l'attention et l'accompagnement appropriés.	0	1	2	3
Composante 4 : Justifier, auprès des publics intéressés, ses décisions relativement à l'apprentissage des élèves en sciences et technologies.	0	1	2	3
Total pour la compétence 12 (maximum 12 points)				

Pour conclure ce chapitre, s'il fallait, parmi tous les critères ci-dessus, retenir seulement trois critères d'évaluation de la qualité de l'enseignement des sciences et des technologies au primaire, ces critères seraient :

- La composante 3 de la compétence 3 : *Planifier des séquences d'enseignement et d'évaluation (dont surtout des activités de résolution de problèmes) qui tiennent compte de la logique des contenus et de la progression des apprentissages en sciences et technologies ;*
- La composante 4 de la compétence 4 : *Encadrer les apprentissages des élèves par des stratégies, des démarches, des questions et des rétroactions fréquentes et pertinentes de manière à favoriser l'intégration et le transfert des apprentissages en sciences et technologies ;*
- La composante 1 de la compétence 5 : *En situation d'apprentissage, prendre des informations afin de repérer les forces et les difficultés des élèves et afin de revoir et d'adapter l'enseignement en vue de favoriser la progression des apprentissages en sciences et technologies.*

En effet, un enseignement qui tient compte des plus récentes tendances dans le domaine de la didactique des sciences et des technologies consiste surtout à *planifier* des activités de résolution de problèmes stimulantes et formatrices pour les élèves, à bien *animer* ces activités et, finalement, à bien *évaluer* les apprentissages qui résultent de ces activités.

L'ENSEIGNEMENT DES SCIENCES ET DES TECHNOLOGIES AU PRÉSCOLAIRE

Au Québec, le programme d'éducation préscolaire s'adresse aux enfants de 4 et 5 ans (MEQ, 2001). Les diverses activités proposées aux enfants du préscolaire leur permettent d'enrichir leur compréhension du monde, de construire leur bagage de connaissances et de s'initier aux domaines d'apprentissage du primaire. Des activités scientifiques et technologiques simples, bien adaptées aux aptitudes de jeunes enfants, peuvent contribuer à l'atteinte de ces objectifs.

Le programme de formation de l'école québécoise (éducation préscolaire)

Tout comme le programme du primaire, le programme du préscolaire comporte des compétences, des savoirs essentiels et des repères culturels.

Les compétences. Les compétences du préscolaire ressemblent aux compétences transversales du primaire. Des activités d'enseignement et d'apprentissage en sciences et technologies pourraient contribuer au développement de toutes les compétences du préscolaire, mais principalement des deux compétences suivantes :

- Construire sa compréhension du monde ;
- Mener à terme une activité ou un projet.

Les savoirs essentiels. Les principaux savoirs essentiels du préscolaire qui sont en lien avec les sciences et les technologies se retrouvent dans la section des connaissances se rapportant au développement sensoriel et moteur ainsi que dans la section des connaissances se rapportant au développement cognitif :

- Les parties du corps *(exemples : sourcils, gorge)* ; leurs caractéristiques *(exemples : yeux bruns, cheveux courts)* ; leurs fonctions *(exemples : respiration, locomotion)* ; leurs réactions *(exemples : la peau rougit au soleil)* ;
- Les cinq sens *(goût, toucher, odorat, vue, ouïe)* ; les caractéristiques qui y sont associées *(exemples : salé, rugueux)* ; leurs fonctions *(exemples : voir, entendre)* ;

- Les jeux d'assemblage *(exemples : casse-tête, blocs, mécano)*;
- La science et la technologie : les jeux d'expérimentation *(exemples : bac à eau, sable, loupes)*; l'observation et la manipulation d'objets *(exemples : fabrication, montage)*; la recherche d'explications et de conséquences en rapport avec des matières *(exemples : le bois, le papier)*, avec des éléments naturels *(exemples : l'air, l'eau)* et avec des phénomènes naturels *(exemples : la rouille, le verglas, la germination, la chute des feuilles)*.

D'autres savoirs essentiels en lien avec les sciences et les technologies se trouvent dans la section des stratégies cognitives et métacognitives : observer, explorer, expérimenter, classifier, questionner et se questionner, anticiper, vérifier, évaluer.

Les repères culturels. Les principaux repères culturels en rapport avec les sciences et les technologies sont les suivants :

- L'environnement physique de son milieu : les caractéristiques *(exemples : rural, urbain)*; les éléments naturels *(exemples : montagne, arbre, lac)*; les infrastructures ou les objets *(exemples : pont, piste cyclable)*; les installations ou centres de service *(exemples : clinique médicale, caserne de pompiers)*;
- L'environnement humain : les professions et les métiers *(exemples : électricienne, électricien, infirmière, infirmier)*;
- L'environnement culturel *(exemples : bibliothèque, musée, théâtre, salle d'exposition)*;
- L'exploitation de logiciels ;
- L'exploitation de son milieu et d'un milieu plus lointain *(exemples : visites à la ferme, au musée ; classes nature)*;
- La protection de l'environnement et la récupération *(exemples : règles, habitudes, attitudes, pollution)*.

Les particularités de l'enseignement des sciences et des technologies au préscolaire

Comme l'a montré Piaget, les enfants de 2 à 7 ans, et par conséquent ceux qui sont au préscolaire, se situent au stade préopératoire de leur développement cognitif. C'est le stade au cours duquel l'enfant apprend surtout par l'expérience directe, en utilisant ses cinq sens pour découvrir son environnement.

Au préscolaire, l'enfant est aussi capable d'action mentale, c'est-à-dire qu'il est capable d'imaginer le résultat de certaines actions sans avoir à les faire. Il devient capable, par exemple, de prévoir que s'il arrose régulièrement ses plantes d'intérieur, elles se porteront mieux que s'il oublie de le faire pendant une longue période de temps. Il commence aussi à être en mesure de recourir à des symboles tels que des pictogrammes, des chiffres, des lettres et des mots écrits simples, ce qui lui ouvre la porte de connaissances plus complexes que celles qu'il acquiert par ses sens.

Les activités de résolution de problème. Pour l'essentiel, l'enseignement des sciences et des technologies, au préscolaire, devrait reposer sur le même type de séquence didactique qu'au primaire (activités fonctionnelles, activités de résolution de problème, activités de structuration et activités d'enrichissement) et ces séquences didactiques devraient être centrées sur des problèmes comportant plusieurs solutions ou approches possibles.

Les problèmes proposés doivent toutefois rester très simples, et l'éducateur doit guider les enfants de façon plus étroite que ne le ferait un enseignant du primaire. Voici quelques exemples de problèmes qui seraient bien adaptés au préscolaire (Thouin, 2006) :

- Le fait de transvider un liquide d'un contenant à un autre contenant de forme différente en change-t-il la quantité ?
- Les substances solides peuvent-elles toutes se dissoudre dans l'eau ?
- Les plus gros objets sont-ils toujours les plus lourds ?
- Quels sont les objets qui flottent et quels sont ceux qui coulent ?
- Peut-on former un courant d'air ou du vent ?
- Un aimant attire-t-il tous les objets ?
- Peut-on produire de l'électricité statique ?
- Peut-on reconnaître un objet d'après son ombre ?
- La lumière passe-t-elle à travers tous les objets ?
- Les papiers sont-ils tous identiques ?
- Comment peut-on représenter les phases de la Lune ?
- Que peut-on faire avec des cailloux et des pierres ?

- Peut-on déterminer la direction du vent?
- Peut-on identifier un objet sans le voir?
- Quelle nourriture attire les oiseaux qui vivent près de ton école ou de chez toi?
- Peut-on faire pousser des plantes dans n'importe quoi?
- La neige que l'on trouve sur le sol est-elle propre?
- De quoi peut-on se servir pour se regarder?
- Peut-on fabriquer un instrument de musique rudimentaire?
- Comment peut-on sucrer du yaourt nature s'il ne reste plus de sucre de table?

Les autres types d'activités. De plus, certains types d'activités d'éveil, autres que des séquences didactiques centrées sur des problèmes, peuvent aussi jouer un rôle important au préscolaire (Bouchard et Fréchette, 2008). Les activités suivantes sont basées sur certaines des stratégies cognitives et métacognitives du programme du préscolaire:

- Observer: *Observer le ciel à différentes heures de la journée et remarquer le déplacement apparent du Soleil dans le ciel ainsi que le déplacement des ombres d'arbres ou d'édifices sur le sol.*
- Explorer: *Explorer l'herbe, dans un parc, et essayer d'y découvrir le plus grand nombre possible de petits animaux (insectes, araignées, vers, cloportes, etc.).*
- Classifier: *À partir de figurines ou de photos de plusieurs espèces d'animaux, trouver une façon de les classifier (exemples: selon la taille, la couleur, le nombre de pattes, le fait qu'ils soient dangereux ou non, etc.).*
- Questionner et se questionner: *La Lune nous semble-t-elle avoir toujours la même forme? Regarder le ciel, le soir, pendant plusieurs jours, et trouver une réponse à cette question.*
- Anticiper: *Essayer de prévoir ce qui va se passer si l'on verse une cuillerée de sel dans un verre d'eau et que l'on brasse le tout avec la cuillère pendant quelque temps.*
- Vérifier: *Vérifier s'il est vrai que le cœur bat plus vite quand on vient juste de courir.*
- Évaluer: *Évaluer l'efficacité de divers modèles de loupes en essayant de lire des mots écrits en très petits caractères.*

LES DIFFICULTÉS D'ENSEIGNEMENT ET D'APPRENTISSAGE EN SCIENCES ET TECHNOLOGIES

Au primaire, les sciences et les technologies ne posent habituellement pas tellement de difficultés aux élèves. En effet, cette matière scolaire, qui n'a d'ailleurs pas la même importance que le français ou les mathématiques, est surtout considérée comme une matière d'éveil qui permet d'aborder des compétences et des savoirs sur lesquels les élèves auront l'occasion de revenir après le primaire, à des ordres d'enseignement supérieurs.

Les difficultés parfois rencontrées par certains élèves peuvent être analysées en fonction du triangle didactique présenté au premier chapitre. Certaines difficultés relèvent du secteur situé du côté de la relation entre l'enseignant et le savoir, d'autres du secteur situé du côté de la relation entre l'enseignant et l'élève, et d'autres enfin du secteur situé du côté de la relation entre l'élève et le savoir. Plusieurs de ces difficultés sont adaptées d'une typologie proposée par Astolfi (1997).

Par ailleurs certaines difficultés, telles que les difficultés en lecture et en mathématiques ou les craintes des élèves, sont d'un autre ordre et seront examinées vers la fin de la présente annexe.

Les difficultés qui relèvent de la relation enseignant-savoir

Le secteur de la relation enseignant-savoir concerne la transposition didactique et les obstacles didactiques.

Les difficultés liées à une mauvaise transposition didactique. Tel qu'il a été présenté au chapitre 8, le savoir scientifique et technique est transposé en savoir scolaire. Cette transposition didactique, bien qu'elle soit inévitable, peut être plus ou moins réussie.

On rappellera qu'il importe d'éviter, par exemple, une dogmatisation, une décontextualisation, une dépersonnalisation ou une désyncrétisation excessives du savoir qui pourraient avoir pour effet de rendre les sciences et les technologies arides et sans grand intérêt pour l'élève.

Les difficultés liées aux obstacles didactiques. Il arrive parfois que les façons de présenter des concepts aux élèves leur posent des problèmes plus tard. Par exemple, en comparant le courant électrique à de l'eau qui coule dans un tuyau, on aide peut-être l'élève à comprendre les concepts de voltage et d'ampérage, mais on augmente la difficulté qu'il aura à comprendre les circuits en série et en parallèle.

Il existe même des façons de présenter des concepts qui renforcent les conceptions ou les obstacles épistémologiques au lieu de faciliter leur évolution. Quand on affirme, par exemple, qu'une boule de plomb ne flotte pas parce qu'elle est très lourde, on renforce la confusion fréquente, au sujet de la flottabilité, entre la masse et la densité (ou la masse volumique) d'un objet.

Il faut donc être prudent dans le choix des analogies utilisées. Il faut éviter ce que Bachelard appelait les *géométrisations foudroyantes* qui risquent de figer la pensée.

Les difficultés qui relèvent de la relation enseignant-élève

Le secteur de la relation enseignant-élève concerne les interactions didactiques, dont relèvent des questions telles que le contrat didactique, les démarches attendues et les consignes.

Les difficultés liées au contrat didactique. Tel qu'il a été mentionné au chapitre 8, certaines difficultés rencontrées par les élèves peuvent s'expliquer par diverses ruptures du contrat didactique. Par exemple, certaines classes n'accordent pas aux sciences et aux technologies le nombre d'heures prévues par le programme ou ne le font pas au moyen d'activités de résolution de problème. Il arrive parfois aussi que l'enseignant n'a pas une formation suffisante dans le domaine ou qu'il n'évalue pas adéquatement les apprentissages. Enfin il arrive parfois que les élèves ne font pas les efforts nécessaires pour accomplir les tâches proposées.

Ces ruptures de contrat, qui passent souvent inaperçues parce qu'elles n'entraînent pas de conséquences fâcheuses à court terme, peuvent finir, à la longue, par diminuer la qualité de la formation en sciences et technologies et être la cause des difficultés vécues par les élèves à des niveaux scolaires supérieurs.

Les difficultés liées aux écarts aux démarches attendues. Les élèves ou les équipes d'élèves ne raisonnent pas et ne procèdent pas tous de la même façon au moment de résoudre un problème, de prendre part à une activité ou d'effectuer un exercice. Parfois ils procèdent d'une façon erronée, qui ne pourrait pas fonctionner, mais parfois aussi ils appliquent une démarche, une approche ou une solution adéquates, mais différentes de celles qui avaient été prévues par l'enseignant.

Des consignes plus claires peuvent aider à pallier certaines de ces difficultés, mais l'enseignant doit aussi garder l'esprit ouvert et accepter que les élèves trouvent parfois des solutions originales et inattendues. Un encadrement plus étroit des élèves qui appliquent souvent une démarche vouée à l'échec est parfois nécessaire.

Les difficultés liées à la compréhension des consignes. Il arrive que les élèves n'arrivent pas à faire une activité, un exercice ou un problème simplement parce qu'ils ne comprennent pas ou n'interprètent pas correctement ce qui leur a été demandé.

Lors de la conception de matériel didactique destiné aux élèves, il importe de respecter le niveau de lisibilité approprié à l'âge des élèves, de s'assurer que les consignes sont claires et univoques et, si possible, de faire lire les documents par d'autres enseignants qui pourront en signaler les lacunes. De plus, une mise à l'essai suivie d'améliorations est souvent nécessaire avant d'en arriver à une version définitive.

Les difficultés qui relèvent de la relation élève-savoir

Le secteur de la relation élève-savoir concerne la conception des démarches didactiques, les conceptions fréquentes et les obstacles épistémologiques, la nouveauté des termes et des symboles ainsi que le niveau d'abstraction du contenu.

Les difficultés liées à la conception des démarches didactiques. Les problèmes proposés aux élèves, qui constituent l'essentiel de la démarche didactique en sciences et technologies, sont parfois plus ou moins bien conçus, ce qui peut être la cause de certaines difficultés d'apprentissage. Parmi les lacunes les plus fréquentes, on peut mentionner le fait que certains problèmes comportent très peu de solutions ou d'approches possibles, sont trop faciles ou trop difficiles pour les élèves, postulent des connaissances préalables que les élèves ne maîtrisent pas, prévoient des activités fonctionnelles ou des activités de structuration qui ne sont pas adéquates ou nécessitent un matériel complexe ou difficile à trouver.

La meilleure façon d'éviter ces lacunes de conception est de procéder, si possible, à une mise à l'essai des problèmes avec d'autres enseignants ou avec quelques élèves et d'apporter ensuite les corrections et les améliorations qui s'imposent.

Les difficultés liées aux conceptions fréquentes et aux obstacles épistémologiques. Tel qu'il a été présenté dans le chapitre 7, tous les élèves arrivent en classe avec diverses conceptions non scientifiques au sujet du monde qui les entoure. Ces conceptions appartiennent souvent à l'une ou l'autre des catégories définies par les grands obstacles épistémologiques (obstacles animiste, substantialiste, verbal, etc.). Ces conceptions et obstacles leur posent de nombreuses difficultés d'apprentissage en sciences et technologies.

On rappellera que l'enseignement, pour être efficace, doit prévoir l'identification et la prise en compte de ces conceptions et obstacles et doit viser, non pas à les éliminer dès que possible, mais à les faire évoluer graduellement, au fil des activités, des exercices et des problèmes qui seront proposés aux élèves.

Les difficultés liées à la nouveauté des termes et des symboles. Les savoirs essentiels de la section « Science et technologie » du *Programme de formation* sont des concepts dont le sens scientifique est souvent différent du sens courant des termes qui les désignent. Des mots tels que *force*, *résistance*, *pression*, *masse* ou *poids*, par exemple, ont un sens différent ou beaucoup plus précis en physique que dans la vie de tous les jours. Dans d'autres cas, des concepts sont désignés par des termes nouveaux qui ne sont pas utilisés dans le langage courant. Enfin, des symboles simples, tels que ceux qui représentent les composantes d'un circuit électrique ou ceux de certains éléments chimiques sont parfois introduits vers la fin du primaire.

Un élève doit avoir lu, et utilisé lui-même, un mot ou un symbole nouveau des dizaines de fois avant de l'avoir vraiment assimilé. Il ne faut donc pas s'attendre à ce que l'élève se sente vraiment à l'aise, par exemple, avec des termes tels que *anémomètre* ou *hygromètre* ou avec le symbole qui représente une ampoule dans un circuit électrique après seulement une ou deux activités sur ces sujets. Comme dans toutes les autres matières, il faut revenir plusieurs fois sur les mêmes termes et les mêmes symboles. De plus, la présentation de termes et de symboles nouveaux à un rythme trop rapide entraîne chez l'élève une surcharge cognitive qui peut être la cause d'une perte de concentration et d'attention.

Les difficultés liées au niveau d'abstraction du contenu. Outre qu'ils sont souvent nouveaux, certains concepts tels que ceux de sublimation, d'énergie, de densité, de photosynthèse ou de chaîne alimentaire, présentent un niveau d'abstraction assez élevé.

Pour faciliter leur compréhension, on suggère d'appliquer une démarche basée sur la progression suivante : matériel concret (exemples : maquettes ou figurines), matériel semi-concret (exemples : photographies, illustrations, diagrammes, animations, films), matériel abstrait (exemple : textes).

Les autres difficultés

La présente section expose brièvement d'autres difficultés d'enseignement et d'apprentissage en sciences et technologies qui ne relèvent pas directement d'un des secteurs du triangle didactique.

Les difficultés liées à la lecture. Un des meilleurs prédicteurs de la réussite scolaire, du primaire à l'université, est le temps que les élèves ou les étudiants consacrent à la lecture de bonnes revues ou de bons livres. Comme le disait à la blague l'écrivain américain Mark Twain, une personne qui ne lit jamais n'a aucun avantage sur une autre qui ne sait pas lire. Malheureusement, de nombreux élèves ne lisent presque pas, à l'exception des textes qu'ils doivent absolument lire pour leurs travaux scolaires. Il n'est donc pas étonnant qu'ils ne deviennent jamais très compétents en lecture et ne possèdent pas une culture générale très étendue.

En sciences et technologies, il faut d'abord s'assurer que le matériel didactique proposé aux élèves soit attrayant, bien illustré et d'un niveau de lisibilité approprié. Mais il importe aussi d'inciter les élèves à aller au-delà des textes scolaires et à lire des ouvrages et des revues de sciences et technologies conçus pour les enfants d'âge primaire. Les ouvrages et revues de vulgarisation scientifique pour les jeunes et les adultes peuvent également être fort utiles aux enseignants qui désirent se familiariser avec divers domaines scientifiques et technologiques.

Les difficultés liées aux mathématiques. Les notions mathématiques nécessaires en sciences et technologies, au primaire, sont relativement simples et relèvent surtout du domaine de la mesure (longueur, aire, volume, masse, temps, etc.), de la numération et des opérations de base.

Certains élèves peuvent toutefois avoir besoin d'exercices supplémentaires pour maîtriser ces notions, qui pourraient finir par être la cause de difficultés plus graves après le primaire, d'autant plus que les mathématiques sont le principal langage de plusieurs sciences.

Les difficultés liées aux peurs des élèves. Certains élèves (ainsi que certains enseignants) ont peur, par exemple, des insectes, des vers, des araignées ou d'autres petits animaux. Ils peuvent également avoir peur des piles électriques et autres objets techniques. Ces peurs peuvent être fondées, en cas de danger réel, mais s'avèrent souvent irrationnelles.

Les psychologues suggèrent la procédure de la désensibilisation systématique, qui consiste d'abord à donner l'information la plus objective possible concernant les dangers réels et les dangers imaginaires, puis à rapprocher très graduellement la personne qui manifeste une crainte des stimuli qui l'inquiètent.

Les difficultés liées à la religion et à la culture. Ces difficultés sont surtout liées au milieu familial des élèves. Certains élèves proviennent de familles dont les croyances religieuses entrent en contradiction avec des théories scientifiques contemporaines. C'est le cas, par exemple, des élèves juifs ultra-orthodoxes qui croient que l'Univers et la Terre n'existent que depuis quelques milliers d'années, ou des chrétiens et musulmans fondamentalistes qui n'acceptent pas la théorie de l'évolution. Des attitudes sexistes perdurent aussi dans certains milieux où l'on croit que les sciences et les technologies ne concernent que les garçons.

Sans viser une guerre ouverte avec les familles, l'enseignement des sciences et des technologies devrait contribuer au développement de l'esprit critique de tous les élèves et les aider à prendre leur distance à l'égard de croyances et de préjugés sans fondement.

En pratique, il importe que l'enseignant soit le plus diplomate possible et, si nécessaire, qu'il prenne contact avec les parents pour vérifier dans quelle mesure l'enseignement des sciences et des technologies est effectivement source de conflit. Il arrive parfois, en effet, que les enfants interprètent trop littéralement ce qu'ils entendent à la maison ou dans les lieux de culte et que les conflits avec cette matière scolaire ne soient pas aussi réels ou sérieux qu'ils le croient.

FAIRE DES SCIENCES ET DE LA TECHNOLOGIE EN TOUTE SÉCURITÉ

La présente annexe comporte des consignes et des suggestions visant à ce que les activités en sciences et technologies se déroulent en toute sécurité. Plusieurs de ces consignes et suggestions s'inspirent du document *Safety in the Elementary Science Classroom* (NSTA, 2002).

Consignes d'ordre général

- Assurez-vous de connaître les règlements et directives de votre école et de votre commission scolaire concernant la sécurité.
- Assurez-vous de connaître les règlements et procédures de votre école et de votre commission scolaire en cas d'accident.
- Affichez dans votre classe les numéros de téléphone utiles en cas d'accident: directeur et secrétaire de l'école, police, pompiers, ambulance.
- Assurez-vous qu'une *trousse de premiers soins* est disponible dans votre classe ou dans l'école et qu'elle est placée à un endroit où elle est bien visible.
- Assurez-vous que l'équipement et le matériel de votre classe sont toujours bien rangés. Assurez-vous également que les outils et produits dangereux sont sous clé ou hors de la portée de vos élèves.
- Avant de manipuler de l'équipement et des produits, familiarisez-vous avec les dangers possibles et assurez-vous de prendre les précautions nécessaires.
- Soyez extrêmement prudent avec le feu. Assurez-vous qu'un *extincteur* et une couverture permettant d'étouffer le feu sont à toujours à portée de la main dans votre classe ou à proximité.
- Familiarisez-vous avec l'emplacement du matériel pour lutter contre les incendies, dans l'école, ainsi qu'avec les procédures d'évacuation.

- Habituez tous vos élèves à porter des *verres de sécurité* lorsqu'ils réalisent une activité scientifique qui présente le moindre danger pour les yeux. Assurez-vous d'avoir des verres de sécurité en nombre suffisant.
- Au début de chaque activité scientifique, informez vos élèves des dangers possibles et des précautions à prendre.
- Assurez-vous que le nombre d'élèves qui réalisent une activité scientifique ne dépasse pas votre capacité d'en garder un contrôle adéquat.
- Prévoyez assez de temps pour que tous vos élèves puissent réaliser les activités, nettoyer leur table de travail et ranger le matériel.
- Avisez vos élèves de *ne jamais goûter ou toucher à des produits* à moins d'avoir reçu une consigne précise à cet effet.
- Avisez vos élèves de vous informer immédiatement de tous les accidents ou blessures – même minimes – qui auraient pu échapper à votre attention.
- Informez vos élèves qu'il est dangereux de se toucher le visage, la bouche et les yeux lorsqu'ils travaillent avec des plantes, des animaux ou des produits chimiques. Assurez-vous que les élèves se lavent soigneusement les mains à la fin d'activités réalisées avec des plantes, des animaux et des produits chimiques.
- Assurez-vous que vos élèves utilisent des ciseaux à bout rond. *Ne laissez pas vos élèves manipuler des couteaux ou d'autres outils pointus ou très coupants.* Coupez d'avance les matériaux qui ne se coupent qu'avec des ciseaux ou des couteaux dangereux pour vos élèves.
- Assurez-vous que les aiguisoirs à crayons à manivelle sont fixés beaucoup plus bas que les yeux des enfants (de préférence sur une petite table). Il arrive en effet que des élèves se blessent les yeux avec la pointe de crayons qu'ils tiennent dans la main qui tourne la manivelle.
- *Ne laissez pas vos élèves manipuler des outils électriques* (perceuse, scie ronde, scie sauteuse sableuse, etc.). Ne laissez pas d'outils électriques dans votre classe.
- *Évitez d'utiliser des contenants en verre.* Les contenants en plastique sont beaucoup moins dangereux.
- N'utilisez pas d'objets en verre (des miroirs, par exemple) dont les rebords ne sont pas protégés.

- Avisez vos élèves de ne pas se servir des contenants utilisés en sciences pour boire de l'eau ou d'autres liquides.
- *N'utilisez pas de thermomètres à mercure.* Utilisez plutôt des thermomètres à alcool.
- Expliquez à vos élèves le *danger du courant électrique domestique* et de tous les appareils qui fonctionnent sur le courant domestique (lampes, postes de radio, téléviseurs, ventilateurs, séchoirs à cheveux, etc.).
- Assurez-vous de ne jamais surcharger les circuits électriques de votre classe ou de votre école.
- Assurez-vous que les appareils électriques et les fils électriques que vous utilisez sont en bon état.
- Souvenez-vous que *l'électricité et l'eau ne font pas bon ménage* et qu'il ne faut jamais se servir de courant électrique en présence d'eau ou lorsque les mains ou les pieds sont mouillés.

La sécurité dans le domaine de l'univers matériel

- Si vous faites bouillir de l'eau, assurez-vous que les élèves ne placent pas leur main ou leur visage au-dessus de la bouilloire. La vapeur d'eau pourrait les brûler.
- Si vous faites des activités avec des leviers et des poulies, assurez-vous que les objets soulevés ne sont pas trop lourds, pour ne pas que les élèves se blessent s'ils les échappent.
- Si vous permettez à vos élèves d'utiliser des outils (marteau, tournevis, pinces, etc.) assurez-vous qu'ils savent comment s'en servir et qu'ils le font avec précaution. Ne laissez pas vos élèves utiliser d'outils électriques.
- Informez vos élèves du danger de s'exposer longuement et sans protection aux rayons du Soleil.
- Si vous utilisez des miroirs, des lentilles et des ampoules, rappelez à vos élèves que ce sont des objets fragiles et cassants, et que les éclats pourraient être très coupants.
- Informez vos élèves du danger de s'exposer à des sons de forte intensité pendant une période prolongée. Informez-les du danger d'utiliser des écouteurs à un volume trop élevé.

- Si vous faites des activités avec des piles électriques, assurez-vous que l'intensité du courant utilisé ne dépasse pas 12 volts.
- Avisez vos élèves de ne jamais mélanger des produits chimiques simplement pour voir ce qui va se passer. Certaines réactions chimiques peuvent causer des explosions ou dégager des substances toxiques.
- Avisez vos élèves de *ne jamais faire des réactions chimiques dans des contenants fermés.* Par exemple, le gaz carbonique qui se dégage d'un mélange de vinaigre et de bicarbonate de sodium placé dans un pot fermé fera exploser le pot, ce qui pourrait causer de graves blessures.
- Avisez vos élèves de ne jamais goûter à des produits chimiques et de se laver soigneusement les mains après en avoir utilisé.
- Conservez les produits combustibles dans une armoire métallique fermée à clé.
- Ne conservez jamais de grande quantité d'un produit combustible ou toxique dans une classe. (Exemples : Ne pas conserver plusieurs litres d'huile végétale ou d'alcool à friction.)
- Laissez les produits chimiques dans leur contenant d'origine ou placez-les dans des contenants transparents très clairement étiquetés. Il serait très dangereux, par exemple, de verser de l'alcool à friction dans une bouteille de vinaigre, ou de n'écrire que le mot « alcool » sur une bouteille qui contient de l'alcool à friction.

La sécurité dans le domaine de la Terre et de l'Espace

- Avisez vos élèves de *ne jamais observer le Soleil à l'œil nu.* Même les négatifs ou les verres fumés très sombres ne sont pas sûrs. Seuls les filtres spécialement conçus pour observer le Soleil sont sans danger.
- Avisez vos élèves de *ne jamais observer directement le Soleil avec une loupe, des jumelles ou un télescope.* Ils pourraient se brûler grièvement les yeux. Pour observer le Soleil, les méthodes indirectes sont les plus sûres. (Par exemple, projeter l'image du Soleil, telle que perçue par des jumelles ou un petit télescope, sur un morceau de carton blanc.)
- *Ne laissez pas vos élèves briser des roches.* Les éclats pourraient les blesser. Si vous voulez vous-même briser une roche, enveloppez-la dans un morceau de tissu,

portez des verres de sécurité, et frappez-la avec un marteau très solide, qui ne risque pas de se déboîter.

- N'utilisez pas d'acides pour analyser la composition d'une roche. Presque tous les acides utilisés en géologie sont extrêmement corrosifs et ne devraient jamais être utilisés en sciences au primaire.
- Informez vos élèves qu'*il est dangereux de rester à l'extérieur pendant un orage électrique.* À défaut de pouvoir se rendre à l'intérieur, ils ne doivent jamais se placer sous un arbre isolé. L'intérieur d'une voiture est aussi un lieu très sûr. Les pneus d'une bicyclette n'assurent aucune protection contre la foudre.
- Par temps très froid, informez vos élèves du risque d'engelures et rappelez leur comment les éviter.

La sécurité dans le domaine de l'univers vivant

- Informez vos élèves de la présence, sur les plantes, sur les animaux, dans la terre et dans l'eau non traitée, de bactéries et de protozoaires qui peuvent parfois causer des infections et des empoisonnements alimentaires. Avisez-les qu'il est dangereux de se toucher le visage, la bouche et les yeux lorsqu'ils travaillent avec des plantes, des animaux, de la terre et de l'eau non traitée. Assurez-vous que les élèves se *lavent soigneusement les mains* à la fin d'activités réalisées avec des plantes, des animaux, de la terre et de l'eau non traitée.
- Informez vos élèves du fait que certaines plantes peuvent causer des irritations, des allergies ou des empoisonnements alimentaires (herbe à puce, herbe à poux, champignons vénéneux, fruits toxiques, etc.) et des précautions à prendre pour se protéger. Avisez-les que certaines plantes et certains champignons vénéneux ressemblent à des plantes et à des champignons comestibles.
- Informez vos élèves que certaines moisissures sont toxiques et qu'il est préférable de jeter les aliments qui ont commencé à moisir. Cette consigne est particulièrement importante pour les aliments à base de céréales, d'arachides ou de noix dont les moisissures peuvent être cancérigènes.
- Assurez-vous de connaître vos élèves qui sont gravement allergiques aux arachides, aux noix, aux amandes ou à d'autres allergènes.
- Informez vos élèves de l'importance de l'oxygène pour la respiration et du danger des espaces hermétiquement clos.

- Assurez-vous de connaître vos élèves qui sont gravement allergiques aux piqûres de certains insectes (abeilles, guêpes, etc.).
- Bien que certains vers, insectes et arthropodes soient comestibles, n'organisez pas de dégustation de ces animaux avec vos élèves.
- Ne permettez pas à vos élèves d'apporter des animaux sauvages (morts ou vivants) en classe.
- Ne permettez pas aux élèves d'apporter leurs animaux domestiques en classe.
- Si vous désirez avoir des animaux dans votre classe (poissons, gerboises, hamsters, etc.), assurez-vous qu'ils proviennent d'un fournisseur fiable.
- Dans votre classe, assurez-vous que les aquariums, les terrariums, les cages, etc. où vivent des animaux sont toujours propres et bien entretenus. Assurez-vous également que quelqu'un s'occupe des animaux pendant les week-ends, les congés et les vacances.

La sécurité lors des sorties dans la nature

Les sorties dans la nature peuvent être des compléments très intéressants aux activités réalisées en classe et sur le terrain de l'école. Une bonne sortie dans la nature est bien organisée, vise l'atteinte d'objectifs clairs et comporte des activités qui permettent d'atteindre ces objectifs.

- Visitez et examinez le site d'une sortie avant d'y amener vos élèves. Les propriétaires ou responsables des lieux pourront vous faire des suggestions précieuses.
- Invitez des parents ou à d'autres adultes à votre sortie dans la nature. Assurez-vous de pouvoir maintenir un rapport d'au moins un adulte par dix élèves.
- Obtenez la permission écrite des parents de tous vos élèves avant de faire une sortie dans la nature.
- Informez les parents par écrit du lieu de la sortie, de la façon dont les élèves doivent s'habiller et, le cas échéant, du matériel que les élèves doivent ou peuvent apporter. Pour limiter les risques de piqûres, éraflures, irritations et allergies, demander aux élèves de porter des pantalons et des chandails ou des chemises à manches longues et d'appliquer du chasse-moustiques le matin avant de quitter la maison.

- Placez, si possible les élèves deux par deux. Chaque élève a la responsabilité de veiller sur son coéquipier.
- Munissez-vous d'une trousse de premiers soins et assurez-vous que tout le monde sait où elle se trouve.
- Avisez vos élèves du danger des eaux stagnantes : ne jamais boire de l'eau stagnante, se mouiller le moins possible, ne pas se toucher la bouche ou les yeux après s'être mouillé les mains avec de l'eau stagnante. Dès que possible, laver les parties du corps qui ont été mouillées par de l'eau stagnante.

En cas d'accident ou de blessure légère

- Avisez immédiatement le directeur ou la secrétaire de l'école.
- Si vous avez suivi une formation reconnue, donnez les premiers soins.
- Si vous n'avez pas de formation, demandez à une personne spécialement formée de prodiguer les premiers soins.

En cas de blessure grave

- Obtenez de l'aide médicale en appelant un numéro d'urgence, une ambulance, les policiers ou les pompiers.
- Appelez les parents ou les tuteurs de l'élève et demandez-leur, si possible, de contacter leur médecin de famille.
- Ne donnez pas de médicaments.

Les premiers soins

Tout enseignant devrait suivre un cours de premiers soins. Le but des premiers soins est de protéger un élève blessé ou malade, et non de le traiter. Les premiers soins doivent être prodigués quand de l'aide médicale n'est pas disponible immédiatement. Les paragraphes suivants rappellent quelques principes de base :

Restez calme et demandez aux autres élèves de s'éloigner du blessé. Appelez ou faites appeler de l'aide médicale aussitôt que possible. Ne déplacez pas l'élève blessé et ne faites rien, à moins de connaître la bonne façon de procéder.

Rétablissez la respiration en appliquant, selon le cas, l'une des méthodes ci-dessous (mais seulement si vous les connaissez bien) :

- la respiration bouche-à-bouche
- la réanimation cardio-pulmonaire
- les techniques pour dégager les voies respiratoires (manœuvre de Heimlich).

Arrêtez les hémorragies en appliquant une compresse sur les blessures et en maintenant la pression avec vos mains. Les hémorragies très abondantes peuvent être arrêtées avec un tourniquet. Les blessures qui ne saignent pas abondamment peuvent être lavées avec du peroxyde d'hydrogène ou de l'eau et du savon et recouvertes d'un pansement stérile.

Prévenez l'état de choc. Les symptômes d'un état de choc sont la pâleur, la froideur et la moiteur de la peau, la transpiration sur le front et dans les paumes de la main, la nausée, la respiration faible et le tremblement. En cas d'état de choc :

- Couchez la victime sur une surface inclinée de telle sorte que sa tête soit un peu plus basse que le reste de son corps.
- Contrôlez toute hémorragie en appliquant une compresse et en maintenant la pression avec vos mains.
- Recouvrez la victime avec des couvertures ou des manteaux.
- Assurez-vous que la victime peut respirer normalement.

La prévention et le contrôle des incendies

- Assurez-vous de bien connaître l'emplacement de l'équipement pour combattre les incendies, de même que la façon de l'utiliser. Ayez toujours à la portée de la main un extincteur efficace contre les principaux types de feux.
- Évitez les activités qui nécessitent l'utilisation de bougies ou de brûleurs à l'alcool. Dans certains cas, les bougies et les brûleurs peuvent être remplacés par des plaques chauffantes ou des séchoirs à cheveux, qui sont moins dangereux.
- En cas d'incendie, assurez-vous d'abord que les élèves s'éloignent rapidement, mais calmement. S'il y a la moindre possibilité que le feu s'étende ou représente un danger pour les élèves, il faut déclencher l'alarme la plus proche pour obtenir de l'aide.

LES EXPO-SCIENCES ET LES DÉFIS TECHNOLOGIQUES

Tel que mentionné au chapitre 11, une expo-sciences, qui consiste pour les élèves à présenter un projet scientifique dans un kiosque, ou un défi technologique, qui est une compétition basée sur la production d'un objet technique, sont d'excellentes activités de structuration. La présente annexe présente les formes que peuvent prendre ces deux types d'activités.

La section sur les expo-sciences s'inspire des informations contenues dans le document *L'xyz de l'expo-sciences au primaire : guide de préparation pour l'enseignant*, publié par le CDLS (Conseil de développement du loisir scientifique) et le réseau CDLS-CLS (Conseil de développement du loisir scientifique et Conseils du loisir scientifique régionaux) du Québec (Poirier, 2005), et des informations qui se trouvent sur le site officiel des expo-sciences commandité par la compagnie Bell Canada au *www.exposciencesbell.qc.ca.*

La section sur les défis technologiques est basée sur le document *Prends ton envol avec le défi apprenti-génie 2008 : guide pédagogique à l'intention des enseignantes et des enseignants*, également publié par le CDLS et le réseau CDLS-CLS du Québec (Adam, Labonté et Pépin, 2008).

Les expo-sciences

Une expo-sciences est l'occasion, pour un élève ou une équipe d'élèves, de présenter un projet scientifique à un public d'élèves (élèves de sa classe, de son école, d'autres écoles) et d'adultes (enseignants, parents, conseillers pédagogiques, etc.). Elle peut aussi être un concours, si les meilleurs projets sont retenus pour une finale locale (exemple : finale de la commission scolaire) ou régionale (exemple : finale de la grande région de Montréal).

Une expo-sciences est non seulement une activité de structuration, à la suite d'activités et de problèmes scientifiques, mais elle est aussi une activité d'intégration, qui met à profit des disciplines telles que le français, les mathématiques, l'univers social ou la musique, selon le thème retenu pour le projet.

Le rôle d'un enseignant qui souhaite que ses élèves participent à une expo-sciences consiste à les guider dans le choix d'un thème scientifique, à les aider à se documenter et à prendre des notes, à leur offrir un soutien pour la préparation de leur kiosque (matériel, affiches, documents écrits) et à les encadrer, le cas échéant, lors d'une finale locale ou régionale.

Les principaux types de projets présentés lors des expo-sciences sont les projets de vulgarisation (présentation d'information claire et précise), d'expérimentation (recherche de réponses à une question à l'aide de matériel) et de conception (conception ou amélioration d'un appareil, d'un dispositif, d'un produit).

Pour les élèves, les étapes d'un projet d'expérimentation, qui est le type de projet qui découle le mieux de l'approche par problèmes présentée au chapitre 11, pourraient être les suivantes :

- Décider si le projet se fait seul ou en équipe ;
- Trouver une idée de projet ;
- Choisir le sujet et réfléchir au problème ;
- Préparer un cahier de bord (ou carnet de l'élève) pour noter tous les renseignements recueillis durant la réalisation du projet ;
- Trouver de l'information sur le sujet choisi et se poser une question ;
- Émettre des hypothèses de réponses à cette question ;
- Effectuer la phase expérimentale à l'aide du matériel ;
- Analyser et présenter les résultats ;
- Formuler une conclusion ;
- Trouver un titre pour le projet ;
- Rédiger un rapport ;
- Préparer la présentation orale pour le grand public ;
- Concevoir la présentation visuelle du projet (affiches) ;
- Faire une auto-évaluation de son projet et apporter des correctifs si nécessaire ;
- Dresser l'échéancier de préparation pour une participation à une finale locale ou régionale.

Par ailleurs, les enseignants qui, pour diverses raisons, préfèrent que leurs élèves ne présentent pas de projets peuvent tout de même les faire participer, en tant que visiteurs, à une expo-sciences locale ou régionale. Pour que leur visite soit plus intéressante et plus formatrice, il est possible de confier divers rôles aux élèves :

- Écrire un article au sujet de l'expo-sciences (ou au sujet d'un des projets présentés) pour le journal de l'école ;
- Concevoir une publicité pour faire la promotion de l'expo-sciences ;
- Réaliser un jeu-questionnaire à partir des notions scientifiques et technologiques présentées à l'expo-sciences ;
- Trouver les définitions de mots inconnus entendus ou lus lors de l'expo-sciences ;
- Jouer le rôle de juge pour déterminer quels sont les meilleurs projets de l'expo-sciences.

Les défis technologiques

Les défis technologiques ressemblent aux projets de type « conception » des expo-sciences, mais le problème à résoudre est généralement imposé. Par exemple, lors d'un récent défi organisé par le réseau CDLS-CLS, au Québec, les élèves devaient concevoir des avions en papier pour les épreuves suivantes :

- La plus grande distance parcourue ;
- La plus longue durée de vol ;
- L'atterrissage le plus près possible d'un point déterminé.

Le rôle d'un enseignant dont les élèves participent à un défi technologique consiste à leur présenter la nature du défi, à animer les activités préparatoires, à aider les élèves à se documenter et à prendre des notes, à leur offrir un soutien pour la préparation de leurs prototypes et à les encadrer, le cas échéant, lors d'une finale.

Pour les élèves, les étapes d'un défi technologique pourraient être les suivantes :

- Prendre connaissance de la nature du défi ainsi que des consignes et règlements qui s'y rattachent ;
- Préparer un cahier de bord (ou carnet de l'élève) pour noter tous les renseignements recueillis durant la conception et la mise à l'essai du prototype ;

- Lire l'information disponible au sujet du thème technologique du défi ;
- Trouver de l'information supplémentaire au sujet du thème technologique du défi ;
- Émettre des hypothèses de conception pour le prototype ;
- Tracer des schémas du modèle de prototype retenu ;
- Construire le prototype à l'aide du matériel autorisé ;
- Vérifier la performance du prototype ;
- Améliorer le prototype ;
- Rédiger un rapport ;
- Dresser l'échéancier de préparation pour une participation à une finale (le cas échéant).

Tel que mentionné dans la section portant sur les expo-sciences, les enseignants qui préfèrent que leurs élèves ne conçoivent pas de prototype peuvent tout de même les faire participer, en tant que spectateurs, au défi technologique. Des rôles semblables à ceux proposés pour les visiteurs des expo-sciences peuvent alors être confiés aux élèves spectateurs.

LE MATÉRIEL

La présente annexe comporte la liste du matériel nécessaire pour que les élèves puissent faire la plupart des activités et problèmes de sciences et technologies du préscolaire et du primaire. On constatera que la grande majorité des articles mentionnés sont peu coûteux et faciles à trouver. En fait, une bonne partie du matériel nécessaire peut être apporté de la maison par les élèves (boîtes de conserve vides, bouteilles en plastique, carton et papier de récupération, ficelle blanche, morceaux de mousse de polystyrène, pots en verre, etc.). La plupart des autres objets et substances sont disponibles dans les épiceries, les quincailleries, ou les magasins à grande surface. Certains équipements et produits, presque toujours facultatifs, doivent être achetés chez des fournisseurs de matériel scientifique (balance de laboratoire, indicateurs chimiques, plaque chauffante, etc.). Le matériel qui est employé très fréquemment est présenté en caractères gras. Il pourrait constituer une trousse de base en sciences et en technologies au préscolaire et au primaire (Thouin, 2006).

Le matériel relativement durable

- abat-jour en papier de forme sphérique
- acier (plaques de diverses tailles)
- affiche qui présente les divers types de nuages
- agrafes pour vêtements (diverses tailles)
- agrafeuse (et agrafes)
- aiguilles à coudre (diverses tailles)
- aiguilles à tricoter
- aiguilles droites
- **aimants** (diverses tailles et diverses formes)
- aluminium (morceaux et feuilles de diverses tailles)
- amplificateur et matériel périphérique (hauts parleurs, microphone)
- **ampoules** (1,5 volt, 3 volts, 6 volts, 9 volts, 12 volts)
- ampoules de type projecteur
- ampoules domestiques (25 W, 40 W, 60 W, 100 W)
- ampoules fluorescentes (divers types)
- ampoules pour appareils domestiques
- ampoules pour lampes décoratives
- ampoules pour lampes halogènes
- ampoules pour veilleuse
- anémomètre (appareil météorologique qui donne la vitesse du vent)
- anneaux métalliques (divers diamètres)
- appareil pour fabriquer du pain

- appareil pour filtrer et purifier l'eau
- appareil pour mesurer le pH (mesure le taux d'acidité ou d'alcalinité d'une solution)
- appareil photo
- appareil pour rouler le papier journal en rouleaux très serrés (utilisé pour faire des « bûches en papier »)
- aquarium
- arbre de Noël artificiel en fibres optiques
- arc et flèches (à bout arrondi)
- arrosoir
- aspirateur
- **assiettes en aluminium** (divers diamètres)
- assiette ou plateau en argent
- atlas
- **bacs en plastiques** (divers volumes)
- bac en plastique pour le recyclage
- **baguettes en bois** (divers diamètres, diverses longueurs)
- bain-marie
- balance de cuisine
- balance de laboratoire (semblable à celle des laboratoires de chimie des écoles secondaires)
- **balance à plateaux**
- balances à ressort (appelées aussi *dynamomètres*)
- balles de golf
- balles en mousse de polystyrène (« styrofoam ») (divers diamètres)
- **balles de ping-pong**
- **balles de tennis**
- **ballon de basket-ball**
- **ballons de baudruche** (diverses formes et divers volumes)
- ballons de plage (divers diamètres)
- ballon de soccer
- ballon de volley-ball
- **bandes élastiques** (diverses tailles)
- baromètre
- bateaux jouets en plastique
- **bâtons en bois**
- bâtons de hockey
- bâtonnet en plastique muni d'un anneau (pour faire des bulles de savon)
- batteur électrique
- béchers (divers volumes)
- **billes en verre** (divers diamètres)
- billes en acier (divers diamètres)
- **blocs en bois** (divers volumes et diverses couleurs)
- **blocs en plastique opaque** (divers volumes et diverses couleurs)
- blocs en plastique transparent (teintés et non teintés)
- blocs en verre transparent (teintés et non teintés)
- **bols** (diverses grosseurs)
- **bois** (morceaux de diverses tailles et de diverses espèces d'arbres, incluant des espèces exotiques)
- boîte à pain
- **boîtes en carton** (divers volumes)
- **boîtes de conserve vides**
- boîtes d'œufs vides
- boîtes en plastique (divers volumes)
- boîtiers de disques compacts en plastique transparent
- boîtiers de disques compacts

- bouchons en caoutchouc (pour éprouvettes; divers formats, percés et non percés)
- **bouchons de liège**
- **bouilloires électriques**
- boulons (divers diamètres)
- **boussoles**
- bouteille à vaporiser
- **bouteilles de boissons gazeuses en plastique, vides** (divers volumes)
- **bouteilles d'eau en plastique, vides** (divers volumes)
- **bouteille Thermos**
- **bouteilles de vin vides** (divers volumes)
- boutons (divers diamètres)
- boutons-pression (diverses tailles) et outil pour les fixer
- bronze (morceaux de diverses tailles)
- briques (avec trois trous)
- briquet
- broche
- broches à tricoter
- brosse à dents électrique
- brouette
- brûleur à l'alcool
- cabanes pour les oiseaux (divers types)
- câbles (divers types)
- câbles de télécommunication en fibres optiques
- cailloux (diverses tailles)
- caisse en bois
- calculatrice
- canettes vides de boisson gazeuse
- canifs (divers modèles)
- canne à pêche (et autre matériel de pêche)
- capteur solaire actif (qui produit de l'électricité)
- capteur solaire plan (qui emmagasine de la chaleur)
- carte du ciel
- cartes du monde (divers types)
- cartes à jouer
- carte du monde
- **casseroles** (divers volumes)
- cassettes sonores
- cerceaux
- cerfs-volants (divers modèles)
- chaînes en métal (diverses tailles)
- chaîne stéréo
- chambres à air (divers formats: pneus de bicyclettes, voitures et camions)
- chandails (divers tissus)
- chandeliers
- chargeur de piles (et piles rechargeables)
- chariot ou voiturette pour transporter des boîtes
- chariot à réaction propulsé par un projectile ou de l'air
- chaussures (divers types)
- chemises (divers tissus)
- cherche-étoiles (carte du ciel avec cache circulaire)
- chrome
- chronomètre
- cintres en plastique
- **cintres en métal**
- **ciseaux**
- ciseaux à métal
- **clous** (diverses tailles)
- collection de roches et de minéraux

- compas
- **compte-gouttes**
- condensateur en verre, refroidi à l'eau, de laboratoire de chimie
- contenant en cristal taillé
- **contenants en plastique** (divers volumes)
- contenants en pyrex (divers volumes)
- contenants en verre (divers volumes)
- coquillages (diverses formes et diverses tailles)
- **corde** (divers diamètres)
- **coton** (morceaux de diverses tailles et de diverses couleurs)
- coussins (diverses tailles)
- couteaux (divers types)
- couvertures en acrylique
- **couvertures en laine**
- crayons à colorier
- crayons à mine
- crochets (diverses tailles)
- cubes en bois (divers volumes)
- cubes unitaires (exemple: cubes de 1 cm^3)
- cuir (morceaux de diverses tailles et de diverses épaisseurs)
- **cuivre** (plaques de diverses tailles)
- **cylindres gradués** (divers volumes)
- dés à jouer
- décibel-mètre (appareil pour mesurer l'intensité des sons)
- DEL (diodes électroluminescentes ou témoins lumineux, diverses tailles et couleurs)
- densimètre (petit instrument pour mesurer la densité de l'eau)
- dessins de type holographique (dessins 3D)
- diamant industriel
- diaphragme optique
- **drap blanc ou de couleur pâle**
- échantillons de sol recueillis en divers endroits
- écouteurs de baladeur
- écrous (diverses tailles)
- électroaimant
- électroscope (appareil qui permet de mesurer une charge d'électricité statique)
- **élément chauffant**
- encens
- ensemble de cristaux
- ensemble de modulation et démodulation pour fibre optique
- ensemble pour construire des modèles de molécules
- ensemble pour culture hydroponique
- ensemble pour réseaux cristallins de type « réseaux de Bravais »
- ensembles-tests pour détecter la présence de micro-organismes dans l'eau
- entonnoirs en métal (diverses tailles)
- **entonnoirs en plastique** (diverses tailles)
- **éponges** (diverses tailles)
- éprouvettes (divers volumes)
- équerre
- erlenmeyer (récipient en verre de laboratoire de chimie)
- escabeau
- étain (plaques de diverses tailles)
- étau
- étuveuse
- éventail en papier
- exactos

- extincteurs (divers types)
- faux diamant de bonne taille
- fer (plaques et morceaux de diverses tailles)
- fermetures éclair (diverses tailles)
- feuille de cristal liquide pour mesurer la température du corps
- **feuilles de plastique transparent** (acétates) (diverses couleurs)
- feutre (morceaux de diverses tailles et de diverses couleurs)
- figurines en plastique (personnages, animaux, arbres, maisons, etc.)
- **fil de métal flexible** (broche)
- **fil électrique isolé** (petit fil unique recouvert)
- **fil électrique non isolé** (petit fil unique non recouvert)
- filtres noirs pour observer le Soleil
- flûte à bec
- formes géométriques en plastique
- fouet (pour brasser des aliments)
- four à micro-ondes
- four-grille-pain
- fourmilière artificielle en plastique
- **fourrure** (morceaux de diverses tailles)
- galon à mesurer
- gants en amiante
- gants en plastique
- générateur de fumée (pour expériences d'optique)
- générateur Van der Graaf
- gicleur pour jardin
- girouette
- glacière de camping
- globe céleste (ciel étoilé reproduit sur une sphère)
- globe terrestre
- globe terrestre lumineux
- grille-pain
- guitare
- guitare jouet
- haut-parleur (divers formats)
- hélice en plastique (de modèle d'avion à élastique)
- hologrammes
- horloge à pendule
- horloge à pendule en carton ou en plastique (modèle à assembler)
- humidificateur
- hygromètre
- hygromètre pour les plantes
- imperméables (divers types)
- jetons en plastique
- jeu de petites ampoules pour arbre de Noël
- jeux de construction (divers types)
- jeux d'imprimerie pour enfants
- jeux et ensembles de type Lego-Dacta
- jeux et ensembles de type Meccano
- jeux de train électrique
- jumelles
- **laine** (morceaux de diverses tailles et de diverses couleurs)
- laine non filée
- lampe de secours à pile de forte intensité
- lampes de camping au naphte ou au kérosène
- **lampes de poche**

- lampes halogène
- **lampes sur pied**
- lanières de cuir
- lecteur de DVD (et divers DVD)
- lecteur de disques compacts (et divers disques compacts)
- lecteur MP3
- lentilles (concaves et convexes, de divers diamètres, de diverses distances focales)
- limes (diverses tailles)
- lin (morceaux de diverses tailles et de diverses couleurs)
- linoléum (morceaux de diverses tailles et de diverses couleurs)
- **litres et deux litres de lait ou de jus en carton, vides**
- logiciel d'animation (pour produire des dessins animés à partir de photos)
- logiciel d'identification de fossiles
- logiciel de simulation du ciel étoilé
- loupe de fort grossissement
- **loupes**
- luge
- lunette astronomique
- lunettes à verres correcteurs (divers types)
- lycra (morceaux de diverses tailles et de diverses couleurs)
- magnésium
- magnétophone à cassettes (avec microphone)
- magnétoscope
- manche de balai en bois
- mangeoires pour les oiseaux (pour diverses espèces)
- marguerite pour cuisson à la vapeur
- marqueurs à l'encre indélébile
- marqueurs à l'encre lavable
- **marteau** (diverses sortes)
- matelas en mousse
- matelas pneumatique
- mélangeur électrique (ou robot culinaire)
- microscope qui peut être relié à un ordinateur
- microscopes
- minéraux (échantillons de diverses sortes: gypse, calcite, quartz, granit, etc.)
- **miroir concave** (miroir grossissant)
- miroir convexe (miroir qui diminue la grandeur des objets)
- **miroirs plats** (diverses tailles)
- mobiles qui tiennent en équilibre
- modèle de l'effet de serre
- modèle du cycle de l'eau
- modèle motorisé et éclairé du système Terre-Lune-Soleil
- modèle réduit (fonctionnel) de serre
- modèle réduit (fonctionnel) de station d'épuration
- modèles anatomiques (œil, squelette, cœur, insecte, grenouille, etc.)
- modèles géologiques (structure interne de la Terre, volcan, plissements, etc.)
- modèles réduits d'édifices, de ponts, de barrages, etc.
- modèles réduits de moteurs (divers types)
- modèles réduits de moyens de transport (voiture, camion, navire, avion, fusée, etc.)
- montre à aiguilles
- montre numérique (vieille montre qu'on peut ouvrir)
- **moquette** (morceaux de diverses tailles)

- morceaux de métal chromés
- moteurs à essence (divers types tels que pour tondeuse, cyclomoteur, scie à chaîne, etc.)
- moteurs électriques (diverses tailles, divers voltages)
- moustiquaire
- multimètre électrique (appareil qui comporte un voltmètre, un ampèremètre et un ohmmètre)
- nickel (morceaux de diverses tailles)
- niveau de menuisier
- nylon (morceaux de diverses tailles et de diverses couleurs)
- oiseau mécanique qui bat des ailes par la torsion d'un élastique
- or (vieux bijoux)
- ordinateur et périphériques
- oreillers
- palans (ensembles de poulies, de diverses tailles, divers nombres de poulies)
- pantographe
- parapluie noir
- passoires (divers formats)
- patins à roulettes
- **peignes en plastique** (diverses tailles)
- pelles (diverses tailles)
- pentures (diverses tailles)
- perceuse électrique
- **pèse-personne**
- pH mètre électronique
- pH-mètre de type capteur (qui peut être relié à un ordinateur)
- perles de plastique (divers diamètres)
- **pièces de monnaie** (diverses tailles et métaux)
- pied-de-biche (outil en métal)
- **piles électriques** (divers voltages, divers formats)
- **pinces** (diverses tailles)
- pinces à spaghetti
- **pinces crocodiles** (petites pinces pour faire des connexions électriques)
- pinces pour dégainer du fil électrique
- pinces isolantes (pour tenir des objets chauds)
- pinceaux
- piste de course avec boucle pour voiture lancée à la main
- piste de course avec voitures électriques
- pistolet à ressort et dards.
- planche à découper en plastique
- planche à neige
- planche à roulettes
- planches anatomiques (corps humain, animaux, plantes)
- **planches en bois** (diverses tailles et épaisseurs)
- planétarium mobile
- **plaque chauffante**
- plaque en métal (acier) lisse et bien polie
- plateau de service en métal
- plateau de service en plastique
- platine (morceaux de diverses tailles)
- platine (table tournante) et disques en vinyle
- plexiglas (morceaux de verre de diverses formes et tailles)
- plomb (poids de diverses tailles)
- plume à l'encre à cartouche ou à réservoir

- pluviomètre
- pochoir pour figures géométriques
- poinçon
- pompe pour matelas pneumatique
- pompe pour pneus de vélo
- poêle à frire (diverses tailles)
- poêle barbecue au charbon de bois
- poêle barbecue au gaz
- **poids** (ensemble de poids pour balance à plateaux)
- pointeurs laser
- **polar** (morceaux de diverses tailles et de diverses couleurs)
- **polyester** (morceaux de diverses tailles et de diverses couleurs)
- poste de radio
- **pots de nourriture pour bébé**
- **poulies**
- préparations microscopiques (divers micro-organismes, diverses cellules)
- prisme
- projecteur de diapositives
- **punaises**
- radiateur électrique portatif
- rapporteur d'angle
- raquettes (pour marcher dans la neige)
- rayonne (morceaux de diverses tailles et de diverses couleurs)
- réchauds de camping (divers types)
- récepteur radio à piles
- récipient en cristal
- réfractomètre
- réfrigérateur (avec congélateur)
- règle micro-graduée (pour loupe et microscope)
- **règles en bois**
- règles en plastique rigide
- **règles en plastique transparent**
- reproductions de fossiles en plastique
- réservoirs d'eau qu'on peut planter dans la terre d'un pot
- résistances électriques
- ressort de type « Slinky »
- ressorts (diverses tailles)
- rétroprojecteur
- réveille-matin
- roches (échantillons de diverses sortes : ignées, sédimentaires, métamorphiques)
- rondelles de photo (pour visionneuse de photos en relief)
- roues de vieux jouets (divers diamètres)
- roulements à billes (diverses tailles)
- roulettes pour déplacer des appareils électroménagers
- **ruban à mesurer**
- sablier
- sac de couchage
- **sceaux**
- scie
- scie sauteuse électrique
- séchoirs à cheveux
- skis alpins
- skis de fond
- sphygmomanomètre (appareil pour mesurer la tension artérielle)
- socles dans lesquels on peut visser de petites ampoules
- soie artificielle (morceaux de diverses tailles et de diverses couleurs)
- soie naturelle (morceaux de diverses tailles et de diverses couleurs)

- sonar portatif pour la pêche
- sonnerie électrique
- soufflet (pour attiser un feu)
- stéréoscope
- stéthoscope médical
- stylos à bille
- système commercial de purification de l'eau
- table à dessin à surface translucide et éclairée par en dessous
- tambourine
- tambours (diverses sortes)
- tamis
- tampon encreur
- **tasses à mesurer** (divers volumes)
- tasses en plastique
- **tasses en porcelaine**
- télescope
- téléviseur
- tente (pour une ou deux personnes)
- terrarium
- textes écrits en braille
- théière
- thermomètre à cuisson
- thermomètre de réfrigérateur
- thermomètre numérique
- thermomètre pour mesurer la température du corps
- **thermomètres à alcool**
- thermos
- tiges de bambou
- tissu recouvert de vinyle ou de caoutchouc
- titane (petits morceaux)
- toboggan
- tournevis
- traîneau à neige
- **transparents (acétates) incolores et colorés pour rétroprojecteur**
- **trombones** (diverses tailles)
- trompette jouet
- tubes en verre capillaires (de très petits diamètres) de divers diamètres
- tubes en verre de divers diamètres
- **tubes flexibles en plastique transparent** (divers diamètres)
- tuiles acoustiques
- tuiles en céramique
- tuyau d'arrosage muni d'un embout
- **ustensiles en acier inoxydable** (couteaux, fourchettes, cuillères)
- ustensiles en argent (couteaux, fourchettes, cuillères)
- visionneuse de photos en relief
- **velcro** (bandes de diverses tailles)
- ventilateurs électriques
- ventouses munies de crochets (pour fixer des objets sur un mur)
- verre (morceaux de verre de diverses formes et tailles)
- **verres en plastique transparent** (incolores et colorés)
- verres en verre
- verres fumés (lunettes de soleil)
- vestes (divers tissus)
- vire-vent (hélice en papier)
- walkies-talkies
- webcam
- wok
- xylophone
- yaourtière
- **zinc** (plaques de diverses tailles)

Le matériel à renouveler assez fréquemment

- abricots secs
- aiguilles de conifères (diverses espèces)
- ail
- alcool à friction
- alcool éthylique (alcool des boissons alcoolisées)
- alcool méthylique
- algues fraîches
- algues séchées
- **allumettes en bois** (diverses longueurs)
- allumettes en carton
- alun
- ananas (frais et secs)
- annuaire téléphonique
- aquarelle (diverses couleurs)
- arachides
- argile
- **artichauts**
- aspartame
- aspirine
- assainisseur en gel pour les mains
- **assiettes en carton** (divers diamètres)
- aubergines
- avocats
- avoine
- **bâtons de colle** (qu'il faut faire chauffer)
- **bâtonnets en bois pour brasser le café**
- **bâtonnets en plastique pour brasser le café**
- **berlingots de lait vides**
- betterave
- betterave à sucre
- beurre d'arachide
- beurre salé et non salé
- **bicarbonate de sodium**
- bière
- billes de sucre coloré (pour la décoration des gâteaux, de diverses tailles)
- biscuits salés (divers types)
- biscuits sucrés (divers types)
- blé
- bleu de bromothymol
- bœuf haché
- boîtes de Pétri
- boîtier de test du pH (pour une piscine)
- bonbons (durs et mous)
- bonbonnes de divers gaz (méthane, propane, hydrogène, oxygène, etc.)
- bouchons en cire ou en mousse pour les oreilles
- **bougies** (diverses tailles, diverses couleurs)
- bouillon de bœuf et de poulet (en cube, liquide ou en poudre)
- bran de scie
- branches d'arbre flexibles
- brins d'herbe
- brocoli
- bulbes de diverses espèces de plantes
- cactus
- café
- café instantané
- calcaire
- calepins
- camphre
- canne à sucre (morceaux)
- cannelle

- caoutchouc naturel et synthétique (en morceaux et en feuilles)
- caramel
- carottes
- **carton** (diverses épaisseurs et couleurs)
- **cassonade**
- céleri
- céréales prêtes à manger pour le petit-déjeuner (diverses sortes)
- cerises
- charbon
- charbon de bois
- chardons
- chocolat en poudre
- cigares
- cigarettes
- cire à plancher
- cire pour skis de fond
- citrons
- citrouilles
- chocolat (morceaux)
- **chocolat** (en poudre pour faire du lait au chocolat)
- chocolat liquide (sauce au chocolat pour crème glacée)
- chou rouge
- coca-cola léger
- coca-cola régulier
- **colle** (divers types, incluant colle en bâton)
- **colorant alimentaire**
- compost
- concombres
- cônes de conifères (diverses espèces)
- cônes en mousse de polystyrène
- confettis
- confiture
- comprimés anti-acide
- copeaux de bois
- coton à fromage
- **cotons-tiges**
- courges
- craie
- craquelins
- crème (à café, à fouetter)
- crème fouettée artificielle (de type *Cool Whip*)
- crèmes pour la peau
- cristaux pour déboucher les tuyaux
- cristaux pour boissons aux fruits (diverses saveurs)
- cultures bactériennes pour yaourt
- **cure-dents**
- **cure-pipes**
- dattes
- détersif en poudre pour la lessive
- **détersif liquide pour la lessive** (diverses marques, diverses couleurs)
- duvet d'oiseau
- eau de chaux (solution d'hydroxyde de calcium)
- **eau de Javel**
- eau distillée
- eau en bouteille (plusieurs marques, pétillante ou non)
- écorce de bouleau
- encre (diverses couleurs)
- engrais naturel et chimique (solide et liquide)
- épices (diverses sortes)
- essence (carburant pour voiture)

- essence d'érable
- essence de rhum
- essence de vanille
- étiquettes autocollantes
- **farine**
- **fécule de maïs**
- feuilles d'arbre (diverses espèces)
- **ficelle blanche**
- figues
- fil à coudre
- **filtres à café en papier**
- fleurs séchées
- fraises
- framboises
- fromage (diverses sortes)
- fromage sans matières grasses (diverses sortes)
- fructose
- fusées à poudre
- gaze légère
- gélatine
- gelée aux fruits
- gélose
- germe de blé
- glace
- glucose
- glycérine
- gomme à mâcher
- **gommes à effacer**
- **gommette adhésive**
- **gouache** (diverses couleurs)
- graines de diverses espèces de plantes
- **graines de haricots**
- **graines de tournesol**
- graisse animale
- graphite colloïdal
- graphite en poudre (lubrifiant sec)
- guimauves (petites et grosses)
- haricots
- haricots secs
- huile à chauffage
- huile à lampe
- huile à moteur
- **huile végétale**
- imperméabilisant à chaussures
- imperméabilisant pour les tentes
- indicateur chimique pour l'eau d'une piscine
- jambon cuit
- jus d'ananas
- jus de canneberge (rouge et incolore)
- jus de citron
- jus d'orange
- jus de pamplemousse
- jus de pomme
- jus de raisin (rouge et blanc)
- jus de tomate
- kérosène
- ketchup
- lactose
- **laine d'acier**
- laine minérale
- lait (écrémé, 1 %, 2 %, complet, sans lactose)
- lait de magnésie
- laitue
- levure sèche et fraîche
- liège (morceaux de diverses tailles)

- **limaille de fer**
- liqueur de Fehling (indicateur chimique pour le sucre)
- liqueurs alcoolisées (diverses sortes)
- liquide anti-acide
- liquide pour pare-brise de voiture
- litres de lait ou de jus en carton (vides)
- lotions parfumées
- maltose
- mangues
- **margarine**
- **matériel d'emballage** (la plus grande variété possible)
- mayonnaise
- **mélasse**
- melons
- menthe
- miel
- mines de crayon (divers diamètres)
- **mousse de polystyrène** (« styrofoam ») (morceaux et de diverses formes et grosseurs, feuilles de diverses épaisseurs)
- mousse de rembourrage
- moutarde
- navets
- neige carbonique (glace sèche)
- nettoyeur à vitres avec ammoniaque
- nitrate de potassium ou de sodium
- noix (diverses sortes)
- noix de coco
- œillets blancs
- œufs de poule
- œufs d'insectes (diverses espèces)
- oignons (diverses variétés)
- olives (avec et sans noyau)
- onguent antibiotique
- oranges
- orge
- os de poulet secs
- **ouate**
- paille (foin séché)
- pailles articulées pour boire (pailles qui peuvent être pliées)
- **pailles pour boire** (divers diamètres)
- pain (plusieurs sortes)
- pamplemousses
- papier auto-adhésif (de type « Post-it »)
- **papier blanc**
- **papier buvard**
- papier cellophane (diverses couleurs)
- **papier ciré**
- **papier d'aluminium**
- **papier de soie**
- **papier émeri** (« papier sablé ») (divers types)
- **papier essuie-tout**
- papier filtre
- **papier glacé** (pages de magazines)
- **papier journal**
- papier kraft
- papier pH
- papier quadrillé (pour graphiques)
- **papier tournesol bleu et rouge**
- papiers-mouchoirs
- papyrus
- **paraffine**
- parchemin
- parfum (diverses marques)

- pastilles pour purifier l'eau
- pâtes alimentaires (spaghetti, macaroni, etc.)
- pâte dentifrice avec fluorure
- pâte dentifrice sans fluorure
- **pâte à modeler** (diverses couleurs)
- pêches
- peinture à l'acrylique (tubes de diverses couleurs)
- peinture à l'huile d'artiste (tubes de diverses couleurs)
- peinture à l'huile pour maison
- peinture au latex pour maison
- **peinture digitale**
- peinture pour mélamine
- peinture pour métal
- peinture pour modèles réduits en plastique
- pellicule plastique épaisse
- **pellicule plastique moulante**
- pellicule plastique très mince
- peroxyde d'hydrogène
- persil séché
- pesticides chimiques solides et liquides
- pesticides naturels solides et liquides
- pétrole brut
- phénophtaléine (indicateur chimique)
- **plantes d'intérieur** (diverses espèces)
- plâtre de Paris
- plâtre en poudre
- **plumes d'oiseaux** (diverses tailles)
- poires
- pois
- pois secs
- poivre
- poivrons
- pollen (recueilli sur une fleur fraîche)
- polystyrène expansé (« styrofoam » ; morceaux de diverses formes et tailles)
- pommes
- pommes de pin
- pommes de terre (diverses variétés)
- porcelaine (morceaux de diverses tailles)
- poudre à pâte
- produit pour enlever les taches sur les mains
- raisins secs
- résine de conifère
- **rince-bouche avec fluorure**
- rôtissoires jetables en papier d'aluminium
- **rouleaux en carton** (divers diamètres et diverses longueurs)
- **ruban adhésif** (diverses sortes)
- **ruban cache**
- **sable**
- **sacs à sandwich en plastique transparent**
- **sacs d'épicerie en plastique**
- **sacs en papier brun** (diverses grosseurs)
- **sacs en plastique transparent** (diverses grosseurs)
- sacs en toile ou en jute
- sachets de thé
- sachets de tisane
- sauce soya
- savon en barre pour les mains
- savon liquide pour les mains
- serviettes de papier
- Seven-Up léger
- Seven-Up régulier

- **sel**
- sel d'Epsom
- silicone (produit pour imperméabiliser)
- **sirop de maïs**
- sirop d'érable
- sirop de table
- shortening d'huile végétale
- soie dentaire
- soufre
- sucre d'érable
- **sucre de table** (saccharose)
- sucre à glacer
- tablettes granola
- **talc**
- teinture d'iode
- teinture pour le bois
- térébenthine
- terre argileuse
- terre cuite broyée
- **terre** (divers types: terre noire standard, terre noire avec sable, terre noire avec tourbe, terre noire avec engrais, terre noire plus ou moins acide, terre noire plus ou moins alcaline, etc.)
- terre sablonneuse
- thé
- tire
- tire éponge
- tomates
- tuiles de vinyle minces pour revêtement de sol
- tranches de bananes sèches
- **ustensiles en plastique**
- vaseline
- vernis à ongles
- vernis pour le bois
- vers de terre (lombrics) vivants
- **verres en mousse de polystyrène**
- verres en papier
- vin
- **vinaigre**
- yaourt

BIBLIOGRAPHIE

ADAM, C., LABONTÉ, A. et PÉPIN, C. (2008), *Prends ton envol avec le défi apprenti-génie 2008 : guide pédagogique à l'intention des enseignantes et des enseignants*, Montréal : CDLS et réseau CDLS-CLS.

ASTOLFI, J.-P. (2008), *La saveur des savoirs : Disciplines et plaisir d'apprendre*, Paris : Collection Pédagogies, ESF éditeur.

ASTOLFI, J.-P. (1997), *L'erreur, un outil pour enseigner*, Paris : Collection Pratiques et enjeux pédagogiques, ESF éditeur.

ASTOLFI, J.-P. (1993), *L'école pour apprendre*, Paris : Collection Pédagogies, ESF éditeur.

ASTOLFI, J.-P. et DEVELAY, M. (1989), *La didactique des sciences*. Paris : Collection Que sais-je ?, Presses Universitaires de France.

ASTOLFI, J.-P., DAROT, É., GINSBURGER-VOGEL, Y. et TOUSSAINT, J. (1997), *Mots-clés de la didactique des sciences*, Paris-Bruxelles : De Boeck Université.

ASTOLFI, J.-P., PETERFALVI, B. et VÉRIN, A. (1998), *Comment les enfants apprennent les sciences*, Paris : Retz.

BACHELARD, G. (1938), *La formation de l'esprit scientifique*, Paris : Librairie philosophique J. Vrin.

BEDNARZ, N., GARNIER, C. et collaborateurs (1989), *Construction des savoirs. Colloque international obstacle épistémologique et conflit socio-cognitif*. Montréal : CIRADE et Agence d'Arc inc.

BÉLANGER, M. (2008), *Du changement conceptuel à la complexification conceptuelle dans l'apprentissage des sciences*, Université de Montréal : thèse de doctorat non publiée.

BERNARD, H. (1992), *Processus d'évaluation de l'enseignement supérieur : Théorie et pratique*, Laval (Québec) : Éditions Études Vivantes.

BÊTY, M.-N. (2009), *Les principaux modèles de changement conceptuel et l'enseignement des sciences au primaire : état de la question*, Université de Montréal : mémoire de maîtrise non publié.

BOUCHARD, C. et FRÉCHETTE, N. (2008), *Le développement global de l'enfant en contextes éducatifs*, Montréal : Presses de l'Université du Québec.

BOUTIN, G. et JULIEN, L. (2000), *L'obsession des compétences*, Montréal : Collection Éducation, Éditions Nouvelles.

BREDDERMAN, T. (1983), Effects of Activity-based Elementary Science on Student Outcomes: A Quantitative Synthesis, *Review of Educational Research*, volume 53, numéro 4.

BROUSSEAU, G. (1988), Le contrat didactique: le milieu, *Recherches en didactique des mathématiques*, volume 9, numéro 3, Grenoble: La Pensée Sauvage.

BRUNER, J.S. (1960), *The Process of Education*, Cambridge, Mass.: Harvard University Press.

CAREY, S. (1985), *Conceptual change in childhood*, Cambridge: MIT Press

CHARLAND, P. (2007), *La robotique au primaire: cahier d'exercices*, Montréal: Guérin.

CHARNAY, R. (1987), Apprendre par la résolution de problèmes, *Grand N*, numéro 42.

CHEVALLARD, Y. (1991), *La transposition didactique. Du savoir savant au savoir enseigné*. Grenoble: La Pensée Sauvage.

COHEN, C. (2002), *Quand l'enfant devient visiteur: une nouvelle approche du partenariat École/Musée*, Paris: L'Harmattan.

CST, Conseil de la science et de la technologie du Gouvernement du Québec (2004), *La culture scientifique et technique. Une interface entre les sciences, la technologie et la société*, Sainte-Foy, Québec: Gouvernement du Québec.

DÉSAUTELS, J. et LAROCHELLE, M. (1989), *Qu'est-ce que le savoir scientifique? Points de vue d'adolescents et d'adolescentes*, Québec: Presses de l'Université Laval.

DE LANDSHEERE, G. (1992), *Évaluation continue et examens. Précis de docimologie*, 6e édition, Paris: Fernand Nathan.

DE SERRES, M. et collaborateurs (2003), *Intervenir sur les langages en mathématiques et en sciences*, Montréal: Collection Astroïde, Modulo Editeur.

de VECCHI, G. (1992), *Aider les élèves à apprendre*, Collection Pédagogies pour demain. Paris: Hachette Éducation.

diSESSA, A. (1993), Toward and epistemology of physics. *Cognition and Intruction*, volume 10, numéros 2 et 3.

DURAND, M.-J. et CHOUINARD, R. (dir.) (2006), *L'évaluation des apprentissages: De la plannification de la démarche aux résultats*, Montréal: Hurtubise HMH.

DUSCHL, R.A. (1994), Research on the history and philosophy of science, In Gabel, D.L. (dir.) *Handbook of research on science teaching and learning*, New York, Macmillan.

ÉMOND, A.-M. (dir.) (2006), *L'Éducation muséale vue du Canada, des États-Unis et d'Europe: Recherche sur les programmes et les expositions,* Québec: Éditions MultiMondes.

FEYERABEND, P.K. (1979), *Contre la méthode,* Paris: Éditions du Seuil.

FEYERABEND, P.K. (1989), *Adieu la raison,* Paris: Éditions du Seuil.

GAGNÉ, B. (1993), L'histoire des sciences: un outil pour l'enseignement des sciences, *Vie pédagogique,* volume 84.

GERARD, F.-M. et ROEGIERS, X. (2003), *Des manuels scolaires pour apprendre: concevoir, évaluer, utiliser,* Bruxelles: Collection Pédagogies en développement, De Boeck.

GIORDAN, A. (1989), Vers un modèle didactique d'apprentissage allostérique, in Bednarz, N., Garnier, C. et collaborateurs (dir.), *Construction des savoirs. Colloque international obstacle épistémologique et conflit socio-cognitif,* Montréal: CIRADE et Agence d'Arc inc.

GUIR, R. (dir.) (2002), *Pratiquer les TICE: Former les enseignants et les formateurs à de nouveaux usages,* Bruxelles: Collection Pédagogies en développement, De Boeck.

KUHN, T.S. (1983), *La structure des révolutions scientifiques,* Paris: Flammarion.

LAROCHELLE, M., DÉSAUTELS, J. et RUEL, F. (1992), *Autour de l'idée de science. Itinéraires cognitifs d'étudiants et d'étudiantes.* Sainte-Foy et Bruxelles: Les Presses de l'Université Laval et De Boeck-Wesmael.

LAURIER, M., MORISSETTE, D. et TOUSIGNANT, R. (2005), *Les principes de la mesure et de l'évaluation des apprentissages,* Montréal: Chenelière Éducation.

LEGAY, J.-M. (1997), *L'expérience et le modèle. Un discours sur la méthode.* Paris: Collection Sciences en questions, INRA Éditions.

MATTHEWS, M.R. (1994), *Science teaching: the role of history and philosophy of science,* New York: Routledge.

MEQ, Ministère de l'Éducation du Québec (1980), *Programme d'études en sciences de la nature au primaire,* Gouvernement du Québec.

MEQ, Ministère de l'Éducation du Québec (2001), *Programme de formation de l'école québécoise, Éducation préscolaire, Enseignement primaire,* Gouvernement du Québec.

MEQ, Ministère de l'Éducation du Québec (2001), *La formation à l'enseignement: les orientations, les compétences professionnelles,* Gouvernement du Québec.

MEQ, Ministère de l'Éducation du Québec (2002). *L'évaluation des apprentissages au préscolaire et au primaire: cadre de référence,* Gouvernement du Québec.

MORISSETTE, D. avec la collaboration de LAURENCELLE, L. (1993), *Les examens de rendement scolaire, 3e édition*, Québec : Les Presses de l'Université Laval.

NSTA, National Science Teachers Association (2002), *Safety in the Elementary Science Classroom*, Washington.

OCDE, Organisation pour la coopération et le développement économiques (2007), *Programme international pour le suivi des acquis des élèves (PISA) 2006 : Les compétences en sciences, un atout pour réussir*, volume 1, analyse des résultats, Paris : OCDE.

PIAGET, J. (1970), *L'épistémologie génétique*. Paris : Presses Universitaires de France.

POIRIER, M. (2005), *L'xyz de l'expo-sciences au primaire : guide de préparation pour l'enseignant*, Montréal : CDLS et réseau CDLS-CLS.

POPPER, K.R. (1978), *La logique de la découverte scientifique*, Paris : Payot.

POSNER, G.J., STRIKE, K.A., HEWSON, P.W. et GERTZOG, W.A. (1982), Accomodation of a scientific conception : toward a theory of conceptual change, *Science Education*, volume 66, numéro 2.

POTVIN, P. (2002), *Regard épistémique sur une évolution conceptuelle en physique au secondaire*, Thèse de doctorat non publiée, Université de Montréal.

REUTER, Y. (dir.) (2007), *Dictionnaire des concepts fondamentaux des didactiques*. Bruxelles : De Boeck.

REY, B. (1996), *Les compétences transversales en question*, Paris : Collection Pédagogies-Recherche, ESF Éditeur.

ROBARDET, G. (1990), Enseigner les sciences physiques à partir de situations-problèmes. *Bulletin de l'Union des physiciens.*

ROBERT, S. (1993), *Les mécanismes de la découverte scientifique*. Ottawa : Collection Philosophica, Les Presses de l'Université d'Ottawa.

SCALLON, G. (2007), *L'évaluation des apprentissages dans une approche par compétences*, Bruxelles : Collection Pédagogies en développement, De Boeck.

STINNER, A. et WILLIAMS, H. (1998), History and philosophy of science in the science curriculum, In Tobin, F. (dir.), *International Handbook of Science Education*, Great Britain : Kluwer Academic Publishers.

TARDIF, J. (1998), *Intégrer les nouvelles technologies de l'information*, Paris : Collection Pratiques et enjeux pédagogiques, ESF Éditeur.

THOUIN, M. (2004), *Explorer l'histoire des sciences et des techniques : Activités, exercices et problèmes*, Québec : Éditions MultiMondes.

THOUIN, M. (2006), *Résoudre des problèmes scientifiques et technologiques au préscolaire et au primaire,* Québec : Éditions MultiMondes.

THOUIN, M. (2008), *Tester et enrichir sa culture scientifique et technologique,* Québec : Éditions MultiMondes.

VOSNIADOU, S. (1994), Capturing and modeling the process of conceptual change, *Learning and Instruction,* volume 4.

VYGOTSKY, L.S. (1985), *Pensée et langage,* Paris : Éditions sociales.

WANDERSEE, J.H. (1992), The Historicality of Cognition : Implications for Science Education Research, *Journal of Research in Science Teaching,* volume 29, numéro 4.

Québec, Canada
2009